21世纪高等学校规划教材 | 电子信息

单片机原理、应用及Proteus仿真

李传娣　赵常松　主编
李继超　王慧莹　魏娜　吴显义　副主编

清华大学出版社
北　京

内容简介

本书选用的STC89C52单片机是51系列单片机的增强型，它完全兼容传统51系列单片机，具有可在线编程、开发方便的特点。

书中系统、全面地介绍STC89C52单片机的基本原理、硬件结构，并从应用的角度介绍C51语言程序设计、单片机外部电路的扩展，以及与键盘、LED显示器、LCD显示器、打印机等多种硬件接口的设计方法，详细介绍串行接口以及A/D、D/A转换器的功能特点和典型应用，增加了单片机应用系统设计、Proteus仿真和实验等内容。

本书内容丰富实用，层次清晰，叙述详尽，方便教学与自学，可作为高等院校电子信息工程、通信工程、电气自动化、自动控制、智能仪器仪表、电气工程、机电一体化、计算机科学与技术等专业单片机原理及应用课程的教材，也可作为工程技术人员进行单片机系统开发的参考书。

图书在版编目(CIP)数据

单片机原理、应用及Proteus仿真/李传娣，赵常松主编.—北京：清华大学出版社，2017（2024.2重印）
（21世纪高等学校规划教材·电子信息）
ISBN 978-7-302-45044-3

Ⅰ.①单… Ⅱ.①李… ②赵… Ⅲ.①单片微型计算机－系统仿真－应用软件－高等学校－教材
Ⅳ.①TP368.1

中国版本图书馆CIP数据核字(2016)第218531号

责任编辑：刘　星　梅栾芳
封面设计：傅瑞学
责任校对：时翠兰
责任印制：宋　林

出版发行：清华大学出版社
网　　址：https://www.tup.com.cn，https://www.wqxuetang.com
地　　址：北京清华大学学研大厦A座　　**邮　　编**：100084
社 总 机：010-83470000　　**邮　　购**：010-62786544
投稿与读者服务：010-62776969，c-service@tup.tsinghua.edu.cn
质量反馈：010-62772015，zhiliang@tup.tsinghua.edu.cn
课件下载：https://www.tup.com.cn，010-83470236
印 装 者：天津鑫丰华印务有限公司
经　　销：全国新华书店
开　　本：185mm×260mm　　**印　　张**：22.25　　**字　　数**：545千字
版　　次：2017年1月第1版　　**印　　次**：2024年2月第7次印刷
印　　数：3701～4200
定　　价：49.00元

产品编号：066808-01

前　言

20 世纪 90 年代，单片机在我国迅速普及。如今，由单片机作为主控制器的全自动洗衣机、高档电风扇、电子厨具、变频空调、遥控彩电、摄像机、VCD/DVD 机、组合音响、电子琴等产品早已遍布人们的生活。从家用消费类电器到复印机、打印机、扫描仪、传真机等办公自动化产品，从智能仪表、工业测控装置到 CT、MRI 等医疗设备，从数码相机、摄录一体机到航天技术、导航设备、现代军事设备，从形形色色的电子货币（如电话卡、水电气卡）到身份识别卡、门禁控制卡、档案管理卡以及相关读/写卡终端机等，单片机都在里面扮演重要角色。因此有人说单片机“无处不在，无所不能”。

从学习的角度看，单片机作为一个完整的数字处理系统，具备构成计算机的主要单元部件，在这个意义上称之为单片微机并不过分。通过学习和应用单片机进入计算机硬件设备之门，可达到事半功倍的效果。

从应用的角度看，单片机是一种大规模集成电路，可自成一体，相对于其他微处理器所需的大量外部器件的连接都在单片机内部完成，各种信息传递的时序关系变得非常简单，易于理解和接受。用单片机实现某个特定的控制功能十分方便。

从设计思想看，单片机的应用意味着“从以硬件电路设计为主的传统设计方法向以软件设计为主的、对单片机内部资源及外部引脚功能加以利用的设计方法的转变”，从而使硬件成本大大降低，设计工作灵活多样。往往只需改动部分程序，就可以增加产品的功能，提高产品的性能。

总之，单片机不同于通用微型计算机，它能够灵活地嵌入到各类电子产品中，使电子产品具备智能化和“傻瓜”化操作，已经成为电子自动化技术的核心基础。因此，学习单片机非常有必要。

本书选用 STC89C52 单片机，它以 MCS-51 为内核。选用该单片机最主要的原因是其具有在系统可编程功能（ISP），无须专用编程器，可通过串口直接下载用户程序，便于开发，因此受到初学者特别是学生的青睐。同时，由于该单片机可有效缩短系统开发时间，因此亦可被开发人员所使用。

本书以读者掌握单片机应用技能为目标，将单片机仿真软件 Proteus 和 Keil Vision 引入单片机课程教学和实践教学中，并使之与现行教学大纲和实验大纲的基本内容紧密融合。通过单片机仿真实验，在模拟的应用环境下培养学生的单片机专业技能，不再受实验器材和实验学时的限制，并解决了以往基于电路实验箱教学验证性实验偏多带来的学生难以得到足够动手机会和教学实践效果不理想的问题。这种虚拟仿真平台便于学习者灵活、大胆地进行单片机电路设计、软件开发和系统调试的训练，能够极大程度地激发学生的学习兴趣，提高其学习效果。

本书共分为 13 章。第 1 章是概述，介绍单片机的发展历程、应用领域和各种常用的低功耗单片机、增强型单片机的性能特点，并介绍国产STC系列单片机的选型；第2章针对STC89C52单片机的硬件结构进行详细说明，特别是STC89C52的存储器结构、I/O端口、时钟复位方式和省电工作模式，指出了该单片机与传统51单片机的不同之处；第3章介绍单片机设计中普遍采用的C51编程语言，并且特别指出C51语言与标准C的区别，即C语言在单片机设计中应注意的地方；第4章介绍STC89C52单片机中断基本概念、中断响应及处理方法等；第5章介绍STC89C52单片机的定时/计数器T0、T1和T2；第6章介绍STC89C52单片机串行口的内部结构、串行口的4种工作方式以及4种工作方式下波特率的计算方法、串行口多机通信的工作原理以及双机串行通信的软件编程；第7章介绍STC89C52单片机的系统扩展，如外扩ROM、RAM以及串行总线等；第8章介绍STC89C52单片机应用系统的人机接口，配置输入外设和输出外设；第9章介绍典型的ADC、DAC集成电路芯片，以及与STC89C52单片机的硬件接口设计及软件设计；第10章介绍如何根据需求进行系统设计；第11、12章以STC89C52单片机应用实验为主，介绍使用Proteus进行单片机仿真，精选了10个单片机编程实验项目。

本书内容丰富，体系完整，编写工作由多位作者共同完成，具体分工为：李传娣编写第1章和第8章，赵常松编写第2章和第9章，李继超编写第3章和第4章，王慧莹编写第5章和第6章，魏娜编写第10章，吴显义编写第7章，第11章由李传娣、赵常松、李继超和魏娜共同编写，第12章由王慧莹、魏娜和吴显义共同编写。参加本书编写工作的还有贾春凤、杨兴全和吴登娥，在此对他们付出的辛勤工作表示衷心感谢！

由于本书涉及的知识点较多，并且编写时间仓促，难免有不足和疏漏之处，欢迎广大读者提出宝贵意见和建议，以便进一步改进和提高，使之满足实际教学的需要。

作 者

2016年8月

目　录

第1章　概　　述

本章学习要点：

- 计算机的发展、单片机的定义。
- 单片机的发展历程、趋势和应用领域。
- 单片机的分类、主要特性、主要生产厂家、常用系列和主要芯片型号。

计算机对人类社会的发展起到了极大的推动作用。然而，真正使计算机的应用深入到社会生活的各个方面，促使人类社会跨入计算机时代的是微型计算机和单片微型计算机的产生和发展。单片机自20世纪70年代产生以来，凭借其极高的性能价格比，受到人们的重视和关注，应用广泛，发展迅猛。单片机体积小、质量小、抗干扰能力强，对运行环境要求不高，价格低廉，可靠性高，灵活性好，比较容易开发，已广泛应用在工业自动化控制、通信、自动检测、智能仪器仪表、信息家电、汽车电子、电力电子、医疗仪器、航空航天、机电一体化设备的各个方面，成为现代生产和生活中不可缺少的元素。

1.1　计算机的发展

人类所使用的计算工具是随着生产的发展和社会的进步而发展的，经历了从简单到复杂、从低级到高级的发展过程。早期计算工具有算盘、计算尺、手摇机械计算机、电动机械计算机等。世界上公认的第一台电子数字式计算机于1946年在美国宾夕法尼亚大学莫尔学院研制成功，它的名称叫埃尼阿克(The Electronic Numberical Integrator and Computer，ENIAC)。这台计算机字长为12位，使用了18 800个真空电子管，耗电140kW，占地150m²，重达30ton，每秒钟可进行5000次加法运算。虽然它还比不上今天最普通的一台微型计算机，但在当时它已是运算速度的绝对冠军，并且其运算的精确度和准确度也是史无前例的。ENIAC奠定了电子计算机的发展基础，在计算机发展史上具有划时代的意义，它的问世标志着电子计算机时代的到来。此后的60多年，计算机的发展日新月异，至今已经历了电子管、晶体管、集成电路(IC)和超大规模集成电路(VLSI)四个阶段的发展，计算机的体积越来越小，功能越来越强，价格越来越低，应用越来越广泛，目前正朝智能化(第五代)计算机方向发展。

1. 第一代电子计算机

第一代电子计算机的使用是从1946—1958年。它们体积较大，运算速度较低，存储容量不大，而且价格昂贵。使用也不方便，为了解决一个问题，所编制的程序的复杂程度难以言表。这一代计算机主要用于科学计算，只在重要部门或科学研究部门使用。

2. 第二代电子计算机

第二代计算机的使用是从 1958—1965 年，它们全部采用晶体管作为电子器件，其运算速度比第一代计算机的速度提高了近百倍，体积为原来的几十分之一。在软件方面开始使用计算机算法语言。这一代计算机不仅用于科学计算，还用于数据处理和事务处理及工业控制。

3. 第三代电子计算机

第三代计算机的使用是 1965—1970 年。这一时期计算机的主要特征是以中、小规模集成电路为电子器件，并且出现操作系统，计算机的功能越来越强，应用范围越来越广。它们不仅用于科学计算，还用于文字处理、企业管理、自动控制等领域，出现了计算机技术与通信技术相结合的信息管理系统，可用于生产管理、交通管理、情报检索等领域。

4. 第四代电子计算机

第四代计算机是指从 1970 年以后采用大规模集成电路（LSI）和超大规模集成电路（VLSI）为主要电子器件制成的计算机。例如 80386 微处理器，在面积约为 10mm×10mm 的单个芯片上，可以集成大约 32 万个晶体管。

第四代计算机的另一个重要分支是以大规模、超大规模集成电路为基础发展起来的微处理器和微型计算机。微型计算机大致经历了七个阶段。

第一阶段是 1971—1973 年，微处理器有 4004、4040、8008。1971 年英特尔公司研制出 MCS-4 微型计算机（CPU 为 4040，四位机）。后来又推出以 8008 为核心的 MCS-8 型。

第二阶段是 1973—1977 年，微型计算机的发展和改进阶段。微处理器有 8080、8085、M6800、Z80。初期产品有英特尔公司的 MCS-80 型（CPU 为 8080，八位机）。后期有 TRS-80 型（CPU 为 Z80）和 APPLE-Ⅱ型（CPU 为 6502），在 20 世纪 80 年代初期曾一度风靡世界。

第三阶段是 1978—1984 年，16 位微型计算机的发展阶段，微处理器有 8086、8088、80186、80286、M68000、Z8000。微型计算机代表产品是 IBM-PC（CPU 为 8086）。本阶段的顶级产品是苹果公司的 Macintosh（1984 年）和 IBM 公司的 PC/AT286（1986 年）微型计算机。

第四阶段是 1985—1992 年，32 位微型计算机的发展阶段，微处理器有 Intel 80386——数据总线、地址总线皆为 32 位，有实地址模式、虚地址保护模式、虚拟 8086 模式，虚地址模式可寻址 4GB(232)物理地址和 64TB(246)的虚拟空间，时钟频率可选 12.5MHz、20MHz、25MHz、33MHz；Intel 80486——80386＋80387＋8KB。Cache＝80486，部分采用 RISC 技术、突发总线技术和时钟倍频技术。

第五阶段是 1993—1995 年，32 位奔腾微处理器的发展阶段。

Pentium（奔腾）——CPU 字长 32 位，64 位数据线，32 位地址线，内存寻址能力为 4GB，8KB 的代码和数据缓存时钟频率达到 120MHz。

Pentium MMX（多能奔腾）——增加了 57 条 MMX（多媒体增强指令集）指令，采用了 SIMD（单指令流多数据流）技术，可同时处理 8 个字节的数据。

第六阶段是1995—1999年，加强型Pentium微处理器的发展阶段。

Pentium Pro(高能奔腾)——32位微处理器，CPU字长32位，64位数据线、36位地址线，两级缓存，L1 16KB，L2 256/512KB，时钟频率达到300MHz。

Pentium Ⅱ——CPU字长32位，L1 16KB，L2 256/512KB，增加MMX技术。

Pentium Ⅲ——CPU字长32位，L1 32KB，L2 512KB，时钟频率500MHz，2000年达到1GHz。增加128位的单指令多数据流(Single Instruction Multiple Data，SIMD)寄存器和72条指令，流式SIMD扩展SSE(Streaming SIMD Extensions)。

Pentium Ⅳ——集成4200万个晶体管，采用超级流水线技术和快速执行引擎。

- 2000年，时钟频率1.3GHz；
- 2001年，时钟频率2.0GHz；
- 2002年，时钟频率3.06GHz；
- 2003年，时钟频率3.2GHz；
- 2004年，时钟频率3.4GHz，最高3.8GHz。

此阶段AMD公司的类似产品有AMD K6、AMD K7、AMD Athlon XP等。

第六阶段后是2000年至今，多核处理器得到发展。

(1) 64位微处理器

Intel Itanium 2——IA-64架构64位微处理器，采用0.18μm工艺，集成约2.2亿个晶体管，集成L1、L2和L3 Cache到芯片内，主频为1GHz。由于IA-64与原x86架构的软件不兼容，因此应用不是很成功。

AMD Opteron、AMD Athlon64——AMD64架构64位微处理器，采用0.13μm SOI(Silicon on Insulator，SOI)工艺，集成1亿多个晶体管，主频为1.6GHz。由于AMD64架构完全兼容X86-32指令集，代表了微处理器的发展方向，因此Opteron和Athlon64获得了成功。

(2) 多核心微处理器

IBM Power7(2010年2月)——8核处理器，采用45nm工艺，集成了12亿个晶体管，拥有8个处理器内核、12个执行单元、每核256KB L2缓存和32MB共享片上L3缓存，主频在3.0～4.14GHz之间。

Intel Core i7(2010年2月)——4核处理器，拥有8MB三级缓存，支持三通道DDR3内存，主频2.66～3.06GHz，功耗130W，片上集成7.31亿晶体管。

AMD Magny-Cours (2010年3月)——12核处理器，采用AMD G34 Maranello平台，支持四通道DDR3内存，通过四个多线程互连总线连接2个六核芯片，共拥有12MB三级缓存，每核心二级缓存为512KB。采用45nm SOI工艺，主频1.9～2.2GHz，功耗65～105W。

由此可见，微型计算机的性能主要取决于它的核心器件——微处理器(CPU)的性能。

5. 第五代计算机

第五代计算机把信息采集、存储、处理、通信和人工智能结合在一起，具有形式推理、联想、学习和解释能力。它的系统结构将突破传统冯·诺依曼机器的概念，实现高度的并行处理。

1.2　单片机的定义

随着社会的不断发展，微型机不断地更新换代，新产品层出不穷。在微机的大家族中，近年来单片微型计算机(以下简称单片机)异军突起，发展极为迅速。单片机体积小，质量轻，抗干扰能力强，对运行环境要求不高，价格低廉，可靠性高，灵活性好，开发比较容易，已广泛应用在工业自动化控制、通信、自动检测、智能仪器仪表、信息家电、汽车电子、电力电子、医疗仪器、航空航天及机电一体化设备等各个方面，成为了现代生产和生活中不可缺少的元素，因而对广大理工科高等院校的学生和科技人员来说，学习和掌握单片机原理及应用已是刻不容缓的事情了。

一台能够工作的 PC(个人计算机)至少需要这样几个部件：CPU(中央处理器，负责运算与控制)、RAM(随机存储器，用于数据存储)、ROM(只读存储器，用于程序存储)、输入/输出设备(如键盘、鼠标、显示器、打印机等)。这些部件被分成若干块芯片，安装在一块印制线路板上，便组成了个人计算机。而在单片机中，是将计算机主板的一部分功能部件进行剪裁后，把余下的功能部件集成到一块芯片上，因此这个芯片具有 PC 的属性，被称为单片微型计算机或单芯片计算机，简称单片机。

单片机就是将 CPU、存储器(RAM、ROM、E^2PROM)及各种 I/O 接口(定时/计数器、串行口、A/D 转换器等)集成在一块超大规模的集成电路芯片上，就其组成和功能而言，一块单片机芯片就是一台计算机(如图 1-1 所示)。

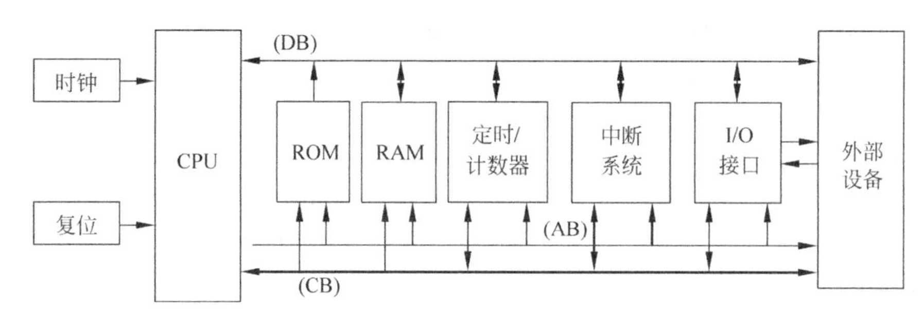

图 1-1　8051 单片机芯片结构框图

单片机主要应用于测控领域，用于实现各种测量与控制。为了突出其控制特性，在国内外，大多数人把单片机称为微控制器(Micro Controller Unit，MCU)。由于单片机在各系统应用中处于系统核心，并嵌入其中，因此，通常又把单片机称为嵌入式控制器(Embedded Micro Controller Unit，EMCU)。而国内的大多数工程技术人员则比较习惯采用“单片机”这个名称。

1.3　单片机的发展概况

单片机作为微型计算机的一个重要分支，应用面广，发展快。自单片机诞生至今 40 年，已发展出上百种系列近千个机种。

1.3.1 单片机的发展历史

1. 第一代：单片机探索阶段(1974—1978)

工业控制领域对计算机提出了嵌入式应用要求，首先是实现单芯片形态的计算机，以满足构成大量中小型智能化测控系统的要求。因此，这阶段的任务是探索计算机的单芯片集成。单片机的定名即源于此。

在计算机单芯片的集成体系结构的探索中有两种模式，即通用CPU模式和专用CPU模式。

(1) 通用CPU模式

它采用通用CPU和通用外围单元电路的集成方式。这种模式以Motorola的MC6801为代表，它将通用CPU、增强型的6800和6875(时钟)、6810 (128B RAM)、2X6830 (1KB ROM)、1/2 6821(并行I/O)、1/3 6840(定时器/计数器)、6850(串行I/O)集成在一个芯片上构成，使用6800 CPU的指令系统。

(2) 专用CPU模式

它采用专门为嵌入式系统要求设计的CPU与外围电路集成的方式。这种专用方式以Intel公司的MCS-48为代表，其CPU、存储器、定时器/计数器、中断系统、I/O接口、时钟以及指令系统都是按嵌入式系统要求专门设计的。

2. 第二代：单片机完善阶段(1978—1983)

计算机的单芯片集成探索，特别是专用CPU型单片机的探索取得成功，肯定了单片微机作为嵌入式系统应用的巨大前景。典型代表是Intel公司将MCS-48迅速向MCS-51系列过渡。MCS-51是完全按照嵌入式应用而设计的单片微机，在以下几个重要技术方面完善了单片微机的体系结构。

(1) 面向对象、突出控制功能、满足嵌入式应用的专用CPU及CPU外围电路体系结构。

(2) 寻址范围规范为16位和8位的寻址空间。

(3) 规范的总线结构。有8位数据总线、16位地址总线以及多功能的异步串行接口UART(移位寄存器方式、串行通信方式以及多机通信方式)。

(4) 特殊功能寄存器(SFR)的集中管理模式。

(5) 设置位地址空间，提供位寻址及位操作功能。

(6) 指令系统突出控制功能，有位操作指令、I/O管理指令及大量转移指令。

以MCS-51系列8位单片机为代表，其片内配置有：CPU有8位，ROM为4KB或8KB，RAM为128B或256B，有串/并行接口，有2个或3个16位的定时/计时器，中断源有5～7个。在片外：寻址范围为64KB，芯片引脚有40个。这个系列的各类产品仍然是目前国内外产品的主流。其中MCS-51系列产品以其优良的性能价格比，成为我国广大科技人员的首选。

3. 第三代：微控制器形成阶段(1983—1990)

作为面对测控对象的计算机系统，不仅要求有完善的计算机体系结构，还要有许多面对测控对象的接口电路,如ADC、DAC、高速I/O接口、计数器的捕捉与比较、保证程序可靠运行的WDT(程序监视定时器)、保证高速数据传输的DMA等。这些为满足测控要求的外围电路,大多数已超出了一般计算机的体系结构。为了满足测控系统的嵌入式应用要求,这一阶段单片微机的主要技术发展方向是满足测控对象要求的外围电路的增强,从而形成了不同于单片微机特点的微控制器。微控制器MCU(Micro Controller Unit,MCU)一词源于这一阶段,至今MCU仍是国际上对单片机的标准称呼。

这阶段微控制器技术发展的主要方面有以下几个。

(1) 外围功能集成。包括满足模拟量输入的ADC、满足伺服驱动的PWM、满足高速I/O控制的高速I/O接口以及保证程序可靠运行的程序监视定时器(WDT)。

(2) 出现了为满足串行外围扩展要求的串行扩展总线及接口,如SPI、I^2C BUS、Microwire、1-Wire等。

(3) 出现了为满足分布式系统、突出控制功能的现场总线接口,如CAN BUS等。

(4) 在程序存储器方面则迅速引进了OTP供应状态,为单片机的单片应用创造了良好的条件,随后Flash ROM的推广,为最终取消外部程序存储器扩展奠定了良好的基础。

4. 第四代:微控制器百花齐放(1990年至今)

第四代单片微机的百花齐放将单片微机用户带入一个可广泛选择的时代。

(1) 电气商、半导体商的普遍投入。

(2) 满足各种类型要求的单片机种类繁多。

(3) 大力发展专用型单片机。

(4) 致力于提高单片微机综合品质。

1.3.2 单片机的发展趋势

单片机的发展趋势是向大容量、高性能及外围电路内装化等方面发展。为满足不同的用户要求,各公司竞相推出能满足不同需要的产品。

1. CPU的改进

(1) 采用双CPU结构,以提高处理能力。

(2) 增加数据总线宽度,单片机内部采用16位数据总线,其数据处理能力明显优于一般8位单片机。

(3) 串行总线结构。飞利浦公司开发了一种新型总线:I^2C总线(Inter-IC bus)。该总线是用3根数据线代替现行的8位数据总线,从而大大地减少了单片机外部引线,使得单片机与外部接口电路连接简单。

2. 存储器的发展

(1) 加大存储容量。新型单片机片内ROM一般可达4~8KB,有的可达128KB。RAM为256B,有的可达1KB以上。

(2) 片内EPROM采用E^2PROM或闪烁(Flash)存储器。片内EPROM由于需要高压编程写入,紫外线擦抹给用户带来不便,采用E^2PROM或闪烁存储器后,能在+5V下读/写,不需紫外线擦抹,既有静态RAM读/写操作简便的优点,又有在掉电时数据不会丢失的优点。片内E^2PROM或闪烁存储器的使用大大简化了应用系统结构。

(3) 单片机编程保密化。一般写入EPROM中的程序很容易被复制,为了保证程序的保密性,生产厂家对片内E^2PROM或闪烁存储器采用加锁方式。加锁后,无法读取其中的程序。若要读取,必须抹去E^2PROM中的信息,这就达到了程序保密的目的。

3. 片内I/O的改进

一般单片机都有较多的并行口,以满足外围设备、芯片扩展的需要,并配有串行口,以满足多机通信功能的要求。

(1) 增强并行口的驱动能力。这样可减少外部驱动芯片。有的单片机能直接输出大电流和高电压,以便能直接驱动LED和VFD(荧光显示器)。

(2) 增加I/O口的逻辑控制功能。大部分单片机的I/O都能进行逻辑操作。中、高档单片机的位处理系统能够对I/O口进行位寻址及位操作,大大地加强了I/O口线控制的灵活性。

(3) 有些单片机设置了一些特殊的串行接口功能,为构成分布式和网络化的系统提供了方便条件。

4. 外围电路内装化

随着集成度的不断提高,有可能把众多的外围功能器件集成在片内。这也是单片机发展的重要趋势。除了一般必须具有的ROM、RAM、定时器/计数器、中断系统外,随着单片机档次的提高,以适应检测、控制功能更高的要求,片内集成的部件还有A/D转换器、D/A转换器、DMA控制器、锁相环、频率合成器、字符发生器、声音发生器、CRT控制器及译码驱动器等。

随着集成电路技术及工艺的不断发展,能装入片内的外围电路也可以是大规模的,把所需的外围电路全部装入单片机内,即系统的单片化是目前单片机发展趋势之一。

5. 低功耗化

CMOS芯片的单片机具有功耗小的优点。从第三代单片机起开始淘汰非CMOS工艺,单片机CMOS化给单片机技术发展带来广阔天地,最显著的变革是本质低功耗和低功耗管理技术的飞速发展。低功耗是便携式系统追求的重要目标,是绿色电子的发展方向。低功耗的技术措施会带来许多可靠性效益,也是低功耗技术发展的推动力。因此,低功耗应是一切电子系统追求的目标。

6. ISP及基于ISP的开发环境

Flash ROM的发展推动在线编程(In System Programmable,ISP)技术的发展。在ISP技术基础上,首先实现了目标程序的串行下载,促使模拟仿真开发方式的重新兴起;在单时钟、单指令运行的RISC结构单片机中,可实现PC通过串行电缆对目标系统的仿真调试。

7. 单片机中的软件嵌入

随着单片机程序空间的扩大，会有许多多余空间，在这些空间可嵌入一些工具软件，这些软件可大大提高产品开发效率，增强单片机性能。单片机中嵌入软件的类型主要如下。

(1) 实时多任务操作系统(Real Time Operating System，RTOS)。在 RTOS 支持下，可实现按任务分配的规范化应用程序设计。

(2) 平台软件。可将通用子程序及函数库嵌入，以供应用程序调用。

(3) 虚拟外设软件包。

(4) 其他用于系统诊断、管理的软件等。

纵观单片机的发展，可以看到，今后单片机会朝着多功能、高性能、高速度、低电压、低功耗、低价格、单片化、大容量、编程在线化等方向发展。并进一步向着多品种、小体积、少引脚和外围电路内装化等方向发展，那些针对单一用途的专用单片机也将越来越普遍。可以预见，今后的单片机将会功能更强、集成度更高、可靠性更好、功耗更低、使用更方便。

1.4 单片机的特点及分类

1.4.1 单片机的特点

单片机作为微型计算机的一个分支，与一般的微型计算机没有本质上的区别，同样具有快速、精确的记忆功能和逻辑判断能力等特点。但单片机是集成在一块芯片上的微型计算机，它与一般的微型计算机相比，在硬件结构和指令设置上均有独到之处，主要特点如下。

(1) 目前大多数单片机采用哈佛(Harvard)结构体系，存储器 ROM 和 RAM 是严格区分、相互独立的。ROM 称为程序存储器，只存放程序、固定常数及数据表格。RAM 则为数据存储器，用作工作区存放用户数据。这是考虑单片机主要用于控制系统中，面向测控对象，通常有大量的控制程序和较少的随机数据，却需要较大的程序存储器空间，把开发的程序固化在 ROM 中，而把少量的随机数据存放在 RAM 中。这样，小容量的数据存储器能以高速 RAM 形式集成在单片机内，以加速单片机的执行速度，同时程序在只读存储器 ROM 中运行，不易受外界侵害，可靠性高。

(2) I/O 引脚通常是多功能的。由于单片机芯片上引脚数目有限，为了解决实际引脚多于需要的信号线的矛盾，采用了引脚功能复用的方法。引脚处于哪种功能可由指令来设置或由机器状态来区分。

(3) 实时控制功能强。单片机面向控制，可直接操作 I/O 接口，运行速度快，对实时事件的响应和处理速度快，能针对性地解决从简单到复杂的各类控制任务，因而可获得最佳性能价格比。

(4) 外部扩展能力强。在内部的各种功能部分不能满足应用需求时，均可在外部进行扩展，如扩展存储器、I/O 接口、定时器/计数器、中断系统等，可与许多通用的微机接口芯片兼容，系统设计方便灵活。

(5) 体积小，成本低，运用灵活，性价比高，易产品化；研制周期短，能方便地组成各种智能化的控制设备和仪器。

(6) 可靠性高，抗干扰能力强。总线大多在内部，易采取电磁屏蔽的方法；适用温度范围宽，在各种恶劣的环境下都能可靠地工作。单片机是按工业测控环境设计的，分为民品(0～70℃)、工业用品(－40～85℃)、军品(－65～125℃)三类。其中工业用品和军品具有较强的抗恶劣环境适应能力。这是其他机型无法比拟的。

(7) 具有通信接口，可方便地实现多机和分布式控制，提高整个控制系统的效率和可靠性。

1.4.2 单片机的分类

单片机作为计算机发展的一个重要领域，应有一个较科学的分类方法。根据目前单片机发展情况，从不同角度大致可以分为通用型/专用型、总线型/非总线型、工控型/家电型。

1. 通用型/专用型

按单片机适用范围区分。例如，80C51 是通用型单片机，它不是为某种专门用途设计的，而专用型单片机是针对某一类产品甚至某一个产品设计生产的。例如为了满足电子体温计的要求，在片内集成有 ADC 接口等功能的温度测量控制电路。

2. 总线型/非总线型

按单片机是否提供并行总线来区分。总线型单片机普遍设置有并行地址总线、数据总线、控制总线，这些引脚可以用来扩展并行外围器件。近年来许多外围器件都可通过串行口与单片机连接，另外许多单片机已把所需要的外围器件及外设接口集成到片内，因此在许多情况下可以不要并行扩展总线，可大大降低封装成本减小芯片体积，这类单片机称为非总线型单片机。

3. 工控型/家电型

按照单片机大致应用的领域区分。一般而言，工控型寻址范围大，运算能力强，而用于家电的单片机多为专用型，通常是小封装、低价格，外围器件、外设接口集成度高。

显然，上述分类并不是唯一和严格的，例如，80C51 系列单片机既是通用型又是总线型，还可以作工控用。

1.5 单片机的应用

单片机的应用范围很广，在下述的各个领域中得到了广泛的应用。

1. 工业自动化(机电一体化)

在自动化技术中，无论是过程控制技术、数据采集还是测控技术，都离不开单片机。在工业自动化的领域中，机电一体化技术将发挥愈来愈重要的作用，在这种集机械、微电子和计算机技术为一体的综合技术(例如机器人技术)中,单片机将发挥非常重要的作用。例如微机控制的车床、钻床等。单片机作为产品中的控制器,能充分发挥它的体积小、可靠性高、功能强等优点,可大大提高机器的自动化、智能化程度。

2. 智能仪器仪表

目前对仪器仪表的自动化和智能化要求越来越高。在自动化测量仪器仪表中,单片机应用十分普及。单片机的使用有助于提高仪器仪表的精度和准确度、简化结构、减小体积而易于携带和使用,加速仪器仪表向数字化、智能化、多功能化方向发展。

3. 消费类电子产品

该应用主要反映在家电领域。目前家电产品的一个重要发展趋势是不断提高其智能化程度。例如,洗衣机、电冰箱、空调机、电视机、微波炉、手机、IC 卡、汽车电子设备等。在这些设备中使用了单片机后,其功能和性能大大提高,并实现了智能化、最优化控制,备受人们喜爱。单片机将使人类生活更加方便舒适、丰富多彩。

4. 通信方面

单片机采用 CAN 总线、以太网等技术完成网络通信与数据传输,因此在调制解调器、程控交换设备、无线遥控系统,以及各种智能通信设备(如小型背负式通信机、列车无线通信等)中,单片机得到了广泛的应用。

5. 武器装备

在现代化的武器装备中(如飞机、军舰、坦克、导弹、鱼雷制导、智能武器装备、航天飞机导航系统),都有单片机深入其中。

6. 终端及外部设备控制

计算机网络终端设备(如银行终端)以及计算机外部设备(如打印机、硬盘驱动器、绘图机、传真机、复印机等)中都使用了单片机。

7. 多机分布式系统

在比较复杂的系统中,常采用分布式多机系统。多机系统一般由若干台功能各异的单片机组成,各自完成特定的任务,它们通过串行通信相互联系、协调工作。单片机在这种系统中,往往作为一个终端机,安装在系统的某些节点上,对现场信息进行实时的测量和控制。由于单片机的高可靠性和强抗干扰能力,使它可以在恶劣环境的前端工作。

综上所述,从工业自动化、智能仪器仪表、家用电器等方面,直到国防尖端技术领域,单片机都发挥着十分重要的作用。此外,单片机应用的重要意义还在于,它从根本上改变了传统的控制系统设计思想和设计方法,从前必须由模拟电路或数字电路实现的大部分功能,现在已能用单片机通过软件方法来实现了。这种用软件代替硬件的控制技术,也称为微控制技术,是对传统控制技术的一次革命。

1.6 常用单片机系列

单片机根据微处理器字长可分为四类：4位、8位、16位和32位单片机。在这些机型中，8051单片机以其卓越品质，仍是今后单片机发展的主流。虽然世界上的单片机品种繁多，功能各异，开发装置也互不兼存，但是客观发展表明，8051可能最终成为事实上的标准单片机芯片。

在8位单片机家族中，主流产品有80C51内核、PIC内核的单片机。它们的基本结构相似，但由于采用的内核不同，所以在性能上存在许多差别。

1.6.1 8051内核的单片机

20世纪80年代中期以后，Intel把8051内核使用权以专利互换或出售形式转让给了Atmel、Philips、NEC、AMD、Winbond、ADI、Dallas等世界著名IC制造厂商。这些公司在保持与8051单片机兼容的基础上改善了8051的许多特性，采用CMOS工艺，并对8051作了一些扩充，使产品特点更突出、功能更强、市场竞争力更好。因此，通常用8051系列来称谓所有具有8051指令系统的单片机。在众多IC制造厂商支持下，8051内核单片机已经发展成上百个品种的大家族，现在都统称为8051系列单片机。

通常，8051系列单片机可分为基本型、增强型、低功耗型和专用型。目前，使用的8051单片机都是MCS-51系列单片机的低功耗增强型、扩展型的衍生机型，它们与MCS-51系列单片机有很大的不同，内部结构有些区别，但指令系统完全兼容，目前常用的8051系列单片机有以下几种类型。

1. STC系列单片机

STC89C51RC/RD+系列单片机是宏晶科技于2005年推出的新一代超强抗干扰高速低功耗单片机，指令代码完全兼容Intel 8051单片机，表1-1是STC89C51RC/RD+系列低功耗增强型STC单片机。这些单片机采用PDIP40、PLCC44、LQFP44封装，内部含有高保密、可编程Flash程序存储器，可进行100 000次擦写操作；包含32位或36位可编程I/O口、6～8个中断源(分4个优先级)、3个16位定时器/计数器、一个通用异步串行口(UART)，还可用定时器软件实现多个UART；端口驱动能力达20mA。具有正常模式(4～7mA)、空闲模式、掉电模式(<0.1μA)三种工作模式；5V单片机工作电压3.4～5.5V，3V单片机工作电压2.0～3.8V；工作频率0～40MHz，相当于8051的0～80MHz，实际工作频率可达48MHz。

STC89C51xx系列单片机是一种低功耗、高性能CMOS 8位微控制器，使用高密度非易失性存储器技术制造，片内包含ISP Flash、Data Flash存储器，具有双倍速、双DPTR数据指针、降低EMI。在单芯片上拥有灵巧的8位CPU，系统可编程ISP、应用可编程IAP，使得STC89C51xx系列单片机可以为众多嵌入式控制应用系统提供高灵活、超有效的解决方案。

表 1-1　STC89C51RC/RD+系列单片机性能一览表

型　　号	最高时钟频率/MHz		Flash 程序存储器/KB	RAM 数据存储器/B	降低 EM1	看门狗	双倍速	P4 口	ISP	IAP	E²P ROM /KB	数据指针	串口 UART	中断源	优先级	定时器	A/D
	5V	3V															
STC89C51RC	0～80		4	512	√	√	√	√	√	√	>2	2	1ch	8	4	3	
STC89C52RC	0～80		8	512	√	√	√	√	√	√	>2	2	1ch	8	4	3	
STC89C53RC	0～80		15	512	√	√	√	√	√	√		2	1ch	8	4	3	
STC89C54RD+	0～80		16	1280	√	√	√	√	√	√	>16	2	1ch	8	4	3	
STC89C55RD+	0～80		20	1280	√	√	√	√	√	√	>16	2	1ch	8	4	3	
STC89C58RD+	0～80		32	1280	√	√	√	√	√	√	>16	2	1ch	8	4	3	
STC89C516RD+	0～80		63	1280	√	√	√	√	√	√		2	1ch	8	4	3	
STC89LE51RC		0～80	4	512	√	√	√	√	√	√	>2	2	1ch	8	4	3	
STC89LE52RC		0～80	8	512	√	√	√	√	√	√	>2	2	1ch	8	4	3	
STC89LE53RC		0～80	14	512	√	√	√	√	√	√		2	1ch	8	4	3	
STC89LE54 RD+		0～80	16	1280	√	√	√	√	√	√	>16	2	1ch	8	4	3	
STC89LE58 RD+		0～80	32	1280	√	√	√	√	√	√	>16	2	1ch	8	4	3	
STC89LE516RD+		0～80	63	1280	√	√	√	√	√	√		2	1ch	8	4	3	
STC89LE516AD		0～90	64	512	√			√	√			2	1ch	6	4	3	√
STC89LE516X2		0～90	64	512	√		√	√	√			2	1ch	6	4	3	√

继 STC89C5l 系列单片机之后，宏晶科技公司又推出了 STC12C5201AD 等多个系列的单片机(如表 1-2 所示)。这个系列包括 5V 工作电压的 STC12C52xx 子系列和 3V 工作电压的 STC12LE52xx 子系列单片机。它们都是每机器周期 1 时钟的高速单片机，工作频率 0～35MHz，最大相当于普通 8051 的 420MHz；芯片引脚少，I/O 口少，结构小巧，内部具有 AD/PWM 功能及 ISP/IAP 功能；每个 I/O 口驱动能力达 20mA(但整个芯片最大功耗不超过 55mA)；可减小 PCB 面积。对开发小型电子产品有比较高的实用性和性价比，可广泛应用于水表、气表等便携设备中。

表 1-2 中列出的都是 5V 单片机，对应的 3V 单片机的型号是把中间的 C 换成 LE。

表 1-2　STC12C5201AD 系列单片机性能一览表

型　　号	Flash 程序存储器/KB	RAM 数据存储器/B	看门狗	PCA/PWM	引　　脚	I/O 口	E²P ROM	A/D	串口	中断源	优先级
STC12C5201	1	256	√		16/18/20	11/13/15			1ch	8	4
STC12C5201AD	1	256	√	2	16/18/20	11/13/15	有	8 位	1ch	8	4
STC12C5201PWM	1	256	√	2	16/18/20	11/13/15	有		1ch	8	4
STC12C5202	2	256	√		16/18/20/28/32	11/13/15/23/27			1ch	8	4
STC12C5202AD	2	256	√	2	16/18/20/28/32	11/13/15/23/27	有	8 位	1ch	8	4
STC12C5202PWM	2	256	√	2	16/18/20/28/32	11/13/15/23/27	有		1ch	8	4
STC12C5204	4	256	√		16/18/20/28/32	11/13/15/23/27			1ch	8	4
STC12C5204AD	4	256	√	2	16/18/20/28/32	11/13/15/23/27	有	8 位	1ch	8	4
STC12C5204PWM	4	256	√	2	16/18/20/28/32	11/13/15/23/27	有		1ch	8	4
STC12C5205	5	256	√		16/18/20/28/32	11/13/15/23/27			1ch	8	4
STC12C5205AD	5	256	√	2	16/18/20/28/32	11/13/15/23/27	有	8 位	1ch	8	4
STC12C5205PWM	5	256	√	2	16/18/20/28/32	11/13/15/23/27	有		1ch	8	4
STC12C5206	6	256	√		16/18/20/28/32	11/13/15/23/27			1ch	8	4
STC12C5206AD	6	256		2	16/18/20/28/32	11/13/15/23/27		8 位	1ch	8	4
STC12C5206PWM	6	256		2	16/18/20/28/32	11/13/15/23/27			1ch	8	4

2. AT89系列单片机

在MCS-51系列单片机8051的基础上，Atmel公司开发的AT89系列单片机自问世以来，以其较低廉的价格和独特的程序存储器——快闪存储器(Flash Memory)为用户所青睐。Atmel公司是美国20世纪80年代中期成立并发展起来的半导体公司，该公司于1994年以E^2PROM技术与Intel公司的80C51内核的使用权进行交换。Atmel公司的技术优势在于Flash存储技术，将Flash与80C51内核相结合，形成了Flash单片机AT89系列。AT89系列单片机和MCS-51单片机在内部功能、引脚以及指令系统方面完全兼容。由于AT89系列单片机继承了MCS-51的原有功能，内部含有大容量的Flash存储器，又增加了新的功能，如看门狗定时器WDT、ISP及SPI串行接口技术等，因此在电子产品开发及智能化仪器仪表中有着广泛的应用。表1-3列出了AT89系列单片机的几种主要型号。

表1-3 AT89系列单片机性能一览表

型号	存储器/B			定时器/计数器	I/O脚	串行口	中断源	工作频率/MHz	编程方式	其他特点
	E^2PROM/KB	RAM	Flash ROM/KB							
AT89S2051		128	2	2	15	1	5	33	ISP	WDT
AT89S4051		128	4	2	15	1	5	33	ISP	WDT
AT89S51		128	4	2	32	1	6	33	ISP	WDT
AT89S52		256	8	3	32	1	8	33	ISP	WDT
AT89S53		256	12	3	32	1	9	24	ISP	WDT
AT89S8252	2	256	8	3	32	1	9	24	ISP	WDT

采用了快闪存储器的AT89系列单片机，不但具有一般MCS-51系列单片机的基本特性(如指令系统兼容、芯片引脚分布相同等)，而且还具有以下一些独特的优点。

(1) 片内程序存储器为电擦写型ROM(可重复编程的快闪存储器)。整体擦除时间仅为10ms，可写入/擦除1000次以上，数据保存10年以上。

(2) 两种可选编程模式，既可以用12V电压编程，也可以用V_{CC}电压编程。

(3) 宽工作电压范围，V_{CC}为2.7～6V。

(4) 全静态工作，工作频率范围为0～24MHz，频率范围宽，便于系统功耗控制。

(5) 3层可编程的程序存储器上锁加密，使程序和系统更加难以仿制。

总之，AT89系列单片机与MCS-51系列单片机相比，前者和后者有兼容性，但前者的性价比等指标更为优越。

3. AVR系列单片机

AVR系列单片机是Atmel公司结合Flash技术于1997年推出的全新配置的精简指令集(RISC)的8位单片机，简称AVR。目前，AVR单片机已形成低档、中档、高档系列产品，分别对应于ATtiny、AT90和ATmega系列单片机，高档单片机含JTAG ICE仿真功能。AVR单片机的主要特点如下。

(1) AVR 单片机采用精简指令集,以字作为指令长度单位,将内容丰富的操作数和操作码安排在一字之中(指令集中占大多数的单周期指令都是如此),这样取指周期短,又可预取指令,实现流水作业,故可高速执行指令。

(2) AVR 单片机内嵌高质量的 Flash 程序存储器,擦写方便,支持 ISP 和 IAP,便于产品的调试、开发、生产、更新。内嵌长寿命的 E^2PROM 可长期保存关键数据,避免断电丢失。片内大容量的 RAM 不仅能满足一般场合的使用,同时也更有效地支持使用高级语言开发系统程序,并可像 MCS-51 单片机那样扩展外部 RAM。

(3) AVR 单片机的 I/O 线全部带可设置的上拉电阻,可单独设定为输入/输出,可设定(初始)高阻输入,驱动能力强(可省去功率驱动器件),使得 I/O 接口资源灵活、功能强大、利用充分。

(4) AVR 单片机片内具备多种独立的时钟分频器,分别供 URAT、I^2C、SPI 使用。其中和 8/16 位定时器配合的具有多达 10 位的预分频器,可通过软件设定分频系数提供多种的定时时间。AVR 单片机独有的以定时器/计数器(单)双向计数形成三角波,再和输出比较匹配寄存器配合,生成占空比可变、频率可变、相位可变方波的设计方法(即脉宽调制输出 PWM)更是令人耳目一新。

(5) 增强型的高速同/异步串口,具有硬件产生校验码、硬件检测和校验侦错、两级接收缓冲、波特率自动调整定位(接收时)、屏蔽数据帧等功能,提高了通信的可靠性,方便程序编写,便于组成分布式网络和实现多机通信系统的复杂应用,其串口作用大大超过 MCS-51/96 单片机的串口,加之 AVR 单片机速度快,中断服务时间短,故可实现高波特率通信。

(6) 面向字节的高速硬件串行接口 TWI、SPI。TWI 和 I^2C 接口兼容,具备 ACK 信号硬件发送和识别、地址识别、总线仲裁等特点,能实现主/从机的收/发全部 4 种组合的多机通信。SPI 支持主/从机等 4 种组合的多机通信。

(7) AVR 单片机有自动上电复位电路、独立的看门狗电路、低电压检测电路 BOD、多个复位源(自动上电复位、外部复位、看门狗复位、BOD 复位)、可设置去掉启动后延时运行程序,增强了嵌入式系统的可靠性。

(8) AVR 单片机具有多种省电休眠模式,且可宽电压运行(5~2.7V),抗干扰能力强,可降低一般 8 位机中的软件抗干扰设计工作量和硬件的使用量。

所以 AVR 单片机和 8051 单片机有所不同,开发设备也不通用。AVR 的纳秒级指令运行速度是 8051 处理器的 50 倍,是一款真正的 8 位高速单片机。

1.6.2 PIC 内核的单片机

PIC 系列单片机是美国 Microchip(微芯)公司生产的一款 8 位单片机,它采用 RISC 指令集,仅有 33 条指令,指令最短执行时间为 160ns,指令系统和开发工具与 8051 系列不同。它功耗较低(在 5V、4MHz 振荡频率时工作电流小于 2mA),可采用降低工作频率的方法降低功耗,睡眠方式下电流小于 15μA,工作电压为 2.5~6V,带负载能力强,每个 I/O 接口可提供 20mA 上拉电流或 25mA 灌电流。由于其超小型、低功耗、低成本、多品种等特点,已广泛应用于工业控制、仪器、仪表、通信、家电、玩具等领域。

PIC系列单片机价格低、性能高，在国内使用它的人越来越多，目前已形成低档、中档、高档和高性能系列单片机，分别对应PIC16C5x、PIC16Cxx、PIC17Cxx和PIC18Cxxx系列。其中PIC17Cxx系列是目前工业用单片机中速度最快的单片机，具有16位字宽的RISC指令系统（只有58条指令），时钟频率可达25MHz，指令周期可达160ns，片内集成了丰富的硬件资源。PIC18Cxxx系列是集高性能、CMOS、全静态、模/数转换器于一体的16位单片机（价格与8位单片机相当），具有嵌入分层控制能力，内部包含灵活的OTP存储器和先进的模拟功能，可为用户提供完美的片上系统解决方案。

1.6.3 其他公司8位单片机

NXP、Dallas、华邦、LG等大公司生产的系列单片机与Intel公司的MCS-51系列单片机具有良好的兼容性，包括指令兼容、总线兼容和引脚兼容。但各个厂家发展了许多功能不同、类型不一的单片机，给用户提供了广泛的选择空间，其良好的兼容性保证了选择的灵活性。

(1) Philips公司推出含存储器的80C51系列和80C52系列单片机。此产品都为CMOS型工艺的单片机。Philips公司推出的51系列单片机与MCS-51系列单片机相兼容，但增加了程序存储器Flash ROM、可编程计数器阵列PCA、I/O接口的高速输入/输出、串行扩展总线、I^2C BUS、ADC、PWM、I/O接口驱动器、程序监视定时器(Watch Dog Timer，WDT)等功能的扩展。

(2) 华邦公司推出W78Cxx和W78Exx系列单片机。此产品与MCS-51系列单片机相兼容，但增加了程序存储器Flash ROM、可编程计数器阵列PCA、I/O接口的高速输入/输出、串行扩展总线I^2C BUS、ADC、PWM、I/O接口驱动器、程序监视定时器(Watch Dog Timer，WDT)等功能的扩展。华邦公司生产的单片机还具有价格低廉、工作频率高(40MHz)等特点。

(3) Dallas公司推出Dallas HSM系列单片机。产品主要有DS80Cxxx、DS83Cxxx和DS87Cxxx等。此产品除了与MCS-51系列单片机相兼容外，还具有高速结构(1个机器周期只有4个时钟周期，工作频率范围为0～33MHz)、更大容量的内部存储器(内部ROM有16KB)、2个UART、13个中断源、程序监视定时器(WDT)等功能。

(4) LG公司推出GMS90Cxx、GMS97Cxx和GMS90Lxx、GMS97Lxx系列单片机。此产品与MCS-51系列单片机相兼容。

本章小结

本章介绍了有关单片机的基本概念、特点、发展历史及趋势以及应用领域，并对当前主流的MCS-51系列单片机与STC系列单片机进行了简要介绍，同时介绍了其他常见系列的单片机。

思考题

1. 什么叫单片机？MCS-51 单片机与通用微机相比在结构上有什么不同？

2. MCS-51 单片机内部提供了哪些资源？

3. 单片机有哪些应用特点？主要应用在哪些领域？

4. MCS-51 单片机如何进行分类？

5. STC 系列单片机的生产厂家？STC 系列单片机有什么特性？其端口驱动电流是多少？最大运行速度是多少？

第 2 章　STC89C52 系列单片机体系结构

本章学习要点：

- STC89C52 单片机的特点、内部结构及片内各组成部件的功能作用。
- STC89C52 单片机的引脚名称、功能和控制信号线等。
- STC89C52 单片机的存储结构，程序存储器、数据存储器、特殊功能寄存器的编址和地址空间分配，单片机堆栈的特点、程序状态寄存器 PSW 各位的含义。
- STC89C52 单片机 I/O 口的结构功能特点，单片机的工作时序、时钟电路、复位电路工作原理，机器周期、指令周期的计算方法。

本章介绍 STC89C52 单片机的硬件结构，熟悉单片机内部硬件资源，了解单片机内部工作原理，掌握单片机内部功能部件的作用和操作方法，牢记单片机可为用户提供的各种资源和应用。

2.1　STC89C52 单片机的内部结构及特点

STC 系列单片机是深圳宏晶科技公司研发的增强型 8051 内核单片机，相对于传统的 8051 内核单片机，STC 单片机在片内资源、性能和工作速度上都有很大的改进，尤其采用了基于 Flash 在线系统编程(ISP)技术，使得单片机应用系统的开发变得简单，无须仿真器或者专用编程器即可进行单片机系统的开发，同时也方便了单片机的学习。

STC 单片机产品种类繁多，现有超过百种单片机产品能满足不同单片机应用系统的控制需求。按照单片机工作速度与片内资源配置的不同，STC 系列单片机有若干个系列产品。按工作速度可分为 12T/6T 和 1T 系列产品。12T/6T 包含 STC89 和 STC90 两个系列，1T 产品包含 STC11/10 和 STC12/15 系列。STC89、STC90、STC11/10 属于基本配置，STC12/15 系列则相应增加了 PWM、A/D 和 SPI 模块。每个系列包含若干种产品，其差异主要是片内资源数量上的差异，均具有较好的加密性能，保护开发者的知识产权。在应用选型时，应根据控制系统的实际需求，选择合适的机种，即单片机内部资源要尽可能满足控制系统的需求，减少外部接口电路，同时选择单片机应遵循片内资源够用的原则，充分发挥单片机系统的高性价比和高可靠性。本书将以宏晶科技的 STC 单片机 STC89C52RC 为例，介绍单片机的组成、结构及引脚功能等，为读者了解它的工作原理打下基础。

STC89C52RC 单片机是宏晶科技推出的新一代高速、低功耗、超强抗干扰的单片机，指令代码完全兼容传统 8051 单片机，12 时钟/机器周期和 6 时钟/机器周期可以任意选择。HD 版本和 90C 版本内部集成 MAX810 专用复位电路。STC89C52RC 单片机内部硬件结构框图如图 2-1 所示。

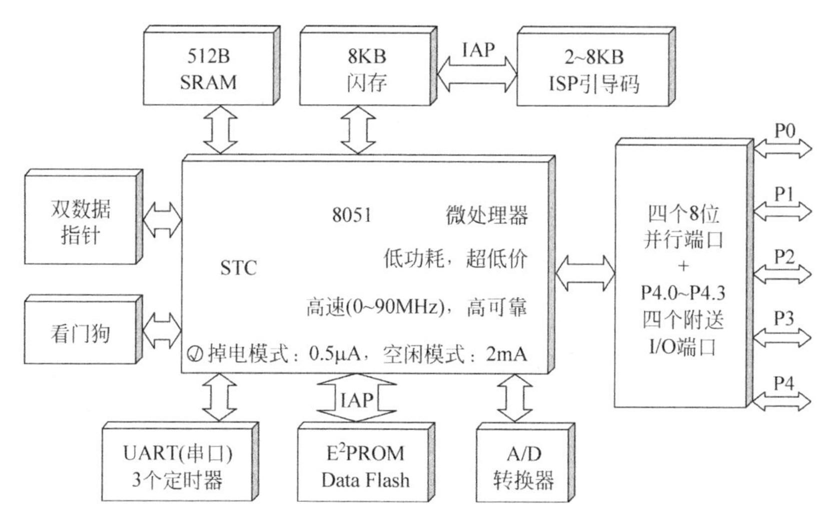

图 2-1 STC89C52RC 内部硬件结构框图

STC89C52RC 单片机有如下功能部件和特性。

① 增强型 6 时钟/机器周期和 12 时钟/机器周期任意设置。

② 指令代码完全兼容传统 8051。

③ 工作电压：3.4～5.5V(5V 单片机)，2.0～3.8V(3V 单片机)。

④ 工作频率：0～40MHz，相当于普通 8051 单片机的 0～80MHz，实际工作频率可达 48MHz。

⑤ 用户应用程序空间：8KB 片内 Flash 程序存储器，擦写次数 10 万次以上。

⑥ 片上集成 512B RAM 数据存储器。

⑦ 通用 I/O 口(35/39 个)，复位后为 P1、P2、P3、P4 是准双向口/弱上拉(与普通 MCS-51 传统 I/O 口功能一样)；P0 口是开漏输出口，作为总线扩展用时，不用加上拉电阻，作为 I/O 口用时，需加上拉电阻。

⑧ ISP 在系统可编程/IAP 在应用可编程，无须专用编程器/仿真器，可通过串口(RxD/P3.0，TxD/P3.1)直接下载用户程序，8KB 程序 3s 即可完成一片。

⑨ 芯片内置 E^2PROM 功能。

⑩ 硬件看门狗。

⑪ 内部集成 MAX810 专用复位电路(HD 版本和 90C 版本才有)，外部晶体 20MHz 以下时，可不需要外部复位电路。

⑫ 共 3 个 16 位定时器/计数器，兼容普通 MCS-51 单片机的定时器，其中定时器 T0 还可以当成 2 个 8 位定时器使用。

⑬ 外部中断 4 路，下降沿中断或低电平触发中断，掉电模式可由外部中断低电平触发中断方式唤醒。

⑭ 通用异步串行口(UART)，还可用定时器软件实现多个 UART。

⑮ 工作温度范围：0～75℃(商业级)，－40～85℃(工业级)。

⑯ 封装形式有：LQFP-44、PDIP-40、PLCC-44、PQFP-44。LQFP-44 具有体积小、扩展了 P4 口、外部中断 2 和 3 及定时器 T2 的特点。PDIP-40 的封装与传统的 89C52 芯片

兼容。

除此之外,STC89C52RC 单片机自身还有很多独特的优点。

① 加密性强,无法解密。

② 超强抗干扰。主要表现在:高抗静电(ESD 保护),可以轻松抗御 2kV/4kV 快速脉冲干扰(EFT 测试),宽电压、不怕电源抖动,宽温度范围为 −40～85℃,I/O 口经过特殊处理,单片机内部的电源供电系统、时钟电路、复位电路及看门狗电路经过特殊处理。

③ 采用三大降低单片机时钟对外部电磁辐射的措施,禁止 ALE 输出,如选 6 时钟/机器周期,外部时钟频率可降一半;单片机时钟振荡器增益可设为 1/2。

④ 超低功耗。掉电模式,典型电流损耗 <0.1μA;空闲模式,典型电流损耗为 2mA;正常工作模式,典型电流损耗 4～7mA。

STC89C52RC 单片机的工作模式有如下几种。

① 掉电模式。RAM 内容被保存,振荡器被冻结,单片机一切工作停止,直到下一个中断或硬件复位为止,中断返回后,继续执行原程序。典型功耗 <0.1μA。

② 空闲模式。CPU 停止工作,允许 RAM、定时器/计数器、串口、中断继续工作。典型功耗 2mA。

③ 正常工作模式。单片机正常执行程序的工作模式,典型功耗 4～7mA。

选用 STC89C52 系列单片机的一个主要原因如下。

由于这种单片机可以利用全双工异步串行口(P3.0/P3.1)进行在系统编程(ISP),即无须专用编程器/仿真器,就可通过串口直接下载用户程序,因此省去了每次编程必须插拔单片机到专用编程器上的麻烦,可以直接将 STC 单片机固定焊接在 PCB 板上,进行程序的下载调试。

STC89 系列单片机大部分具有在系统可编程(ISP)特性,ISP 还有另一个好处,就是对于有些程序尚未定型的产品可以一边生产,一边完善,加快了产品进入市场的速度,降低了新产品由于软件缺陷带来的风险。由于可以将程序直接下载进单片机看运行结果,因此也可以不用仿真器。STC 单片机在线编程典型线路如图 2-2 所示。

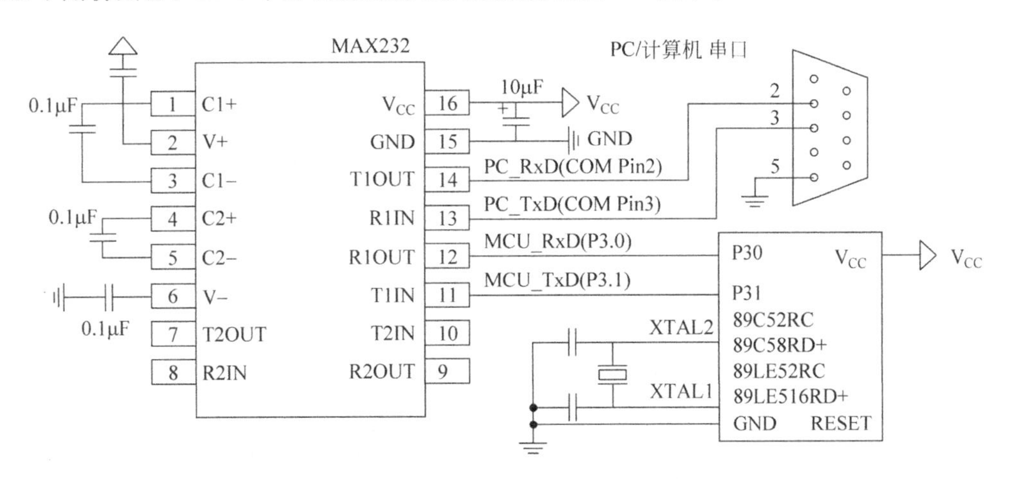

图 2-2 STC 单片机在线编程典型线路图

大部分 STC89 系列单片机在销售给用户之前已在单片机内部固化有 ISP 系统引导程序，配合 PC 端的控制程序即可将用户的程序代码下载进单片机内部，故无须编程器(速度比通用编程器快)。不要用通用编程器编程，否则有可能将单片机内部已固化的 ISP 系统引导程序擦除，造成无法使用 STC 提供的 ISP 软件下载用户的程序代码。

2.2　STC89C52 单片机的外部引脚及功能

STC89C52 目前有 LQFP44、PQFP44、PDIP40、PLCC44 等封装形式，并且不同版本的引脚也不同。如图 2-3 所示为各封装形式的 HD 版本和 90C 版本的引脚图。

STC89C52RC 单片机的 HD 版本和 90C 版本的区别是：HD 版本有 ALE 引脚，无 P4.6/P4.5/P4.4 口。而 90C 版本无 $\overline{PSEN}$、$\overline{EA}$ 引脚，有 P4.4 和 P4.6 引脚；90C 版本的 ALE/P4.5 引脚既可作 I/O 口 P4.5 使用，也可被复用作 ALE 引脚使用，默认为 ALE 引脚。

STC89C52RC 单片机有 P0、P1、P2、P3、P4 5 个端口，其中 P4 端口在 LQFP44、PQFP44、PLCC44 等封装形式中才有，其他有很多引脚和控制信号共用引脚。下面就 PDIP40HD 版本的各引脚进行说明。

1. 电源引脚

电源引脚有 V_{CC}(接电源正极)和 GND(接地)。

2. 时钟引脚

(1) XTAL1：片内振荡器反相放大器和时钟发生器电路输入端。用片内振荡器时，该引脚接外部石英晶体和微调电容。外接时钟源时，该引脚接外部时钟振荡器的信号。

(2) XTAL2：片内振荡器反相放大器的输出端。当使用片内振荡器，该引脚连接外部石英晶体和微调电容。当使用外部时钟源时，本引脚悬空。

3. 控制线引脚

(1) RST：复位输入。当输入连续两个机器周期以上高电平时为有效，用来完成单片机的复位初始化操作。看门狗计时完成后，RST 引脚输出 96 个晶振周期的高电平。特殊寄存器 AUXR(地址 8EH)上的 DISRTO 位可以使此功能无效。DISRTO 默认状态下，复位高电平为有效。

(2) ALE：地址锁存允许信号输出引脚。ALE 为地址锁存允许信号，当单片机上电正常工作后，ALE 引脚不断输出正脉冲信号。当访问单片机外部存储器时，ALE 输出信号的负跳沿用作低 8 位地址的锁存信号。即使不访问外部锁存器，ALE 端仍有正脉冲信号输出，此频率为时钟振荡器频率的 1/6。但是，当访问外部数据存储器时，每两个机器周期中，ALE 只出现一次，即丢失一个 ALE 脉冲。因此，ALE 一般不适宜用作精确的时钟源或者定时信号。此外，利用 ALE 引脚输出正脉冲信号的特点，可用示波器查看单片机是否完好。在对片外 EPROM 型单片机编程写入时，此引脚作为编程脉冲的输入端。

(3) $\overline{PSEN}$：外部程序存储器数据读选通信号输出引脚。在单片机访问外部程序存储

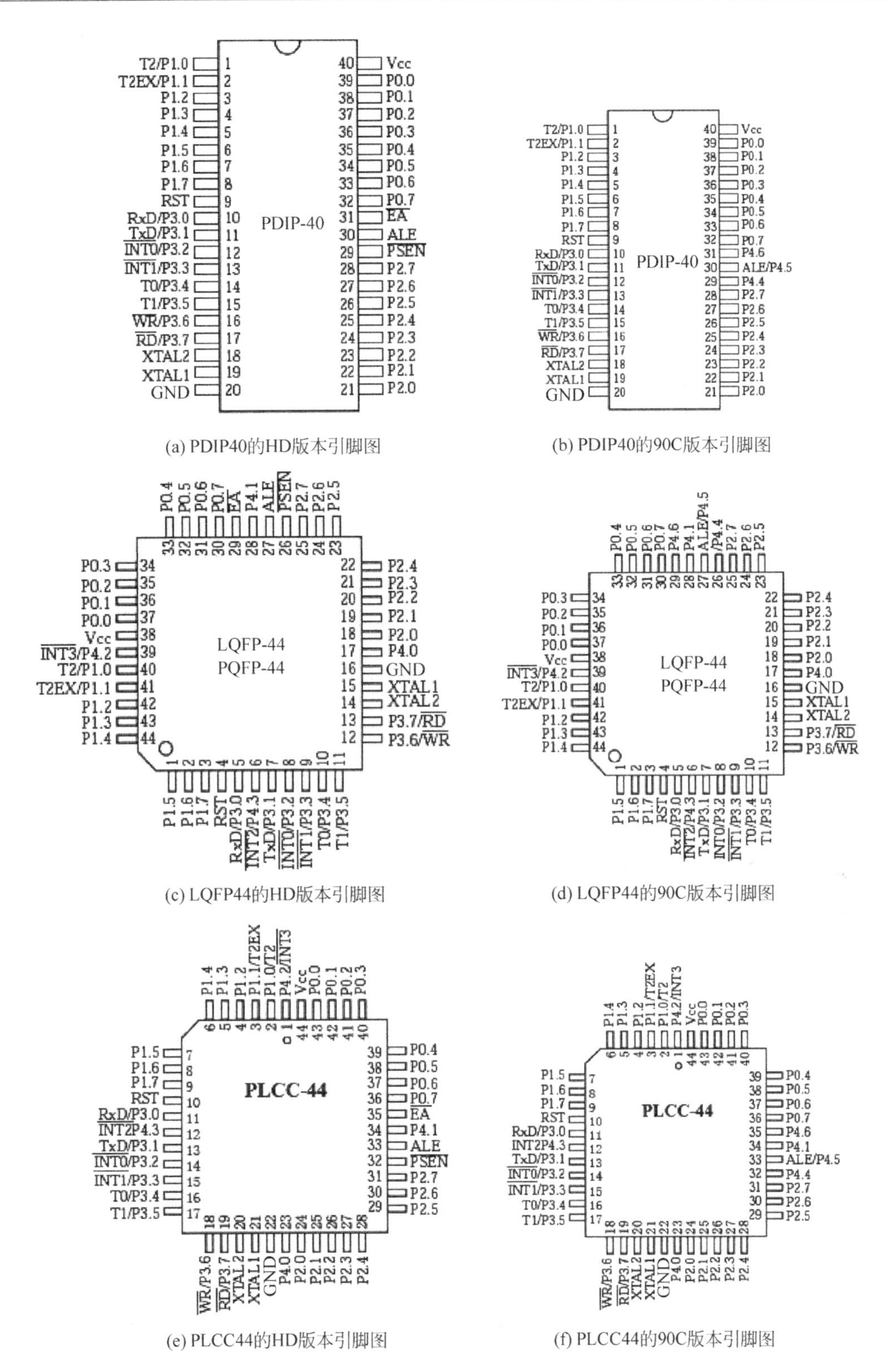

(a) PDIP40的HD版本引脚图

(b) PDIP40的90C版本引脚图

(c) LQFP44的HD版本引脚图

(d) LQFP44的90C版本引脚图

(e) PLCC44的HD版本引脚图

(f) PLCC44的90C版本引脚图

图 2-3　各封装形式的 HD 版本和 90C 版本的引脚图

器时，此引脚输出的负脉冲作为读外部程序存储器的选通信号。此引脚接外部程序存储器的输出允许端。如果要检查一个单片机应用系统是否上电，CPU 能否正常从外部程序存储器读取指令，可用示波器查看$\overline{\mathrm{PSEN}}$引脚有无脉冲输出，如有输出，则表示此时单片机系统已上电，处于正常工作的状态。

(4) $\overline{\mathrm{EA}}$：内外程序存储器选择控制端。当$\overline{\mathrm{EA}}$端为高电平时，单片机访问内部程序存储器，但在 PC(程序计数器)超出片内程序存储器容量时，将自动执行片外程序存储器。当$\overline{\mathrm{EA}}$为低电平时，则只访问外部程序存储器，不管单片机内部是否有程序存储器。需要注意的是，单片机只在复位期间采样$\overline{\mathrm{EA}}$引脚的电平，复位结束后，$\overline{\mathrm{EA}}$引脚的电平对于程序存储器的访问没有影响。

4. 并行输入/输出引脚

(1) P0 口

P0.0～P0.7。P0 口既可作为输入/输出口，也可作为地址/数据复用总线使用。当 P0 口作为输入/输出口时，P0 是一个 8 位准双向口，上电复位后处于开漏模式。P0 口内部无上拉电阻，所以作 I/O 口必须外接 10～4.7kΩ 的上拉电阻。当 P0 作为地址/数据复用总线使用时，是低 8 位地址线[A0～A7]和数据线[D0～D7]共用，此时无须外接上拉电阻。

(2) P1 口

P1.0～P1.7。P1 口是一个带内部上拉电阻的 8 位双向 I/O 口。P1 的输出缓冲器可驱动(吸收或者输出电流方式)4 个 TTL 输入。对端口写入 1 时，通过内部的上拉电阻把端口拉到高电位，这时可用作输入口。P1 口作输入口使用时，因为有内部上拉电阻，那些被外部拉低的引脚会输出一个电流。

其中，P1.0 和 P1.1 还可以作为定时器/计数器 2 的外部计数输入(P1.0/T2)和定时器/计数器 2 的触发输入(P1.1/T2EX)，具体参见表 2-1。

表 2-1　P1.0 和 P1.1 引脚复用功能

引脚号	功 能 特 性
P1.0	T2(定时/计数器 2 外部计数输入)，时钟输出
P1.1	T2EX(定时器/计数器 2 捕获/重装触发和方向控制)

(3) P2 口

P2.0～P2.7。P2 口内部带上拉电阻的 8 位双向 I/O 端口。既可作为输入/输出口，也可作为高 8 位地址总线使用(A8～A15)。当 P2 口作为输入/输出口时，P2 是一个 8 位准双向口。在访问外部程序存储器和 16 位地址的外部数据存储器时，P2 送出高 8 位地址。在访问 8 位地址的外部数据存储器时，P2 口引脚上的内容就是专用寄存器 SFR 区中的 P2 寄存器的内容，在整个访问期间不会改变。

(4) P3 口

P3.0～P3.7。P3 是一个带内部上拉电阻的 8 位双向 I/O 端口。P3 的输出缓冲器可驱动(吸收或输出电流方式)4 个 TTL 输入。对端口写入 1 时，通过内部的上拉电阻把端口拉到高电位，这时可用作输入口。P3 作输入口使用时，因为有内部的上拉电阻，那些被外部信号拉低的引脚会输入一个电流。P3 口除作为一般 I/O 口外，还有其他一些复用功能，如

表 2-2 所示。

表 2-2　P3 口引脚复用功能

引　脚　号	复 用 功 能
P3.0	RXD（串行输入口）
P3.1	TXD（串行输出口）
P3.2	$\overline{\text{INT0}}$（外部中断 0）
P3.3	$\overline{\text{INT1}}$（外部中断 1）
P3.4	T0（定时器 0 的外部输入）
P3.5	T1（定时器 1 的外部输入）
P3.6	$\overline{\text{WR}}$（外部数据存储器写选通）
P3.7	$\overline{\text{RD}}$（外部数据存储器读选通）

（5）P4 口

P4.0～P4.6。P4 口 I/O 口线条数随着封装形式的不同而有所差异。PLCC44 与 LQFP44 封装形式的单片机具有 7 条口线，分别是 P4.0～P4.6。PDIP40 封装形式 P4 口有 3 条口线，为 P4.4～P4.6。除可作为 I/O 使用之外，各口还具有复用功能，见表 2-3。

表 2-3　P4 口复用功能

引　脚　号	复 用 功 能
P4.0	标准 I/O 口
P4.1	标准 I/O 口
P4.2/$\overline{\text{INT3}}$	标准 I/O 口/外部中断 3
P4.3/$\overline{\text{INT2}}$	标准 I/O 口/外部中断 2
P4.4/$\overline{\text{PSEN}}$	标准 I/O 口/外部程序存储器选通信号输出引脚
P4.5/ALE	标准 I/O 口/地址锁存允许信号输出引脚
P4.6/$\overline{\text{EA}}$	标准 I/O 口/内外部程序存储器选择引脚

2.3　中央处理器

单片机的中央处理器 CPU 由运算器和控制器组成。它的作用是读入并分析每条指令，根据各指令功能控制单片机的各功能部件执行相应的运算或操作。值得注意的是，单片机中的 CPU 实际上是一个完整的 1 位微计算机。这个 1 位微计算机具有自己的 CPU、位寄存器、I/O 口和指令集。1 位机在开关决策、逻辑电路仿真、工业控制方面非常有效，而 8 位机在数据采集、运算处理方面有明显优势。在单片机中把 8 位机和 1 位机的硬件资源复合在一起，二者相辅相成，这是单片机技术上的一个突破，更是单片机设计上的精妙所在。

2.3.1　运算器

运算器主要由算术逻辑运算单元 ALU、累加器 A、寄存器 B、位处理器、程序状态字寄存器 PSW 组成。其主要任务是实现算术与逻辑运算、位变量处理与传送操作等。

1. 算术逻辑运算单元 ALU

ALU 功能十分强大,它不仅可对 8 位变量进行逻辑"与""或""非""异或""循环""清零"等基本操作,还可以进行加、减、乘、除等基本算术运算。ALU 还具有一般微计算机 ALU 所不具备的功能,可以对位变量进行位处理,如置位、清零、逻辑"与""或"等操作。由此可见,ALU 在算术运算及控制处理方面的能力是很强的。

2. 累加器 A

累加器 A 是一个 8 位特殊功能寄存器,是 CPU 中使用最频繁的一个寄存器,编程时也可用 Acc 表示。累加器有如下作用。

(1) 数据传送来源。进入 ALU 作算术和逻辑运算的操作数大多来自于 A,运算结果也送回 A 中保存。

(2) 数据中转站。CPU 中的数据传送大多通过 A 进行,故累加器 A 相当于数据中转站。由于 CPU 数据传送量大,仅靠累加器 A 传送数据容易产生"堵塞"现象或形成数据传送"瓶颈"。为此,8051 单片机增加了一些可以不经过累加器的传输指令,这样既可加快 CPU 数据的传输速度,也可减少累加器的"瓶颈""堵塞"现象。需要说明的是,PSW 中的进位标志位 Cy 较为特殊,因为它同时也是位处理机的位累加器。

3. 寄存器 B

寄存器 B 是为执行乘法和除法操作而设置的,用于存放乘法和除法运算的操作数和运算结果。在不执行乘法和除法操作时,可作为一个普通寄存器使用。

4. 程序状态字寄存器 PSW

程序状态字寄存器(Program Status Word,PSW)是一个 8 位可读/写的标志寄存器,位于单片机片内特殊功能寄存器区,字节地址为 D0H。PSW 中保存了指令执行结果的 8 位特征信息,每一位都包含了程序运行状态信息,以供程序查询和判断。PSW 的格式及含义如表 2-4 所示。

表 2-4 PSW 的格式

符号	字节地址	位名称								复位值
PSW	D0H	Cy	Ac	F0	RS1	RS0	OV	—	P	0000 0000

(1) P:奇偶标志位。在执行指令后,单片机根据累加器 A 中 1 的个数的奇偶性自动地给该标志置 1 或清 0。若累加器 A 中 1 的个数为奇数,则 P=1;若累加器 A 中 1 的个数为偶数,则 P=0。

在串行通信中常用奇偶校验的办法来检验数据传输的可靠性。因此,该标志在串行口通信中可作数据传输的校验码。通过奇偶校验可检验通信数据传输的可靠性。实际应用时,在发送端可根据 P 的值对数据的奇偶位"置位"或"清 0"。若在通信协议中规定采用奇校验的办法,则 P=0 时,应对数据(假定由 A 取得)的奇偶位"置位",否则就"清 0"。

(2) —：保留位。

(3) OV：溢出标志位。当执行算术指令时，由硬件置 1 或清 0，以反映运算结果是否溢出(即运算结果的正确性)。溢出时 OV＝1，表明运算结果不正确；否则 OV＝0，表示运算没有发生溢出。溢出标志 OV 和进位标志 Cy 是两种不同性质的标志。溢出是指有符号的两个数进行运算时，运算结果超出了累加器用补码所能表示的一个有符号数的范围(－128～＋127)。而进位则表示两个数运算时最高位(D7)相加或相减，有无进位或借位。因此使用时应注意区分。

(4) RS1、RS0：四个工作寄存器组选择位。2 位有四种组合，可用软件使它置 1 或清 0，用以设定四个寄存器组当前使用哪一组工作寄存器，每组有八个工作寄存器，寄存器名用 R0～R7 表示，对应单片机片内 RAM 区的 00～1FH 地址。RS1、RS0 与四个工作寄存器区的对应关系如表 2-5 所示。

表 2-5　RS1、RS0 与四个工作寄存器区的对应关系表

RS1	RS0	所选的 4 组寄存器
0	0	0 区(内部 RAM 地址 00H～07H)
0	1	1 区(内部 RAM 地址 08H～0FH)
1	0	2 区(内部 RAM 地址 10H～17H)
1	1	3 区(内部 RAM 地址 18H～1FH)

(5) F0：由用户自定义的标志位。用户可以根据自己的编程需要用软件对 F0 赋予一定的含义，可用软件使它置 1 或清 0，也可由指令来测试 F0 标志位的值，用以控制程序的流向。编程时，用户可以充分利用这个标志位来实现程序的循环分支。

(6) Ac：辅助进位(或称半进位)标志位。它表示两个 8 位数运算时，低 4 位是否有进位或借位的情况。当低 4 位相加或相减时，若 D3 位向 D4 位有进位或借位，则 Ac＝1，否则 Ac＝0。Ac 在 BCD 码运算时用作十进制调整，同 DA 指令结合起来使用。

(7) Cy：进位标志位。Cy 也可写成 C，在执行算术运算和逻辑指令时，Cy 可以被硬件或软件置位或清 0；在用于位处理器时，它是位累加器。

2.3.2　控制器

控制器是单片机的指挥部件，主要包括指令寄存器、指令译码器、程序计数器、程序地址寄存器、条件转移逻辑电路和时序控制逻辑电路。控制器的主要任务是识别指令，并根据指令的性质控制单片机各功能部件，从而保证单片机各部分能自动有序地工作。

1. 指令、指令译码及控制器

所谓指令就是完成某项操作的命令。计算机采用二进制形式的编码来表示指令，即指令代码，一条指令是由一个或多字节组成的一串二进制代码。

指令由两部分组成：一是指示系统需要完成操作的操作码；二是提供被操作的操作数。例如，单片机的一条指令：

```
00100101 00110000
```

该指令是两字节加法指令，其功能是把寄存器 A 中的数据与地址为 30H 的存储单元中的数据相加，并将结果存放在 A 中。其中高 8 位 00100101 为操作码，而低 8 位 00110000 为操作数。在单片机中有一个由数字电路构成的指令译码器，它负责对指令进行解析和翻译，并向与译码器相连的控制器发出相应的控制信息，指挥运算器和存储器协同完成指令所要求的操作。

2. 指令集和指令助记符

计算机系统的指令译码器所能解析的指令是系统设计者在设计时规定的。凡是该计算机系统的指令译码器所能翻译的指令就是该系统能够使用的合法指令，这些合法指令的集合就是计算机系统的指令系统。

由于采用二进制或十六进制代码形式表示的指令既不便于记忆，也不便于使用，为此，采用带有语义的英文缩写来表示指令的操作码，并规定指令的书写格式，形成指令助记符。例如，上面的加法指令用助记符表示为

```
ADD     A,30H
```

显然，指令的助记符形式要比用二进制和十六进制的表示方式更直观方便。

3. 程序及程序计数器 PC

为完成一个完整的运算任务，按照执行步骤、用计算机指令编写的指令集合叫作计算机程序。一般情况下，程序应事先存放在程序存储器中，并占据存储器的一段空间，程序第一条指令所在的存储单元地址叫作程序的起始地址(首地址)。

计算机在执行程序之前必须要获得程序的首地址，这个首地址存放在程序计数器 PC 中，当启动执行程序时，在计算机控制器的控制下，取指令装置会按 PC 的指向从存储器中读出第一条指令并译码，执行指令所要求的操作。在当前指令执行完之后，PC 自动加 1，使 PC 指向下一条指令的地址。若所有指令都执行完毕，那么运算任务也就完成了，PC 指向停止指令地址。可见，PC 中内容的变化决定了程序的流向。PC 的位数决定了单片机对程序存储器直接寻址的范围。在单片机中，程序计数器 PC 是一个 16 位计数器，故对程序存储器的寻址范围可达 64KB(即 $2^{16}=65\,536=64\text{KB}$)。

4. 指令的执行过程

计算机执行一条指令的动作分成三个阶段：取指令、指令译码和执行指令。

取指令是按 PC 的指向从存储器中取出指令的第一字节，然后自动将 PC 值加 1 指向下一个存储单元。如果是多字节指令，则取指令装置再取指令的第二字节，并把 PC 再加 1，按此方法直到取出一条完整指令并存入指令寄存器。此时，PC 值已指向下一条指令的首地址。

指令译码是对指令寄存器中的指令进行分析，若指令要求操作数，则自动提取操作数地址。

执行指令是按操作数的地址获得操作数，执行指令规定的操作，并根据指令的要求保存操作结果。然后周而复始地执行上述三个阶段操作，直至遇到停止指令结束。

2.3.3 程序执行过程

从指令的取指过程可以看出，计算机的取指令装置是按 PC 中的地址来读取指令的。因此，程序的执行线路实际上是由 PC 来决定的，更改了 PC 中的值就会改变程序的流向。所以说：PC 是计算机执行程序的引路人，又叫程序指针。

把程序的机器码存入程序存储器中，程序执行过程如下。

开机时，程序计数器 PC 变成 0000H。然后单片机在时序电路作用下自动进入执行程序过程。执行过程实际上就是单片机取指令（取出存储器中事先存放的指令阶段）和执行指令（分析执行指令阶段）的循环过程。

为便于说明，现在假设程序已经执行到 0030H，即 PC 变成 0030H。在 0030H 中已存放 74H，0031H 中已存放 A0H。该指令的功能是把操作数 A0H 送入累加器 A 中。当单片机开始运行时，首先是进入取指令阶段。其次序如下。

(1) 将 PC 中的地址值送地址寄存器，然后 PC 自动加 1，即 PC 中地址变为 0031H。

(2) 地址寄存器中的地址经地址总线送到存储器，经译码选通 0030H 单元。

(3) CPU 控制器发出读信号，将 0030H 单元中的数据 74H 经数据总线传送到数据寄存器。由于该数据是指令中的操作码，因此由数据寄存器再传送到指令寄存器。

(4) 指令译码器对指令寄存器中的指令码进行分析，由控制器发出指令所规定的控制信号。

(5) 根据控制信号的指示，确认本指令还需要操作数，因此单片机又把 PC 中的地址值 0031H 送入地址寄存器，然后 PC 自动加 1 变为 0032H。

(6) 地址寄存器中的地址 0031H 通过地址总线选通指向存储器的 0031H 单元，并发出读出信号，将该存储单元中的数据 A0H 读入到数据寄存器。

(7) 因为 A0H 为操作数，所以按照指令的规定，该数据被送入累加器 A，而不是进入指令寄存器。

至此，一条指令执行结束。单片机中的 PC＝0032H，PC 在 CPU 每次向存储器取指令或取数据时都自动加 1，单片机进入下一个取指令阶段。这一过程一直重复下去，直到收到暂停指令或循环等待指令才暂停。CPU 就是这样一条一条执行指令，完成程序所规定的功能，这就是单片机的基本工作原理。

2.4 STC89C52 单片机存储器结构

STC89C52RC 存储器的结构特点之一是将程序存储器和数据存储器分开（哈佛结构），并有各自的访问指令。STC89C52RC 系列单片机除可以访问片上 Flash 存储器外，还可以访问 64KB 的外部程序存储器。STC89C52RC 系列单片机内部有 512 字节的数据存储器，其在物理和逻辑上都分为两个地址空间：内部 RAM（256 字节）和内部扩展 RAM（256 字节），另外还可以访问在片外扩展的 64KB 外部数据存储器。

2.4.1 STC89C52 单片机程序存储器

单片机程序存储器存放程序和表格之类的固定常数。片内为 8KB 的 Flash，地址为 0000H～1FFFH。16 位地址线可外扩的程序存储器空间最大为 64KB，地址为 0000H～FFFFH。使用时应注意以下问题：

(1) 分为片内和片外两部分，访问片内还是片外的程序存储器，由$\overline{EA}$引脚电平确定。

$\overline{EA}$=1 时，CPU 从片内 0000H 开始取指令，当 PC 值没有超出 1FFFH 时，只访问片内 Flash 存储器，当 PC 值超出 1FFFH 时自动转向读片外程序存储器空间 2000H～FFFFH 内的程序。

$\overline{EA}$=0 时，只能执行片外程序存储器(0000H～FFFFH)中的程序，不理会片内 8KB Flash 存储器。

(2) 程序存储器某些固定单元用于各中断源中断服务程序入口。

STC89C52 复位后，程序存储器地址指针 PC 的内容为 0000H，于是程序从程序存储器的 0000H 开始执行，一般在这个单元存放一条跳转指令，跳向主程序的入口地址。除此之外，64KB 程序存储器空间中有 8 个特殊单元分别对应于 8 个中断源的中断入口地址，见表 2-6。通常这 8 个中断入口地址处都存放一条跳转指令跳向对应的中断服务子程序，而不是直接存放中断服务子程序。因为两个中断入口间的间隔仅有 8 个单元，一般不够存放中断服务子程序。

表 2-6 程序存储器空间的 8 个中断入口地址

中断源	中断向量地址
$\overline{INT0}$	0003H
T0	000BH
$\overline{INT1}$	0013H
T1	001BH
UART	0023H
T2	002BH
$\overline{INT2}$	0033H
$\overline{INT3}$	003BH

2.4.2 STC89C52 单片机数据存储器

STC89C52RC 系列单片机内部集成了 512 字节 RAM，可用于存放程序执行的中间结果和过程数据。内部数据存储器在物理和逻辑上都分为两个地址空间：内部 RAM(256 字节)和内部扩展 RAM(256 字节)。此外，还可以访问在片外扩展的 64KB 数据存储器。STC89C52RC 系列单片机的存储器分布如图 2-4 所示。(特别说明：图中阴影部分的访问由辅助寄存器 AUXR(地址为 8EH)的 EXTRAM 位来设置，这部分在物理上是内部 RAM，逻辑上占用外部 RAM 地址空间)。

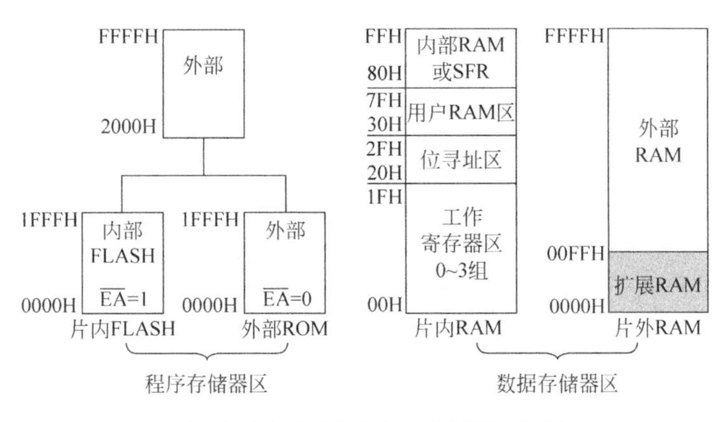

图 2-4 STC89C52RC 系列存储器分布

1. 片内数据存储器

传统的 89C52 单片机的内部 RAM 只有 256 字节的空间可供使用，因此 STC 公司在一些单片机内部增加了 RAM。STC89C52RC 系列单片机内部扩展了 256 个字节 RAM。于是 STC89C52RC 单片机内部 512 字节的 RAM 有 3 个部分：①低 128 字节(00H～7FH)内部 RAM；②高 128 字节(80H～FFH)内部 RAM；③内部扩展的 256 字节 RAM 空间(00H～FFH)。

下面分别作出说明。

(1) 低 128 字节(00H～7FH)的空间既可以直接寻址也可间接寻址，内部低 128 字节 RAM 又可分为：工作寄存器组 0(00H～07H)8 字节、工作寄存器组 1(08H～0FH)8 字节、工作寄存器组 2(10H～17H)8 字节、工作寄存器组 3(18H～1FH)8 字节、可位寻址区(20H～2FH)16 字节、用户 RAM 和堆栈区(30H～7FH)80 字节。

(2) 高 128 字节(80H～FFH)的空间和特殊功能寄存器区 SFR 的地址空间(80H～FFH)貌似共用相同的地址范围，但物理上是独立的，使用时通过不同的寻址方式加以区分：高 128 字节 RAM 只能间接寻址，而特殊功能寄存器区 SFR 只能直接寻址。

(3) 内部扩展 RAM，在物理上是内部的，但逻辑上则是占用外部数据存储器的部分空间，需要用 MOVX 来访问。内部扩展 RAM 是否可以被访问是由辅助寄存器 AUXR(地址为 8EH)的 EXTRAM 位来设置的。

2. 片外数据存储区

当片内 RAM 不够用时，需要外扩数据存储器，STC89C52 最多可外扩 64KB 的 RAM。片内 RAM 与片外 RAM 两个空间是相互独立的，片内 RAM 与片外 RAM 的低 256 字节的地址是相同的，但由于使用的是不同的访问指令，所以不会发生冲突。另外，只有在访问真正的外部数据存储器期间，$\overline{WR}$或$\overline{RD}$信号才有效。但当 MOVX 指令访问物理上在内部、逻辑上在外部的片内扩展 RAM 时，这些信号将被忽略。

2.4.3 STC89C52 单片机特殊功能寄存器

特殊功能寄存器一般用于存放相应功能部件的控制命令、状态和数据。这些寄存器的功能已作了专门的规定，故称为特殊功能寄存器(Special Function Register, SFR)。STC89C52 中的 CPU 对片内各功能部件的控制采用特殊功能寄存器集中控制方式。特殊功能寄存器 SFR 的单元地址映射在片内 RAM 的 80H～FFH 区域中，离散地分布在该区域，其中字节地址以 0H 或 8H 结尾的特殊功能寄存器可以进行位操作。按 SFR 的功能分为几类，如表 2-7～表 2-16 所示，标 * 号的表示在以下分类表中有重复，即该 SFR 可归在不同分类中。

表 2-7　单片机内核特殊功能寄存器

序号	符号	功能介绍	字节地址	位地址	复位值
1	ACC	累加器	E0H	E7～E0H	0000 0000
2	B	B 寄存器	F0H	F7～F0H	0000 0000
3	PSW	程序状态字寄存器	D0H	D7～D0H	0000 0000
4	SP	堆栈指针	81H	—	0000 0111
5	DP0L	数据地址指针 DPTR0 低 8 位	82H	—	0000 0000
6	DP0H	数据地址指针 DPTR0 高 8 位	83H	—	0000 0000
7	DP1L	数据地址指针 DPTR1 低 8 位	84H	—	
8	DP1H	数据地址指针 DPTR1 高 8 位	85H	—	

表 2-8　单片机系统管理特殊功能寄存器

序号	符号	功能介绍	字节地址	位地址	复位值
1	PCON	电源控制寄存器	87H	—	0xx1 0000
2	AUXR	辅助寄存器	8EH	—	xxxx xx00
3	AUXR1	辅助寄存器 1	A2H	—	xxxx 0xx0

表 2-9　单片机中断管理特殊功能寄存器

序号	符号	功能介绍	字节地址	位地址	复位值
1	IE	中断允许控制寄存器	A8H	AFH～A8H	0000 0000
2	IP	低中断优先级控制寄存器	B8H	BFH～B8H	xx00 0000
3	IPH	高中断优先级控制寄存器	B7H	—	0000 0000
4	TCON	T0、T1 定时器/计数器控制寄存器	88H	8FH～88H	0000 0000
5	SCON	串行口控制寄存器	98H	9FH～98H	0000 0000
6	T2CON	T2 定时器/计数器控制寄存器	C8H	CFH～C8H	0000 0000
7	XICON	扩展中断控制寄存器	C0H	C7H～C0H	0000 0000

表 2-10　单片机 I/O 口特殊功能寄存器

序号	符号	功能介绍	字节地址	位地址	复位值
1	P0	P0 口锁存器	80H	87H～80H	1111 1111
2	P1	P1 口锁存器	90H	97H～90H	1111 1111
3	P2	P2 口锁存器	A0H	A7H～A0H	1111 1111
4	P3	P3 口锁存器	B0H	B7H～B0H	1111 1111
5	P4	P4 口锁存器	E8H	E7H～E0H	xxxx 1111

表 2-11　单片机串行口特殊功能寄存器

序号	符号	功 能 介 绍	字节地址	位地址	复位值
1 *	SCON	串行口控制寄存器	98H	9FH～98H	0000 0000
2	SBUF	串行口锁存器	99H	—	xxxx xxxx
3	SADEN	串行从机地址掩模寄存器	B9H	—	0000 0000
4	SADDR	串行从机地址控制寄存器	A9H	—	0000 0000

表 2-12　单片机定时器特殊功能寄存器

序号	符号	功 能 介 绍	字节地址	位地址	复位值
1 *	TCON	T0、T1 定时/计数控制寄存器	88H	8FH～88H	0000 0000
2	TMOD	T0、T1 定时/计数方式控制寄存器	89H	—	0000 0000
3	TL0	定时器/计数器 0(低 8 位)	8AH	—	0000 0000
4	TH0	定时器/计数器 0(高 8 位)	8CH	—	0000 0000
5	TL1	定时器/计数器 1(低 8 位)	8BH	—	0000 0000
6	TH1	定时器/计数器 1(高 8 位)	8DH	—	0000 0000
7 *	T2CON	定时器/计数器 2 控制寄存器	C8H		0000 0000
8	T2MOD	定时器/计数器 2 模式寄存器	C9H	—	xxxx xx00
9	RCAP2L	外部输入(P1.1)计数器/自动再装入模式时初值寄存器低 8 位	CAH	—	0000 0000
10	RCAP2H	外部输入(P1.1)计数器/自动再装入模式时初值寄存器高 8 位	CBH	—	0000 0000
11	TL2	定时器/计数器 2(低 8 位)	CCH	—	0000 0000
12	TH2	定时器/计数器 2(高 8 位)	CDH	—	0000 0000

表 2-13　单片机看门狗特殊功能寄存器

序号	符号	功 能 介 绍	字节地址	位地址	复位值
1	WDT_CONTR	看门狗控制寄存器	E1h	—	xx00 0000

表 2-14　单片机 ISP/IAP 特殊功能寄存器

序号	符号	功 能 介 绍	字节地址	位地址	复位值
1	ISP_DATA	ISP/IAP 数据寄存器	E2H	—	1111 1111
2	ISP_ADDRH	ISP/IAP 地址高 8 位	E3H	—	0000 0000
3	ISP_ADDRL	ISP/IAP 地址低 8 位	E4H	—	0000 0000
4	ISP_CMD	ISP/IAP 命令寄存器	E5H	—	xxxx x000
5	ISP_TRIG	ISP/IAP 命令触发寄存器	E6H	—	xxxx xxxx
6	ISP_CONTR	ISP/IAP 控制寄存器	E7H	—	000x x000

以下介绍部分特殊功能寄存器，其他各特殊功能寄存器的功能将在相应的章节介绍。

1. AUXR 扩展 RAM 及 ALE 管理特殊功能寄存器

AUXR 的格式如表 2-15 所示。

表 2-15　AUXR 的格式

符号	功能介绍	字节地址	位名称								复位值
AUXR	辅助寄存器	8EH	—	—	—	—	—	—	EXTRAM	ALEOFF	xxxxxx00

(1) 扩展 RAM 的管理由 AUXR 特殊功能寄存器的 EXTRAM 位来设置。

普通 89C51/89C52 系列单片机的内部 RAM 只有 128(89C51)/256(89C52)供用户使用,而 STC89C52RC 系列单片机内部扩展了 256 字节的 RAM。

(2) 当 ALEOFF=0 时,在 12 时钟模式下 ALE 脚输出固定的 1/6 晶振频率信号,在 6 时钟模式下输出固定的 1/3 晶振频率信号。

当 ALEOFF=1 时,ALE 引脚仅在执行 MOVX 或 MOVC 指令时才输出信号,好处是降低了系统对外界的电磁干扰。

(3) 当 EXTRAM=0 时,内部扩展 RAM 可存取,此时使用"MOVX A,@Ri/MOVX @Ri,A"指令来固定访问 00H～FFH 内部扩展的 RAM 空间,当超过 FFH 的外部 RAM 时,则用"MOVX A,@DPTR/MOVX @DPTR,A"指令来访问。

当 EXTRAM=1 时,禁止内部扩展 RAM 的使用,外部的 RAM 可以存取,此时 MOVX @DPTR 和 MOVX @Ri 的使用同传统的 89C52。

有些用户系统因为外部扩展了 I/O 或者用片选去选多个 RAM 区,有时与此内部扩展的 RAM 逻辑地址上有冲突,于是将此位设置为 1,禁止访问此内部扩展的 RAM 就可以了。请尽量用"MOVX A,@Ri/MOVX @Ri,A"指令访问内部扩展 RAM,这样只能访问 256 字节的扩展 RAM,可与很多单片机兼容,以达到完全兼容以前老产品的目的。另外,在访问内部扩展 RAM 之前,用户还须在烧录用户程序时在 STC-ISP 编程器中设置允许内部扩展 AUX-RAM 访问,如图 2-5 所示。

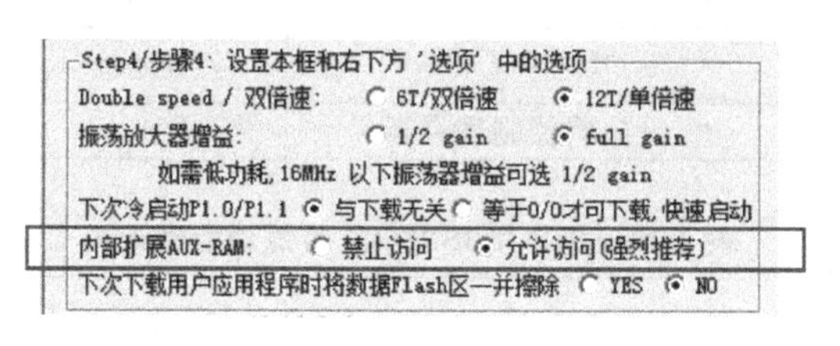

图 2-5　内部扩展 RAM 的设置

2. AUXR1 双数据指针控制特殊功能寄存器

AUXR1 的格式如表 2-16 所示。

表 2-16　AUXR1 的格式

符号	功能介绍	字节地址	位名称								复位值
AUXR1	辅助寄存器	A2H	—	—	—	—	GF2	—	—	DPS	xxxx0xx0

(1) DPS 是 DPTR 寄存器选择位

当 DPS=0 时,选择数据指针 DPTR0；当 DPS=1 时,选择数据指针 DPTR1。

AUXR1 特殊功能寄存器位于 A2H 单元,不可用位操作指令快速访问。但由于 DPS

位位于 bit0，故对 AUXR1 寄存器用 INC 指令，DPS 位便会反转，由 0 变成 1 或由 1 变成 0，即可实现双数据指针的快速切换。

(2) GF2 通用功能用户自定义位

由用户根据需要自定义使用。

3. 堆栈指针 SP

堆栈是一种数据结构，占一段内部数据单元，所操作的存储区域是连续的，堆栈操作遵循“先进后出”的原则，即：先压入堆栈的数据，最后才能弹出。堆栈区域开始放入数据的单元称为栈底，最后进栈的数据所在的存储单元称为栈顶，并用堆栈指针寄存器 SP 存放栈顶地址。SP 亦称为堆栈指针，也叫堆栈指示器，总是指向栈顶。

单片机复位后，SP 为 07H，使得堆栈实际上从 08H 单元开始，由于 08H～1FH 单元分别属于 1～3 组的工作寄存器区，最好在复位后把 SP 值改置为 30H 或更大的值，避免堆栈与工作寄存器冲突。

数据写入堆栈称入栈或压栈，对应指令助记符为 PUSH；数据从堆栈中读出称为出栈或弹出，对应指令的助记符为 POP。

堆栈类型可以分为向上生长型和向下生长型两种。

向上生长型是指随着数据的不断入栈，栈顶地址不断增大；反之，随着数据的不断出栈，栈顶地址不断减小，如图 2-6(a)所示。

向下生长型是指随着数据的不断入栈，栈顶地址不断减小；反之，随着数据的不断出栈，栈顶地址不断增大，如图 2-6(b)所示。

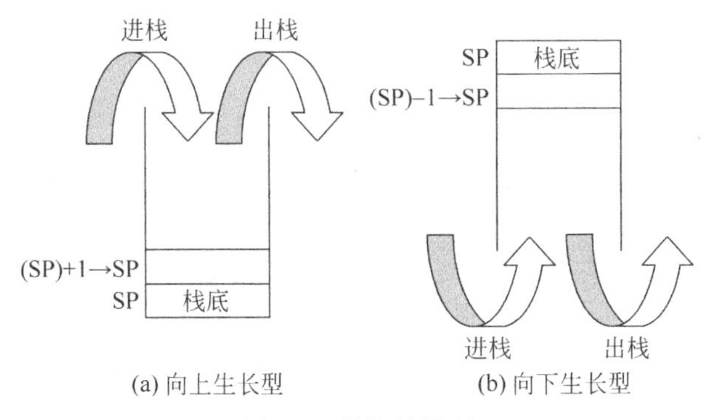

图 2-6　堆栈的类型

单片机的堆栈属于向上生长型。进栈操作：SP 的内容先自动加 1，然后再压入数据；出栈操作：先读出数据，然后 SP 的内容自动减 1。除用软件方式直接改变 SP 值外，执行 PUSH 和 POP、子程序调用、中断响应、子程序返回(RET)和中断返回(RETI)等指令时，SP 值也会自加或自减。

堆栈有三个具体功能。

(1) 保护断点

单片机在调用子程序操作或执行中断操作后，最后都要返回主程序，因此，在调用子程序前应预先把主程序的断点(即当前执行子程序调用指令的下一条指令的 PC 值)保存在堆栈中，为程序的正确返回做好准备，即在调用子程序或产生中断时，单片机将自动把当前的

PC 值压入堆栈。当子程序或中断返回时均应执行一条返回指令(RET 或 RETI),则单片机在执行返回指令时将自动把堆栈栈顶的两字节数据传送到 PC 中。

(2) 现场保护

单片机在执行子程序或中断服务子程序之后,需要用到一些 RAM 单元和寄存器单元。如果这些单元已经被主程序使用,这时就会破坏单元中原有的内容,造成资源冲突。因此,为了不破坏原有的数据,必须在实际执行子程序之前将这些数据保存起来,待子程序执行完毕后再按原样恢复,这就是现场保护。

现场保护最方便、最快捷的办法就是采用堆栈。要保护数据时,使用 PUSH 指令把数据压入堆栈;要恢复数据时,使用 POP 指令按照后进先出的原则,将堆栈数据送回指定的寄存器。

(3) 临时暂存数据

在程序设计时,有些中间变量或数据需要暂时保存,以备进行下一步数据处理,待数据处理完成后,就可丢弃这些数据。这时,可把数据临时存放在堆栈中,以减少不必要的内存开销,并快速实现数据缓存。

2.5 STC89C52 单片机 I/O 口

STC89C52RC 单片机所有 I/O 端口均有 3 种工作类型:准双向口/弱上拉(标准 8051 输出模式)、仅为输入(高阻)和开漏输出功能。

2.5.1 P0 端口

P0 端口是一个双功能的 8 位并行端口,字节地址为 80H,位地址为 80H～87H。端口的各位具有完全相同但又相互独立的电路结构。

P0 端口上电复位后处于开漏模式,当 P0 引脚作 I/O 口时,需外加 10～4.7kΩ 的上拉电阻,当 P0 引脚作为地址/数据复用总线使用时,不用外加上拉电阻。

当 P0 端口线锁存器为 0 时,开漏输出关闭所有上拉晶体管。当 P0 口作为一个逻辑输出时,这种配置方式必须有外部上拉电阻,一般通过电阻外接到 V_{CC}。如果外部有上拉电阻,开漏的 I/O 口还可以读外部状态,即此时被配置为开漏模式的 I/O 口还可以作为输入 I/O 口。这种方式的下拉与准双向口相同。输出口线配置如图 2-7 所示,开漏端口带有一个干扰抑制电路。

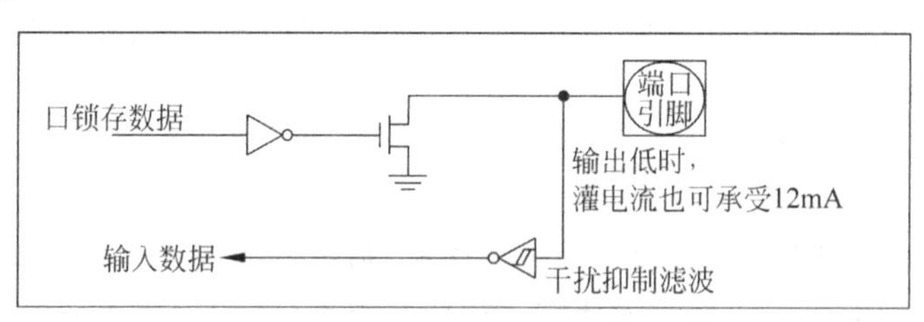

图 2-7 P0 口上电复位后为开漏模式

2.5.2　P1/P2/P3/P4 端口

STC89C52RC 系列单片机的 P1/P2/P3/P4 上电复位后为准双向口/弱上拉(传统 8051 的 I/O 口)模式。

准双向口输出类型可用作输出和输入功能,而不需重新配置口线输出状态。这是因为当口线输出为 1 时驱动能力很弱,允许外部装置将其拉低。当引脚输出为低时,它的驱动能力很强,可吸收相当大的电流。准双向口有 3 个上拉晶体管以适应不同的需要。

在 3 个上拉晶体管中,有 1 个上拉晶体管称为“弱上拉”,当口线寄存器为 1 且引脚本身也为 1 时打开。此上拉提供基本驱动电流使准双向口输出为 1。如果一个引脚输出为 1 而由外部装置下拉到低时,弱上拉关闭而“极弱上拉”维持开状态,为了把这个引脚强拉为低,外部装置必须有足够的灌电流能力使引脚上的电压降到门槛电压以下。

第 2 个上拉晶体管,称为“极弱上拉”,当口线锁存为 1 时打开。当引脚悬空时,这个极弱的上拉源产生很弱的上拉电流将引脚上拉为高电平。

第 3 个上拉晶体管称为“强上拉”。当口线锁存器由 0 到 1 跳变时,这个上拉用来加快准双向口由逻辑 0 到逻辑 1 转换。当发生这种情况时,强上拉打开约 2 个时钟以使引脚能够迅速地上拉到高电平。准双向口输出如图 2-8 所示。

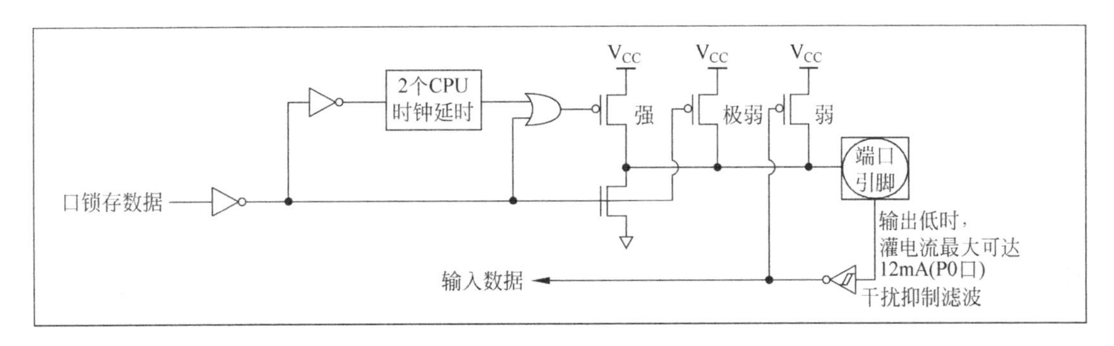

图 2-8　准双向口输出

如果用户向 3V 单片机的引脚上加 5V 电压,将会有电流从引脚流向 V_{CC},这样导致额外的功率消耗。因此,建议不要在准双向口模式中向 3V 单片机引脚施加 5V 电压,如使用的话,要加限流电阻,或用二极管做输入隔离,或用三极管做输出隔离。准双向口带有一个干扰抑制电路。准双向口读外部状态前,要先锁存为 1,才可读到外部正确的状态。

2.5.3　5V 单片机连接 3V 器件

STC89C52RC 的 5V 单片机 P0 口的灌电流最大为 12mA,其他 I/O 口的灌电流最大为 6mA。P0 口驱动能力是其他端口的 2 倍。有 8 个 LSTTL 输入。

当 STC89C52RC 系列 5V 单片机连接 3.3V 器件时,为防止 3.3V 器件承受不了 5V,可将相应的 5V 单片机 P0 口先串一个 0～330Ω 的限流电阻到 3.3V 器件 I/O 口,相应的 3.3V 器件 I/O 口外部加 10kΩ 上拉电阻到 3.3V 器件的 V_{CC},这样高电平是 3.3V,低电平是 0V，输入输出一切正常。其配置见图 2-9。

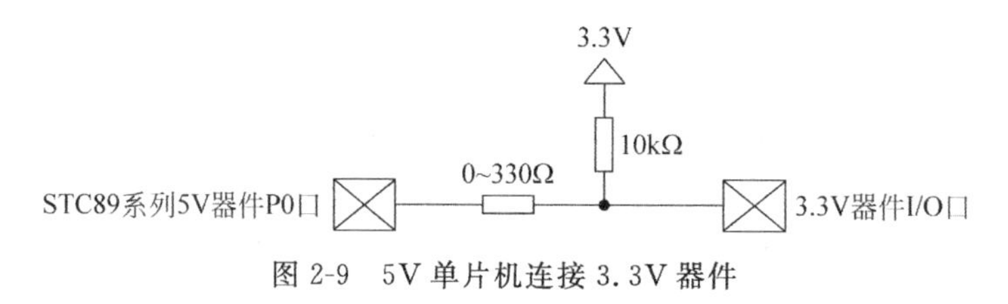

图 2-9　5V 单片机连接 3.3V 器件

2.6　STC89C52 单片机的时钟

2.6.1　传统 51 单片机时序

CPU 以不同的方式执行各种指令，而不同的指令其功能各异，有的涉及内部寄存器，有的涉及单片机内部各功能部件，有的则与外部器件发生联系。事实上，单片机是通过复杂的时序电路来完成不同的指令功能，都是在 CPU 控制的时序控制电路下进行的，而各种时序均与时钟周期有关。因此，所谓时序是指控制器按照指令功能发出的一系列在时间上有严格次序的信号，控制和启动相应的逻辑电路，完成指令功能。为了便于理解时序，先了解如下几个常用名词。

（1）时钟周期：为单片机提供时钟信号的振荡源周期，由外部晶振构成的振荡信号发生器产生周期性信号，又称振荡周期或外加振荡源周期。

（2）状态周期：由两个时钟周期构成一个状态周期，用 S 表示。两个时钟周期分为两个节拍，分别称为 P1 节拍和 P2 节拍。

（3）机器周期：CPU 完成一个基本操作所需要的时间称为机器周期。单片机中常把执行一条指令的过程分为若干个机器周期。每个机器周期由六个状态周期组成。每个状态周期又分成两个节拍 P1 和 P2。所以，一个机器周期可以依次表示为 S1P1、S1P2、…、S6P1、S6P2，如图 2-10 所示，即一个机器周期等于 12 个时钟周期。通常算术逻辑操作在 P1 节拍进行，而内部寄存器之间的数据传送在 P2 节拍进行。

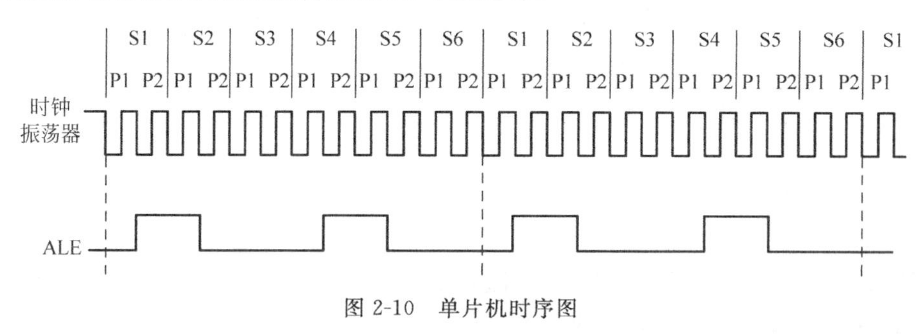

图 2-10　单片机时序图

（4）指令周期：完成一条指令所需要的时间称为指令周期，它以机器周期为单位，是机器周期的整数倍。51 单片机的指令系统中，它们按长度可分为单字节指令、双字节指令和三字节指令。从指令执行时间看，8051 单片机大多数指令是单字节单机器周期指令，也有些是单字节双机器周期指令、双字节单机器周期指令和双字节双机器周期指令，只有乘法、除法指令是单字节四机器周期指令。

例 2-1　若 8051 单片机外接晶振为 12MHz 时，则四个周期的具体值如下。

时钟周期＝1/12MHz＝1/12μs＝0.0833μs

状态周期＝1/6μs＝0.167μs

机器周期＝1μs

指令周期＝1～4μs

2.6.2　STC89C52 单片机时序

STC89C52RC 单片机有两种机器周期时序：12 时钟/机器周期和 6 时钟/机器周期。如果选择 12 时钟/机器周期模式，则兼容传统 51 单片机时序；如果选择 6 时钟/机器周期模式，则 1 个机器周期等于 6 个时钟周期。

例 2-2　若 STC89C52RC 单片机外接晶振为 12MHz，选择 6 时钟/机器周期模式，则四个周期的具体值为

时钟周期＝1/12MHz＝1/12μs＝0.0833μs

状态周期＝1/6μs＝0.167μs

机器周期＝0.5μs

指令周期＝0.5～2μs

2.6.3　STC89C52 单片机时钟电路

计算机在执行指令时，通常把一条指令分解成若干个基本的微操作，这些微操作所对应的脉冲信号在时间上的先后次序就被称为计算机的时序。例如，在执行指令时，CPU 首先要从程序存储器中取出指令操作码，然后译码，并由时序电路产生一系列控制信号去完成规定的操作。CPU 发出的时序信号有两类：一类用于内部对各种功能部件的控制，这类信号很多，对用户来说无须了解；另一类用于对片外存储器或 I/O 端口的读/写控制，这部分时序对于用户分析、设计硬件电路至关重要，也是单片机应用系统设计者必须关心和重视的地方。时序中的脉冲信号由时钟电路产生。

单片机各功能部件的运行都是以时钟控制信号为基准，一拍一拍地工作。因此时钟频率直接影响单片机的速度，时钟电路的质量也直接影响单片机系统的可靠性和稳定性。常用的时钟电路有两种：一种是内部时钟方式；另一种是外部时钟方式。

1. 内部时钟方式

STC89C52 内部有一个用于构成振荡器的高增益反相放大器，输入端为芯片引脚 XTAL1，输出端为引脚 XTAL2。这两个引脚跨接石英晶体振荡器和微调电容，构成一个稳定的自激振荡器。一般采用内部时钟方式产生工作时序，如图 2-11 所示，时钟电路中的 R、C 参数值的

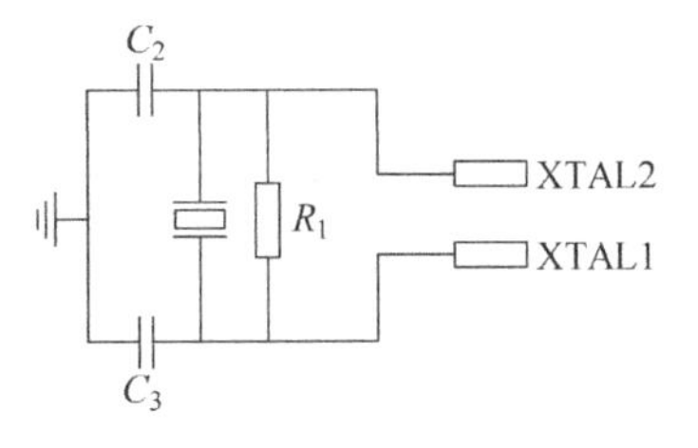

图 2-11　内部时钟方式电路

设置如表 2-17、表 2-18 所示。

表 2-17 时钟电路中的 R、C 的参数值(full gain)

晶振增益控制 OSCDN=full gain		
晶振频率/MHz	C_2、C_3/pF	R_1/kΩ
4	=100	不用
6	47～100	不用
12～25	=47	不用
26～30	≤10	6.8
31～35	≤10	5.1
36～39	≤10	4.7
40～43	≤10	3.3
44～48	≤5	3.3

表 2-18 时钟电路中的 R、C 的参数值(1/2 gain)

晶振增益控制 OSCDN=1/2 gain		
晶振频率/MHz	C_2、C_3/pF	R_1/kΩ
4	=100	不用
6	47～100	不用
12～25	=47	不用
26～30	≤10	6.8
31～35	不用	5.1
36～39	不用	4.7
40～43	不用	3.3
44～48	不用	3.3

采用该方式时振荡器增益设置如图 2-12 所示

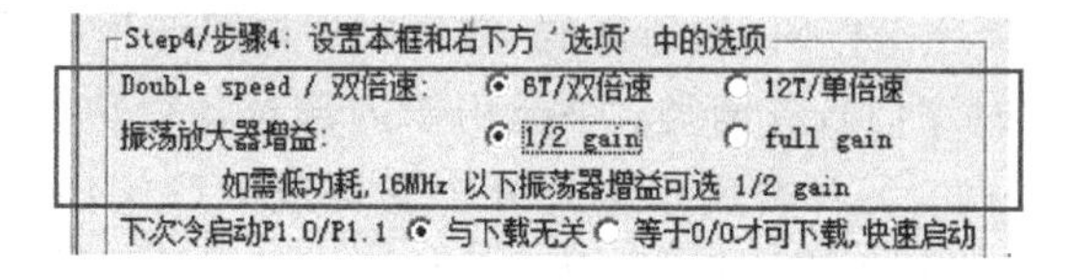

图 2-12 振荡器增益设置

2. 外部时钟方式

此方式利用外部振荡脉冲接入 XTAL1 或 XTAL2。对于 STC89C52RC 系列单片机,因内部时钟发生器的信号取自反相器的输入端,故采用外部时钟源时,接线方式为外部时钟源直接接到 XTAL1 端,XTAL2 端悬空。用现成的外部振荡器产生脉冲信号,常用于多片单片机同时工作的情况,以便于多片单片机之间的同步。

STC89C52RC 系列单片机是真正的 6T 单片机,传统的 8051 为每个机器周期 12 个时钟周期,如将该单片机设为双倍速即每个机器周期为 6 个时钟周期,则可将单片机外部时钟频率降低一半,有效降低单片机时钟对外界的干扰。同时 STC89C52RC 系列兼容普通 12T 的单片机。STC89C52RC 系列 HD 版本的单片机推荐工作时钟频率如表 2-19 所示。

表 2-19　单片机推荐工作时钟频率

内部时钟方式：外接晶振/MHz		外部时钟方式：直接由 XTAL1 输入/MHz	
12T 模式	6T 模式	12T 模式	6T 模式
2～48	2～36	2～48	2～36

2.7　STC89C52 单片机的复位

2.7.1　STC89C52 单片机的复位电路

通过某种方式，使单片机内部各类寄存器的值变为初始状态的操作称为复位。单片机的复位是由外部的复位电路来实现的，复位引脚 RST 通过一个施密特触发器与复位电路相连，施密特触发器用作噪声抑制，在每个机器周期的 S5P2 时刻，复位电路采样一次施密特输出电平，获得内部复位操作所需要的信号。当单片机的时钟电路正常工作后，CPU 在 RST 引脚上连续采集到两个机器周期的高电平后就可以完成复位操作了，但在实际应用时，复位电平的正脉冲宽度一般应大于 1ms。

STC89C52RC 系列单片机有 4 种复位方式：外部 RST 引脚复位、软件复位、掉电复位/上电复位、看门狗复位。

1. 外部 RST 引脚复位

外部 RST 引脚复位就是从外部向 RST 引脚施加一定宽度的复位脉冲，从而实现单片机的复位。将 RST 复位引脚拉高并维持至少 24 个时钟加 10μs 后，单片机会进入复位状态，将 RST 复位引脚拉回低电平后，单片机结束复位状态并从用户程序区的 0000H 处开始正常工作。采用阻容复位电路时，电容 C_1 为 10μF，电阻 R_1 为 10kΩ。电路如图 2-13 所示。

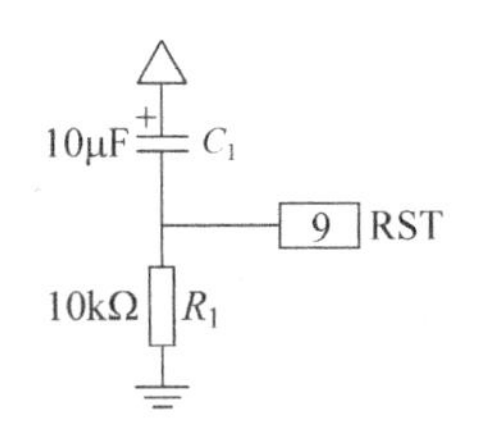

图 2-13　阻容复位电路

2. 软件复位

用户应用程序在运行过程中，有时会有特殊需求，需要实现单片机系统软复位(热启动之一)，传统的 8051 单片机由于硬件上不支持此功能，用户必须用软件模拟实现，实现起来较麻烦。STC 推出的增强型 8051 根据客户要求增加了 ISP_CONTR 特殊功能寄存器，实现了此功能。用户只需简单地控制 ISP_CONTR 特殊功能寄存器的其中两位 SWBS/SWRST 就可以系统复位了。

3. 掉电复位/上电复位

当电源电压 V_{CC} 低于上电复位/掉电复位电路的检测门槛电压时，所有的逻辑电路都会复位。当 V_{CC} 重新恢复正常电压时，HD 版本的单片机延迟 2048 个时钟(90 版本单片机延迟 32 768 个时钟)后，上电复位/掉电复位结束。进入掉电模式时，上电复位/掉电复位功能被关闭。

4. 看门狗复位

在工业控制、汽车电子、航空航天等高可靠性系统中，为了防止系统在异常情况下受到干扰，MCU/CPU 程序跑飞，导致系统长时间异常工作，通常引进看门狗，如果 MCU/CPU 不在规定的时间内按要求访问看门狗，就会认为 MCU/CPU 处于异常状态，看门狗就会强迫 MCU/CPU 复位，使系统重新从头开始按规律执行用户程序。STC89C52RC 系列单片机为此功能增加了特殊功能寄存器——WDT_CONTR(看门狗控制寄存器)。

2.7.2 STC89C52 单片机的复位状态

1. 复位后各寄存器的起始状态

复位时，PC 初始化为 0000H，程序从 0000H 单元开始执行。复位操作还对其他一些寄存器有影响，这些寄存器复位时的状态见表 2-20。

表 2-20 STC89C52 单片机复位时寄存器状态

寄存器	初始状态	寄存器	初始状态
PC	0000H	DP1H	00H
Acc	00H	TMOD	00H
PSW	00H	TCON	00H
B	00H	TH0	00H
SP	07H	TL0	00H
DPTR	0000H	TH1	00H
P0～P3	FFH	TL1	00H
IP	xxx0 0000B	SCON	xxxx xxxxB
IE	0xx0 0000B	PCON	0xxx 0000B
DP0L	00H	AUXR	xxxx 0xx0B
DP0H	00H	AUXR1	xxxx xxx0B
DP1L	00H	WDTRST	xxxx xxxxB

由表 2-20 可看出，复位时，SP=07H，而 P0～P3 引脚均为高电平。在某些控制应用中，要注意考虑 P0～P3 引脚的高电平对接在这些引脚上的外部电路的影响。例如，当 P1 口某个引脚外接一个继电器绕组，复位时，该引脚为高电平，则继电器绕组就会有电流通过，会吸合继电器开关，使开关接通，可能会引发意想不到的后果。

2. 不同复位源情况下单片机起始状态

(1) 对于内部看门狗复位，会使单片机直接从用户程序区 0000H 处开始执行用户程序。

(2) 通过控制 RESET 引脚产生的硬复位，会使系统从用户程序区 0000H 处开始直接执行用户程序。

(3) 通过对 ISP_CONTR 寄存器送入 20H 产生的软复位，会使系统从用户程序区 0000H 处开始直接执行用户程序。

(4) 通过对 ISP_CONTR 寄存器送入 60H 产生的软复位，会使系统从系统 ISP 监控程序区开始执行程序，检测不到合法的 ISP 下载命令流后，会软复位到用户程序区执行用户程序。

(5) 系统停电后再上电引起的硬复位，会使系统从系统 ISP 监控程序区开始执行程序，如果检测不到合法的 ISP 下载命令流，就会软复位到用户程序区执行用户程序。

2.8　STC89C52 单片机的省电工作模式

STC89C52 系列单片机可以运行 2 种省电模式以降低功耗：空闲模式和掉电模式。正常工作模式下，STC89C52 系列单片机的典型功耗是 4～7mA，而掉电模式下的典型功耗 $<0.1\mu A$，空闲模式下的典型功耗是 2mA。

空闲模式和掉电模式的进入由电源控制寄存器 PCON 的相应位控制。

PCON(Power Control Register)寄存器的字节地址是 87H，但不可位寻址。格式如表 2-21 所示。

表 2-21　PCON 的格式

符号	字节地址	位名称								复位值
PCON	87H	SMOD	SMOD0		POF	GF1	GF0	PD	IDL	0xx10000

(1) IDL：该位置为 1 时，进入空闲(IDLE)模式，除了系统不给 CPU 供时钟，CPU 不执行指令外，其余功能部件仍可继续工作，可由任何一个中断唤醒。

(2) PD：该位置为 1 时，进入 Power Down 模式，可由外部中断低电平触发或下降沿触发唤醒，进入掉电模式时，内部时钟停振，由于无时钟，CPU、定时器、串行口等功能部件停止工作，只有外部中断继续工作。掉电模式可由外部中断唤醒，中断返回后，继续执行原程序。掉电模式也叫停机模式，此时功耗 $<0.1\mu A$。

(3) GF1、GF0：两个通用工作标志位。用户可以任意使用。

(4) POF：上电复位标志位。单片机停电后，上电复位标志位为 1，可由软件清 0。在实际应用中，要判断是上电复位(冷启动)还是外部复位引脚输入复位信号产生的复位，是内部看门狗复位还是软件复位或者其他复位，可通过如下方法来判断，先在初始化程序中，判断 POF 即 PCON.4 位是否为 1。如果 POF=1，就是上电复位(冷启动)，将 POF 清 0；如果 POF=0，就是外部手动复位、看门狗复位、软件复位或其他复位。

(5) SMOD、SMOD0：与电源控制无关，与串口有关，将在第 6 章串行通信中描述。

本章小结

本章介绍有关单片机的片内硬件基本结构、引脚功能、存储器结构、特殊功能寄存器功能、并行 I/O 口的结构和特点，以及复位电路和时钟电路的设计。本章的学习为 STC89C52

系统的应用设计打下基础。

思考题

1. STC89C52 单片机片内集成了哪些功能部件？各功能部件的最主要功能是什么？

2. STC89C52 单片机的数据总线是多少根？地址总线是多少根？实际应用时数据总线和地址总线是怎么形成的？

3. STC89C52 单片机的存储器的结构特点是什么？STC89C52 的片内数据存储器空间是如何划分的？片内扩展数据存储器是怎么管理的？

4. 简述程序状态字 PSW 特殊功能寄存器各位的含义。

5. 什么是堆栈？堆栈有什么作用？堆栈有什么特点？

6. 写出 P3 口各引脚的主要功能。

7. 说明 STC89C51RC/RD+的$\overline{EA}$引脚的作用，该引脚接高电平和低电平各有何功能？

8. STC89C52 单片机的 8 个中断源分别是什么？其入口地址是多少？

9. 若单片机的时钟为 6MHz，则其状态周期、机器周期、指令周期分别为多少？

10. 当 STC89C52 单片机运行出错或程序陷入死循环时，如何摆脱困境？

11. STC89C52 单片机复位后各寄存器的状态是什么？

第3章　C51语言编程基础

本章学习要点：

- Keil C51语言基础知识。
- C51语言函数的定义和调用与中断服务函数的应用。
- C51程序设计举例。

在单片机应用开发中，软件编程占有非常重要的地位。要求编程人员在短时间内编写出执行效率高、运行可靠的程序代码。同时，由于实际系统的日趋复杂，对程序的可读性、升级与维护以及模块化的要求越来越高，以方便多个工程师协同开发。

C51语言是近年来国内外的51单片机开发中普遍使用的一种程序设计语言。C51能直接对单片机硬件进行操作，既有高级语言的特点，又有汇编语言的特点，因此在单片机应用的程序设计中，得到非常广泛的使用。

C51语言在标准C的基础上，根据单片机存储器硬件结构及内部资源，扩展相应的数据类型和变量，而在语法规定、程序结构与设计方法上，都与标准C相同。本章介绍C51语言的基础知识、C51语言的函数及其程序设计举例。

3.1　编程语言Keil C51简介

3.1.1　Keil C51简介

Keil C51语言是在标准C的基础上针对51单片机的硬件特点进行的扩展，并向51单片机上移植，经多年努力，C51语言已成为公认高效、简洁的51单片机实用高级编程语言。

与汇编语言相比，用C51语言进行软件开发有如下优点。

(1) 可读性好。C51语言程序比汇编语言程序的可读性好，因而编程效率高，程序便于修改、维护以及升级。

(2) 模块化开发与资源共享。C51开发的模块可直接被其他项目所用，能很好地利用已有的标准C程序资源与丰富的库函数，减少重复劳动，也有利于多个工程师的协同开发。

(3) 可移植性好。为某型单片机开发的C51程序，只需将与硬件相关之处和编译链接的参数进行适当修改，就可方便地移植到其他型号的单片机上。例如，为51单片机编写的程序通过改写头文件以及少量的程序代码，就可以方便地移植到PIC单片机上。

(4) 生成的代码执行效率高。代码执行效率比直接使用汇编语言低20%左右，如使用优化编译选项，最高可达90%左右，效果会更好。

3.1.2 C51 与标准 C 的比较

C51 与标准 C 语言有许多相同的地方，但也有自身特点。嵌入式 C 语言编译系统与标准 C 语言的不同，主要在于它们所针对的硬件系统不同。对于 51 单片机，目前广泛使用的是 Keil C51 语言，简称 C51 语言。

C51 的基本语法与标准 C 相同，C51 在标准 C 的基础上进行了适合于 51 系列单片机硬件的扩展。深入理解 Keil C51 对标准 C 的扩展部分以及不同之处，是掌握 C51 语言的关键之一。

C51 与标准 C 的主要区别如下。

(1) 库函数不同。标准 C 中的部分库函数不适合于嵌入式控制器系统，被排除在 Keil C51 之外，如字符屏幕和图形函数。有些库函数可继续使用，但这些库函数都必须针对 51 单片机的硬件特点做出相应的开发。例如库函数 printf 和 scanf，在标准 C 中，这两个函数通常用于屏幕打印和接收字符，而在 Keil C51 中，主要用于串行口数据的收发。

(2) 数据类型有区别。在 C51 中增加了几种针对 51 单片机特有的数据类型，在标准 C 的基础上又扩展了 4 种类型。例如，51 单片机包含位操作空间和丰富的位操作指令，因此，C51 语言与标准 C 相比就要增加位类型。

(3) C51 的变量存储模式与标准 C 中的变量存储模式数据不一样。标准 C 是为通用计算机设计的，计算机中只有一个程序和数据统一寻址的内存空间，而 C51 中变量的存储模式与 51 单片机的存储器紧密相关。

(4) 数据存储类型不同。51 单片机存储区可分为内部数据存储区、外部数据存储区以及程序存储区。内部数据存储区可分为 3 个不同的 C51 存储类型：data、idata 和 bdata。外部数据存储区分为 2 个不同的 C51 存储类型：xdata 和 pdata。程序存储区只能读不能写，在 51 单片机内部或外部。C51 提供了 code 存储类型来访问程序存储区。

(5) 标准 C 语言没有处理单片机中断的定义。C51 中有专门的中断函数。

(6) C51 语言与标准 C 语言的输入/输出处理不一样。C51 语言中的输入/输出是通过 51 单片机的串行口来完成的，输入/输出指令执行前必须对串行口进行初始化。

(7) 头文件的不同。C51 语言与标准 C 头文件的差异是 C51 头文件必须把 51 单片机内部的外设硬件资源(如定时器、中断、I/O 等)相应的功能寄存器写入头文件。

(8) 程序结构有差异。首先，由于 51 单片机硬件资源有限，它的编译系统不允许太多的程序嵌套。其次，标准 C 所具备的递归特性不被 C51 语言支持。但是从数据运算操作、程序控制语句以及函数的使用上来说，Keil C51 与标准 C 几乎没有什么明显的差别。如果程序设计者具备了有关标准 C 的编程基础，只要注意 Keil C51 与标准 C 的不同之处，并熟悉 51 单片机的硬件结构，就能够较快地掌握 C51 的编程。

3.2 Keil C51 语言基础知识

3.2.1 关键字

关键字是编程语言保留的特殊标识符，它们具有固定名称和含义，在程序编写中不允许标识符与关键字相同。

在 C51 中关键字除了有 ANSI C 标准的 32 个关键字外,还根据 51 单片机的特点扩展了其他相关的关键字,见表 3-1。

表 3-1 C51 编译器的扩展关键字

关键字	用 途	说 明
bit	位标量声明	声明一个位标量或位类型的函数
sbit	位标量声明	声明一个可位寻址变量
sfr	特殊功能寄存器声明	声明一个特殊功能寄存器
sfr16	特殊功能寄存器声明	声明一个 16 位的特殊功能寄存器
data	存储器类型说明	直接寻址的内部数据存储器
bdata	存储器类型说明	可位寻址的内部数据存储器
idata	存储器类型说明	间接寻址的内部数据存储器
pdata	存储器类型说明	分页寻址的外部数据存储器
xdata	存储器类型说明	外部数据存储器
code	存储器类型说明	程序存储器
interrupt	中断函数说明	定义一个中断函数
reentrant	再入函数说明	定义一个再入函数
using	寄存器组选择	选择单片机的工作寄存器组
_at_	绝对地址说明	为非位变量指定存储空间绝对地址
small	存储模式选择	参数及局部变量放入可直接寻址的内部 RAM
compact	存储模式选择	参数及局部变量放入分页外部数据存储区(256 字节)
large	存储模式选择	参数及局部变量放入分页外部数据存储区(多达 64KB)

3.2.2 数据类型

Keil C51 的基本数据类型如表 3- 2 所示。针对 STC89C52 单片机的硬件特点,C51 在标准 C 的基础上,扩展了 4 种数据类型(见表 3-2)。

表 3-2 C51 支持的数据类型

数据类型	位数	字节数	取 值 范 围
signed char	8	1	−128～127
unsigned char	8	1	0～255
signed int	16	2	−32 768～32 767
unsigned int	16	2	0～65 535
signed long	32	4	−2 147 483 648～2 147 483 647
unsigned long	32	4	0～4 294 967 295
float	32	4	-3.40×10^{38}～3.40×10^{38}
double	64	8	-1.79×10^{308}～1.79×10^{308}
*	24	1～3	对象指针
bit	1		0
sfr	8	1	0～255
sfr16	16	2	0～65 535
sbit	1		可进行位寻址的 SFR 的某位的绝对地址

下面对表 3-2 中扩展的 4 种数据类型进行说明。注意：扩展的 4 种数据类型，不能使用指针对它们存取。

1. 位变量 bit

bit 的值可以是 1(true)，也可以是 0(false)。

2. 特殊功能寄存器 sfr

STC89C52 特殊功能寄存器在片内 RAM 区的 80H～FFH 之间，sfr 数据类型占用一个内存单元。利用它可访问 STC89C52 内部的所有特殊功能寄存器。

例如，sfr P1＝0x90 这一语句定义 P1 口在片内的寄存器，在后面语句中可用"P1＝0xff"(使 P1 的所有引脚输出为高电平)之类的语句来操作特殊功能寄存器。

3. 特殊功能寄存器 sfr16

sfr16 数据类型占用两个内存单元。sfr16 和 sfr 一样用于操作特殊功能寄存器。所不同的是它用于操作占两个字节的特殊功能寄存器。

例如，sfr16 DPTR＝0x82 语句定义了片内 16 位数据指针寄存器 DPTR，其低 8 位字节地址为 82H，其高 8 位字节地址默认为 00H，在后面的语句中可以对 DPTR 进行操作。

4. 特殊功能位 sbit

sbit 是指 STC89C52 片内特殊功能寄存器的可寻址位。

例如，

```
sfr    PSW = 0xd0;           /* 定义 PSW 寄存器地址为 0xd0 */
sbit   PSW ^2  =  0xd2;      /* 定义 OV 位为 PSW.2 */
```

符号"^"前面是特殊功能寄存器的名字，"^"后面的数字定义特殊功能寄存器可寻址位在寄存器中的位置，取值必须是 0～7。不要把 bit 与 sbit 混淆。bit 用来定义普通的位变量，值只能是二进制的 0 或 1。而 sbit 定义的是特殊功能寄存器的可寻址位，其值是可进行位寻址的特殊功能寄存器的位绝对地址，例如 PSW 寄存器 OV 位的绝对地址 0xd2。

3.2.3 数据的存储类型

C51 完全支持 51 单片机硬件系统的所有部分。在 51 单片机中，程序存储器与数据存储器是完全分开的，且分为片内和片外两个独立的寻址空间，特殊功能寄存器与片内 RAM 统一编址，数据存储器与 I/O 端口统一编址。C51 编译器通过把变量、常量定义成不同存储类型的方法将它们定义在不同的存储区中。C51 存储类型与 STC89C52 的实际存储空间的对应关系见表 3-3。

表 3-3 C51 存储类型与 STC89C52 的实际存储空间的对应关系

存储类型	与存储空间的对应关系	数据长度/位	值域范围	备 注
data	片内 RAM 直接寻址区，位于片内 RAM 的低 128 字节	8	0～255	
bdata	片内 RAM 位寻址区，位于 20H～2FH 空间，允许位访问与字节访问	8	0～255	
idata	片内 RAM 间接寻址的存储区	8	0～255	由 MOV @Ri 访问
pdata	片外 RAM 的一个分页寻址区，每页 256B	8	0～255	由 MOVX @Ri 访问
xdata	片外 RAM 全部空间，大小为 64KB	16	0～65 535	由 MOVX @DPTR 访问
code	程序存储区的 64KB 空间	16	0～65 535	

1. 片内数据存储器

片内 RAM 可分为 3 个区域。

(1) DATA 区。寻址是最快的，应该把经常使用的变量放在 DATA 区，但是 DATA 区的存储空间是有限的，DATA 区除了包含程序变量外，还包含了堆栈和寄存器组。DATA 区声明中的存储类型标识符为 data，通常指片内 RAM 128 字节的内部数据存储的变量，可直接寻址。

声明举例如下：

```
unsigned char data system_status = 0;
unsigned int data unit_id[8];
char data inp_string[20];
```

标准变量和用户自声明变量都可存储在 DATA 区中，只要不超过 DATA 区的范围即可。由于 C51 使用默认的寄存器组来传递参数，这样 DATA 区至少失去了 8 字节的空间。另外，当内部堆栈溢出的时候，程序会莫名其妙地复位。这是因为 51 单片机没有报错的机制，堆栈的溢出只能以这种方式表现，因此要留有较大的堆栈空间来防止堆栈溢出。

(2) BDATA 区。该区是 DATA 中的位寻址区，在这个区中声明变量就可进行位寻址。BDATA 区声明中的存储类型标识符为 bdata，指的是内部 RAM 可位寻址的 16 字节存储区(字节地址为 20H～2FH)中的 128 个位。

下面是在 BDATA 区中声明的位变量和使用位变量的例子：

```
unsigned char bdata status_byte;
unsigned int bdata status_word;
sbit stat_flag = status_byte^4;
if(status_word^15)
    { … }
stat_flag = 1;
```

C51 编译器不允许在 BDATA 区中声明 float 和 double 型变量。

(3) IDATA 区。IDATA 区使用寄存器作为指针来进行间接寻址，常用来存放使用比较频繁的变量。与外部存储器寻址相比，它的指令执行周期和代码长度相对较短。IDATA

区声明中的存储类型标识符为idata,指的是片内RAM的256字节存储区,只能间接寻址,速度比直接寻址慢。

声明举例如下:

```
unsigned char idata system_status = 0;
unsigned int idata unit_id[8];
char idata inp_string[16];
float idata out_value;
```

2. 片外数据存储器

PDATA区和XDATA区位于片外数据存储区,PDATA区和XDATA区声明中的存储类型标识符分别为pdata和xdata。

PDATA区只有256字节,仅指定256字节的外部数据存储区。但XDATA区最多可达64KB,对应的xdata存储类型标识符可以指定外部数据区64KB内的任何地址。

对PDATA区的寻址要比对XDATA区寻址快,因为对PDATA区寻址,只需要装入8位地址,而对XDATA区寻址则要装入16位地址,所以要尽量把外部数据存储在PDATA区中。

对PDATA区和XDATA区的声明举例如下:

```
unsigned char xdata system_status = 0;
unsigned int pdata unit_id[8];
char xdata inp_string[16];
float pdata out_value;
```

3. 片外程序存储器

程序存储区CODE声明的标识符为code,存储的数据是不可改变的。在C51编译器中可以用存储区类型标识符code来访问程序存储区。

声明举例如下:

```
unsigned char code a[ ] = {0x00,0x01,0x02,0x03,0x04,0x05,0x06,0x07,0x08};
```

对单片机编程时,正确地定义数据类型以及存储类型,是所有编程者在编程前需要首先考虑的问题。在资源有限的条件下,如何节省存储单元并保证运行效率,是对开发者的一个考验。只有对C51中的各种数据类型以及存储类型非常熟练地掌握,才能运用自如。

对于定义变量的类型应考虑如下问题:程序运行时该变量可能的取值范围、是否有负值、绝对值有多大,以及相应需要多少存储空间。在够用的情况下,尽量选择8位(即一个字节)char型,特别是unsigned char。对于51系列这样的定点机而言,浮点类型变量将明显增加运算时间和程序长度,如果可以的话,尽量使用灵活巧妙的算法来避免浮点变量的引入。

定义数据的存储类型通常遵循如下原则:只要条件满足,尽量选择内部直接寻址的存储类型data,然后选择idata(即内部间接寻址)。对于那些经常使用的变量,要使用内部寻址,在内部数据存储器数量有限或不能满足要求的情况下才使用外部数据存储器。选择外部数据存储器可先选择pdata类型,最后选用xdata类型。

需要指出的是,扩展片外存储器原理上虽很简单,但在实际开发中,会带来不必要的麻烦，如可能降低系统稳定性、增加成本、拉长开发和调试周期等，建议充分利用片内存储空间。另外，通常的单片机应用都是面对小型的控制，代码比较短，对于程序存储区的大小要求很低，常常是片内 RAM 很紧张而片内 Flash ROM 很富裕，因此如果实时性要求不高，可考虑使用宏，并将一些子函数的常量数据做成数据表，放置在程序存储区，当程序运行时，进入子函数动态调用下载至 RAM 即可，退出子函数后立即释放该内存空间。

常量只能采用 code 存储类型。

变量存储类型定义举例：

(1) char data a1; /* 字符变量 a1 被定义为 data 型，分配在片内 RAM 低 128 字节中 */

(2) float idata x, y; /* 浮点型变量 x 和 y 被定义为 idata 型，定位在片内 RAM 中，只能用间接寻址方式寻址 */

(3) bit bdata p; /* 位变量 p 被定义为 bdata 型，定位在片内 RAM 中的位寻址区 */

(4) unsigned int pdata var1; /* 无符号整型变量 var1 被定义为 pdata 型，定位在片外 RAM 中，相当于使用@Ri 间接寻址 */

(5) unsigned char xdata a[2] [4]; /* 无符号字符型二维数组变量 a[2][4]被定义为 xdata 存储类型，定位在片外 RAM 中，占据 2 × 4 = 8 字节，相当于使用@DPTR间接寻址 */

3.2.4　数据的存储模式

如在变量定义时略去存储类型标识符，编译器会自动默认存储类型。默认的存储类型进一步由 SMALL、COMPACT 和 LARGE 存储模式指令限制。例如，若声明 char var1，则在 SMALL 存储模式下，var1 被定位在 data 存储区；在 COMPACT 模式下，var1 被定位在 idata 存储区；在 LARGE 模式下，var1 被定位在 xdata 存储区中。

在固定的存储器地址上进行变量的传递，是 C51 标准特征之一。在 SMALL 模式下，参数传递是在片内数据存储区中完成的。LARGE 和 COMPACT 模式允许参数在外部存储器中传递。C51 也支持混合模式。例如，在 LARGE 模式下，生成的程序可以将一些函数放入 SMALL 模式中，从而加快执行速度。下面对存储模式作进一步的说明。

1. SMALL 模式

本模式下所有变量都默认位于 51 单片机内部的数据存储器，这与使用 data 指定存储器类型的方式一样。本模式下变量访问的效率高，但所有数据对象和堆栈必须使用内部 RAM。

2. COMPACT 模式

本模式下所有变量都默认在外部数据存储器的 1 页内，这与使用 pdata 指定存储器类型是一样的。该存储器类型适用于变量不超过 256 字节的情况，此限制由寻址方式决定，相当于用数据指针@Ri 进行寻址。与 SMALL 模式相比，该存储模式的效率比较低，对变量访问的速度也慢一些，但比 LARGE 模式快。

3. LARGE 模式

在 LARGE 模式下，所有变量都默认位于外部数据存储器，相当于使用数据指针@DPTR 进行寻址。通过数据指针访问外部数据存储器的效率较低，特别是当变量为 2 字节或更多字节时，该模式要比 SMALL 和 COMPACT 产生更多的代码。

3.2.5　C51 语言的特殊功能寄存器及位变量定义

下面介绍 C51 如何对特殊功能寄存器以及位变量进行定义并访问。

1. 特殊功能寄存器的 C51 定义

C51 语言允许使用关键字 sfr、sbit 或直接引用编译器提供的头文件来对特殊功能寄存器进行访问，特殊功能寄存器在片内 RAM 的高 128 字节，只能采用直接寻址方式。

(1) 使用关键字定义 sfr

为了能直接访问特殊功能寄存器 SFR，C51 语言提供了一种定义方法，即引入关键字 sfr，语法如下：

```
sfr 特殊功能寄存器名字 = 特殊功能寄存器地址;
```

例如：

```
sfr   IE = 0xA8;                /* 中断允许寄存器地址 A8H */
sfr   TCON = 0x88;              /* 定时器/计数器控制寄存器地址 88H */
sfr   SCON = 0x98;              /* 串行口控制寄存器地址 98H */
```

例如要访问 16 位 SFR，可使用关键字 sfr16。16 位 SFR 的低字节地址必须作为 sfr16 的定义地址，例如：

```
sfr16  DPTR = 0x82;             /* 数据指针 DPTR 的低 8 位地址为 82H,高 8 位地址为 83H */
```

(2) 通过头文件访问 SFR

各种衍生型的 51 单片机的特殊功能寄存器的数量与类型有时是不相同的，对单片机特殊功能寄存器的访问可以通过对头文件的访问来进行。

为了用户处理方便，C51 语言把 51 单片机(或 52 单片机)常用的特殊功能寄存器和其中的可寻址位进行了定义，放在一个 reg51.h(或 reg52.h)的头文件中。当用户要使用时，只需在使用之前用一条预处理命令 #include<reg51.h>把这个头文件包含到程序中，就可以使用特殊功能寄存器名和其中的可寻址位名称了。用户可以通过文本编辑器对头文件进行增减。

头文件引用举例如下。

```
#include <reg51.h>              /* 头文件为 51 型单片机的头文件 */
void  main(void)
{TL0 = 0xF0;                    /* 给定时器 T0 低字节 TL0 设置时间常数,已在 reg51.h 中定义 */
 TH0 = 0x3F;                    /* 给 T0 高字节 TH0 设时间常数 */
 TR0 = 1;                       /* 启动定时器 0 */
 ...
}
```

(3) 特殊功能寄存器中的位定义

对 SFR 中的可寻址位进行访问,要使用关键字来定义可寻址位,共有 3 种方法。

① sbit 位名=特殊功能寄存器^位置;

例如:

```
sfr   PSW = 0xD0;            /* 定义 PSW 寄存器的字节地址 0xD0H */
sbit  CY = PSW^7;            /* 定义 CY 位为 PSW.7,地址为 0xD7 */
sbit  OV = PSW^2;            /* 定义 OV 位为 PSW.2,地址为 0xD2 */
```

② sbit 位名=字节地址^位置;

例如:

```
sbit  CY = 0xD0^7;           /* CY 位地址为 0xD7 */
sbit  OV = 0xD0^2;           /* OV 位地址为 0xD2 */
```

③ sbit 位名=位地址;

这种方法将位的绝对地址赋给变量,位地址必须在 0x80～0xFF 之间,例如:

```
sbit  CY = 0xD7;             /* CY 位地址为 0xD7 */
sbit  OV = 0xD2;             /* OV 位地址为 0xD2 */
```

例 3-1　片内 I/O 口中 P1 口的各寻址位的定义如下。

```
sfr   P1 = 0x90;
sbit  P1_7 = P1^7;
sbit  P1_6 = P1^6;
sbit  P1_5 = P1^5;
sbit  P1_4 = P1^4;
sbit  P1_3 = P1^3;
sbit  P1_2 = P1^2;
sbit  P1_1 = P1^1;
sbit  P1_0 = P1^0;
```

2. 位变量的 C51 定义

(1) 位变量的 C51 定义

由于 STC89C52 单片机能够进行位操作,C51 扩展的 bit 数据类型用来定义位变量,这是 C51 与标准 C 的不同之处。

C51 采用关键字 bit 来定义位变量,一般格式为

```
bit  bit_name;
```

例如:

```
bit  ov_flag;                /* 将 ov_flag 定义为位变量 */
bit  lock_pointer;           /* 将 lock_pointer 定义为位变量 */
```

(2) 函数可以包含类型为 bit 的参数,也可将其作为返回值

C51 程序函数可以包含类型为“bit”的参数,也可将其作为返回值。例如,

```
bit func(bit b0, bit b1);    /* 位变量 b0 与 b1 作为函数 func 的参数 */
```

```
{...
return(b1);                  /* 位变量 b1 作为函数的返回值 */
}
```

(3) 位变量定义的限制

位变量不能用来定义指针和数组。例如:

```
bit  *ptr;                   /* 错误,不能用位变量来定义指针 */
bit  array[ ];               /* 错误,不能用位变量来定义数组 array[ ] */
```

在定义位变量时,允许定义存储类型,位变量都被放入一个位段,此段总是位于 51 单片机的片内 RAM 中,因此其存储类型限制为 DATA 或 IDATA,如果将位变量定义成其他类型,则会导致编译时出错。

3.2.6 C51 语言的绝对地址访问

如何对 STC89C52 单片机的片内 RAM、片外 RAM 及 I/O 进行访问? C51 语言提供了两种比较常用的访问绝对地址的方法。

1. 绝对宏

C51 编译器提供了一组宏定义来对 code、data、pdata 和 xdata 空间进行绝对寻址。在程序中,用"#include<absacc.h>"对 absacc.h 中声明的宏进行绝对地址访问,包括 CBYTE、CWORD、DBYTE、DWORD、XBYTE、XWORD、PBYTE、PWORD,具体使用方法参考 absacc.h 头文件。其中:

- CBYTE 以字节形式对 code 区寻址;
- CWORD 以字形式对 code 区寻址;
- DBYTE 以字节形式对 data 区寻址;
- DWORD 以字形式对 data 区寻址;
- XBYTE 以字节形式对 xdata 区寻址;
- XWORD 以字形式对 xdata 区寻址;
- PBYTE 以字节形式对 pdata 区寻址;
- PWORD 以字形式对 pdata 区寻址。

例如:

```
#include <absacc.h>
#define PORTA XBYTE[0xFFC0]          /* 将 PORTA 定义为外部 I/O 口,地址为 0xFFC0,长度 8 位 */
#define NRAM DBYTE[0x50]             /* 将 NRAM 定义为片内 RAM,地址为 0x50,长度 8 位 */
```

例 3-2 片内 RAM、片外 RAM 及 I/O 的定义的程序如下。

```
#include <absacc.h>
#define PORTA XBYTE[0xFFC0]          /* 将 PORTA 定义为外部 I/O 口,地址为 0xFFC0 */
#define NRAM DBYTE[0x40]             /* 将 NRAM 定义为片内 RAM,地址为 0x40 */
main( )
{    PORTA = 0x3D;                   /* 数据 3DH 写入地址 0xFFC0 的外部 I/O 端口 PORTA */
```

```
    NRAM = 0x01;                     /* 将数据 01H 写入片内 RAM 的 40H 单元 */
}
```

2. _at_关键字

使用关键字_at_可对指定的存储器空间的绝对地址进行访问，格式如下。

```
[存储器类型] 数据类型说明符 变量名_at_地址常数
```

其中，存储器类型为 C51 语言能识别的数据类型；数据类型为 C51 支持的数据类型；地址常数用于指定变量的绝对地址，必须位于有效的存储器空间之内；使用_at_定义的变量必须为全局变量。

例 3-3 使用关键字_at_实现绝对地址的访问，程序如下。

```
void  main(void)
{  data unsigned char y1_at_0x50;     /* 在 data 区定义字节变量 y1,它的地址为 50H */
   xdata unsigned int y2_at_0x4000;   /* 在 xdata 区定义字变量 y2,地址为 4000H */
   y1 = 0xff;
   y1 = 0x1234;
   ...
   while(1);
}
```

例 3-4 将片外 RAM 2000H 开始的连续 20 个字节单元清 0。

程序如下。

```
xdata unsigned char buffer[20]_at_0x2000;
void main(void)
{  unsigned char i;
  for(i = 0; i<20; i++)
  {  buffer[i] = 0;
  }
}
```

如果把片内 RAM 40H 单元开始的 8 个单元内容清 0，则程序如下。

```
xdata unsigned char buffer[8]_at_0x40;
void  main(void)
{  unsigned char j ;
for(j = 0; j<8; j++)
  {          buffer[j] = 0;
  }
}
```

3.2.7 C51 的运算符

C51 语言的基本运算与标准 C 类似，主要包括算术运算、关系运算、逻辑运算、位运算和赋值运算及其表达式等。

1. 算术运算符

算术运算的算术运算符及其说明如表 3-4 所示。

表 3-4 算术运算符及其说明

符号	说　明	符号	说　明
＋	加法运算	%	取模运算
－	减法运算	＋＋	自增
*	乘法运算	－－	自减
/	除法运算		

读者对表 3-4 中的运算符＋、－、*，运算比较熟悉，但是对于“/”和“%”往往会有疑问。这两个符号都涉及除法运算，但“/”运算是取商，而“%”运算为取余数。例如 5/3 的结果(商)为 1，而 5%3 的结果为 2(余数)。表 3-4 中的自增和自减运算符是使变量自动加 1 或减 1，自增和自减运算符放在变量前和变量之后是不同的。例如，

＋＋i，－－i：在使用 i 之前，先使 i 值加(减)1。

i＋＋，i－－：在使用 i 之后，再使 i 值加(减)1。

例如，若 i＝4，则执行 x＝＋＋i 时，先使 i 加 1，再引用结果，即 x＝5，运算结果为 i＝5，x＝5。

再如，若 i＝4，则执行 x＝i＋＋时，先引用 i 值，即 x＝4，再使 i 加 1，运算结果为 i＝5，x＝4。

2. 逻辑运算符

逻辑运算符及其说明如表 3-5 所示。

表 3-5 逻辑运算符及其说明

符号	说　明	符号	说　明
&&	逻辑与	!	逻辑非
||	逻辑或		

3. 关系运算符

关系运算符就是判断两个数之间的关系。关系运算符及其说明如表 3-6 所示。

表 3-6 关系运算符及其说明

符号	说　明	符号	说　明
＞	大于	＜＝	小于或等于
＜	小于	＝＝	等于
＞＝	大于或等于	!＝	不等于

4. 位运算

位运算符及其说明如表 3-7 所示。

表 3-7　位运算符及其说明

符号	说　明	符号	说　明
&	位逻辑与	~	位取反
|	位逻辑或	<<	位左移
^	位异或	>>	位右移

在实际的控制应用中，人们常常想要改变 I/O 口中的某一位的值，而不影响其他位，如果 I/O 口是可位寻址的，这个问题就很简单。但有时外扩的 I/O 口只能进行字节操作，因此要想在这种场合下实现单独的位控，就要采用位操作。

例 3-5　编写程序将扩展的某 I/O 口 PORTA（只能字节操作）的 PORTA.5 清 0，PORTA.1 置 1，程序如下。

```
#define <absacc.h>
#define PORTA XBYTE[0xFFC0]
void main( )
{   ...
    PORTA = ( PORTA&0xDF) | 0x02;
...
}
```

上面程序段中，第 1 行定义了一个片外 I/O 口变量 PORTA，其地址为片外数据存储区的 0xFFC0。在 main( )函数中，“PORTA=(PORTA&0xDF) | 0x02”的作用是先用运算符“&”将 PORTA.5 置 0，然后再用“ | 0x02”运算将 PORTA.1 置 1。

5. 赋值、指针和取地址运算符

指针是 C 语言中一个十分重要的概念，将在后面介绍。在这里，先来了解 C 语言中提供的赋值、指针和取地址运算符，如表 3-8 所示。

表 3-8　赋值、指针和取地址运算符及其说明

符号	说　明	符号	说　明
=	赋值	&	取地址
*	指向运算符		

取内容和取地址的一般形式分别为。

```
变量 = * 指针变量
指针变量 = & 目标变量
```

取内容运算是将指针变量所指向的目标变量的值赋给左边的变量；取地址运算是将目标变量的地址赋给左边的变量。注意，指针变量中只能存放地址（也就是指针型数据），一般情况下不要将非指针类型的数据赋值给一个指针变量。

3.2.8　C51 的数组

在单片机的 C51 程序设计中，数组使用的较为广泛。

1. 数组简介

数组是同类数据的一个有序结合，用数组名来标识。整型变量的有序结合称为整型数组，字符型变量的有序结合称为字符型数组。数组中的数据，称为数组元素。

数组中各元素的顺序用下标表示，下标为 n 的元素可以表示为数组名[n]。改变[ ]中的下标就可以访问数组中的所有的元素。

数组有一维、二维、三维和多维数组之分。C51 语言中常用的一维、二维数组和字符数组。

(1) 一维数组

具有一个下标的数组元素组成的数组称为一维数组，一维数组的形式如下。

```
类型说明符 数组名[元素个数];
```

其中，数组名是一个标识符，元素个数是一个常量表达式，不能是含有变量的表达式。

例如，int array1[8]定义了一个名为 array1 的数组，数组包含 8 个整型元素，在定义数组时，可以对数组进行整体初始化，若定义后对数组赋值，则只能对每个元素分别赋值。例如，

```
int a[3] = {2,4,6};                /* 给全部元素赋值,a[0] = 2,a[1] = 4,a[2] = 6 */
int b[4] = {5,4,3,2};              /* 给全部元素赋值,b[0] = 5,b[1] = 4,b[2] = 3,b[3] = 2 */
```

(2) 二维数组或多维数组

具有两个或两个以上下标的数组，称为二维数组或多维数组。定义二维数组的一般形式如下。

```
类型说明符 数组名[行数][列数];
```

其中，数组名是一个标识符，行数和列数都是常量表达式。例如，

```
float  array2[4][3];          /* array2 数组,有 4 行 3 列共 12 个浮点型元素 */
```

二维数组可以在定义时进行整体初始化，也可在定义后单个地进行赋值。例如，

```
int a[3][4] = {1,2,3,4},{5,6,7,8},{9,10,11,12};   /* a 数组全部初始化 */
int b[3][4] = {1,3,5,7},{2,4,6,8},{ };            /* b 数组部分初始化,未初始化的元素为 0 */
```

(3) 字符数组

若一个数组的元素是字符型的，则该数组就是一个字符数组。例如，

```
char  a[10] = {'B', 'E', 'I', ' ' ,'J', 'I', 'N' ,'G', '\0'};        /* 字符串数组 */
```

定义了一个字符型数组 a[ ]，有 10 个数组元素，并且将 9 个字符(其中包括一个字符串结束标志'\0')分别赋给了 a[0]～a[8]，剩余的 a[9]被系统自动赋予空格字符。

C51 还允许用字符串直接给字符数组置初值，例如，

```
char a[10] = {"BEI JING"};
```

用双引号括起来的一串字符，成为字符串常量，C51 编译器会自动地在字符串末尾加上结束符'\0'。

用单引号括起来的字符为字符的 ASCII 码值，而不是字符串。例如，'a'表示 a 的 ASCII 码值 61H，而"a"表示一个字符串，由两个字符 a 和\0 组成。

一个字符串可以用一维数组来装入，但数组的元素数目一定要比字符多一个，以便 C51 编译器自动在其后面加入结束符'\0'。

2. 数组的应用

在 C51 的编程中，数组一个非常有用的功能是查表。例如数学运算，编程者更愿意采用查表计算而不是公式计算。例如，对于传感器的非线性转换需要进行补偿，使用查表法就要有效得多。再如，LED 显示程序中根据要显示的数值，找到对应的显示段码送到 LED 显示器显示。表可以事先计算好后装入程序存储器中。

例 3-6 使用查表法，计算数 0～9 的平方。

```
#define uchar unsigned char
uchar code square[0,1,4,9,16,25,36,49,64,81] ;      /* 0～9 的平方表，在程序存储器中 */
uchar fuction(uchar number);
{  return square[number]};                           /* 返回要求得其平方的数 */
main( )
{  result = fuction(7);          /* 函数 fuction( )的返回值为 7，其平方 49 存入 result 单元 */
}
```

在程序的开始处，"uchar code square[0,1,4,9,16,25,36,49,64,81] ;"定义了一个无符号字符型的数组 square[ ]，并对其进行了初始化，将数 0～9 的平方值赋予数组 square[ ]，类型代码 code 指定编译器将平方表定位在程序存储器中。

主函数调用函数 fuction( )，假设得到返回值 number=7；从 square 数组中查表获得相应的求得其平方的数为 49。执行 result= fuction(7)后，result 的结果为相应的平方数 49。

3. 数组与存储空间

当程序中设定了一个数组时，C51 编译器就会在系统的存储空间中开辟一个区域，用于存放数组的内容。数组就包含在这个由连续存储单元组成的模块的存储体内。对字符数组而言，占据了内存中一连串的字节位置。对整型(int)数组而言，将在存储区中占据一连串连续的字节对的位置。对长整型(long)数组或浮点型(float)数组而言，一个成员将占有 4 字节的存储空间。

当一维数组被创建时，C51 编译器就会根据数组的类型在内存中开辟一块大小等于数组长度乘以数据类型长度(即类型占有的字节数)的区域。

对于二维数组 a[m][n]而言，其存储顺序是按行存储，先存第 0 行元素的第 0 列、第 1 列、第 2 列，直至第 n−1 列，然后返回到存第 1 行元素的第 0 列、第 1 列、第 2 列，直至第 n−1 列，以此类推。如此顺序存储，直到第 m−1 行的第 n−1 列。

当数组特别是多维数组中大多数元素没有被有效利用时，就会浪费大量的存储空间。对于 51 单片机，没有大量的存储区，其存储资源极为有限，因此在进行 C51 语言编程开发时，要仔细地根据需要来选择数组的大小。

例如，对数组中的数据进行重新排序，使其首尾对应的数据进行交换，即数组第一个和最后一个交换，第二个和倒数第二个交换，以此类推。

```
#include <REG52.H>
#include <stdio.h>
void taxisfun (int A[],unsigned char k)
{
unsigned char i,j,Temp;
for (i = 0; TempCycA <= k/2; k++)
   {
          Temp = A[i];
          A[i] = A[k - i];
          A[k - i] = Temp;
   }
}
void main(void)
{
int B[] = {113,5,22,12,32,233,1,21,129,3};            //10 个元素
char Text1[] = {"source data:"};                     //源数据
char Text2[] = {"sorted data:"};                     //排序后数据
unsigned char Tem;
SCON = 0x50;                                         //串口方式 1,允许接收
TMOD = 0x20;                                         //定时器 1 定时方式 2
TCON = 0x40;                                         //设定时器 1 开始计数
TH1 = 0xE8;                                          //11.0592MHz 1200 波特率
TR1 = 1;                                             //启动定时器
printf(" %s\n",Text1);                               //字符数组的整体引用
for (Tem = 0; Tem < 10; Tem++)
printf(" %d ",B[Tem]); printf("\n----------\n");
taxisfun (B,10);                          //以实际参数数组名 A 作参数被函数调用,共 10 个元素
printf(" %s\n",Text2);
for (Tem = 0; Tem < 10; Tem++)                       //调用后 taxis 会被改变
printf(" %d ",B[Tem]);
while(1);}
```

3.2.9 C51 的指针

C51 支持基于存储器的指针和一般指针两种指针类型。当定义一个指针变量时,若未给出它所指向的对象的存储类型,则指针变量被认为是一般指针,反之若给出了它所指向对象的存储类型,则该指针被认为是基于存储器的指针。

基于存储器的指针类型由 C51 语言源代码中存储类型决定,用这种指针可以高效访问对象,且只需 1～2 字节。

一般指针占用 3 字节:1 个字节为存储器类型,2 个字节为偏移量。存储器类型决定了对象所用的 8051 的存储空间,偏移量指向实际地址。一个一般指针可以访问任何变量而不管它在 8051 存储器的位置。

1. 基于存储器的指针

在定义一个指针时,若给出了它所指对象的存储类型,则该指针是基于存储器的指针。

基于存储器的指针以存储类型为变量，在编译时才被确定。因此，地址选择存储器的方法可以省略，这些指针的长度可为 1 字节(idata *，data *，pdata *)或 2 字节(code *，xdata *)。在编译时，这类操作一般被"内嵌"编码，无须进行库调用。

基于存储器的指针定义举例：

```
char  xdata  px*;
```

在 xdata 存储器中定义一个指向字符类型(char)的指针。指针自身在默认的存储区，长度为 2 字节，值为 0～0xFFFF。再看下一个例子：

```
char  xdata  *data  pdx;
```

除了明确定义指针位于 8051 内部存储器(data)外，其他与上例相同，它与编译模式无关。再看一个例子：

```
data  char  xdata  *pdx;
```

本例与上例完全相同。存储器类型定义既可以放在定义的开头，也可以直接放在定义的对象之前。

C51 语言的所有数据类型都和 8051 的存储器类型相关。所有用于一般指针的操作同样可用于基于存储器的指针。

基于存储器的指针定义举例如下：

```
char  xdata  *px;         /* px 指向一个存在片外 RAM 的字符变量,px 本身在默认的存储器中,
                             由编译模式决定,占用 2 字节 * /
char  xdata  *data  py;   /* py 指向一个存在片外 RAM 的字符变量,py 本身在 RAM 中,与编译模
                             式无关,占用 2 字节 * /
```

2. 一般指针

在函数的调用中，函数的指针参数需要用一般指针。一般指针的说明形式如下。

```
数据类型 * 指针变量;
```

例如，char *pz;

这里没有给出 pz 所指变量的存储类型，pz 处于编译模式下默认存储区，长度为 3 字节。

一般指针包括 3 字节：2 字节偏移和 1 字节存储器类型，如表 3-9 所示。

表 3-9　一般指针

地址	+0	+1	+2
存储内容	存储器类型	偏移量高位	偏移量低位

其中，第 1 个字节代表指针的存储器类型，存储器类型的编码如表 3-10 所示。

表 3-10　存储器类型编码

存储器类型	idata/data/bdata	xdata	pdata	Code
编码值	0x00	0x01	0xFE	0xFF

例如，以 xdata 类型的 0x1234 地址作为指针可表示成如表 3-11 所示。

表 3-11 0x1234 的表示

地址	+0	+1	+2
存储内容	0x01	0x12	0x34

当常数作指针时，须注意正确定义存储器类型和偏移。

例如，将常数值 0x41 写入地址 0x8000 的外部数据存储器。

```
#define XBYTE((char *)0x10000L)
XBYTE[0x8000] = 0x41;
```

其中，XBYTE 被定义为(char *)0x10000L，0x10000L 为一般指针，其存储类型为 1，偏移量为 0000。这样，XBYTE 成为指向 xdata 零地址的指针，而 XBYTE[0x8000]则是外部数据存储器 0x8000 的绝对地址。

C51 编译器不检查指针常数，用户须选择有实际意义的值。利用指针变量可以对内存地址直接操作。

3.3 C51 语言的函数

3.3.1 函数的分类

一个 C51 源程序是由一个个模块化的函数所构成的，函数是指程序中的一个模块，main 函数为程序的主函数，其他若干个函数可以理解为一些子程序。

一个 C51 源程序无论包含了多少函数，它总是从 main 函数开始执行，不论 main 函数位于程序的什么位置。程序设计者就是编写一系列的函数模块，并在需要的时候调用这个函数，实现程序所要求的功能。

下面通过一个简单 C51 程序，认识 C51 程序与函数。

例 3-7 在 STC89C52 的 P1.0 脚接有一只发光二极管，二极管的阴极接 P1.0 脚，阳极通过限流电阻接+5V，现在让发光二极管每隔 800ms 闪灭，占空比为 50%。已知单片机时钟晶振为 12MHz，即每个机器周期为 1μs，采用软件延时的方法，参考程序如下。

```
1.  #include <reg52.h>              //包含 reg52.h 头文件
2.  sbit  P10 = P1^0;               //定义位变量 P1.0,也可使用 sbit P10 = 0x90
3.  void  Delay(unsigned int i){    //延时函数 Delay( ),i 是形式参数
4.  unsigned int j;                 //定义变量 j
5.  for(; i>0; i--){                //如果 i>0,则 i 减 1
6.          for(j = 0;j<333;j++){   //如果 j<333,则 j 加 1
7.          ;                       //空函数
8.          }
9.  }
10. }
11. void  main(void){               //主函数 main( )
```

```
12.   while (1) {                      //主程序轮询
13.     P10 = 1;                       //P1.0 输出高电平,发光二极管灭
14.     Delay(800);                    //将实际参数 800 传递给形式参数 i 延时 800ms
15.     P10 = 0;                       //* P1.0 输出低电平,发光二极管亮
16.     Delay(800);                    //将实际参数 800 传递给形式参数 i 延时 800ms
17.   }
18. }
```

下面对程序进行简要说明。

程序的第 1 行是“文件包含”，是将另一个文件 reg52.h 的内容全部包含进来。文件 reg52.h 包含了 51 单片机全部的特殊功能寄存器的字节地址及可寻址位的位地址定义。

程序包含 reg52.h 的目的就是为了使用 P1 这个符号，即通知程序中所写的 P1 是指 STC89C52 的 P1 口，而不是其他变量。打开 reg52.h 文件可以看到“sfr P1＝0x90;”，即定义符号 P1 与地址 0x90 对应，而 P1 口的地址就是 0x90。虽然这里的“文件包含”只有一行，但 C 编译器在处理的时候却要处理几十行或几百行。

程序的第 2 行用符号 P10 来表示 P1.0 引脚。在 C51 中，如果直接写 P1.0 编译器并不能识别，而且 P1.0 也不是一个合法的 C51 语言程序变量名，所以必须给它起一个另外的名字，这里起的名字是 P10，可是 P10 是否就是 P1.0 呢？所以必须给它们建立联系，这里使用了 C51 的关键字 sbit 来进行定义。

第 3～9 行对函数 Delay 进行了事先定义，只有这样，才能在主程序中被主函数 main()调用。自行编写的函数 Delay()的用途是软件延时，调用时使用的这个“800”被称为“实际参数”，以延时 800ms。

内层循环“for(j＝0; j<333; j＋＋){;}”这条语句在反汇编时对应的汇编代码如下。

```
      CLR A                     //1 个机器周期
      MOV R7,A                  //2 个机器周期
HERE: INC R7                    //1 个机器周期
      CJNE R7,#333,HERE         //2 个机器周期
```

其中{;}在反汇编时不对应任何语句，即不占用机器周期。因而，该 for 循环共需 1＋2＋333×(1＋2)＝1002 个机器周期，约为 1ms。

相比之下调用外层循环 for(; i＞0; ＜i－－){}时，1＋2＋i×(1002＋1＋2)可以近似为 i×1002，即 i 个 1ms。编程者可在一定范围内对 i、j 调整(不超过 i、j 的取值范围)，来控制延时时间。

第 11～18 行对函数 main 进行了定义，实现了发光二极管的闪烁。

从结构上分，C51 语言函数可分为主函数 main( )和普通函数两种。而普通函数又划分为两种：标准库函数和用户自定义函数。

1. 标准库函数

标准库函数是由 C51 编译器提供的。编程者在进行程序设计时，应该善于充分利用这些功能强大、资源丰富的标准库函数资源，以提高编程效率。

用户可直接调用 C51 库函数而不需为这个函数写任何代码，只需要包含具有该函数说明的头文件即可。例如调用输出函数 printf 时，要求程序在调用输出库函数前包含以下的

include命令：

```
#include <stdio.h>
```

2. 用户自定义函数

用户自定义函数是用户根据需要所编写的函数。从函数定义的形式分为：无参函数、有参函数和空函数。

(1) 无参函数

此种函数在被调用时，既无参数输入，也不返回结果给调用函数，只是为完成某种操作而编写的函数。

无参函数的定义形式为：

```
返回值类型标识符 函数名()
{     函数体;
}
```

无参函数一般不带返回值，因此函数的返回值类型的标识符可省略。

例如函数main()，该函数为无参函数，返回值类型标识符可省略，默认值是int类型。

(2) 有参函数

调用此种函数时，必须提供实际的输入函数。有参函数的定义形式为

```
返回值类型标识符 函数名(形式参数列表)
形式参数说明
{     函数体;
}
```

例3-8 定义一个函数max( )，用于求两个数中的大数。

```
int a,b
int max(a, b)
{     if(a>b)return (a);
      else return (b);
}
```

上面程序段中，a、b为形式参数。return( )为返回语句。

(3) 空函数

此种函数体内是空白的。调用空函数时，什么工作也不做，不起任何作用。定义空函数的目的并不是为了执行某种操作，而是为了以后程序功能的扩充。先将一些基本模块的功能函数定义成空函数，占好位置，并写好注释，以后再用一个编好的函数代替它。这样整个程序的结构清晰，可读性好，以后扩充新功能方便。

空函数的定义形式为

```
返回值类型标识符   函数名 ()
{     }
```

例如，

```
float min( )
{     }                         /*空函数,占好位置*/
```

3.3.2　函数的参数与返回值

1. 函数的参数

C 语言采用函数之间的参数传递方式，使一个函数能对不同的变量进行功能相同的处理，从而大大提高了函数的通用性与灵活性。

函数之间的参数传递，由主函数调用时主调函数的实际参数与被调函数的形式参数之间进行数据传递来实现。

被调用函数的最后结果由被调用函数的 return 语句返回给调用函数。

函数的参数包括形式参数和实际参数。

(1) 形式参数

函数的函数名后面括号中的变量名称为形式参数，简称形参。

(2) 实际参数

在函数调用时，主调函数名后面括号中的表达式称为实际参数，简称实参。

在 C 语言的函数调用中，实际参数与形式参数之间的数据传递是单向进行的，只能由实际参数传递给形式参数，而不能由形式参数传递给实际参数。

实际参数与形式参数的类型必须一致，否则会发生类型不匹配的错误。被调用函数的形式参数在函数未调用之前，并不占用实际内存单元。只有当函数调用发生时，被调用函数的形式参数才分配给内存单元，此时内存中调用函数的实际参数和被调用函数的形式参数位于不同的单元。在调用结束后，形式参数所占有的内存被系统释放，而实际参数所占有的内存单元仍保留并维持原值。

2. 函数的返回值

函数的返回值是通过函数中的 return 语句获得的。一个函数可以有一个以上的 return 语句，但是多于一个的 return 语句必须在选择结构(if 或 do/case)中使用(例如前面求两个数中的大数函数 max( )的例子)，因为被调用函数只能返回一个变量。

函数返回值的类型一般在定义函数时，由返回值的标识符来指定。例如在函数名之前的 int 指定函数的返回值的类型为整型数(int)。若没有指定函数的返回值类型，默认返回值为整型类型。

当函数没有返回值时，则使用标识符 void 进行说明。

3.3.3　函数的调用

在一个函数中需要用到某个函数的功能时，就调用该函数。调用者称为主调函数，被调用者称为被调函数。

1. 函数调用的一般形式

函数调用的一般形式：

```
函数名　{实际参数列表};
```

若被调函数是有参函数，则主调函数必须把被调函数所需的参数传递给被调函数。传递给被调函数的数据称为实际参数(简称实参)，必须与形参的数据在数量、类型和顺序上都一致。实参可以是常量、变量和表达式。实参对形参的数据是单向的，即只能将实参传递给形参。

2. 函数调用的方式

主调用函数对被调用函数的调用有以下3种方式。

(1) 函数调用语句

函数调用语句把被调用函数的函数名作为主调函数的一个语句。例如，

```
print_message( );
```

此时，并不要求函数返回结果数值，只要求函数完成某种操作。

(2) 函数结果作为表达式的一个运算对象

函数结果作为表达式的一个运算对象，例如，

```
result = 2 * gcd(a,b);
```

被调用函数以一个运算对象出现在表达式中。这要求被调用函数带有return语句，以便返回一个明确的数值参加表达式的运算。被调用函数gcd为表达式的一部分，它的返回值乘2再赋给变量result。

(3) 函数参数

函数参数即被调用函数作为另一个函数的实际参数。例如，

```
m = max(a,gcd(u,v));
```

其中，gcd(u,v)是一次函数调用，它的值作为另一个函数max( )的实际参数之一。

3. 对调用函数的说明

在一个函数调用另一个函数时，须具备以下条件。

(1) 被调用函数必须是已经存在的函数(库函数或用户自定义的函数)。

(2) 如果程序中使用了库函数，或使用了不在同一文件中的另外自定义函数，则应该在程序的开头处使用#include包含语句，将所有的函数信息包含到程序中来。

例如#include <stdio.h>，将标准的输入、输出头文件stdio.h(在函数库中)包含到程序中来。

在程序编译时，系统会自动将函数库中的有关函数调入到程序中去，编译出完整的程序代码。

(3) 如果程序中使用了自定义函数，且该函数与调用它的函数同在一个文件中，则应根据主调用函数与被调用函数在文件中的位置，决定是否对被调用函数作出说明。

如果被调用函数在主调用函数之后，一般应在主调用函数中，在被调用函数调用之前，对被调用函数的返回值类型作出说明。

如果被调用函数出现在主调用函数之前，不用对被调用函数进行说明。

如果在所有函数定义之前，在文件的开头处，在函数的外部已经说明了函数的类型，则在主调用函数中不必对所调用的函数再做返回值类型说明。

3.3.4　中断服务函数

由于标准 C 没有处理单片机中断的定义，为直接编写中断服务程序，C51 编译器对函数的定义进行了扩展，增加了一个扩展关键字 interrupt，使用该关键字可以将一个函数定义成中断服务函数。由于 C51 编译器在编译时对声明为中断服务程序的函数自动添加了相应的现场保护、阻断其他中断、返回时恢复现场等处理的程序段，因而在编写中断服务函数程序时可不必考虑这些问题，减轻了用汇编语言编写中断服务程序的烦琐程度，而把精力放在如何处理引发中断请求的事件上。

中断服务函数的一般形式为

```
函数类型　函数名 (形式参数表)[interrupt n][using n]
```

关键字 interrupt 后面的 n 是中断号，对于 STC89C52，取值为 0～7，编译器从 8×n+3 处产生中断向量。STC89C52 中断源对应的中断号和中断向量见表 3-12。

表 3-12　STC89C52 中断号和中断向量

中断号	中　断　源	中断向量(8×n+3)
0	外部中断 0	0003H
1	定时/计数器 0	000BH
2	外部中断 1	0013H
3	定时/计数器 1	001BH
4	串行口	0023H
5	定时/计数器 2	002BH
6	附加外部中断 2	0033H
7	附加外部中断 3	003BH

在定义一个函数时，using 是一个选项，如果不选用该项，则由编译器选择一个寄存器区作为绝对寄存器区访问。STC89C52 在内部 RAM 中有 4 个工作寄存器区，每个寄存器区包含 8 个工作寄存器(R0～R7)。C51 扩展的关键字 using，专门用来选择 STC89C52 的 4 个不同的工作寄存器区。关键字 using 对函数目标代码的影响如下。

(1) 在中断函数的入口处将当前工作寄存器区内容保护到堆栈中，函数返回前将被保护的寄存器区的内容从堆栈中恢复。

(2) 使用关键字 using 在函数中确定一个工作寄存器区时必须小心，要保证工作寄存器区切换都只在指定的控制区域中发生，否则将产生不正确的函数结果。

还要注意，带 using 属性的函数原则上不能返回 bit 类型的值，且关键字 using 和关键字 interrupt 都不允许用于外部函数，另外也都不允许有一个带运算符的表达式。

例如，外部中断 1($\overline{\text{INT1}}$)的中断服务函数书写如下。

```
void  int1( )  interrupt 2  using 0/* 中断号 n=2,选择 0 区工作寄存器区 */
```

当编写 STC89C52 中断程序时，应遵循以下规则。

(1) 中断函数没有返回值，如果定义了一个返回值，将会得到不正确的结果。因此建议在定义中断函数时，将其定义为 void 类型，以明确说明没有返回值。

(2) 中断函数不能进行参数传递，如果中断函数中包含任何参数声明都将导致编译出错。

(3) 在任何情况下都不能直接调用中断函数，否则会产生编译错误。因为中断函数的返回是由指令 RETI 完成的。RETI 指令会影响 STC89C52 中的硬件中断系统内的不可寻址的中断优先级寄存器的状态。如果在没有实际的中断请求的情况下，直接调用中断函数，也就不会执行 RETI 指令，其操作结果有可能产生一个致命的错误。

(4) 如果在中断函数中再调用其他函数，则被调用的函数所使用的寄存器区必须与中断函数使用的寄存器区不同。

3.3.5 变量及存储方式

1. 变量

(1) 局部变量

局部变量是某一个函数中存在的变量，它只在该函数内部有效。

(2) 全局变量

全局变量在整个源文件中都存在的变量。有效区间是从定义点开始到源文件结束，其中的所有函数都可直接访问该变量。如果定义前的函数需要访问该变量，则需要使用 extern 关键词对该变量进行说明；如果全局变量声明文件之外的源文件需要访问该变量，也需要使用 extern 关键词进行说明。

由于全局变量一直存在，占用了大量的内存单元，且加大了程序的耦合性，不利于程序的移植或复用。

全局变量可以使用 static 关键词进行定义，该变量只能在变量定义的源文件内使用，不能被其他源文件引用，这种全局变量称为静态全局变量。如果一个其他文件的非静态全局变量需要被某文件引用，则需要在该文件调用前使用 extern 关键词对该变量声明。

2. 变量的存储方式

单片机的存储区间，可以分为程序存储区、静态存储区和动态存储区 3 个部分。数据存放在静态存储区或动态存储区。其中全局变量存放在静态存储区，在程序开始运行时，给全局变量分配存储空间；局部变量存放在动态存储区，在进入拥有该变量的函数时，给这些变量分配存储空间。

3.3.6 宏定义与文件包含

在 C51 程序设计中要经常用到宏定义、文件包含与条件编译。

1. 宏定义

宏定义语句属于C51语言的预处理指令，使用宏可以使变量书写简化，增加程序的可读性、可维护性和可移植性。宏定义分为简单的宏定义和带参数的宏定义。

(1) 简单的宏定义

格式如下。

```
#define 宏替换名 宏替换体
```

#define是宏定义指令的关键词，宏替换名一般用大写字母来表示，而宏替换体可以是数值常数、算术表达式、字符和字符串等。宏定义可以出现在程序的任何地方，例如宏定义：

```
#define uchar unsigned char
```

在编译时可由C51编译器把unsigned char用uchar来替代。

例如，在某程序的开头处，进行了3个宏定义。

```
#define uchar unsigned char          /*宏定义无符号字符型变量方便书写*/
#define uint unsigned int            /*宏定义无符号整型变量方便书写*/
#define gain 4                       /*宏定义增益*/
```

由上见，宏定义不仅可以方便无符号字符型和无符号整型变量的书写，而且当增益需要变化时，只需要修改增益gain的宏替换体4即可，而不必在程序的每处修改，大大增加了程序的可读性和可维护性。

(2) 带参数的宏定义

格式如下。

```
#define 宏替换名(形参)  带形参宏替换体
```

#define是宏定义指令的关键词，宏替换名一般用大写字母来表示，而宏替换体可以是数值常数、算术表达式、字符和字符串等。带参数的宏定义可以出现在程序的任何地方，在编译时可由编译器替换为定义的宏替换体，其中的形参用实际参数代替，由于可以带参数，这就增强了带参数宏定义的应用。

2. 文件包含

文件包含是指一个程序文件将另一个指定的文件的内容包含进去。文件包含的一般格式为

```
#include <文件名>  或  #include"文件名"
```

上述两种格式的差别是：采用<文件名>格式时，在头文件目录中查找指定文件。采用"文件名"格式时，应当在当前的目录中查找指定文件。例如，

```
#include <reg51.h>     /*将特殊功能寄存器包含文件包含到程序中来*/
#include <stdio.h>     /*将标准的输入、输出头文件stdio.h(在函数库中)包含到程序中来*/
#include <math.h>      /*将函数库中专用数学库的函数包含到程序中来*/
```

当程序中需要调用C51语言编译器提供的各种库函数时，必须在文件的开头使用

#include 命令将相应函数的说明文件包含进来。

3.3.7 库函数

C51 语言的强大功能及其高效率在于提供了丰富的可直接调用的库函数。库函数可以使程序代码简单、结构清晰、易于调试和维护。

下面介绍几类重要的库函数。

(1) 特殊功能寄存器包含文件 reg51.h 或 reg52.h。reg51.h 中包含所有的 8051 的 sfr 及其位定义。reg52.h 中包含所有 8052 的 sfr 及其位定义，一般系统都包含 reg51.h 或 reg52.h。

(2) 绝对地址包含文件 absacc.h。该文件定义了几个宏，以确定各类存储空间的绝对地址。

(3) 输入/输出流函数位于 stadio.h 文件中。流函数默认 8051 的串口来作为数据的输入/输出。如果要修改为用户定义的 I/O 口读/写数据，例如，改为 LCD 显示，可以修改 lib 目录中的 getkey.c 及 putchar.c 源文件，然后在库中替换它们即可。

(4) 动态内存分配函数，位于 stdlib.h 中。

(5) 能够方便地对缓冲区进行处理的缓冲区处理函数位于 string.h 中。其中包括复制、移动、比较等函数。

3.4 C51 程序设计举例

在 C51 的程序结构上可以把程序分为三类，即顺序、分支和循环结构。顺序结构是程序的基本结构，程序自上而下，从 main()的函数开始一直到程序运行结束，程序只有一条路可走，没有其他的路径可以选择。顺序结构比较简单和便于理解，这里仅介绍分支结构和循环结构。

3.4.1 分支结构程序

实现分支控制的语句有 if 语句和 switch 语句。

1. if 语句

if 语句是用来判定所给定的条件是否满足，根据判定结果决定执行两种操作之一。

if 语句的基本结构如下：

```
if (表达式) {语句}
```

小括号中的表达式成立时，程序执行大括号内的语句，否则程序跳过大括号中的语句部分，而直接执行下面其他语句。

C51 语言提供 3 种形式的 if 语句。

(1) 形式 1

```
if (表达式)  {语句}
```

例如，

```
if (x > y)  {max = x; min = y;}
```

即如果 x>y，则 x 赋给 max，y 赋给 min。如果 x>y 不成立，则不执行大括号中的赋值运算。

(2) 形式 2

```
if (表达式)  {语句 1;}  else {语句 2;}
```

例如，

```
if (x > y)
{max = x; }
else {min = y;}
```

本形式相当于双分支选择结构。

(3) 形式 3

```
if (表达式 1) {语句 1;}
else  if (表达式 2) {语句 2;}
else  if (表达式 3) {语句 3;}
...
else  {语句 n;}
```

例如，

```
if (x > 100) {y = 1;}
else  if (x > 50) {y = 2;}
else  if (x > 30) {y = 3;}
else  if (x > 20) {y = 4;}
else  {y = 5;}
```

本形式相当于串行多分支选择结构。

在 if 语句中又含有一个或多个 if 语句，这称为 if 语句的嵌套。应当注意 if 与 else 的对应关系，else 总是与它前面最近的一个 if 语句相对应。

例 3-9　片内 RAM 的 30H 单元存放一个有符号数 x，函数 x 与 y 有如式 3-1 所示，编制程序(设 y 存放于 31H 单元)。

$$y = \begin{cases} x & (x > 0) \\ 30\text{H} & (x = 0) \\ x + 10 & (x < 0) \end{cases} \tag{3-1}$$

```
void main()
    {
    char x, * p, * y;
    p = 0x30;
    y = 0x31;
```

```
    for(;;)
    {
        x = *p;
        if(x>0) *y = x;
        if(x<0) *y = x+10;
        if(x==0) *y = 0x30;
    }
     }
```

2. switch 语句

if 语句只有两个分支可供选择,而 switch 语句是多分支选择语句。switch 语句的一般形式如下。

```
switch (表达式 1)
{   case  常量表达式 1: {语句 1; }break;
case  常量表达式 2: {语句 2; }break;
    …
case  常量表达式 n: {语句 n; }break;
default: {语句 n+1; }
}
```

上述 switch 语句的说明如下。

(1) 每一个 case 的常量表达式必须是互不相同的,否则将出现混乱。

(2) 各个 case 和 default 出现的次序,不影响程序执行的结果。

(3) switch 括号内的表达式的值与某 case 后面常量表达式的值相同时,就执行它后面的语句,遇到 break 语句则退出 switch 语句。若所有的 case 中的常量表达式的值都没有与 switch 语句表达式的值相匹配时,就执行 default 后面的语句。

(4) 如果在 case 语句中遗忘了 break 语句,则程序执行了本行之后,不会按规定退出 switch 语句,而是执行后续的 case 语句。在执行一个 case 分支后,使流程跳出 switch 结构,即中止 switch 语句的执行,可以用一个 break 语句完成。switch 语句的最后一个分支可以不加 break 语句,结束后直接退出 switch 结构。

例 3-10 在单片机程序设计中,常用 switch 语句作为键盘中按键按下的判别,并根据按下键的键号跳向各自的分支处理程序。

```
input:  keynum = keyscan( );
switch (keynum);break;
{  case 1:  key1( );          /* 如果按下键的键值为 1,则执行函数 key1( ) */
   case 2:  key2( );          /* 如果按下键的键值为 2,则执行函数 key2( ) */
   case 3:  key3( );          /* 如果按下键的键值为 3,则执行函数 key3( ) */
   case 4:  key4( );          /* 如果按下键的键值为 4,则执行函数 key4( ) */
   …
   default: goto input;
}
```

例子中的 keyscan( )是另外一个键盘扫描函数,如果有键按下,该函数就会得到按下按键的键值,将键值赋予变量 keynum。如果键值为 1,则执行键值处理函数 key1( )后返回;

如果键值为 4，则执行 key4( )函数后返回。执行完一个键值处理函数后，则跳出 switch 语句，从而达到按下不同的按键来进行不同的键值处理的目的。

3.4.2　循环结构程序

许多的实用程序都包含有循环结构，熟练地掌握和运用循环结构的程序设计，是 C51 语言程序设计的基本要求。

实现循环结构的语句有以下三种：while 语句、do-while 语句和 for 语句。

1. while 语句

while 语句的语法形式为

```
while (表达式)
{   循环体语句;
}
```

表达式是 while 循环能否继续的条件，如果表达式为真，就重复执行循环体语句；反之，则终止循环体内的语句。

while 循环结构的特点在于循环条件的测试在循环体的开头，要想执行重复操作，首先必须进行循环条件的测试，如条件不成立，则循环体内的重复操作一次也不能执行。

例 3-11　试用 T1 定时器工作在方式 1 控制 1 个单色灯闪烁，其中单色灯与单片机的 P1.7 相连。

```
#include <reg52.h>
unsigned char temp = 0;
void t1() interrupt 3
{
   TR1  =  0;
   TH1  =  0 ;
   TL1  =  0 ;
   TR1  =  1;
   P1  = temp;
   Temp  =  ~temp;
}
void main()
{
     unsigned int i = 1;
     TMOD  =  0x10;
     TH0  =  0;
     TL0  = 0;
     TR1  = 1;
     ET1  = 1;
     EA = 1;
     while(1);
}
```

2. do-while 语句

do-while 语句的语法形式为：

```
do
      {循环体语句;
      }
while(表达式);
```

do-while 语句的特点是先执行内嵌的循环体语句，再计算表达式，如果表达式的值为非 0，则继续执行循环体语句，直到表达式的值为 0 时结束循环。

由 do-while 构成的循环与 while 循环十分相似，它们之间的重要区别是：while 循环的控制出现在循环体之前，只有当 while 后面表达式的值非 0 时，才可能执行循环体，在 do-while 构成的循环中，总是先执行一次循环体，然后再求表达式的值，因此无论表达式的值是 0 还是非 0，循环体至少要被执行一次。和 while 循环一样，在 do-while 循环体中，要有能使 while 后表达式的值变为 0 的操作，否则，循环会无限制地进行下去。根据经验 do-while 循环用的并不多，大多数的循环用 while 来实现会直观。

例 3-12　实型数组 sample 存有 10 个采样值，编写程序段，要求返回其平均值(平均值滤波)。程序如下。

```
float avg(float * sample)
{      float sum = 0;
char n = 0;
do
{   sum += sample[n];
    n++;
} while(n < 10);
return(sum/10);
}
```

3. 基于 for 语句的循环

在 3 种循环中，经常使用的是 for 语句构成的循环。它不仅可以用于循环次数已知的情况，也可用于循环次数不确定而只给出循环条件的情况，它完全可以替代 while 语句。

for 循环的一般格式为

```
for (表达式 1; 表达式 2; 表达式 3)
{
  循环体语句;
}
```

for 是 C51 的关键字，其后的括号中通常含有三个表达式，各表达式之间用“；”隔开。这三个表达式可以是任意形式的表达式，通常主要用于 for 循环的控制。紧跟在 for(　　) 之后的循环体，在语法上要求是一条语句；若在循环体内需要多条语句，应该用大括号括起来组成复合语句。

for 的执行过程如下。

(1) 计算“表达式 1”，表达式 1 通常称为“初值设定表达式”。

(2) 计算“表达式2”,表达式2通常称为“终值条件表达式”,若满足条件,转下一步,若不满足条件,则转步骤(5)。

(3) 执行一次for循环体。

(4) 计算“表达式3”,“表达式3”通常称为“更新表达式”转向步骤(2)。

(5) 结束循环,执行for循环之后的语句。

下面对for语句的几个特例进行说明。

(1) for语句中的小括号内的3个表达式全部为空。例如:

```
for(; ; )
{
  循环体语句;
}
```

在小括号内只有两个分号,无表达式,这意味着这里没有设初值,无判断条件,循环变量为增值,它的作用相当于while(1),这将导致一个无限循环。一般在编程时,需要无限循环时,可采用这种形式的for循环语句。

(2) for语句的三个表达式中,表达式1默认。例如:

```
for(; i<=100; i++)sum=sum+i;
```

即不对i设初值。

(3) for语句的三个表达式中,表达式2默认。例如:

```
for(i=1; ; i++)sum=sum+i;
```

即不判断循环条件,认为表达式始终为真,循环将无休止地进行下去。

(4) for语句的三个表达式中,表达式1、表达式3省略。例如:

```
for(;i<=100;)
{  sum= sum+i;
   i++;
}
```

(5) 没有循环体的for语句。例如:

```
int a=1000;
for(t=0; t<a; t++)
{;}
```

本例的一个典型应用就是软件延时。在程序的设计中,经常用到时间延迟,可用循环结构来实现,即循环执行指令,消耗一段已知的时间。STC89C52单片机指令的执行时间是靠一定数量的时钟周期来计时的,如果使用12MHz晶振,则12个时钟周期花费的时间为1μs。

例3-13　编写一个延时1ms程序。

```
void delayms( unsigned char int j)
{    unsigned char i;
     while(j--)
     {     for(i=0;i<125;i++)
           {;}
```

```
        }
    }
```

如果把上述程序段编译成汇编语言代码进行分析，用 for 进行的内部循环大约延时 8ms，但不是特别精确。不同的编译器会产生不同的延时，因此 i 的上限值 125 应根据实际情况进行补偿调整。

例 3-14 试编程实现：P3.2 引脚接一个按键，P1 口接 8 只单色灯，单色灯 0 亮 1 灭，当有按键按下时 8 只单色灯高低 4 位交替闪亮一次。按键按下接收到 0，否则为 1。

```
#include "reg52.h"
sbit key = P3^2;
void main()
{
   unsigned char T1 = 0x0F,T2 = 0xF0,keyT;
   unsigned int i;
   for(;;)
   {
       keyT = key;
      if( ~ keyT)
    {
      P1 = T1;                          //高 4 位亮低 4 位灭
    for(i=0; i<10000;i++) ;             //延时作用
      P1 = T2;                          //高 4 位灭低 4 位亮
     for(i=0; i<10000;i++) ;            //延时作用
     }
    }
  }
```

例 3-15 求 1+2+3+…+100 的累加和。

用 for 语句编写的程序如下。

```
#include <reg51.h>
#include <stdio.h>
main( )
{    int nvar1, nsum;
     for(nvar1 = 0,nsum = 1; nsum <= 100; nsum++)
     nvar1 += nsum;                   /* 累加求和 */
while(1);
}
```

在循环体语句执行中，如果在满足循环判定条件的情况下跳出代码段，可以使用 break 语句或 continue 语句；如果要从任意地方跳转到代码的某个地方，可以使用 goto 语句。

1. break 语句

前面已经介绍过用 break 语句可以跳出 switch 循环体。在循环结构中，可应用 break 语句跳出本层循环体，从而马上结束本层循环。

例 3-16 执行如下程序段。

```
void  main(void )                       /* 主函数 main( ) */
```

```
{   int i, sum;
    sum = 0;
    for(i = 1;i <= 10;i++)
    {   sum = sum + i;
        if(sum > 5) break;
print("sum = %d\n", sum);              /* 通过串口向计算机屏幕输出显示 sum 值 */
}
}
```

上例中如没有 break 语句,程序将进行 10 次循环；当 i=3 时,sum 的值为 6,此时 if 语句的表达式 sum<5 的值为 1,于是执行 break 语句,跳出 for 循环,从而提前终止循环。因此在一个循环程序中,既可通过循环语句中的表达式来控制循环是否结束,还可直接通过 break 语句强行退出循环结构。

2. continue 语句

作用及用法与 break 语句类似。区别：当前循环遇到 break,直接结束循环,若遇上 continue,则停止当前这一层循环,然后直接尝试下一层循环。可见,continue 并不结束整个循环,而仅仅是中断这一层循环,然后跳到循环条件处,继续下一层的循环。当然,如果跳到循环条件处,发现条件已不成立,那么循环也会结束。

例 3-17 输出整数 1～100 的累加值,但要求跳过所有个位为 3 的数。

为完成题目要求,在循环中加一个判断,如果该数个位是 3,就跳过该数不加。如何来判断 1～100 的数中哪些位的个位是 3 呢？用求余数的运算符“%”,将一个 2 位以内的正整数,除以 10 后,余数是 3,就说明这个数的个位为 3。例如对于数 73,除以 10 后,余数是 3。根据以上分析,参考程序如下。

```
void main(void )
{   int i, sum = 0;
    sum = 0;
    for(i = 1;i <= 100;i++)
    {   if(i % 10 == 3)
        continue;
        sum = sum + i;
    }
print("sum = %d\n", sum);              /* 在计算机屏幕显示 sum 值,了解本语句的功能即可 */
}
```

3. goto 语句

goto 语句是一无条件转移语句,当执行 goto 语句时,将程序指针跳转到 goto 给出的下一条代码。基本格式如下：

```
goto  标号
```

例 3-18 计算整数 1～100 的累加值,存放到 sum 中。

```
void  main(void )
{   unsigned char i;
```

```
int sum;
    sumadd:
sum = sum + i;
i++;
if(i < 101)
    {  goto sumadd;
    }
}
```

goto 语句在 C51 中经常用于无条件跳转某条必须执行的语句以及用于在死循环程序中退出循环。为了方便阅读，也为了避免跳转时引发错误，在程序设计中要慎重使用 goto 语句。

本章小结

在实际应用中，经常使用 C51 编程实现程序结构化、模块化设计。本章介绍了 C51 的数据结构、表达式、基本语句、关键字、C51 函数及其设计举例。

思考题

1. C51 语言有哪些语句类型？使用每种类型的语句编写一个简单的程序。
2. C51 语言有哪些常用的头文件？怎样在程序中使用它们？
3. 若有以下程序：

```
#include <stdio.h>
void f(int n);
main()
{void f(int n);
f(5);
}
void f(int n)
{printf("%d\n",n); }
```

则以下叙述中不正确的是（　　）。

(A) 若只在主函数中对函数 f 进行声明，则只能在主函数中正确调用函数 f
(B) 若在主函数前对函数 f 进行声明，则在主函数和其他函数中都可以正确调用函数 f
(C) 对于以上程序，编译时系统会提示出错信息，提示对 f 函数重复声明
(D) 函数 f 无返回值，所以可用 void 将其类型定义为无值型

4. 下列程序执行后的输出结果是（　　）。

```
void func( int *a,int b[ ] )
{ b[0] = *a + 6; }
main()
{ int a,b[5];
```

```
a = 0; b[0] = 3;
func(&a,b);
printf(" % d\n",b[0] );
}
```

(A) 6　　(B) 7　　(C) 8　　(D) 9

5. 试用 C51 编程语言实现将地址为 4000H 的片外数据存储单元内容，送入地址为 30H 的片内数据存储单元中。

6. 试用 C51 编程语言实现将片内数据存储器中地址 30H 和 40H 的单元内容交换。

第4章　STC89C52单片机的中断系统

本章学习要点：

- STC89C52单片机中断系统的概念和内部结构。
- STC89C52单片机中断控制寄存器的设置，中断源和中断入口地址。
- STC89C52单片机中断信号的处理和中断应用程序的设计方法。

51系列单片机主要用于实时测控，要求单片机能及时响应和处理单片机内部或外部事件。由于许多事件都是随机发生的，如果采用定时查询方式来处理这些事件请求，有可能得不到实时处理，且单片机的工作效率也会变得很低。因此，51单片机要实时处理这些事件，就必须采用中断技术来实现，这就要用到一个重要的功能部件——中断系统。

通常所说的51系列单片机中断系统有5个中断源，2级中断优先级。而STC89C52单片机中断系统在5个中断源基础上增加了3个中断源即共8个中断源，并且具有2级中断优先级，每个中断源优先级均可用软件设置。

4.1　概述

在计算机与外部设备交换信息时，存在着高速的CPU和慢速的外设之间的矛盾。若采用软件查询的方式，则不但占用了CPU操作时间，而且响应速度慢。此外，对CPU外部随机或定时（如定时器发出的信号）出现的紧急事件，也常常需要CPU能马上响应，为了解决这一问题，在计算机中引入了“中断”技术。

4.1.1　中断的概念

中断是通过硬件来改变CPU程序运行的方向。计算机在执行程序的过程中，由于CPU以外的某种原因，有必要尽快中止当前程序的执行，而去执行相应的处理程序，待处理结束后，再回来继续执行被中止了的原程序。这种程序在执行过程中由于外界的原因而被中间打断的情况称为“中断”。

“中断”之后所执行的处理程序，通常称为中断服务或中断处理子程序，原来运行的程序称为主程序。主程序被断开的位置（地址）称为断点。引起中断的原因，或能发出中断申请的来源，称为中断源。中断源要求服务的请求称为中断请求（或申请）。

调用中断服务程序的过程有些类似于程序设计中的调用子程序，主要区别在于调用子程序指令在程序中是事先安排好的；而何时调用中断服务程序事先却无法确知，因为“中断”的发生是由外部因素决定的，程序中无法事先安排调用指令，因而调用中断服务程序的过程是由硬件自动完成的。

4.1.2　引进中断技术的优点

计算机引进中断技术之后主要有如下优点。

1. 分时操作

有了中断功能就解决了快速的 CPU 与慢速的外设之间的矛盾。可以使 CPU 和外设同时工作。CPU 在启动外设工作后，继续执行主程序，同时外设也在工作，每当外设做完一件事，就发出中断申请，请求 CPU 中断它正在执行的程序，转去执行中断服务程序（一般情况是处理输入输出数据），中断处理完之后，CPU 恢复执行主程序，外设仍继续工作。这样 CPU 可以命令多个外设同时工作，从而大大提高了 CPU 的利用率。

2. 实现实时处理

在实时控制中，现场的各个参数、信息是随时间和现场情况不断变化的。有了中断功能，外界的这些变化量可根据要求，随时向 CPU 发出中断请求，要求 CPU 及时处理，CPU 就可以马上响应（若中断响应条件满足）。这样的及时处理在查询方式下是做不到的。

3. 故障处理

计算机在运行过程中，出现一些事先无法预料的故障是难免的，如电源突跳，存储出错，运算溢出等。有了中断功能，计算机就能自行处理，而不必停机处理。

4.1.3　中断源

发出中断请求的来源一般统称为中断源，中断源有多种，最常见的中断源有以下几种。

1. 外部设备中断源

计算机的输入/输出设备，如键盘、磁盘驱动器、打印机等，可通过接口电路向 CPU 申请中断。

2. 故障源

故障源是产生故障信息的来源，把它作为中断源使 CPU 能够以中断方式对已发生的故障进行及时处理。计算机故障源有内部和外部之分，CPU 内部故障源，如除法中除数为零等情况；外部故障源主要有电源掉电情况。在电源掉电时可以接入备用的电池供电电路，以保存存储器中的信息。当电压因掉电降到一定值时，就发出中断申请，由计算机的中断系统自动响应并进行相应处理。

3. 控制对象中断源

计算机作实时控制时，被控对象常常用作中断源。例如，电压、电流、温度等超越上限或下限时，以及继电器、开关闭合断开时都可以作为中断源申请中断。

4. 定时/计数脉冲中断源

定时/计数脉冲中断源也有内部和外部之分。内部定时中断是由单片机内部的定时/计数器溢出时自动产生的；外部计数中断是由外部定时脉冲通过 CPU 的中断请求输入线或定时/计数器的输入线引起的。对于每个中断源，要求其所发出的中断请求信号符合 CPU 响应中断的条件，例如电平的高、低，持续的时间，脉冲的幅度等。

4.1.4 中断系统的功能

为了满足上述各种情况下的中断要求，中断系统一般具有如下功能。

1. 能实现中断及返回

当某一个中断源发出中断申请时，CPU 能决定是否响应这个中断请求，当 CPU 在执行更急、更重要的工作时，可以暂不响应中断，若允许响应这个中断请求，CPU 必须在现行的指令执行完后，把断点处的 PC 值(即下一条应执行的指令地址)压入栈中保留下来，这称为保护断点。这一步是硬件自动执行的，同时用户在编程时，要注意把有关的寄存器内容和状态标志位压入栈保留下来，这称为保护现场。保护断点和现场之后即可执行中断服务程序，执行完毕，需恢复原保留寄存器的内容和标志位的状态，称恢复现场，并执行返回指令 RETI，这个过程由用户编程实现。RETI 指令的功能即恢复 PC 值(称为恢复断点)，使 CPU 返回断点，继续执行主程序，这个过程如图 4-1 所示。

2. 能实现优先权排队

通常，在系统中有多个中断源，有时会出现两个或更多个中断源同时提出中断请求的情况。这就要求计算机既能区分各个中断源的请求，又能确定首先为哪一个中断源服务。为了解决这一问题，通常给各中断源规定了优先级别，称为优先权。当两个或者两个以上的中断源同时提出中断请求时，计算机首先为优先权最高的中断源服务，服务结束后，再响应级别较低的中断源。计算机按中断源级别高低逐次响应的过程称优先权排队。这个过程可以通过硬件电路来实现，也可以通过程序查询来实现。

3. 能实现中断嵌套

当 CPU 响应某一中断的请求，正在进行中断处理时，若有优先权级别更高的中断源发出中断申请，则 CPU 能中断正在进行的中断服务程序，并保留这个程序的断点(类似于子程序嵌套)，响应高级中断，在高级中断处理完以后，再继续执行被中断的中断服务程序。这个过程称中断嵌套，其示意图如图 4-2 所示。如果发出新的中断申请的中断源的优先权级别与正在处理的中断源同级或更低时，则 CPU 暂时不响应这个中断申请，直至正在处理的中断服务程序执行完以后才去处理新的中断申请。

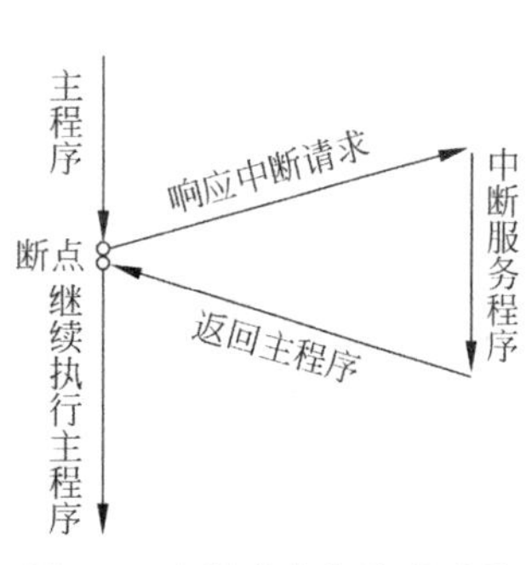

图 4-1 中断响应和处理过程

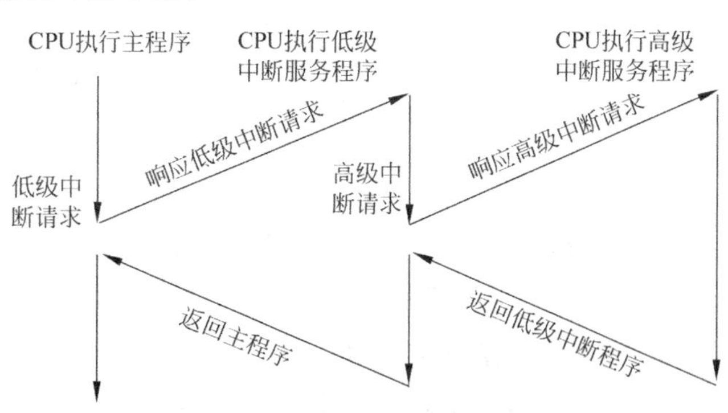

图 4-2 两级中断嵌套的过程

4.2　STC89C52 单片机的中断系统

4.2.1　中断系统结构

STC89C52RC/RD+系列单片机的中断系统结构示意图如图 4-3 所示。该中断系统由中断源、中断标志、中断允许控制寄存器和中断优先级控制寄存器等构成。

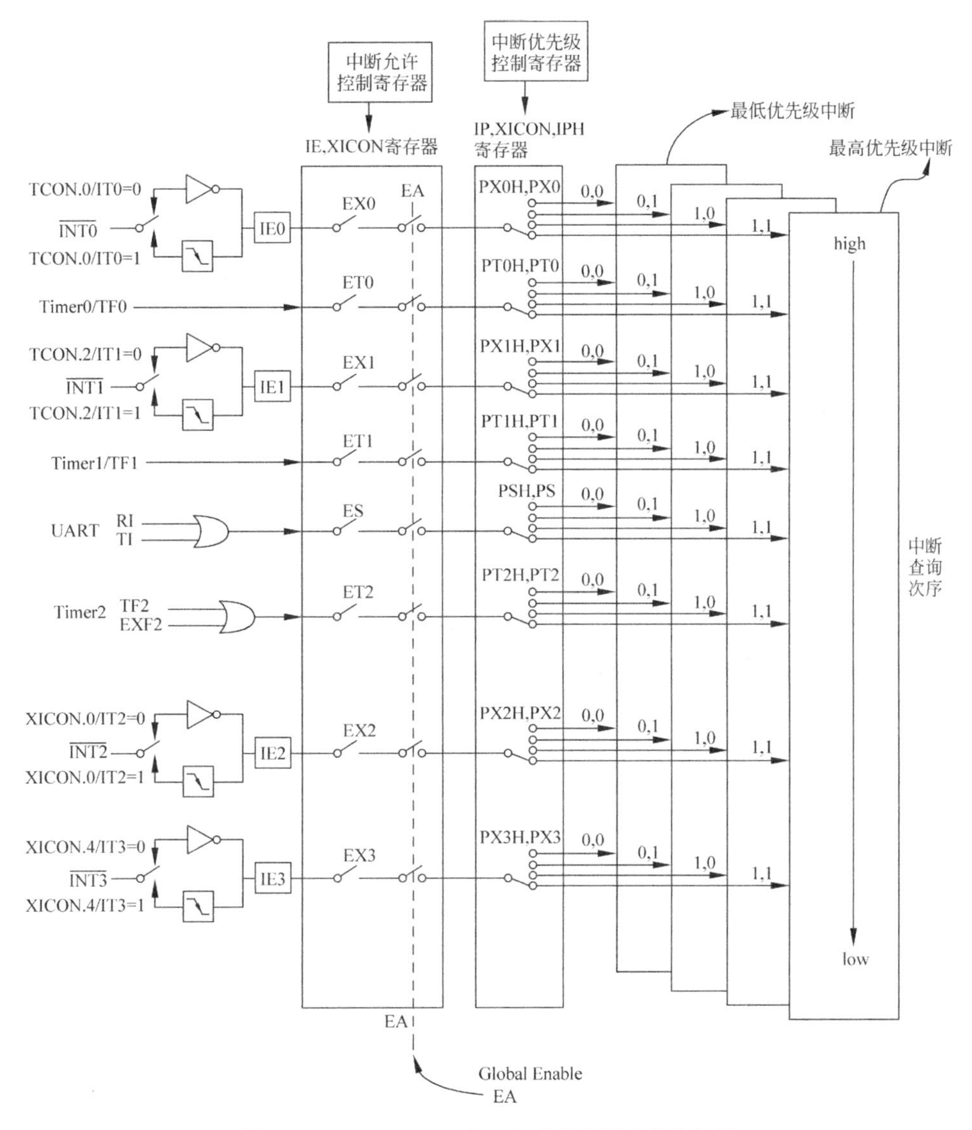

图 4-3　STC89C52RC/RD+系列中断系统结构图

STC89C52 单片机是在传统 51 系列单片机 5 个中断源的基础上增加了 3 个中断源，共有 8 个中断源，5 个中断源分别是：外部中断 0($\overline{INT0}$)、定时/计数器 0(T0)、外部中断 1

($\overline{\text{INT1}}$)、定时/计数器 1(T1)、串行口中断(UART),以及新增加中断源定时/计数器 2(T2)、外部中断 2($\overline{\text{INT2}}$)、外部中断 3($\overline{\text{INT3}}$)。它们的中断标志由寄存器 TCON、SCON、T2CON、XICON 相应位来锁定,它们的中断允许和中断优先级由寄存器 IE、IP、IPH、XICON 来控制。

4.2.2 中断源

STC89C52 单片机中断源名称、中断向量地址、中断查询次序、中断优先级设定方法以及中断请求标志位如表 4-1 所示。

表 4-1　中断源、中断向量地址和中断请求标志位表

中断源	中断向量地址	中断查询次序	中断优先级设置	优先级 0 最低	优先级 1	优先级 2	优先级 3 最高	中断请求标志
$\overline{\text{INT0}}$	0003H	0(最优先)	PXDH PXD	00	01	10	11	IE0
Timer 0	000BH	1	PT0H PT0	00	01	10	11	TF0
$\overline{\text{INT1}}$	0013H	2	PX1H PX1	00	01	10	11	IE1
Timer 1	001BH	3	PT1H PT1	00	01	10	11	TF1
UART	0023H	4	PSH PS	00	01	10	11	RI+TI
Timer 2	002BH	5	PT2H PT2	00	01	10	11	TF2+EXF2
$\overline{\text{INT2}}$	0033H	6	PX2H PX2	00	01	10	11	IE2
$\overline{\text{INT3}}$	003BH	7(最低)	PX3H PX3	00	01	10	11	IE3

传统的 51 系列单片机 5 个基本中断源如下。

(1) 外部中断 0($\overline{\text{INT0}}$),中断服务程序入口地址为 0003H,中断请求标志为 IE0;

(2) 定时/计数器 0(T0),中断服务程序入口地址为 000BH,中断请求标志为 TF0;

(3) 外部中断 1($\overline{\text{INT1}}$),中断服务程序入口地址为 0013H,中断请求标志为 IE1;

(4) 定时/计数器 1(T1),中断服务程序入口地址为 001BH,中断请求标志为 TF1;

(5) 串行口中断(UART),中断服务程序入口地址为 0023H,中断请求标志为 TI 和 RI,TI 为发送中断请求标志,RI 为接收中断请求标志。

STC89C52 单片机在 5 个中断源基础上新增的三个中断源如下。

(1) 定时/计数器 2(T2),中断服务程序入口地址为 002BH,中断请求标志为 TF2 或 EXF2;

(2) 外部中断 2($\overline{\text{INT2}}$),中断服务程序入口地址为 0033H,中断请求标志为 IE2;

(3) 外部中断 3($\overline{\text{INT3}}$),中断服务程序入口地址为 003BH,中断请求标志为 IE3。

4.2.3 中断请求标志

传统 51 单片机中断请求标志由 TCON 、SCON 寄存器相应位来锁定。STC89C52 在此基础上新增了 T2CON、XICON 特殊功能寄存器相应位来标识。

1. TCON 寄存器

TCON 寄存器为定时/计数器的控制寄存器,字节地址为 88H,可位寻址。特殊功能寄存器 TCON 的中断允许位如表 4-2 所示。

表 4-2　TCON 的格式

符号	字节地址	位名称								复位值
TCON	88H	TF1	TR1	TF0	TR0	IE1	IT1	IE0	IT0	0000 0000

与中断系统有关的各标志位的功能如下。

(1) IT0：外部中断 0 中断触发方式选择位。

外部中断有两种触发方式：电平触发方式和跳变触发方式。

IT0＝0，为电平触发方式，引脚$\overline{\text{INT0}}$上出现低电平时向 CPU 申请中断；IT0＝1，为跳变触发方式，引脚$\overline{\text{INT0}}$上出现从高电平到低电平的跳变时向 CPU 申请中断。

若外部中断定义为电平触发方式，外部中断申请触发器的状态随着 CPU 在每个机器周期采样到的外部中断输入线的电平变化而变化，这能提高 CPU 对外部中断请求的响应速度。外部中断源被设定为电平触发方式时，在中断服务程序返回之前，外部中断请求输入必须变为高电平，否则 CPU 返回主程序后会再次响应中断。电平触发方式适合外部中断以低电平输入的情况。

若外部中断定义为跳变触发方式，外部中断申请触发器能锁存外部中断输入线上的负跳变。即使 CPU 暂时不能响应，中断申请标志也不会丢失。在这种方式里，如果连续两次采样，一个机器周期采样到外部中断输入为高，下一个机器周期采样为低，则中断申请触发器置 1，直到 CPU 响应此中断后才由硬件自动清 0，这样不会丢失中断。为了确保检测到负跳变，$\overline{\text{INT0}}$引脚上的高电平与低电平至少应各保持一个机器周期。外部中断的跳变触发方式适合于以负脉冲形式输入的外部中断请求。

(2) IE0：外部中断 0 请求标志位。

IE0＝1，表示外部中断 0 正在向 CPU 进行申请中断。在电平触发方式下，每个机器周期的 S5P2 期间采样引脚$\overline{\text{INT0}}$，若$\overline{\text{INT0}}$为低电平，则 IE0 置 1，否则 IE0 清 0。

在跳变触发方式下，当第一个机器周期采样到$\overline{\text{INT0}}$为高电平，下一个机器周期采样到$\overline{\text{INT0}}$为低电平时，则 IE0 置 1。

(3) IT1：外部中断 1 中断触发方式选择位。其功能和 IT0 类似。

(4) IE1：外部中断 1 的中断请求标志位。其功能和 IE0 类似。

(5) TF0：定时/计数器 0 溢出中断请求标志位。定时/计数器 0 计数溢出时，TF0 置 1，向 CPU 发出申请中断。

(6) TF1：定时/计数器 1 溢出中断请求标志位。其功能和 TF0 类似。

TR1、TR0 与中断无关，仅与定时/计数器 T1 和 T0 有关，将在第 5 章定时/计数器中介绍。STC89C52 单片机复位后，TCON 清 0。

2. SCON

SCON 为串行口控制寄存器，字节地址为 98H，可位寻址。SCON 的格式如表 4-3 所示。

表 4-3　SCON 的格式

符号	字节地址	位名称								复位值
SCON	98H	SM0/FE	SM1	SM2	REN	TB8	RB8	TI	RI	0000 0000

与中断系统有关的标志位是 TI 和 RI，其功能如下。

(1) TI：串行口的发送中断请求标志位。CPU 将一字节的数据写入发送缓冲器 SBUF 时，就启动一帧串行数据的发送，每发送完一帧串行数据后，硬件自动置 TI 位为 1。

(2) RI：串行口的接收中断请求标志位。在串行口允许接收时，每接收完一帧串行数据，硬件自动置 RI 为 1。

3. T2CON 寄存器

寄存器 T2CON 为定时/计数器 2 的控制寄存器，字节地址为 C8H，可位寻址。其格式如表 4-4 所示。

表 4-4　T2CON 的格式

符号	字节地址	位名称								复位值
T2CON	C8H	TF2	EXF2	RCLK	TCLK	EXEN2	TR2	$C/\overline{T2}$	$CP/\overline{RL2}$	0000 0000

与中断系统有关的标志位是 TF2，其功能如下。

TF2：定时/计数器 2 的溢出中断请求标志位。若 TF2=1，则有中断请求；若 TF2=0，则无中断请求。

4. XICON 寄存器

XICON 寄存器为辅助中断控制寄存器，字节地址为 C0H，可位寻址，其格式如表 4-5 所示。

表 4-5　XICON 的格式

符号	字节地址	位名称								复位值
XICON	C0H	PX3	EX3	IE3	IT3	PX2	EX2	IE2	IT2	0000 0000

与外部中断请求和触发控制有关的标志位是 IT2、IE2、IT3、IE3，其功能如下。

(1) IT2：外部中断 2 的中断触发方式控制位。若 IT2=0，电平触发；若 IT2=1，下降沿触发。

(2) IE2：外部中断 2 的中断请求标志。若 IE2=0，无中断请求；若 IE2=1，有中断请求。

(3) IT3：外部中断 3 的中断触发方式控制位。其功能和 IT2 类似。

(4) IE3：外部中断 3 的中断请求标志。其功能和 IE2 类似。

4.2.4　中断控制寄存器

传统的 51 单片机中断控制寄存器由 IE、IP 组成，STC89C52 单片机在此基础上增加了

XICON 和 IPH 寄存器，各中断源的中断控制寄存器如表 4-6 所示。

表 4-6　STC89C52 单片机中断控制寄存器

寄存器	地址	名　称	7	6	5	4	3	2	1	0	复位值
IE	A8H	中断允许寄存器	EA	—	ET2	ES	ET1	EX1	ET0	EX0	0000 0000
IP	B8H	中断优先级低位寄存器	—	—	PT2	PS	PT1	PX1	PT0	PX0	xx00 0000
IPH	B7H	中断优先级高位寄存器	PX3H	PX2H	PT2H	PSH	PT1H	PX1H	PT0H	PX0H	0000 0000
XICON	C0H	附加的中断控制寄存器	PX3	EX3	IE3	IT3	PX2	EX2	IE2	IT2	0000 0000

1. 中断允许控制寄存器

(1) IE 寄存器

IE 寄存器对中断的开放和关闭采用两级控制，即有一个总开关(即 EA)控制所有中断请求源的打开或关闭。当该开关关闭时，所有的中断请求被屏蔽，CPU 对任何中断请求都不接受。当该开关打开时，CPU 允许中断，但 8 个中断源的中断请求是否被允许，还要由 IE 中的低 6 位所对应的 6 个中断请求允许控制位和 XICON 寄存器中的 EX2 和 EX3 来控制。IE 寄存器的字节地址为 A8H，可位寻址，其格式如表 4-7 所示。

表 4-7　IE 的格式

符号	字节地址	位名称								复位值
IE	A8H	EA	—	ET2	ES	ET1	EX1	ET0	EX0	0000 0000

各位的功能如下。

① EX0：外部中断 0 中断允许控制位。

EX0＝0，禁止中断；EX0＝1，允许中断。

② ET0：定时/计数器 0 溢出中断允许控制位。

ET0＝0，禁止中断；ET0＝1，允许中断。

③ EX1：外部中断 1 中断允许控制位。

EX1＝0，禁止中断；EX1＝1，允许中断。

④ ET1：定时/计数器 1 溢出中断允许控制位。

ET1＝0，禁止中断；ET1＝1，允许中断。

⑤ ES：串行口中断允许控制位。

ES＝0，禁止中断；ES＝1，允许中断。

⑥ ET2：定时/计数器 2 溢出中断允许控制位。

ET2＝0，禁止中断；ET2＝1，允许中断。

⑦ EA：中断允许总控制位。

EA＝0，CPU 屏蔽所有的中断请求(也称 CPU 关总中断)；EA＝1，CPU 允许所有的中断请求(也称 CPU 开总中断)。

STC89C52 单片机复位以后,IE 清 0,CPU 禁止所有中断。用户可编程对 IE 相应的位置 1 或清 0,以允许或禁止各中断源的中断申请。若要使某一个中断源允许中断,必须同时使 IE 中的总控制位和该中断源对应的控制位均为 1。

(2) XICON 寄存器

XICON 寄存器的字节地址为 C0H,可位寻址,其格式如表 4-5 所示。

与外部中断允许有关的标志位是 EX2、EX3,其功能如下。

① EX2:外部中断 2 中断允许位。

EX2=0,禁止中断;EX2=1,允许中断。

② EX3:外部中断 3 中断允许位。

EX3=0,禁止中断;EX3=1,允许中断。

2. 中断优先级控制寄存器

传统的 51 单片机具有两个中断优先级,即高优先级和低优先级,实现两级中断嵌套。STC89C52 单片机通过设置新增加的特殊功能寄存器 IPH 和 XICON 中的相应位,可将中断优先级设置为 4 级中断优先级,如果只设置 IP,那么中断优先级只有两级,与传统的 51 单片机两级中断优先级完全兼容。

关于各中断源的中断优先级关系,可归纳为下面两条基本规则。

a. 低优先级中断可被高优先级中断所中断,反之不能。

b. 任何一种中断(不管是高级还是低级),一旦得到响应,不会再被它的同级中断源所中断。

STC89C52 单片机 8 个中断源硬件自动配置了相同优先级别的中断查询次序见表 4-1,外部中断 0 最优先,依次是定时/计数器 0、外部中断 1、定时/计数器 1、串行口中断、定时/计数器 2、外部中断 2、外部中断 3 为最低。STC89C52 单片机有四级中断,通过软件来配置,由中断控制寄存器 IP、IPH、XICON 来设置。

(1) IP 寄存器

IP 寄存器在传统 51 单片机中为中断优先级寄存器,字节地址为 B8H,可位寻址,其格式如表 4-8 所示。若某位为 1 表示对应中断申请为高级,0 则对应中断申请为低级。例如 IP=18H,则表示串行口中断、定时/计数器 1 中断为高级中断,外部中断 0、1 和定时/计数器 0、2 为低级中断,6 个中断源中断优先级次序为定时/计数器 1(最高)、串行口中断、外部中断 0、定时/计数器 0、外部中断 1、定时/计数器 2(最低)。

在 STC89C52 单片机中 IP 是中断优先级低值配置控制寄存器,字节地址为 B8H,可位寻址。特殊功能寄存器 IP 的格式如表 4-8 所示。

表 4-8 IP 的格式

符号	字节地址	位名称								复位值
IP	B8H	—	—	PT2	PS	PT1	PX1	PT0	PX0	xx00 0000

表 4-8 中,PX0 位对应外部中断 0 优先级的低位配置,PT0 位对应定时/计数器 0 中断优先级的低位配置,PX1 位对应外部中断 1 优先级的低位配置,PT1 位对应定时/计数器 1

中断优先级的低位配置，PS 位对应串行口中断优先级的低位配置，PT2 位对应定时/计数器 2 中断优先级的低位配置。

(2) IPH 寄存器

IPH 寄存器是 STC89C52 单片机中断优先级高位配置控制寄存器，字节地址为 B7H，不能进行位寻址。特殊功能寄存器 IPH 的格式如表 4-9 所示。

表 4-9　IPH 的格式

符号	字节地址	位名称								复位值
IPH	B7H	PX3H	PX2H	PT2H	PSH	PT1H	PX1H	PT0H	PX0H	0000 0000

表 4-9 中，PX0H 位对应外部中断 0 优先级的高位配置，PT0H 位对应定时/计数器 0 中断优先级的高位配置，PX1H 位对应外部中断 1 优先级的高位配置，PT1H 位对应定时/计数器 1 中断优先级的高位配置，PSH 位对应串行口中断优先级的高位配置，PT2H 位对应定时器 2 中断优先级的高位配置，PX2H 位对应外部中断 2 优先级的高位配置，PX3H 位对应外部中断 3 优先级的高位配置。

(3) XICON 寄存器

XICON 寄存器是 STC89C52 单片机辅助中断控制寄存器，字节地址为 C0H，可位寻址。其格式如表 4-5 所示。

与外部中断优先级配置有关的标志位是 PX2、PX3，其功能如下。

PX2 位对应外部中断 2 优先级的低位配置；PX3 位对应外部中断 3 优先级的低位配置。

STC89C52 单片机 4 级中断优先级由软件配置，它是由各个中断源的优先级高位和低位一起来配置，例如，外部中断 2 优先级高位 PX2H 和低位 PX2 配置，PX2H 、PX2＝00、01、10、11，分别配置外部中断 2 为优先级 0(最低)、优先级 1、优先级 2、优先级 3(最高)，同理可知 8 个中断源各优先级配置方法见表 4-1 中断优先级设置。

例如 IP＝05H、IPH＝0FH 且 XICON＝55H，则可将 STC89C52 的两个外部中断 0 和 1 请求设置为最高优先级 3 级，定时/计数器 0 和 1 设置为中断优先级 2 级，其他中断请求设置为最低优先级。

4.3　中断处理过程

中断处理过程可分为 3 个阶段，即中断响应、中断处理和中断返回。所有计算机的中断处理都有这样 3 个阶段，但不同的计算机由于中断系统的硬件结构不完全相同，因而中断响应的方式有所不同，在此仅以 STC89C52 单片机为例来介绍中断处理的过程。

4.3.1　中断响应

中断响应是在满足 CPU 的中断响应条件之后，CPU 对中断源中断请求的回答，在这一阶段，CPU 要完成中断服务以前的所有准备工作。这些准备工作包括保护断点和把程序转向中断服务程序的入口地址(通常称矢量地址)。计算机在运行时,并不是任何时刻都会去响应中断请求,而是在中断响应条件满足之后才会响应。

1. CPU 的中断响应条件

CPU 响应中断的条件主要有以下几点。

(1) 有中断源发出中断申请;

(2) 中断总允许位 EA =1,即 CPU 允许所有中断源申请中断;

(3) 申请中断的中断源的中断允许位为 1,即此中断源可以向 CPU 申请中断。

以上是 CPU 响应中断的基本条件。若满足,CPU 一般会响应中断,但如果有下列任何一种情况存在,则中断响应会受到阻断。

(1) CPU 正在执行一个同级或高一级的中断服务程序。

(2) 当前的机器周期不是正在执行指令的最后一个周期,即正在执行的指令完成前,任何中断请求都得不到响应。

(3) 正在执行的指令是返回(RETI)指令或者对专用寄存器 IE、IP 进行读/写的指令,此时,在执行 RETI 或者读/写 IE 或 IP 之后,不会马上响应中断请求,至少再执行一条其他指令,才会响应中断。

若存在上述任何一种情况,都不会马上响应中断。此时将把该中断请求锁存在各自的中断标志位中,然后在下一个机器周期再按顺序查询。

在每个机器周期的 S5P2 期间,CPU 对各中断源采样,并设置相应的中断标志位。CPU 在下一个机器周期 S6 期间按优先级顺序查询各中断标志,如查询到某个中断标志为 1,将在再下一个机器周期 S1 期间按优先级进行中断处理。中断查询在每个机器周期中重复执行,如果中断响应的基本条件已满足,但由于上述三条之一而未被及时响应,待上述封锁中断的条件被撤销之后,由于中断标志还存在,仍会响应。

2. 中断响应过程

如果中断响应条件满足,且不存在中断停止的情况,则 CPU 将响应中断。此时,中断系统通过硬件生成的长调用指令 LCALL,将自动把断点地址压入栈中保护(但不保护状态寄存器 PSW 及其他寄存器内容),然后将对应的中断入口装入程序计数器 PC 使程序转向该中断入口地址,并执行中断服务程序。

4.3.2　中断处理

中断处理(又称中断服务)程序从入口地址开始执行,直到返回指令 RETI 为止,这个过程称为中断处理。此过程一般包括两部分内容,一是保护现场,二是处理中断源的请求。因为一般主程序和中断服务程序都可能会用到累加器、PSW 寄存器及其他一些寄存器,CPU 在进入中断服务程序后,用到上述寄存器时,就会破坏它原来存在寄存器中的内容,一旦中断返回,将会造成主程序的混乱。因而在进入中断服务程序后,一般要先保护现场,然后再执行中断处理程序,在返回主程序以前,再恢复现场。

另外,在编写中断服务程序时还需注意以下几点。

(1) 因为各入口地址之间，只相隔 8 字节，一般的中断服务程序是容纳不下的，因此最常用的方法是在中断入口地址单元处存放一条无条件转移指令，使程序跳转到用户安排的中断服务程序起始地址上去。这样可使中断服务程序灵活地安排在 64KB 程序存储器的任何空间。

(2) 若要在执行当前中断程序时禁止更高优先级中断源中断，应先用软件关闭 CPU 中断，或屏蔽更高级中断源的中断，在中断返回前再开放中断。

(3) 在保护现场和恢复现场时，为了不使现场数据受到破坏或者造成混乱，一般规定此时 CPU 不响应新的中断请求。这就要求在编写中断服务程序时，注意在保护现场之前要关中断，在恢复现场之后开中断。如果在中断处理时允许有更高级的中断打断它，则在保护现场之后再开中断，恢复现场之前关中断。

4.3.3　中断返回

中断返回是指中断服务完成后，计算机返回到断点(即原来断开的位置)，继续执行原来的程序。中断返回由专门的中断返回指令 RETI 实现，该指令的功能是把断点地址取出，送回到程序计数器 PC 中去。另外，它还通知中断系统已完成中断处理，将清除优先级状态触发器。特别要注意不能用 RET 指令代替 RETI 指令。

综上所述，可以把中断处理过程按图 4-4 的框图进行概括。图中，保护现场之后的开中断是为了允许有更高级中断打断此中断服务程序。如果不允许其他中断，则在中断服务程序执行过程中要一直关中断。

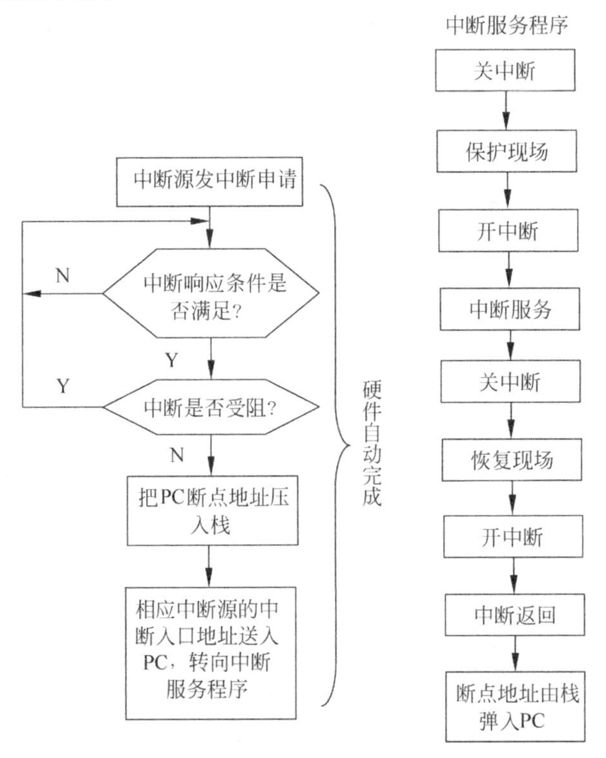

图 4-4　中断处理过程流程图

4.3.4 中断请求的撤除

中断请求响应完成后，需要撤销中断请求。下面按中断类型分别说明中断请求的撤销方法。

1. 外部中断请求的撤销

外部中断的中断请求被响应后，硬件会自动把中断请求标志清 0。

对于跳变触发方式的外部中断，当中断响应后，由于负跳变已经消失，所以中断请求标志保持 0 不变，因此此触发方式下的外部中断请求是自动撤销的。

对于电平触发方式的外部中断，当中断响应后，若中断请求的低电平继续存在，又会将已清 0 的中断请求标志置 1，从而再次向 CPU 发出中断请求。为此，要彻底撤销电平触发方式的外部中断请求，除了中断请求标志清 0 之外，必要时还需在中断响应后把中断请求信号引脚上的低电平撤销。为此，可在系统中增加如图 4-5 所示的电路，图中，D 触发器采用边沿结构(正跳变触发)，当外部中断请求信号到来时，输入端 D 上的低电平锁存在 D 触发器的输出端 Q，向 CPU 申请中断。中断响应后，只要在 STC89C52 的 P1.0 端输出一个负脉冲就可以使 D 触发器置 1，从而撤销了外部中断请求信号引脚上的低电平，所需的负脉冲可在中断服务程序中先把 P1.0 置 1，再让 P1.0 为 0，再把 P1.0 置 1，从而产生一个负脉冲。由此可见，电平触发方式外部中断请求的撤销是通过软硬件相结合的方法来实现的。

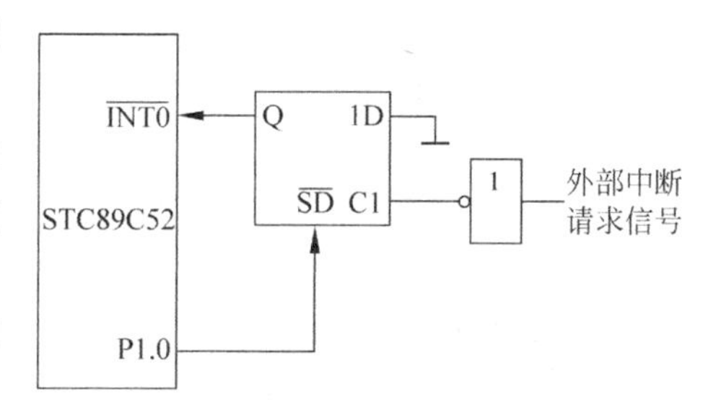

图 4-5 电平方式的外部中断请求的撤销电路

2. 定时/计数器溢出中断请求的撤销

定时/计数器 0 或 1 的中断请求被响应后，硬件会自动把中断请求标志位(TF0 或 TF1)清 0，因此定时/计数器 0、1 的中断请求是自动撤销的，而 T2 的中断请求标志位 TF2 或 EXF2 必须用软件清 0。

3. 串行口中断请求的撤销

串行口中断请求被响应后，硬件不会自动把中断请求标志位(TI 或 RI)清 0，只能使用指令将标志位清 0。

4.3.5 中断响应时间

由上述可知 CPU 不是在任何情况下对中断请求都予以响应的。此外，不同的情况对中断响应的时间也是不同的。下面以外部中断为例，说明中断响应的时间。

在每个机器周期的 S5P2 期间，$\overline{\text{INT0}}$、$\overline{\text{INT1}}$端的电平被锁存到 TCON 的 IE0 和 IE1

位,CPU 在下一个机器周期才会查询这些值。这时如果满足中断响应条件,下一条要执行的指令将是一条硬件长调用指令 LCALL,使程序转入中断矢量入口。调用本身要用 2 个机器周期,这样,从外部中断请求有效到开始执行中断服务程序的第 1 条指令,至少需要 3 个机器周期,这是最短的响应时间。

如果遇到中断受阻的情况,则中断响应时间会更长一些。例如,当一个同级或更高级的中断服务正在进行,则附加的等待时间取决于正在进行的中断服务程序;如果正在执行的一条指令还没有进行到最后一个机器周期,则附加的等待时间为 1~3 个机器周期(因为一条指令的最长执行时间为 4 个机器周期);如果正在执行的是 RETI 指令或者访问 IE 或 IP 的指令,则附加的等待时间在 5 个机器周期之内(为完成正在执行的指令,还需要 1 个周期,加上为完成下一条指令所需的最长时间——4 个周期,故最长为 5 个周期)。

若系统中只有一个中断源,则响应时间为 3~8 个机器周期。如果有 2 个以上中断源同时申请中断,则响应时间将更长。一般情况可不考虑响应时间,但在精确定时的场合需要考虑此问题。

4.4 中断程序的设计

4.4.1 单一外中断的应用

中断系统的运行必须与中断程序配合才能正确使用。中断程序设计的任务有下列 4 条。

(1) 设置中断允许控制寄存器,允许相应的中断请求源中断;

(2) 设置中断优先级寄存器,确定所使用的中断源的优先级;

(3) 若是外部中断源,还要设置中断请求的触发方式是电平触发方式还是跳沿触发方式;

(4) 编写中断服务子程序,处理中断请求。

例 4-1　中断服务程序的编写。

在中断服务程序部分,要正确书写关键字 interrupt 和中断代码。中断服务程序的名字可任意,只要符合 C51 语法即可。

C51 参考程序如下。

```
void main(void)
{
  EA = 1;                          //开总中断
  ES = 1;                          //允许串口中断
  ET2 =  1;                        //允许定时器 T2 中断
  …
}
void com_isr(void) interrupt 4     //串口中断服务程序,4 是串口中断服务程序代码
{
  …                                //串口程序
}
void T2_Int() interrupt 5          //定时器 T2 中断服务程序,5 是 T2 中断服务程序代码
```

```
{
  …                                    //定时器 T2 程序
}
```

例 4-2　若规定外部中断 1 为边沿触发方式，低优先级，在中断服务程序中将寄存器 B 的内容左循环移一位，B 的初值设为 01H。试编写主程序与中断服务程序。

C51 参考程序如下。

```
#include "reg52.h"                     //52 寄存器头文件
#include "intrins.h"                   //内部函数,包括循环函数和_nop_()函数和_testbit_()
  unsigned char B;                     //B 寄存器
void Int1_Function() intterrupt 2     //外部中断 1 服务子程序
{
  _crol_(B,1);                         //循环左移 1 位
}
void main( )                           //主程序
{
  EA = 1;                              //开中断
  EX1 = 1;                             //允许外中断 1 中断
  PX1 = 0;                             //设为低优先级
  IT1 = 1;                             //边沿触发
  B = 0x01;                            //设 B 的初值
  while(1);                            //循环等待中断
}
```

例 4-3　某工业监控系统，要对温度、压力和酸碱度进行监测，中断源和 MCS-51 的连接如图 4-6 所示，当出现某参数超限时，进入相应的中断服务程序处理。

分析　监测系统通过外中断与 STC89C52 的连接，所有信号通过“或”的关系接(P3.2)口，当任一参数超限时，都进入中断。这些信号同时还接在 P1 口相应位，以便在中断服务程序查询具体哪个信号超限。

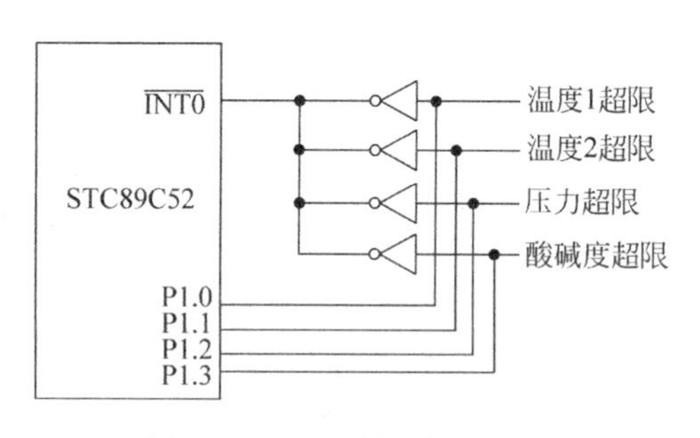

图 4-6　工业监控系统电路图

C51 参考程序如下。

```
#include <reg52.h>
sbit P1_0 = P1^0;
sbit P1_1 = P1^1;
sbit P1_2 = P1^2;
sbit P1_3 = P1^3;
void int00();                          //温度 1 超限处理
void int01();                          //温度 2 超限处理
void int02();                          //压力超限处理
void int03();                          //酸碱度超限处理
void main(void)
{
  EA = 1;
```

```
  EX0 = 1
  while(1);
}
void into_int(void) interrupt 0        //中断服务程序
{
  if (P1_0 == 0x01) int00();
  else if (P1_1 == 0x01) int01();
  else if (P1_2 == 0x01) int02();
  else if (P1_3 == 0x01) int03();
}
```

例 4-4　根据图 4-7 所示，外部中断 1 为边沿触发的外部中断源，当按下按键 K1，产生外部中断 1 信号，单片机读取输入信号 P1.0～P1.3 引脚，将采样到的信号转换为输出信号去驱动相应发光二极管的亮灭，单片机的工作频率为 11.0592MHz，编写相应驱动程序。

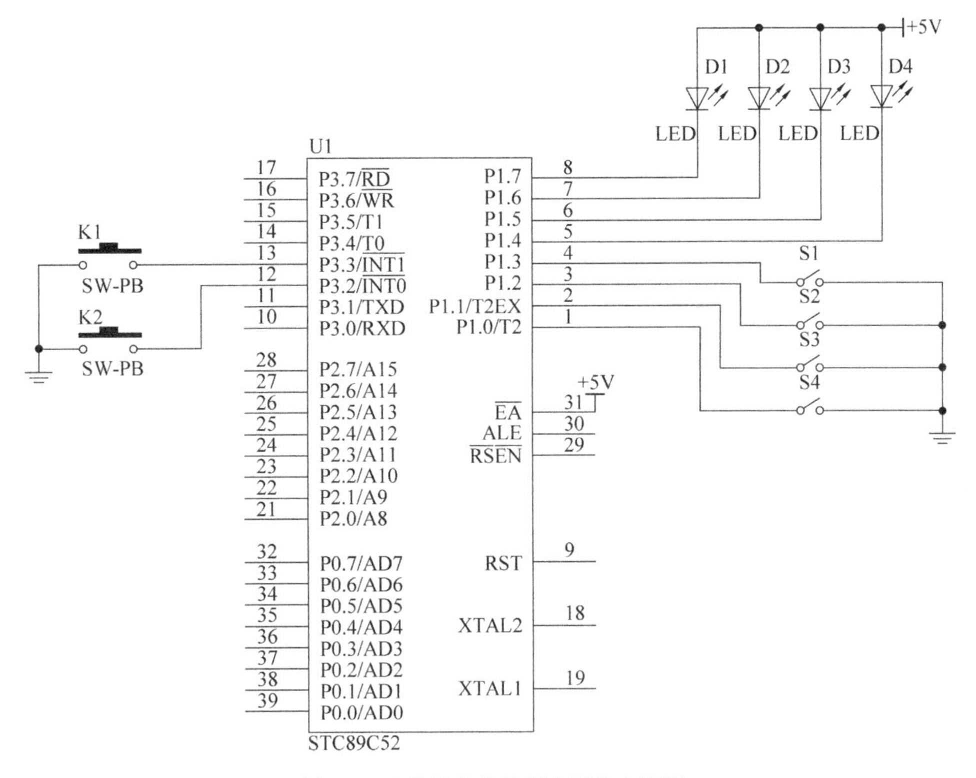

图 4-7　边沿触发的外部中断的电路图

分析　从图 4-7 所示可知，STC89C52 单片机外部中断 1，按下按键 K1 时，产生边沿触发的外部中断信号，此处只用到一个中断源，不设中断优先级，使用单片机内部硬件给出优先级即可。设计步骤如下。

(1) 外部中断 1 的入口地址：0013H。

(2) 设置边沿触发式外部中断，逐级开放中断。

```
IT1 = 1;                        //设置外部中断 1 边沿触发
EX1 = 1;                        //开放外部中断 1 中断申请
EA = 1;                         //开放总中断申请开关
```

(3) 中断服务子程序：读取输入信号，输出驱动信号。

C51 参考程序如下。

```
#include <reg52.h>
#define uchar unsigned char
void main()
{
uchar p1_Value = 0;
    SP = 0X50;                  //设置堆栈
    IT1 = 1;                    //设置外部中断 1 边沿触发
    EX1 = 1;                    //开放外部中断 1 中断申请
    EA = 1;                     //开放总中断申请开关
    while(1)
    {                           //踏步等待中断
    }
}
void exint0(void) interrupt 2 {    //外部中断 1 中断服务子程序
    uchar p1_Value = 0;
     P1 = 0xff;
    p1_Value = P1 & 0x0f;       //读取 P1 口低 4 位键值
    p1_Value = p1_Value << 4;
    P1 = p1_Value;              //输出键值，驱动发光二极管
}
```

4.4.2 两个外中断的应用

当多个中断源时，只需增加相应的中断服务函数即可。例 4-5 是处理两个外中断请求的例子。

例 4-5 如图 4-8 所示，在 STC89C52 单片机的 P1 口上接有 8 只 LED。在外部中断 0 输入引脚 P3.2 引脚接有一只按钮开关 K1。在外部中断 1 输入引脚 P3.3 引脚接有一只按钮开关 K2。程序要求 K1 和 K2 都未按下时，P1 口的 8 只 LED 呈流水灯显示，仅 K1 (P3.2)按下时，左右 4 只 LED 交替闪烁。仅按下 K2 (P3.3)，P1 口的 8 只 LED 全部闪亮。两个外中断的优先级相同。

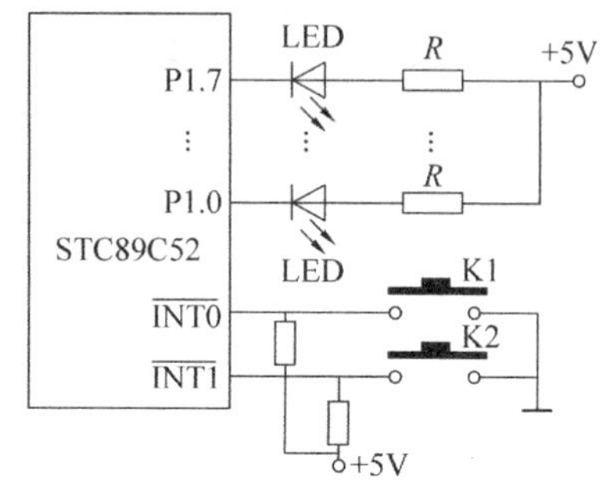

图 4-8 两个外中断控制 8 只 LED 显示的电路

C51 参考程序如下。

```
#include <reg52.h>
void Delay(unsigned int i)          /* 延时函数 Delay( ),i 为形式参数,不能赋初值 */
{  unsigned int j;
   for(; i > 0; i-- )
   for(j = 0; j < 125; j++)
   {; }                             /* 空函数 */
}
   void main( )                     /* 主函数 */
```

```
{
unsigned char play [9] = { 0xff,0xfe,0xfd,0xfb,0xf7,0xef,0xdf,0xbf,0x7f};
                                         /*定义了流水灯的显示数据*/
unsigned char a;
for(; ; )
{   for(a = 0; a<9; a++)
    {
      Delay(500);                        /*延时*/
      P1 = play [a];                     /*将已经定义的流水灯显示数据送到 P1 口*/
    }
     EA = 1;                             /*总中断允许*/
     EX0 = 1;                            /*允许外部中断 0 中断*/
     EX1 = 1                             /*允许外部中断 1 中断*/
     IT0 = 1;                            /*选择外部中断 0 为跳沿触发方式*/
     IT1 = 1;                            /*选择外部中断 1 为跳沿触发方式*/
     IP = 0;                             /*两个外部中断均为低优先级*/
    }
}
void int0_isr(void) interrupt 0 using 0  /*外中断 0 的中断服务函数*/
{    for(; ; )
     {P1 = 0x0f;                         /*低 4 位 LED 灭,高 4 位 LED 亮*/
     Delay(500) ;                        /*延时*/
     P1 = 0xf0;                          /*高 4 位 LED 灭,低 4 位 LED 亮*/
     Delay(500);}                        /*延时*/
}
void int1_isr (void) interrupt 2 using 1 /*外中断 1 的中断服务函数*/
{    for(; ; )
      {
       P1 = 0xff;                        /*全灭*/
       Delay(500) ;                      /*延时*/
       P1 = 0;                           /*全亮*/
       Delay(500);
      }                                  /*延时*/
}
```

4.4.3　中断嵌套

中断嵌套只能发生在单片机正在执行一个低优先级中断服务程序的时候,此时又有一个高优先级中断产生,就会产生高优先级中断打断低优先级中断服务程序,去执行高优先级中断服务程序。高优先级中断服务程序完成后,再继续执行低优先级中断服务程序。

例 4-6　电路仍如图 4-8 所示,设计一个中断嵌套程序。要求 K1 和 K2 都未按下时,P1 口的 8 只 LED 呈流水灯显示,当 K1 按下再松开时,产生一个低优先级的外中断 0 请求(跳沿触发),进入外中断 0 中断服务程序,左右 4 只 LED 交替闪烁。此时按下 K2 再松开时,产生一个高优先级的外中断 1 请求(跳沿触发),进入外中断 1 中断服务程序,P1 口的 8 只 LED 全部闪烁。当显示一段时间后,再从外中断 1 返回继续执行外中断 0 中断服务程序,即 P1 口控制 8 只 LED 左右 4 只 LED 交替闪烁,设置外中断 1 为高优先级,外中断 0 为低优先级。

C51 参考程序如下。

```
#include <reg52.h>
void Delay(unsigned int i)                /* 延时函数 Delay( ) */
{
  unsigned int j;
  for(; i > 0; i-- )
  for(j = 0; j < 125; j++)
{; }                                      /* 空函数 */
}
void main( )                              /* 主函数 */
{
  unsigned char play [9] = {0xff,0xfe,0xfd,0xfb,0xf7,0xef,0xdf,0xbf,0x7f};
                                          /* 定义流水灯的显示数据 */
  unsigned char a;
  for(; ; )
  {     for(a = 0; a < 9; a++)
    {
      Delay(500);                         /* 延时 */
      P1 =  play [a];                     /* 将已经定义的流水灯显示数据送到 P1 口 */
    }
          EA = 1;                         /* 总中断允许 */
          EX0 = 1;                        /* 允许外部中断 0 中断 */
          EX1 = 1                         /* 允许外部中断 1 中断 */
          IT0 = 1;                        /* 选择外部中断 0 为跳沿触发方式 */
          IT1 = 1;                        /* 选择外部中断 1 为跳沿触发方式 *
          PX0 = 0;                        /* 外部中断 0 为低优先级 */
          PX1 = 1;                        /* 外部中断 1 为高优先级 */
    }
  }
void int0_isr(void) interrupt 0 using 0   /* 外中断 0 的中断服务函数 */
{
  for(; ; )
    {P1 = 0x0f;                           /* 低 4 位 LED 灭,高 4 位 LED 亮 */
    Delay(500) ;                          /* 延时 */
    P1 = 0xf0;                            /* 高 4 位 LED 灭,低 4 位 LED 亮 */
    Delay(500);}                          /* 延时 */
}
void int1_isr (void) interrupt 2 using 1  /* 外中断 1 的中断服务函数 */
{     P1 = 0;                             /* 8 位 LED 全亮 */
    Delay(500) ;                          /* 延时 */
    P1 = 0xff;                            /* 8 位 LED 全灭 */

    Delay(500);                           /* 延时 */
}
```

本例如果设置外中断 1 为低优先级,外中断 0 为高优先级,仍然先按下再松开 K1,后按下再松开 K2 或者设置两个外中断源的中断优先级为同级,均不会发生中断嵌套。

本章小结

本章介绍了 STC89C52 单片机中断的基本概念和常用术语、中断系统的结构图、中断源的控制和触发方式、4 级中断优先级的设置方法、中断响应和处理方法及中断响应时的断点保护和现场恢复方法。通过本章学习，读者应重点掌握与中断系统有关的特殊功能寄存器以及中断系统应用特性，应能熟练地进行中断系统的初始化编程以及中断服务子程序的设计。

思考题

1. 什么是中断、中断优先级和中断源?

2. STC89C52 单片机有几个中断源? 各中断标志是如何产生的? 又是如何复位的? CPU 响应各中断时，其中断入口地址是多少?

3. STC89C52 单片机有几级中断优先级? 如何设置?

4. STC89C52 单片机的中断触发方式有几个? 如何设置?

5. STC89C52 单片机中断响应条件是什么? 中断响应过程是什么?

6. STC89C52 单片机如何设置中断嵌套?

7. STC89C52 单片机响应外部中断的典型时间是多少? 在哪些情况下，CPU 将推迟对外部中断请求的响应?

8. 某系统有三个外部中断源 1、2、3，当某一中断源变低电平时便要求 CPU 处理，它们的优先处理次序由高到低为 3、2、1，处理程序的入口地址分别为 2000H、2100H、2200H。试采用 C51 编写主程序及中断服务程序。

9. 试采用中断设计一个秒闪电路，其功能是发光二极管每秒闪亮 400ms，晶振频率为 24MHz。

10. 如何采用外部中断对预防火灾现场进行监控? 假设检测到有火警后发出声光警报，请设计出监测电路，并完成监控程序设计。

第5章　STC89C52单片机定时/计数器接口及应用

本章学习要点：

- STC89C52单片机定时/计数器0、1、2的内部结构和工作原理。
- 定时/计数器的控制寄存器设置和工作方式选择。
- 定时/计数器初值计算、初始化设计和定时/计数器中断的应用。

在测控系统中，常常需要有实时时钟和计数器，以实现定时控制以及对外界事件进行计数。传统8051系列单片机有2个16位定时/计数器，它们是定时/计数器0、定时/计数器1，STC89C52单片机在此基础上增加一个16位定时/计数器2，简称为T0、T1和T2。

5.1　STC89C52定时/计数器的组成

传统8051系列单片机定时/计数器由T0和T1组成，STC89C52单片机在此基础上增加一个T2。T0由特殊功能寄存器TH0(T0高8位)、TL0(T0低8位)构成，T1由特殊功能寄存器TH1(T1高8位)、TL1(T1低8位)构成，T2由特殊功能寄存器TH2(T2高8位)、TL2(T2低8位)和RCAP2H(T2重装/捕获高8位)、RCAP2L(T2重装/捕获低8位)构成。它们具有2种工作模式即定时器和计数器，定时是计片内时钟脉冲个数，计数是计片外时钟脉冲个数，T0和T1有4种工作方式(方式0、方式1、方式2和方式3)。T2有3种工作方式(自动重装初值的16位定时/计数器、捕获事件、波特率发生器)。

5.1.1　定时/计数器0和1

STC89C52单片机的T0和T1，与传统8051的定时/计数器完全兼容。当T1作波特率发生器时T0可以当两个8位定时器使用。

STC89C52单片机内部设置的两个16位定时/计数器T0和T1都具有定时和计数两种工作模式，在特殊功能寄存器TMOD中有一位控制位来选择T0或T1为定时器还是计数器，定时/计数器的核心部件是一个加法计数器，其本质是对脉冲进行计数。只是计数脉冲来源不同：如果计数脉冲来源于系统时钟，则为定时方式，此时定时/计数器每12个时钟或每6个时钟得到一个计数脉冲，计数值加1；如果计数脉冲来自单片机外部引脚(T0为P3.4，T1为P3.5)，则为计数方式，每来一个计数脉冲计数值加1。

当定时/计数器工作在定时模式时，可在烧录用户程序时(即STC-ISP编程器中)设置(见第2章)来确定计数脉冲为系统时钟/12(12T模式)还是系统时钟/6(6T模式)，然后T0和T1对该计数脉冲进行计数。当定时/计数器工作在计数模式时，对外部计数脉冲计数不分频。

5.1.2　与 T0/T1 相关的寄存器

STC89C52 单片机 T0/T1 的相关寄存器是 TMOD 和 TCON。特殊功能寄存器 TMOD 用于选择定时/计数器 0、1 的工作模式和工作方式，TCON 用于控制定时/计数器 0、1 的启动和停止，同时还包含了定时/计数器 0、1 的状态。它们的内容由软件设置或查询，单片机复位时，TMOD、TCON 的各位均为 0。

1. 工作方式控制寄存器 TMOD

工作方式控制寄存器 TMOD 用于选择定时/计数器 0、1 的工作模式和工作方式，它的字节地址为 89H，不可位寻址，其格式如表 5-1 所示。

表 5-1　工作方式控制寄存器 TMOD 的格式

符号	字节地址	位名称								复位值
TMOD	89H	GATE	C/$\overline{T}$	M1	M0	GATE	C/$\overline{T}$	M1	M0	0000 0000

8 位分为两组，高 4 位为定时/计数器 1 的方式控制字段，低 4 位为定时/计数器 0 的方式控制字段。其功能如下。

(1) M1、M0：定时/计数器工作方式选择位

定时/计数器有四种工作方式，由 M1、M0 两位的状态确定，对应关系如表 5-2 所示。

表 5-2　定时/计数器工作方式选择表

M1	M0	方　式	功能说明
0	0	0	13 位定时器(TH 的 8 位和 TL 的低 5 位)
0	1	1	16 位定时器/计数器
1	0	2	自动重装入初值的 8 位计数器
1	1	3	T0 分成两个独立的 8 位计数器，T1 在方式 3 时停止工作

(2) C/$\overline{T}$：定时/计数器工作模式选择位

C/$\overline{T}$=0 时，定时/计数器为定时器方式，定时/计数器对晶振脉冲的分频信号(机器周期)进行计数，从定时/计数器的计数值便可求得计数时间，因此称为定时器方式。

C/$\overline{T}$=1 时，定时/计数器为计数器方式，定时/计数器对外部引脚 T0(P3.4)或 T1(P3.5)上输入的脉冲进行计数。CPU 在每个机器周期的 S5P2 期间，对 T0 或 T1 引脚进行采样，如在前一个机器周期采得的值为 1，后一个机器周期采得的值为 0，则计数器加 1。由于确认一次负跳变需要两个机器周期，因此最高计数频率为晶振频率的 1/24(12T 模式)或 1/12(6T 模式)。

(3) GATE：门控位

GATE=0 时，定时/计数器只由软件控制位 TRx(x 为 0 或 1)来控制启/停。TRx 位为 1 时，定时/计数器启动工作；为 0 时，定时/计数器停止工作。

GATE=1 时，定时/计数器的启动要受外部中断引脚和 TRx 共同控制。只有当外部

中断引脚$\overline{\text{INT0}}$或$\overline{\text{INT1}}$为高电平时，同时 TR0 或 TR1 置 1 时，才能启动定时/计数器 0 或定时/计数器 1。

2. 定时/计数器控制寄存器 TCON

定时/计数器控制寄存器 TCON 的字节地址为 88H，可位寻址，其格式如表 5-3 所示。

表 5-3　定时/计数器控制寄存器 TCON 的格式

符号	字节地址	位名称								复位值
TCON	88H	TF1	TR1	TF0	TR0	IE1	IT1	IE0	IT0	0000 0000

低 4 位与外部中断有关，已在第 4 章中介绍，高 4 位的功能如下。

(1) TR0：T0 运行控制位，其功能与 TR1 类似。

(2) TF0：T0 溢出中断请求标志位，其功能与 TF1 类似。

(3) TR1：T1 运行控制位。TR1 置 1 时，T1 开始工作；TR1 置 0 时，T1 停止工作。TR1 由软件置 1 或清 0。所以，用软件可控制定时/计数器的启动与停止。

(4) TF1：T1 溢出中断请求标志位。T1 计数溢出时由硬件自动置 TF1 为 1。CPU 响应中断后 TF1 由硬件自动清 0。T1 工作时，CPU 可随时查询 TF1 的状态。所以，TF1 可用作查询测试的标志。TF1 也可以用软件置 1 或清 0，同硬件置 1 或清 0 的效果一样。

5.2　定时/计数器的工作方式

5.2.1　方式 0

定时/计数器工作在方式 0 时，为 13 位计数方式，图 5-1 是定时/计数器 1 方式 0 的逻辑框图(定时/计数器 0 与之类似)。

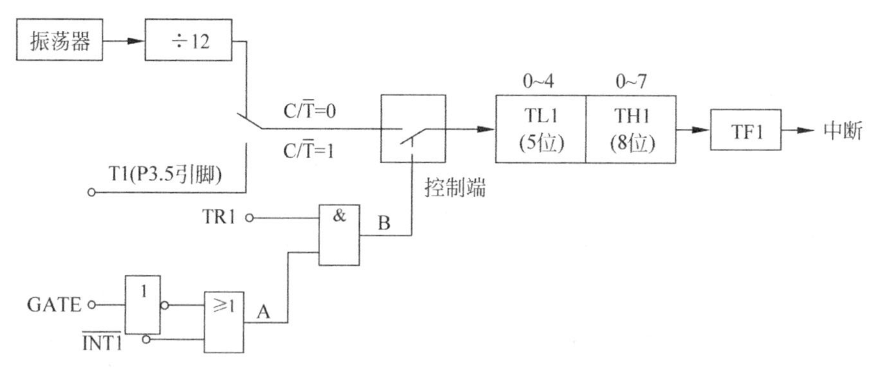

图 5-1　定时/计数器 1 方式 0 的逻辑结构

方式 0 的 13 位计数器是由 TH1 的全部 8 位和 TL1 的低 5 位构成，TL1 低 5 位计数溢出则向 TH1 进位，TH1 计数溢出则置位溢出标志 TF1，向 CPU 申请中断或供 CPU 查询。

如图 5-1 所示，$C/\overline{T}$ 位控制的电子开关决定了定时/计数器的工作模式。

(1) 当 $C/\overline{T}=1$ 时，电子开关打在下方位置，定时/计数器工作为计数器方式，计数脉冲为 T1(P3.5)引脚上的外部输入脉冲。

(2) 当 $C/\overline{T}=0$ 时，电子开关打在上方位置，定时/计数器工作为定时器方式，计数脉冲为 CPU 晶体振荡器分频后产生的机器周期信号。

控制计数器启动、停止的信号主要是门控位 GATE 和运行控制位 TR1。GATE=0 时，定时/计数器运行只取决于 TR1；GATE=1 时，则由 TR1 和 $\overline{INT1}$ 共同决定。

如图 5-1 所示，GATE=0 时，或门输出总是 1(与 $\overline{INT1}$ 无关)。若 TR1=1，与门输出为 1，控制电子开关闭合，计数器从 TH1、TL1 中的初值开始计数，直到溢出。若 TR1=0，则封锁与门，电子开关断开，计数器无计数脉冲，停止计数。

GATE =1 时，则或门的输出状态受 $\overline{INT1}$ 控制。当 $\overline{INT1}=1$ 时，或门输出为 1，若 TR1=1，与门输出为 1，控制电子开关闭合，计数器从 TH1、TL1 中的初值开始计数，直到溢出。当 $\overline{INT1}=0$ 时，或门输出为 0，此时不论 TR1 为何状态，与门输出均为 0，电子开关断开，计数器无计数脉冲，停止计数。

5.2.2 方式 1

定时/计数器工作在方式 1 时，为 16 位计数方式，图 5-2 是定时/计数器 1 方式 1 的逻辑结构框图(定时/计数器 0 与之类似)。方式 1 的结构和工作过程几乎与方式 0 完全相同，唯一的区别是计数器的长度为 16 位(TH1 作高 8 位、TL1 作低 8 位)。

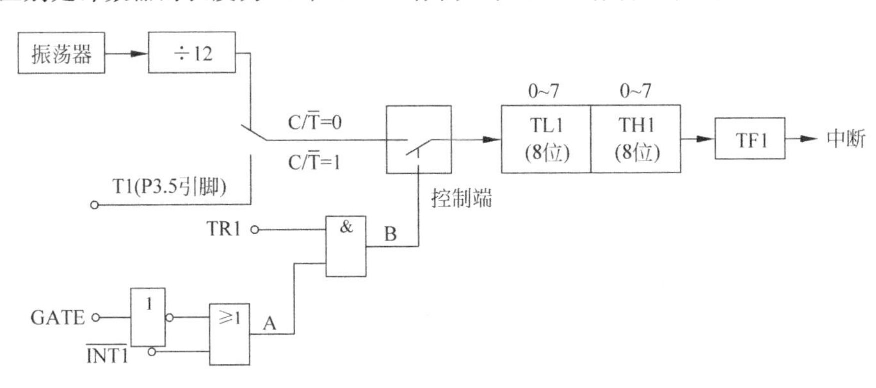

图 5-2　定时/计数器 1 方式 1 的逻辑结构

5.2.3 方式 2

定时/计数器工作在方式 2 时，为 8 位自动重装载初值的计数方式。

方式 0、方式 1 在每次计数溢出时，寄存器 THx、TLx(x 为 0 或 1)全部为 0，若要重复循环定时或计数，还要重新装入计数初值。这样不仅编程麻烦，而且影响定时时间精度。方式 2 克服了它们的缺点，能自动重装计数初值。定时/计数器 1 方式 2 的逻辑结构(定时/计数器 0 与之类似)如图 5-3 所示。

寄存器 TL1 作 8 位计数器用，寄存器 TH1 作为 8 位常数缓冲器，保存计数初值。当

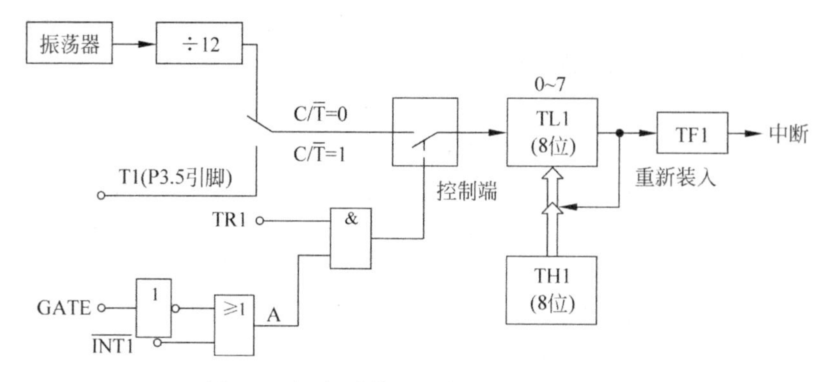

图 5-3　定时/计数器 1 方式 2 的逻辑结构

TL1 计数产生溢出时，在 TF1 置 1 的同时，将保存在 TH1 中的计数初值自动装入 TL1 中，使 TL1 从设定的初值重新计数，如此循环不止。

5.2.4　方式 3

方式 3 是把定时/计数器 0 拆成两个独立的 8 位定时/计数器使用，从而使得单片机具有 3 个定时/计数器。方式 3 只适用于定时/计数器 0，定时/计数器 1 不能工作在方式 3，如果使定时/计数器 1 工作在方式 3，则定时/计数器 1 将处于关闭状态。定时/计数器 0 方式 3 的逻辑结构如图 5-4 所示。

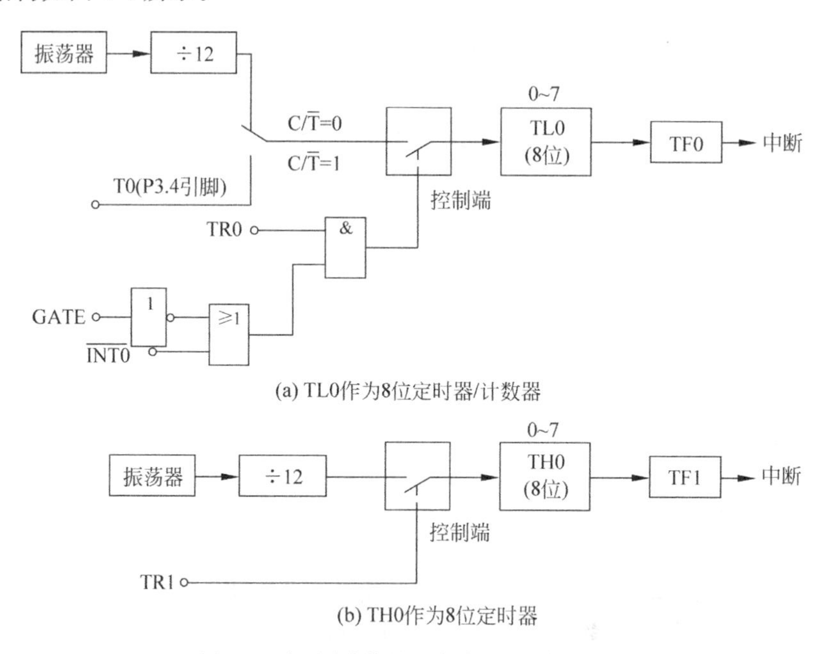

图 5-4　定时/计数器 0 方式 3 的逻辑结构

定时/计数器 0 在该方式下被拆成两个独立的 8 位计数器 TL0 和 TH0，其中 TL0 使用原来定时/计数器 0 的控制位 C/$\overline{T}$、GATE、TR0、TF0 和引脚 $\overline{INT0}$、T0，其功能和操作与方式 0、方式 1 完全相同，可作定时器也可作计数器用。该方式下的 TH0 被固定为 8 位的定时器模式，只能对内部的机器周期计数，它借用原定时/计数器 1 的控制位 TR1 和 TF1，同时占用了定时/计数器 1 的中断请求源。

当定时/计数器 0 工作在方式 3 时，虽然定时/计数器 1 仍可工作在方式 0、方式 1 和方式 2，但由于 TH0 占用了 TR1 和 TF1，定时/计数器 1 的启/停不受 TR1 的控制，也不能向 CPU 申请中断，所以此时定时/计数器 1 只能工作在不需要中断的场合。这时，定时/计数器 1 往往工作在方式 2，作为串行口波特率发生器使用。定时/计数器 0 工作在方式 3 时，定时/计数器 1 的各种工作方式示意图如图 5-5((a)～(c))所示。

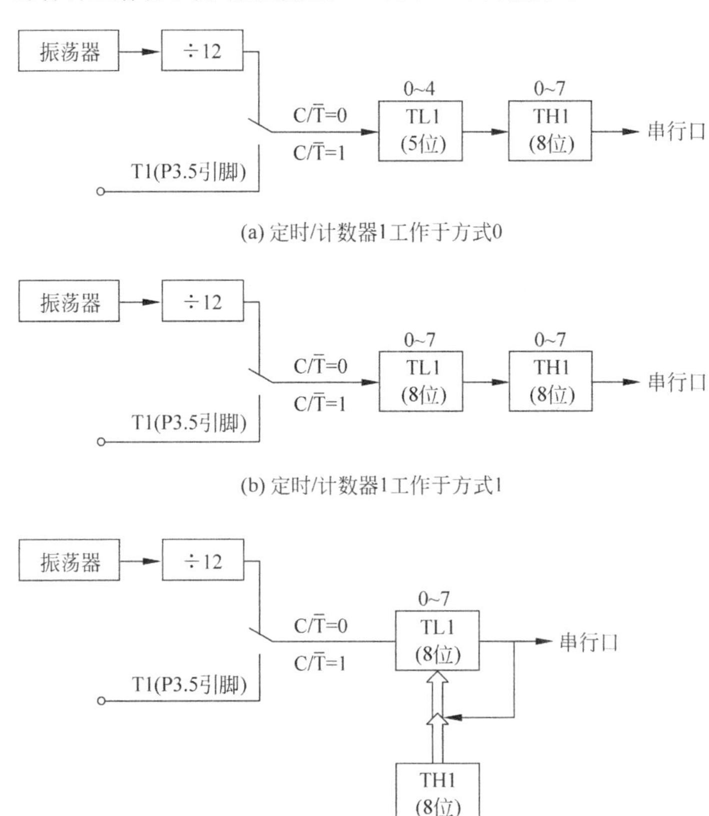

图 5-5　定时/计数器 0 工作在方式 3 时定时/计数器 1 的各种工作方式示意图

5.3　定时/计数器 0/1 的编程

1. 定时/计数器 0/1 初始化的步骤

定时/计数器的功能是由软件编程确定的，一般在使用定时/计数器前都要对其进行初始化，使其按设定的功能工作。定时/计数器初始化的步骤一般如下。

(1) 确定工作方式(即对 TMOD 赋值)。

(2) 预置定时/计数器的初值，可直接将初值写入 TH0、TL0 或 TH1、TL1。

(3) 根据需要决定是否开放定时/计数器的中断,直接对 IE 对应位赋值。

(4) 启动定时/计数器。若步骤(1)中设定为非门控方式(GATE=0),则将 TRx(x 为 0 或 1)置 1,定时/计数器即开始工作；若设定为门控方式(GATE=1),则必须由外部引脚 $\overline{INTX}$(x 为 0 或 1)和 TRx 共同控制,只有当$\overline{INTX}$引脚为高电平时,将 TRx 置 1 才能启动定时/计数器工作。定时器一旦启动就按规定的方式定时或计数。

2. 定时/计数器 0/1 初值的计算

因为在不同工作方式下定时/计数器的计数位数不同,因而对应的最大计数值或最长定时时间也不同。定时/计数器各工作方式下的最大计数值和最长定时时间如下。

方式 0：最大计数值$=2^{13}=8192$,最长定时时间$=8192\times T_{cy}$(T_{cy}为机器周期)。

方式 1：最大计数值$=2^{16}=65\,536$,最长定时时间$=65\,536\times T_{cy}$。

方式 2：最大计数值$=2^{8}=256$,最长定时时间$=256\times T_{cy}$。

方式 3：定时器 0 分成两个 8 位计数器,其最大计数值均为 256,最长定时时间均为 $256\times T_{cy}$。

因为定时/计数器是作加 1 计数,并在计数溢出时产生中断,因此初值可以这样计算。

工作在计数器模式下：初值=最大计数值－计数值

工作在定时器模式下：初值=最大计数值－定时时间/T_{cy}

5.4 定时/计数器 0/1 的应用

1. 工作方式 0 的应用

例 5-1 设 STC89C52 单片机系统时钟频率 f_{osc}为 6MHz,要在 P1.0 引脚上输出 1 个周期为 2ms 的方波,请采用中断方式编写 C51 程序。

分析 计算计数初值：如果单片机工作在 12T 模式,那么 $T_{cy}=2\mu s=2\times10^{-6}s$,T0 工作方式 0,则最大计数值为 8192,按照题意高低电平的定时时间=1ms;

由于

$$初值=最大计数值-定时时间/T_{cy}$$

因此

$$初值=8192-1ms/2\mu s=7692=1E0CH=1111000001100B$$

由于 13 位数高 8 位装入 TH0,即 TH0=0F0H；低 5 位放入 TL0,即 TL0=0CH。

C51 参考程序如下。

```
#include<reg52.h>
sbit  P10 = P1 ^0;
void  main(){
  SP = 0x60;                          /* 设置堆栈指针 */
  TMOD = 0x1;                         /* 定时器 0: 定时、工作方式 1、门控 GATE0 = 0 */
  TL0 = 0x0c;                         /* 装载计数初值 */
  TH0 = 0xf0;
```

```
    TR0 = 1;                            /* 启动定时器 0 计数 */
    ET0 = 1;                            /* 允许定时器 0 中断 */
    EA = 1;                             /* 允许 CPU 中断 */
    while(1){
    }
}
void  timer0int(void)  interrupt  1 {
      TL0 = 0x00;                       /* 重装载计数初值 */
      TH0 = 0xfe;
      P10 = ! P10;                      /* P1.0 输出求反 */
}
```

2. 工作方式 1 的应用

例 5-2　T0 采用工作方式 1 实现例 5-1 的要求。

分析　计算计数初值：如果单片机工作在 12T 模式，那么 $T_{cy}=2\mu s=2\times10^{-6}s$，T0 工作方式 1，则最大计数值为 65 536，按照题意定时时间＝1ms；

由于

$$初值=最大计数值-定时时间/T_{cy}$$

因此

$$初值=65\,536-1ms/2\mu s=65\,036=FE0CH$$

即 TH0＝0FEH、TL0＝0CH。

C51 参考程序如下。

```
#include<reg52.h>
sbit  P10 = P1^0;
void  main(){
    SP = 0x60;                          /* 设置堆栈指针 */
    TMOD = 0x1;                         /* 定时器 0: 定时、工作方式 1、门控 GATE0 = 0 */
    TL0 = 0x0c;                         /* 装载计数初值 */
    TH0 = 0xfe;
    TR0 = 1;                            /* 启动定时器 0 计数 */
    ET0 = 1;                            /* 允许定时器 0 中断 */
    EA = 1;                             /* 允许 CPU 中断 */
    while(1){
   }
}
void  timer0int(void)  interrupt  1 {
     TL0 = 0x0c;                        /* 重装载计数初值 */
      TH0 = 0xfe;
      P10 = ! P10;                      /* P1.0 输出求反 */
}
```

例 5-3　设 STC89C52 单片机系统时钟频率 f_{osc} 为 6MHz，请编出利用定时/计数器 T0 在 P1.1 引脚上产生周期为 2s，占空比为 50%的方波信号的程序。

分析 方波信号程序可分两部分，其过程如下。

(1) 主程序任务

① 设定 T0 工作方式 1，单片机工作在 12T 模式，则机器周期为 $2\mu s$，最大定时 $=2^{16}\times 2\mu s=131.072ms<1s$。

② 定时常数的设定：定时时间设为 100ms，则初值 $=2^{16}-100ms/2\mu s=15\ 536=$ 3CB0H，即，TH0 应装 3CH，TL0 应装 B0H。那么每隔 100ms 中断一次，中断 10 次即为 1s。

③ 中断管理：允许 T0 中断，开放总中断，即 IE=10000010B。

④ 启动定时器 T0。

⑤ 设置软件计数器初值：(如使用 R7)即 R7=0AH。

(2) 中断服务程序任务

① 恢复 T0 常数。

② 软件计数器 R7 减 1。

③ 判断软件计数器是否为 0。为 0 时，改变 P1.1 引脚状态，并恢复软件计数器初值；不为 0 时中断返回。

C51 参考程序如下。

```
#include <reg52.h>
#define uchar unsigned char
uchar COUNT = 0;
sbit  P11 = P1 ^1;
void  main(){
    SP = 0x60;                          /* 设置堆栈指针 */
    TMOD = 0x1;                         /* 设置 T0 为定时,工作方式 1,GATE0 = 0 */
    TL0 = 0xb0;                         /* 装载定时计数初值 = 100ms */
    TH0 = 0x3c;
    IE = 0x82;                          /* 定时计数溢出中断允许,CPU 中断允许 */
    TR0 = 1;                            /* 启动定时器 0 计数 */
    COUNT = 0xa;                        /* 软件计数初值 = 10 */
    while(1){                           /* 踏步等待中断 */
    }
}
void timer0int(void) interrupt 1 {      /* 定时器 0 中断函数 */
    TL0 = 0xb0; TH0 = 0x3c;             /* 重新装载定时计数初值 */
    switch(COUNT){                      /* 判断定时 1s 吗? */
        case 0:{P11 = ! P11; COUNT = 0xa; break;}
                                        /* 1s 定时到,P1.1 输出求反 */
        default:{COUNT = COUNT - 1;break;}
                                        /* 没到 1s,软件计数值减 1 */
    }
}
```

例 5-4 设系统时钟频率为 12MHz，编程实现：P1.1 引脚上输出周期为 1s，占空比为 20%的脉冲信号。

分析 单片机工作在 12T 模式，定时时间为 50ms，编程实现高电平时间为 $4\times 50ms$、低电平时间为 $16\times 50ms$ 即可。

C51 参考程序如下。

```
#include<reg52.h>
sbit  P1_1 = P1^1;
unsigned  char  i;                        //定义计数变量
void  main( )
{  i = 0;                                 //初始化
   TMOD = 0x01;
   TH0 = (65536 - 50000)/256;
   TL0 = (65536 - 50000) % 256;
   EA = 1;  ET0 = 1;
   TR0 = 1;
   while(1);
}
void  time0_int(void)  interrupt  1       //中断服务程序
{
   TH0 = (65536 - 50000)/256;             //重载初始值
   TL0 = (65536 - 50000) % 256;
   i = i + 1;
   if(i == 4)  P1_1 = 0;                  //高电平时间到变低
   else  if(i == 20)                      //周期时间到变高
   {   P1_1 = 1;
       i = 0;                             //计数变量清零
   }
}
```

3. 工作方式 2 的应用

例 5-5　将 STC89C52 的 T0(P3.4)引脚上发生负跳变信号作为 P1.0 引脚产生方波的启动信号。要求 P1.0 脚上输出周期为 1ms 的方波，如图 5-6 所示(系统时钟 6MHz)。试分别采用中断和查询方式编写 C51 程序。

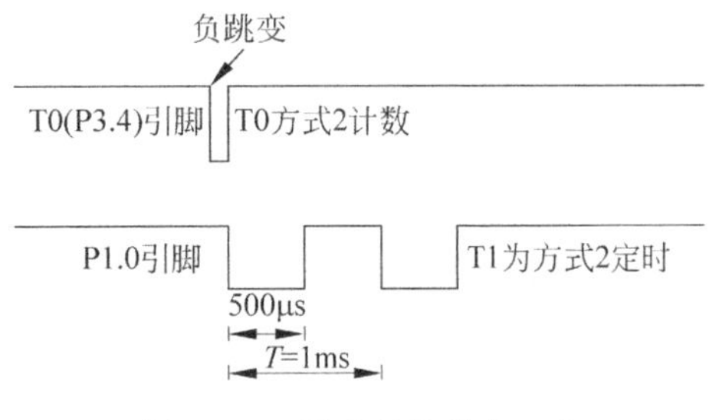

图 5-6　负跳变触发输出一个周期为 1ms 的方波

分析　分别按中断方式及查询方式进行分析和编写程序。

(1) 中断方式

T0 设为方式 2 计数，TH0＝TL0＝FFH。当外部计数输入端 T0(P3.4)发生一次负跳变时，T0 计数器加 1 则溢出，溢出标志位 TF0 置 1，向 CPU 申请中断，此时 T0 相当于一个负跳沿触发的外部中断源。进入 T0 中断服务程序，说明 T0 引脚上已接收负跳变信号，则启动 T1，而 T1 设置为方式 2 定时，每隔 500μs 产生一次中断，在 T1 中断服务子程序中对 P1.0 求反，使 P1.0 产生频率为 1kHz(周期为 1ms)的方波。由于省去重新装载初值指令，所以可产生精确的定时时间。

C51 参考程序如下。

```
#include<reg52.h>
sbit  P10 = P1^0;
void  main() {
```

```
 SP = 0x60;                          /* 设堆栈指针 */
 TMOD = 0x26;                        /* T0 方式 2 计数,T1 方式 2 定时 */
     TL0 = 0xff;                     /* T0 设置计数初值,计 1 个脉冲 */
     TH0 = 0xff;
     TL1 = 0x06;                     /* T1 设置定时初值 */
     TH1 = 0x06;
     ET0 = 1;                        /* 允许 T0 中断 */
     ET1 = 1;                        /* 允许 T1 中断 */
     EA = 1;                         /* 允许总中断 */
     TR0 = 1;                        /* 启动 T0 计数 */
     while(1){                       /* 踏步等待中断 */
     }
}
/****** 计数器 0 中断服务子程序 ******/
void timer0xint(void) interrupt 1{
     TR0 = 0;                        /* 禁止计数器 0 计数 */
     TR1 = 1;                        /* 启动定时器 1 */
}
/****** 定时器 1 中断服务子程序 ******/
void timer1Tint(void) interrupt 3 {
     P10 = !P10;                     /* P1.0 输出求反 */
}
```

(2) 查询方式

当 TF0 置 1(软件查询 TF0)时,说明 T0 引脚上已接收负跳变信号,则启动 T1,而 T1 设置为方式 2 定时,定时时间为 500μs,计满溢出(软件查询 TF1)时对 P1.0 取反,则 P1.0 产生频率为 1kHz 的方波。由于采用查询方式,所以软件清零标志位为 TF0 和 TF1。

C51 参考程序如下。

```
#include<reg52.h>
sbit  P10 = P1^0;
void  main() {
 SP = 0x60;                          /* 设堆栈指针 */
 TMOD = 0x26;                        /* T0 方式 2 计数,T1 方式 2 定时 */
     TL0 = 0xff;                     /* T0 设置计数初值,计 1 个脉冲 */
     TH0 = 0xff;
     TL1 = 0x06;                     /* T1 设置定时初值 */
     TH1 = 0x06;
     TR0 = 1;                        /* 启动 T0 计数 */
     while(1){
     if(TF0){TR0 = 0;TR1 = 1; TF0 = 0;}     /* 当 TF0 = 1 时,禁止 T0,启动 T1 计数,清标志 TF0 */
     if(TF1){ P10 = !P10; TF1 = 0;}         /* 当 TF1 = 1 时,P1.0 输出求反,清标志 TF1 */
     }
}
```

例 5-6 用 STC89C52 的 T0(P3.4)监视一生产线,每生产 100 个工件,发出一包装命令,包装成一箱,并记录其箱数。

分析 T0 采用方式 2 计数,计 100 个数,计满溢出申请中断,STC89C52 的简易打包系统框图如图 5-7 所示。

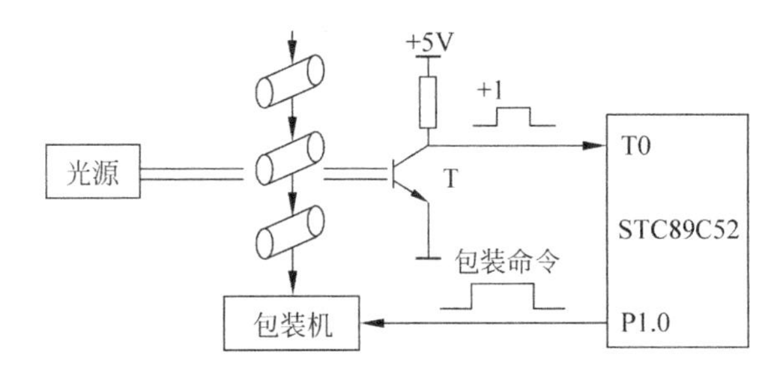

图5-7 STC89C52的简易打包系统框图

C51参考程序如下。

```
#include<reg52.h>
#define uchar unsigned char
#define uint unsigned int
sbit BAOZHUANG = P1^0;
uint i;
void delayxms(uint xms)
{ uint t1,t2;
  for(t1 = xms;t1 > 0;t1 -- )
  for(t2 = 110;t2 > 0;t2 -- );
}
void main()
{    i = 0;
     BAOZHUANG = 0;
     TMOD = 0x06;
     TH0 =- 100;
     TL0 =- 100;
      EA = 1;
      ET0 = 1;
      TR0 = 1;
    while(1);
}

void count() interrupt 1
{ i = i + 1;
  BAOZHUANG = 1;
  delayxms(50);
  BAOZHUANG = 0;
}
```

4. 工作方式3的应用

例5-7 STC89C52单片机外接6MHz晶振，通过T0定时，需要在P1.0和P1.1分别产生周期为400μs和800μs的方波。

分析 此时可以由TL0和TH0产生200μs和400μs的定时中断，并在中断服务程序中对P1.0和P1.1取反。由于采用了6MHz晶振(12T模式)，因此单片机的机器周期为2μs。因此可计算TL0的初值X=156=9CH，TH0的初值X=56=38H。

C51 参考程序如下。

```
#include<reg52.h>                           //头文件
sbit  Wave1 = P1^0;                         //定义位变量
sbit  Wave2 = P1^1;
void  T0ISR(void)  interrupt  1             //T0 中断响应
{   Wave1 = ~Wave1;
    TL0 = 0x9C;                             //重置计数初值
}
void  T1ISR(void)  interrupt  3             //T1 中断响应
{   Wave2 = ~Wave2;
    TH0 = 0x38;                             //重置计数初值
}
void main(void)                             //主函数
{   Wave2 = 0;                              //初始化 P1^1 = 0
   TMOD = 0x03;                             //设置定时器 T0 为模式 3
   TL0 = 0x9C;TH0 = 0x38;                   //初始化
   TR0 = 1;ET0 = 1;
   TR1 = 1;ET1 = 1;EA = 1;                  //开中断
   while(1);                                //主循环
}
```

5. 门控位 GATEx 的应用——测量脉冲宽度

例 5-8　门控 GATE1 使定时/计数器 T1 启动计数受控。当 GATE1 为 1，TR1 为 1 时，只有$\overline{\text{INT1}}$引脚输入高电平时，T1 才被允许计数，故可测引脚 P3.3 上正脉冲宽度(机器周期数)，如图 5-8 所示(单片机的晶振频率为 6MHz，12T 模式)。

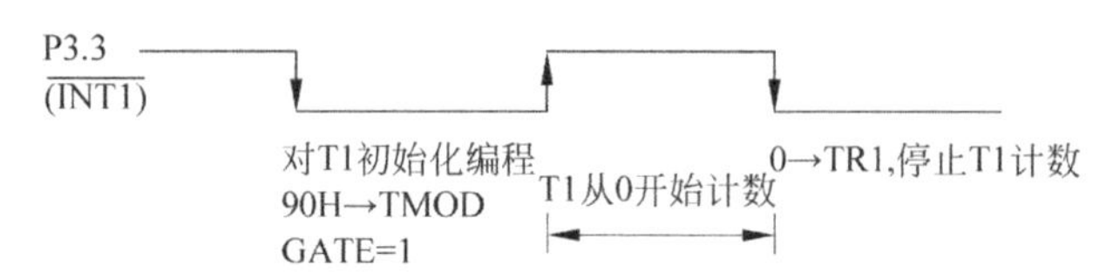

图 5-8　利用 GATE 位测量正脉冲的宽度

分析　从如下 4 个方面来分析。

(1) 建立被测脉冲。设置定时/计数器 0 定时、工作方式 2，门控 GATE0＝0，定时溢出使 P3.0 引脚求反，从而输出周期为 1ms 方波作为被测脉冲，P3.0 输出信号连接到 P3.3 引脚。

(2) 测量方法。采用查询方式来测量 P3.3 引脚输入正脉冲宽度，设置定时/计数器 1 为定时工作方式 1，GATE1＝1，则利用 P3.3 引脚和 TR1 信号控制定时器 1 计数(启、停)，当 GATE1＝1 时，$\overline{\text{INT1}}$＝1 且 TR1＝1，启动定时器 1 计数，若$\overline{\text{INT1}}$＝0，或者 TR1＝0，禁止定时器计数，如图 5-8 所示。将计数器的 TH1 计数值送 P2 口，TL1 计数值送 P1 口显示。

(3) 计数初值的计算。计算定时器 0 工作方式 2 时，T0 计数初值为：X＝256－250＝06H；定时/计数器 1 设置为定时工作方式 1，计片内脉冲，从 0 开始计数，初值为 0000H，即 TH1＝00H，TL1＝00H。

(4) 采用中断方式。从图 5-8 中知，外部中断 1 引脚 P3.3 第一次下降沿信号，产生第一次中断触发，在中断服务程序中设置 TR1＝1，此时$\overline{\text{INT1}}$＝0，不能启动定时器 1 工作，当

P3.3 引脚出现脉冲信号上升沿时，自动启动 T1 计数，而 P3.3 引脚出现脉冲信号第 2 次下降沿时，即降为 0，自动停止 T1 计数，则在中断服务程序中使 TR1=0，从启动 T1 计数到停止 T1 计数所记录的计数值乘以机器周期值就是正脉冲的宽度。

C51 参考程序如下。

```
#include<reg52.h>
sbit  P30 = P3^0;
sbit  flag = PSW^5;
void  main(){
    SP = 0x60;
    TMOD = 0x92;
    TL0 = 0x06;
    TH0 = 0x06;                         //设置 T0 初值
    TL1 = 0x0;
    TH1 = 0x0;                          //设置 T1 初值
        TR0 = 1;
    IT1 = 1;
    IE = 0x86;
    flag = 0;                           // 软件标志位清 0
    while(1){
    P2 = TH1;                           //T1 计数值高 8 位送显示器
    P1 = TL1;                           //T1 计数值低 8 位送显示器
    }
}
void timer0int(void) interrupt 1{       //T0 中断服务
P30 = !P30;
}
void int1int(void) interrupt 2{         //T1 中断服务
if(flag == 0){TR1 = 1;flag = 1;}
    else TR1 = 0;
}
```

6. 实时时钟的设计

例 5-9　试使用定时器/计数器来实现实时时钟。实时时钟就是以秒、分、时为单位计时。

(1) 计时的实现

时钟最小计时单位是秒，如何获得 1s 定时？可将定时器 T0 的定时时间定为 50ms，采用中断方式进行溢出次数的累计，计满 20 次，则秒计数变量 s 加 1；若秒计满 60，则分计数变量 m 加 1，同时将秒计数变量 s 清 0；若分钟计满 60，则小时计数变量 h 加 1；若小时计数变量满 24，则将小时计数变量清 0。

(2) 程序设计

先将定时器以及各计数变量初始化，然后调用时间显示的子程序。计时功能由定时器 T0 的中断服务子程序来实现。

C51 参考程序如下。

```
#include<reg52.h>
```

```
unsigned char int_time;                    /* 定义中断次数计数变量 */
unsigned char second;                      /* 秒计数变量 */
unsigned char minute;                      /* 分钟计数变量 */
unsigned char hour;                        /* 小时计数变量 */
void  delay(void )                         /* 延时函数 */
{unsigned char j;
 for(j = 0;j < 200;j++);
}
void main(void)
{    TMOD = 0x01;                          /* 设置定时器 T0 为方式 1 定时 */
     EA = 1;                               /*  总中断开  */
     ET0 = 1;                              /*  允许 T0 中断  */
     TH0 = (65536 - 5000)/256;             /* 给 T0 装初值 */
     TL0 = (65536 - 5000) % 256;
     TR0 = 1;
     int_time = 0;                         /* 中断次数、秒、分、时单元清 0 */
     second = 0;
     minute = 0;
     hour = 0;
     while (1)
     {    DisplaySecond(second);           /* 显示秒的子程序,此处没有编写 */
          delay( );                        /* 显示延时 */
          DisplayMinute (minute);          /* 显示分钟子程序,此处没有编写 */
          delay( );                        /* 显示延时 */
          DisplayHour (hour);              /* 显示小时子程序,此处没有编写 */
          delay( );                        /* 显示延时 */
     }
}
void  T0_interserve(void)  interrupt 1  using1  /* 定时器 T0 中断服务子程序 */
{    int_time++;                           /* 中断次数加 1 */
     if(int_time == 20)                    /* 若中断次数计满 20 次 */
     { int_time = 0;                       /* 中断次数变量清 0 */
     second++;                             /* 秒计数变量加 1 */
     }
     if(second == 60)                      /* 若计满 60s */
     { second = 0;                         /* 秒计数变量清 0 */
     minute++;                             /* 分计数变量加 1 */
     }
     if(minute == 60)                      /* 若计满 60 分 */
          {minute = 0;                     /* 分计数变量清 0 */
           hour++;                         /* 小时计数变量加 1 */
          }
          if(hour == 24)
          {hour++;                         /* 小时计数计满 24,将小时计数变量清 0 */
          }
          TH0 = (65536  - 5000)/256;       /* 定时器 T0 重新赋值 */
          TL0 = (65536  - 5000) % 256;
}
```

本例中的小时、分钟、秒的显示函数,要根据显示器件、显示电路来具体编写,这里只给出函数名称。

5.5 定时/计数器 2

定时/计数器 2 是一个 16 位加法(或减法)计数器,通过设置特殊功能寄存器 T2CON 中的位可将其设置为定时器或计数器,设置特殊功能寄存器 T2MOD 中的 DCEN 位可将其作为加法(向上)计数器或减法(向下)计数器。

5.5.1 与定时/计数器 2 相关的寄存器

与 T2 相关的寄存器是 T2CON、T2MOD、RCAP2L、RCAP2H、TL2 和 TH2。其中,T2 控制寄存器 T2CON 与模式寄存器 T2MOD 相应位配置来确定 T2 用于定时还是计数模式、T2 的工作方式,T2 的启停和中断触发方式,TL2 和 TH2 用于装载 T2 的计数值,RCAP2L 和 RCAP2H 用于装载捕获值或重新装载值。

1. T2MOD 寄存器

T2MOD 寄存器是定时/计数器 2 的模式寄存器,字节地址为 C9H,不可位寻址。特殊功能寄存器 T2MOD 的格式如表 5-4 所示。

表 5-4　特殊功能寄存器 T2MOD 的格式

符号	字节地址	位名称								复位值
T2MOD	C9H	—	—	—	—	—	—	T2OE	DCEN	xxxx xx00

各位的功能如下。

(1) DCEN: 定时/计数器 2 的向下计数使能位。当 DCEN=1 时,定时/计数器 2 向下计数,为 0 向上计数。T2 的数据寄存器 TH2 、TL2 和 T0 的 TH0 、TL0,T1 的 TH1 、TL1 用法一样,而捕获寄存器 RCAP2H 和 RCAP2L 只是在捕获方式下,产生捕获操作时自动保存 TH2 、TL2 的值。

(2) T2OE: 定时/计数器 2 时钟输出使能位。当 T2OE=1 时,允许时钟输出到 P1.0;为 0 不允许输出。

2. T2CON 寄存器

T2CON 寄存器是 T2 控制寄存器,用于设置 T2 工作模式(定时或计数)以及 T2 的三种工作方式(捕获、重新装载、波特率发生器),字节地址为 C8H,可位寻址。特殊功能寄存器 T2CON 的格式如表 5-5 所示。

表 5-5　特殊功能寄存器 T2CON 的格式

符号	字节地址	位名称								复位值
T2CON	C8H	TF2	EXF2	RCLK	TCLK	EXEN2	TR2	$C/\overline{T2}$	$CP/\overline{RL2}$	0000 0000

各位的功能如下。

(1) $CP/\overline{RL2}$：T2 的捕获/重装载标志，只能通过软件置位或清除。

$CP/\overline{RL2}=1$ 且 EXEN2＝1 时，T2EX 引脚(P1.1)负跳变产生捕获；$CP/\overline{RL2}=0$ 且 EXEN2＝0 时，定时器 2 溢出或 T2EX 引脚(P1.1)负跳变都可使定时器 2 自动重装载，若 RCLK＝1 或 TCLK＝1 时，控制位不起作用的，定时器被强制为溢出时自动重装载模式。

(2) $C/\overline{T2}$：定时/计数器 2 的模式选择位，只能通过软件的置位或清除。

$C/\overline{T2}=0$：定时/计数器 2 为内部定时模式；$C/\overline{T2}=1$：定时/计数器 2 为外部计数模式，下降沿触发。

(3) TR2：定时/计数器 2 的启动控制标志。

TR2＝1，启动 T2 计数；TR2＝0，停止 T2 计数。

(4) EXEN2：T2 的外部使能标志，只能通过软件置位或清除。

EXEN2＝0：禁止外部时钟触发 T2，T2EX 引脚(P1.1)负跳变对 T2 不起作用。EXEN2＝1 且 T2 未用作串行口波特率发生器时，允许外部时钟触发 T2，即在 T2EX(P1.1)引脚出现负跳变脉冲时，激活 T2 捕获或重装载，并置位 EXF2 申请中断。

(5) TCLK：串行口发送时钟标志，只能通过软件置位或清除。

TCLK＝1，将 T2 溢出脉冲作为串行口模式 1 或模式 3 的发送时钟；TCLK＝0，将 T1 溢出脉冲作为串行口模式 1 或模式 3 的发送时钟。

(6) RCLK：串行口接收时钟标志，只能通过软件置位或清除。

RCLK＝1，将 T2 溢出脉冲作为串行口模式 1 或模式 3 的接收时钟；RCLK＝0，将 T1 溢出脉冲作为串行口模式 1 或模式 3 的接收时钟。

(7) EXF2：T2 的捕获或重装的标志，必须用软件清 0。

当 EXEN2＝1 且 T2EX 引脚(P1.1)负跳变产生 T2 的捕获或重装时，EXF2 置位。当 T2 中断允许时，EXF2＝1 将使 CPU 进入中断服务子程序，即 EXF2 只有当 T2EX 引脚(P1.1)负跳变且 EXEN2＝1 时才能触发中断，使 EXF2＝1。在递增或递减计数器模式(DCEN＝1)中，EXF2 不会引起中断。

(8) TF2：T2 溢出标志位。

T2 溢出时置位，并申请中断，只能用软件清除。但 T2 作为波特率发生器使用时(即 RCLK＝1 或 TCLK＝1)，T2 溢出时不对 TF2 置位。

T2 的 3 种工作方式设定如表 5-6 所示。

表 5-6　定时/计数器 2 的三种工作方式

RCLK＋TCLK	$CP/\overline{RL2}$	TR2	工作方式
0	0	1	16 位自动重装
0	1	1	16 位捕获
1	X	1	波特率发生器
X	X	0	关闭

5.5.2 定时/计数器 2 的三种工作方式

T2 和 T0 或 T1 有所区别，T2 工作方式由特殊功能寄存器 T2CON 来设定如表 5-6 所示，T2 的三种工作方式是：自动重装初值的 16 位定时/计数器、捕获事件和波特率发生器。

1. 自动重装方式

当定时器 2 工作于自动重装载方式时，可通过 $C/\overline{T2}$配置为定时器或计数器，并且可编程控制向上或向下计数，计数方向通过特殊功能寄存器 T2MOD(见表 5-4)的 DCEN 位来选择的，DCEN 置为 0，定时器 2 默认为向上计数，当 DCEN 置位 1 时，则定时器 2 通过 T2EX 引脚来确定向上计数还是向下计数。

(1) 当 DCEN＝0 时，如图 5-9 所示，定时器 2 自动设置为向上计数，在这种方式下，T2CON 中的 EXEN2 控制位有两种选择：若 EXEN2＝0，定时器 2 为向上计数至 0FFFFH 溢出，置位 TF2 激活中断，同时把 16 位计数寄存器 RCAP2H 和 RCAP2L 内容重装载到 TH2 和 TL2 中，RCAP2H 和 RCAP2L 的值可由软件预置；若 EXEN2＝1，定时器 2 的 16 位重装载由溢出或外部输入端 T2EX 的负跳变触发。这个脉冲使 EXF2 置位，如果中断允许，同样产生中断。

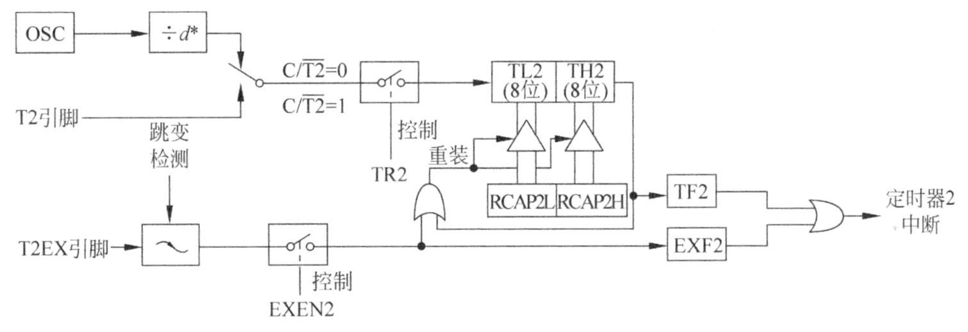

图 5-9　T2 自动重装方式(DCEN＝0，d＝12(12T)或 6(6T))

(2) 当 DCEN＝1 时，如图 5-10 所示，定时器 T2 向上或向下计数。在这种模式下，T2EX 引脚控制着计数的方向。T2EX 上的一个逻辑 1 使得 T2 递增计数，计到 0FFFFH 溢出，并置位 TF2，激活中断，同时将 16 位计数寄存器 RCAP2H 和 RCAP2L 重新加载到 TH2 和 TL2 中。T2EX 上的一个逻辑 0 使得 T2 递减计数。当 TH2 和 TL2 计数到等于 RCAP2H 和 RCAP2L 寄存器中的值时，计数器下溢，置位 TF2，激活中断，同时将 0FFFFH 数值重新装入到定时寄存器 TH2 和 TL2 中。T2 上溢或下溢，置位 EXF2 位，外部中断标志位 EXF2 被锁死，在这种工作模式下，EXF2 不能激活中断。

2. 捕获方式

在捕获方式下，通过 T2CON 控制位 EXEN2 来选择两种方式。

(1) 当 EXEN2＝0 时，T2 是一个 16 位定时器还是计数器由 T2CON 中的 $C/\overline{T2}$位来选

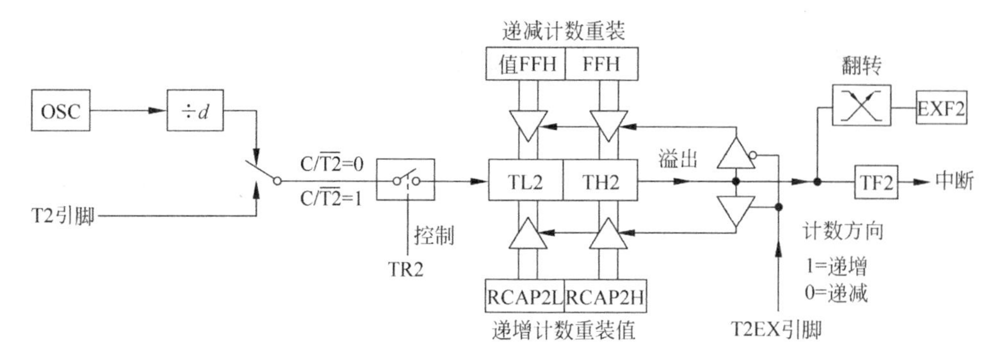

图 5-10　T2 自动重装方式(DCEN=1)

择,溢出时置位 TF2 标志,若 T2 中断允许(ET2=1)将会引起中断,如图 5-11 所示。

(2) 当 EXEN2=1 时,T2 与以上描述相同,但增加一个功能:外部输入 T2EX 引脚(P1.1)1 至 0 的负跳变将使得 TH2 和 TL2 中的当前值分别捕获到 RCAP2H 和 RCAP2L 中。另外,T2EX 的负跳变使 T2CON 中的 EXF2 置位,EXF2 也像 TF2 一样会引起中断(EXF2 中断向量与定时器 2 溢出中断地址相同为 002BH,在 T2 中断服务程序中可以通过查询 TF2 和 EXF2 来确定引起中断的事件)。捕获模式如图 5-11 所示。在该方式中,TH2 和 TL2 无重新装载值,甚至当 T2EX 引脚产生捕获事件时,计数器仍以 T2 引脚(P1.0)脉冲或振荡频率 1/12(或 1/6)计数。

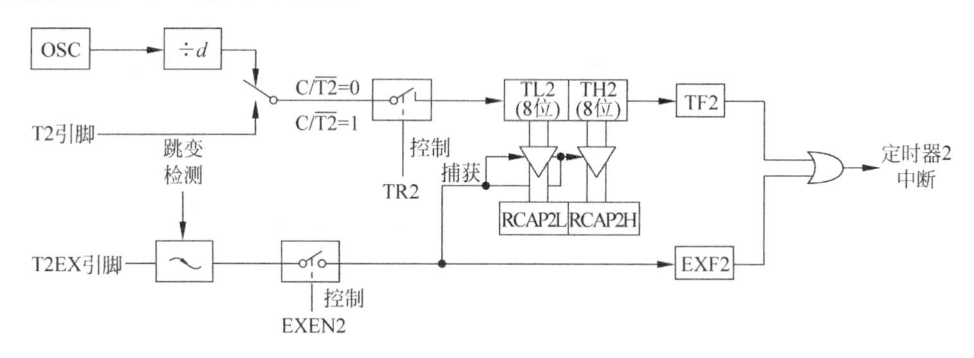

图 5-11　T2 的捕获方式

3. 波特率发生器

通过设置 T2CON 中的 TCLK 或 RCLK 可选择 T1 或 T2 作为串行口波特率发生器。

当 TCLK=0 时,T1 作为串行口发送波特率发生器输出发送时钟;当 TCLK=1 时,T2 作为串行口发送波特率发生器输出发送时钟。当 RCLK=0 时,T1 作为串行口发送波特率发生器输出接收时钟;当 RCLK=1 时,T2 作为串行口发送波特率发生器输出接收时钟。

如图 5-12 所示为 T2 工作于波特率发生器模式逻辑结构图,该工作模式与自动重装模式相似,当 T2 溢出时,波特率发生器模式使得 T2 的寄存器用 RCAP2H 和 RCAP2L 中的 16 位数值重新装载,寄存器 RCAP2H 和 RCAP2L 值由软件预置。

T2 配置为计数方式时,外部时钟信号由 T2 引脚引入,当串行口工作于方式 1 或方式 3 时,波特率由下面公式确定:

$$方式 1 和方式 3 的波特率 = 定时器 T2 溢出率 /16 \quad (5\text{-}1)$$

式中定时器 T2 溢出率取决于计数速率和定时器的预置值。

T2 可配置为定时方式，在多数应用情况下，一般配置成定时模式。T2 作为波特率发生器与作为定时器操作有所不同，作为定时器时，它会在每个机器周期递增(1/6 或 1/12 晶振频率)。然而，T2 作为波特率发生器，它的波特率计算公式如下：

$$方式 1 和方式 3 的波特率 = \frac{晶振频率}{n \times (65\,536 - (RCAP2H, RCAP2L))} \quad (5\text{-}2)$$

式中，n——n 取 16(6 时钟模式)或 n 取 32(12 时钟模式)；

RCAP2H，RCAP2L——RCAP2H 和 RCAP2L 寄存器内容，为 16 位无符号整数。

T2 作为波特率发生器如图 5-12 所示，只有在 T2CON 中 RCLK=1 或 TCLK=1 时，波特率工作方式才有效。在波特率发生器工作方式中，TH2 的溢出并不置位 TF2，也不产生中断。即使 T2 作为串行口波特率发生器，也不要禁止 T2 中断。如果 EXEN2(T2 外部使能标志)被置位，T2EX 引脚上 1 到 0 的负跳变，则会置位 EXF2(T2 外部中断标志位)，但不会使(RCAP2H，RCAP2L)重装载到(TH2，TL2)中。因此，当 T2 作为波特率发生器时，T2EX 可以作为一个附加的外部中断源使用。

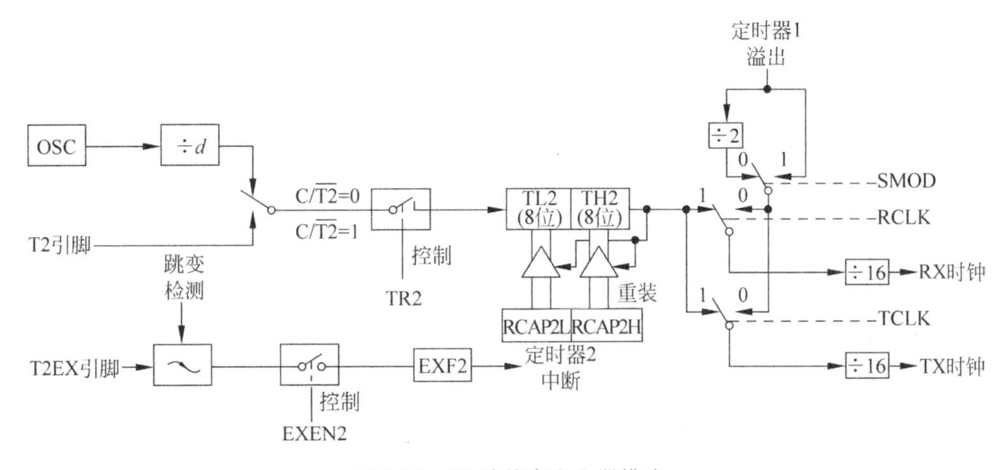

图 5-12 T2 波特率发生器模式

5.5.3 定时/计数器 2 的应用

例 5-10 设 STC89C52 单片机系统时钟频率为 12MHz，定时/计数器 T2 工作方式为自动重装方式，请编写程序使得在 P1.6 引脚上输出周期为 2ms 占空比为 50%的方波信号。

分析 设置定时/计数器 T2 为 16 位自动重装载方式，工作模式为定时，选择向上计数，即 DCEN=0，取 EXEN2=0，定时器 T2 为向上计数至 0FFFFH 溢出，置位 TF2 激活中断，TF2 需软件清零。

周期为 2ms，12T 模式，则初值 X=65 536－1000=64 536=FC18H

C51 参考程序如下。

```
#include <REG52.H>
sbit  P16 = P1^6;                         /*定义位变量 P1.6*/
```

```
sfr  T2MOD = 0xC9;                          /*定义特殊功能寄存器 T2MOD*/
sfr    IPH = 0xB7;                          /*定义特殊功能寄存器 IPH*/
void  main(){                               /*主函数*/
    SP = 0x60;                              /*设置堆栈指针*/
    T2MOD = 0x00;                           /*设置定时器 2 向上计数且时钟输出不使能*/
    T2CON = 0x04;                           /*设置定时器 2 自动重装载、定时且启动 T2 计数*/
    TL2 = 0x18;TH2 = 0xfc;                  /*装载定时器 2 的定时初值*/
    RCAP2H = 0xfc;RCAP2L = 0x18;            /*装载定时器 2 的定时初值*/
    IE = 0xa0;                              /*允许 T2 中断请求,总中断允许*/
    IP = 0x20;IPH = 0x20;                   /*设置 T2 为第 3 级中断优先级*/
    while(1){                               /*踏步等待中断*/
     }
 }
void timer1int(void) interrupt 5 {
    TF2 = 0;                                /*清定时溢出标志*/
    P16 = !P16;                             /*P1.6 输出求反*/
}
```

例 5-11 设 STC89C52 单片机系统时钟频率为 12MHz,T2 工作方式为捕获方式,将捕获的计数值低 8 位送 P3 口,高 8 位送 P2 口,用频率仪和示波器观察 P1.1 引脚捕获脉冲频率值和波形。

分析 根据题意知 T2 工作方式为捕获方式,T2CON 中 EXEN2 选择两种选项,此处选择 EXEN2=1,即外部捕获,选定时模式($C/\overline{T2}=0$),选择向上计数,即 DCEN=0,而捕获脉冲是利用 T0 定时工作方式 1,使 P1.5 输出周期为 2ms 的方波,该方波接入到 P1.1 引脚作为捕获脉冲。

为了捕获 P1.1 引脚脉冲频率值,利用 P1.1 引脚负跳变触发定时器 T2 外部中断,第一次中断时,启动定时器 T2 开始计数,此时定时器 T2 的最初计数值为 0,即 TH2=00H,TL2=00H,而此时捕获值 RCAP2L=00H,RCAP2H=00H;第二次中断时,禁止定时器 T2 计数,此时捕获寄存器内容就是记录机器周期个数,可求出输出脉冲频率值。

T0 选择定时工作方式 1,输出周期为 2ms 方波,12T 模式,则定时器 0 的初值:

X=65 536−1000=64 536=FC18H,即 TH0=0FCH,TL0=18H。

C51 参考程序如下。

```
#include<REG52.H>
#define uchar unsigned char
sbit  P16 = P1^6;
sbit  P15 = P1^5;
sbit  P17 = P1^7;
sfr T2MOD   = 0xC9;
uchar n = 0;
uchar reg1,reg2;
/*************显示******************/
void   disp(){
    if(n == 1){P2 = 0xff;P3 = 0xff;}
    P2 = reg2;
    P3 = reg1;
}
/**********主程序*********/
```

```
void  main(){
    SP = 0x60;
    TMOD = 0x01;
    TH0 = 0xfc;
    TL0 = 0x18;
    TR0 = 1;
    T2MOD = 0x0;
    T2CON = 0x9;
    TL2 = 0x0;
    TH2 = 0x0;
    RCAP2H = 0x0;
    RCAP2L = 0x0;
    IE = 0xa2;
    while(1){
    disp();
    }
 }
/********* 定时器 0 中断函数 ***********/
void timer0int(void) interrupt 1{
    TF0 = 0;
    TH0 = 0xfc;
    TL0 = 0x18;
    P15 = !P15;
}
/************** 定时器 2 中断函数 **************/
void timer2int(void) interrupt 5{
    uchar i;
    TF2 = 0;
    if(TF2 == 1){
        TF2 = 0;TH2 = RCAP2H;TL2 = RCAP2L;n++;}
    if(EXF2 == 1){
        EXF2 = 0;
        if(i == 0){TR2 = 1;i++;}            /* 第一次外部信号触发中断,启动定时器 2 计数 */
        else{
            reg1 = RCAP2L;                  /* 保存捕获值 */
            reg2 = RCAP2H;
            i = 0;
            TR2 = 0;                        /* 停止定时器 2 计数 */
            EXEN2 = 0;                      /* 禁止 T2EX 负跳变产生捕获 */
        }
    }
}
```

本章小结

本章介绍 STC89C52 单片机定时/计数器组成、与定时/计数器相关的特殊功能寄存器,详细叙述这些特殊功能寄存器每一位的物理意义和使用这些特殊功能寄存器方法。介绍 T0 和 T1 的 4 种工作方式、它们的电路结构模型以及它们适合应用范围。介绍与 T2 相关的特殊功能寄存器以及寄存器每位的物理意义和使用方法,介绍 T2 的 3 种工作方式逻辑结构图，并举例说明 T2 各种工作方式应用。

思考题

1. 定时/计数器工作于定时和计数方式时有何异同点？

2. 当定时/计数器 T0 用作方式 3 时，定时/计数器 T1 可以工作在何种方式下？如何控制 T1 的开启和关闭？

3. 利用定时/计数器 T0 从 P1.0 输出周期为 1s，脉宽为 20ms 的正脉冲信号，晶振频率为 12MHz。试设计程序。

4. 要求从 P1.1 引脚输出 1000Hz 方波，晶振频率为 12MHz。试设计程序。

5. 对于 T2 的自动重装方式，如何控制其向上计数还是向下计数？

6. T0、T1 的 4 种工作方式各有何特点？T2 的 3 种工作方式各有何特点？

7. 试用定时/计数器 T1 对外部事件计数。要求每计数 100，就将 T1 改成定时方式，控制 P1.7 输出一个脉宽为 10ms 的正脉冲，然后又转为计数方式，如此反复循环。设晶振频率为 12MHz。

8. 利用定时/计数器 T0 产生定时时钟，由 P1 口控制 8 个指示灯。编一个程序，当 STC 单片机工作于 6T 模式时，使 8 个指示灯依次一个一个闪动，闪动频率为 20 次/s（8 个灯依次亮一遍为一个周期）。

9. 若晶振频率为 12MHz，如何用 T0 来测量 20ms～1s 之间的方波周期？又如何测量频率为 0.5MHz 左右的脉冲频率？

第 6 章　STC89C52 单片机串行通信

本章学习要点：

- 掌握 STC89C52 单片机串行通信的基本概念、串行口的结构和工作原理。
- 掌握串行口的控制寄存器、工作方式以及波特率计算与设置。
- 掌握串行通信格式、双机通信、多机通信、PC 与多个单片机间通信的编程方法。

串行通信是 CPU 与外界交换信息的一种基本通信方式。本章将介绍串行口的概念、原理及 STC89C52 串行接口的结构、原理及应用。

6.1　串行通信概述

计算机与外界的信息交换称为通信。基本的通信方式有两种。

并行通信：所传送数据的各位同时发送或接收；

串行通信：所传送数据的各位按顺序一位一位地发送或接收。

在并行通信中，一个并行数据占多少位二进制数，就要多少根传输线。这种方式的特点是通信速度快，但传输线多，价格较贵，适合近距离传输；而串行通信仅需一到两根传输线即可。故在长距离传输数据时，比较经济。但由于它每次只能传送一位，所以传送速度较慢。图 6-1(a)和(b)分别为计算机与外设或计算机之间的并行通信及串行通信的连接方法。

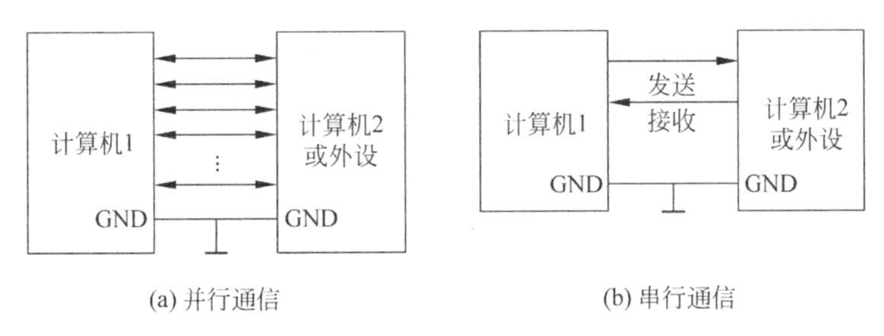

图 6-1　基本通信方式图示

下面介绍串行通信中的几个概念。

6.1.1　同步通信和异步通信方式

串行通信分同步和异步两种方式。

1. 异步通信(Asynchronous Data Communication,ASYNC)

在异步通信中数据或字符是一帧(frame)一帧地传送的。帧定义为一个字符串完整的通信格式,通常也称为帧格式。最常见的帧格式一般是先用一个起始位0表示字符的开始,然后是5~8位数据,规定低位在前,高位在后。其后是奇偶校验位,此位通过对数据奇偶性的检查,可用于判别字符传送的正确性,其有3种可能的选择,即奇、偶、无校验,用户可根据需要选择(在有的格式中这位可省略)。最后是停止位,用以表示字符的结束,停止位可以是1位、1.5位、2位,不同的计算机规定有所不同。从起始位开始到停止位结束就构成完整的一帧,图6-2是一种11位的帧格式。

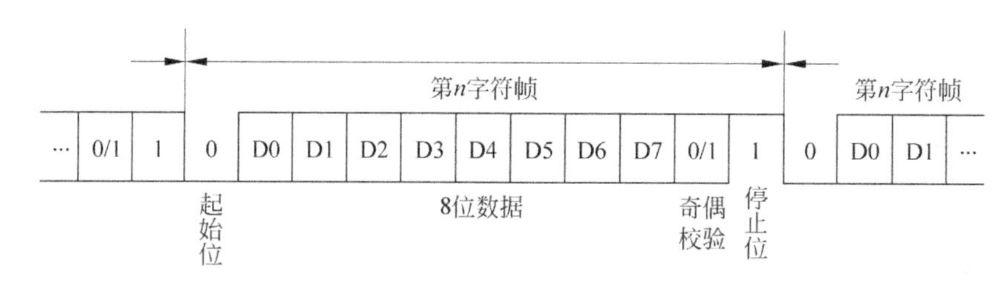

图6-2 11位的帧格式

由于异步通信每传送一帧有固定格式,通信双方只需按约定的帧格式来发送和接收数据,所以硬件结构比同步通信方式简单;此外它还能利用校验位检测错误,所以这种通信方式应用较广泛。STC89C52单片机只支持异步通信方式。

2. 同步通信(Synchronous Data Communication,SYNC)

在同步通信中,数据或字符开始处是用一同步字符来指示(常约定1~2个),以实现发送端和接收端同步,一旦检测到约定同步字符,下面就连续按顺序接收数据,同步传送格式如图6-3所示。

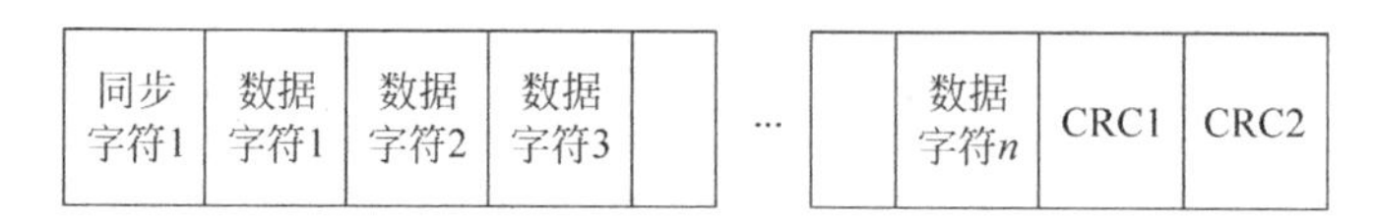

图6-3 同步传输的数据格式

因为同步通信数据块传送时去掉了字符开始和结束的标志,所以其速度高于异步传送,但这种方式对硬件结构要求较高。

6.1.2 串行通信的数据传送速率

传送速率是指数据传送的速度。波特率(baud rate)是异步通信中数据传送速率的单位,其意义是每秒钟传送多少位二进制数。假如数据传送的速率为120个字符/s,每个字符由1个起始位、8个数据位和1个停止位组成,则其传送波特率为

$$10\times120\text{bps}=1200\text{bps}$$

每一位的传送时间即为波特率的倒数

$$T_d = 1/1200\text{s} = 0.883\text{ms}$$

异步通信的传送速度一般在 50～9600bps 之间，常用于计算机到 CRT 终端，以及双机或多机之间的通信等。

6.1.3　串行通信的制式

在串行通信中，数据是在两机之间传送的。按照数据传送方向，串行通信可分为半双工(half duplex)制式和全双工(full duplex)制式。

1. 半双工制式

在半双工制式下，甲机和乙机之间只有一个通信回路，接收和发送不能同时进行，只能分时发送和接收，即甲机发送乙机接收，或者乙机发送甲机接收，因而两机之间只需一条数据线，如图 6-4 所示。

2. 全双工制式

在全双工制式下，甲、乙两机之间数据的发送和接收可以同时进行，称为全双工传送，全双工形式的串行通信必须使用两根数据线，如图 6-5 所示。

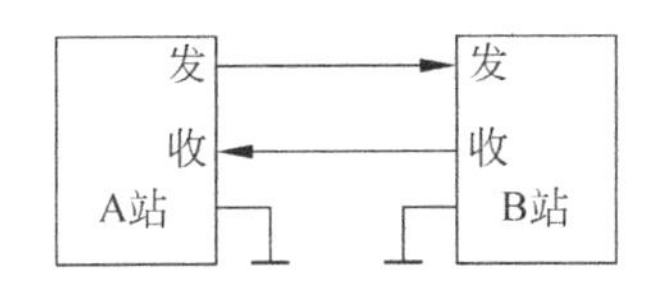

图 6-4　半双工通信制式示意图

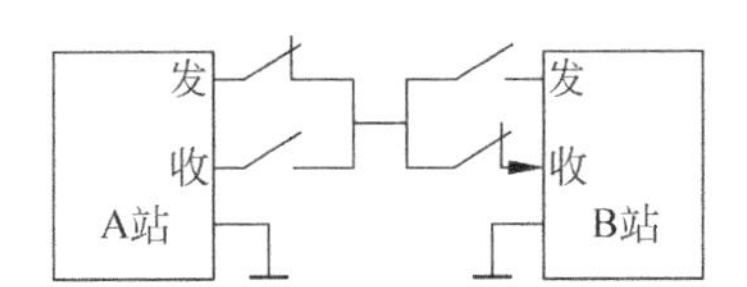

图 6-5　全双工通信制式示意图

不管哪种形式的串行通信，在两机之间均应有共地线。

6.1.4　信号的调制与解调

当异步通信的距离在 15m 之内时，计算机之间可以直接通信。而当传输距离较远时，通常是用电话线传送，由于电话线频带不够宽，再加上远距离传输时信号不可避免的衰减，因而使信号发生明显的畸变。所以在这种情况下发送时要用调制器(modulator)把数字信号转换为模拟信号，并加以放大再传送，这个过程叫作调制。在接收时，再用解调器(demodulator)检测此模拟信号，并把它转换成数字信号再送入计算机接口，这个过程即解调。通常把这种通信设备称为调制解调器，英文简称为 Modem。

6.1.5　通信协议

通信协议是指在计算机之间进行数据传输时的约定，包括通信方式、波特率、命令码的约定等，为保证计算机之间能准确、可靠地通信，相互之间必须遵循统一的通信协议。在通信之前一定要先设置好通信协议。

6.2 STC89C52 单片机串行口的结构

STC89C52RC 单片机内部集成有一个可编程的全双工的异步通信串行口，可以作为通用异步接收/发送器(UART)，也可作为同步移位寄存器使用。

6.2.1 内部硬件结构

STC89C52 串行口的内部结构如图 6-6 所示。它包括两个物理上独立的接收、发送缓冲器 SBUF，可同时发送、接收数据，发送缓冲器只能写入不能读出，接收缓冲器只能读出不能写入。两个缓冲器共用一个单元地址 99H。

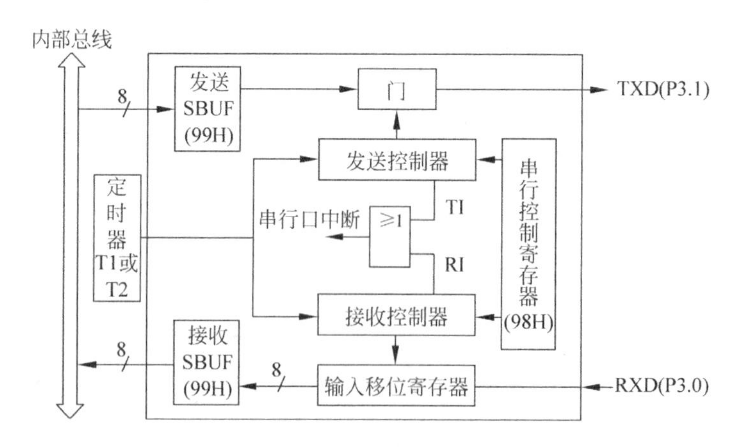

图 6-6 串行口的内部结构

发送控制器的作用是在门电路和定时器 T1 或定时器 T2 的配合下，将发送缓冲器 SBUF 中的并行数据转为串行数据，并自动添加起始位、可编程位、停止位。这一过程结束后自动使发送中断请求标志位 TI 置 1，用以通知 CPU 已将发送缓存器 SBUF 中的数据输出到了 TXD 引脚。

接收控制器的作用是在输入移位寄存器和定时器 T1 或定时器 T2 的配合下，使来自 RXD 引脚的串行数据转为并行数据，并自动过滤掉起始位、可编程位、停止位。这一过程结束后自动使接收中断请求标志位 RI 置 1，用以通知 CPU 接收的数据已存入接收缓冲器 SBUF。

STC89C52 串行通信以定时器 T1 或定时器 T2 作为波特率信号发生器，其溢出脉冲经过分频单元后送到接收/发送控制器中。

与 STC89C52 单片机串行口控制有关的特殊功能寄存器有 4 个，分别是串行口控制寄存器 SCON、电源控制寄存器 PCON、从机地址控制寄存器 SADEN 和 SADDR。下面对这些特殊功能寄存器各位的功能予以详细介绍。

6.2.2 串行口特殊功能寄存器

1. 串行口控制寄存器 SCON

串行口控制寄存器 SCON，字节地址 98H，可位寻址，位地址为 98H～9FH。SCON 的所有位都可进行位操作清零或置 1，格式如表 6-1 所示。

表 6-1　串行口控制寄存器 SCON 的格式

符号	字节地址	位名称								复位值
SCON	98H	SM0/FE	SM1	SM2	REN	TB8	RB8	TI	RI	0000 0000

各位的功能如下。

(1) RI：接收中断标志位

在方式 0 时，接收完第 8 位数据时，RI 由硬件置 1。在其他工作方式中，串行接收到停止位时，该位置 1。RI＝1，表示一帧数据接收完毕，并申请中断，要求 CPU 从接收 SBUF 取走数据。该位的状态也可供软件查询。RI 必须由软件清 0。

(2) TI：发送中断标志位

在方式 0 时，串行发送的第 8 位数据结束时，TI 由硬件置 1；在其他方式中，串行口发送停止位的开始时置 TI 为 1。TI＝1，表示一帧数据发送结束。TI 的状态可供软件查询，也可申请中断。CPU 响应中断后，在中断服务程序中向 SBUF 写入要发送的下一帧数据。TI 必须由软件清 0。

对 TI、RI 有以下三点需要特别注意。

① 在 4 种工作方式下，进行数据传输，可以通过采用查询 TI、RI 判断数据是否发送、接收结束，当然也可以采用中断方式。

② 串行口是否向 CPU 提出中断请求取决于 TI 与 RI 进行相“或”运算的结果，即当 TI＝1 或 RI＝1，或 TI、RI 同时为 1 时，串行口向 CPU 提出中断申请。因此，当 CPU 响应串行口中断请求后，首先需要使用指令判断是 RI＝1 还是 TI＝1，然后再进入相应的发送或接收处理程序。

③ 如果 TI、RI 同时为 1，一般而言，须优先处理接收子程序。这是因为接收数据时 CPU 处于被动状态，虽然串口输入有双重输入缓冲，但是如果处理不及时，仍然会造成数据重叠覆盖而丢失一帧数据，所以应当尽快处理接收的数据。而发送数据时 CPU 处于主动状态，完全可以稍后处理，不会发生差错。

(3) RB8：接收的第 9 位数据

在方式 2 和方式 3 时，RB8 存放接收到的第 9 位数据。

在方式 1 时，如 SM2＝0，RB8 是接收到的停止位。在方式 0 时，不使用 RB8。

(4) TB8：发送的第 9 位数据

在方式 2 和方式 3 时，TB8 是要发送的第 9 位数据，其值由软件置 1 或清 0。在双机串行通信时，一般作为奇偶校验位使用；在多机串行通信中用来表示主机发送的是地址帧还是数据帧，TB8＝1 为地址帧，TB8＝0 为数据帧。在方式 0 和方式 1 中，不使用 TB8。

(5) REN：允许串行接收位，由软件置 1 或清零

REN=1，允许串行口接收数据；REN=0，禁止串行口接收数据。

(6) SM2：多机通信控制位

多机通信在方式 2 和方式 3 时进行。当串口以方式 2 或方式 3 接收时，如果 SM2=1，则只有当接收到的第 9 位数据（RB8）为 1 时，才使 RI 置 1，产生中断请求，并将接收到的前 8 位数据送入 SBUF，当接收到的第 9 位数据（RB8）为 0 时，则将接收到的前 8 位数据丢弃；当 SM2=0 时，则不论第 9 位数据是 1 还是 0，都将前 8 位数据送入 SBUF 中，并使 RI 置 1，产生中断请求。

在方式 1 时，如果 SM2=1，则只有收到有效的停止位时才会激活 RI；在方式 0 时，SM2 必须为 0。

(7) SM0/FE、SM1

当 PCON 寄存器的 SMOD0/PCON.6 为 1 时，该位用于帧错误检测，当检测到一个无效停止位时，通过 UART 接收器设置该位，FE 必须由软件清零；当 PCON 寄存器 SMOD0/PCON.6 为 0 时，SM0 与 SM1 一起用来选择串行口的工作方式，如表 6-2 所示。

表 6-2　串行口的 4 种工作方式

SM0	SM1	工作方式	功　能	说　明	波 特 率
0	0	方式 0	8 位同步移位寄存器	常用于扩展 I/O 口	$f_{osc}/12$
0	1	方式 1	10 位 UART	8 位数据、起始位、结束位	可变（由定时器控制）
1	0	方式 2	11 位 UART	8 位数据、起始位 0、结束位 1 和奇偶校验位	$f_{osc}/64$ 或 $f_{osc}/32$
1	1	方式 3	11 位 UART	8 位数据、起始位 0、结束位 1 和奇偶校验位	可变（由定时器控制）

2. 电源控制寄存器 PCON

电源寄存器 PCON 字节地址为 87H，没有位寻址的功能，格式如表 6-3 所示。

表 6-3　电源控制寄存器 PCON 的格式

符号	字节地址	位名称								复位值
PCON	87H	SMOD	SMOD0	—	POF	GF1	GF0	PD	IDL	0xx1 0000

仅 SMOD、SMOD0 两位与串口有关，其功能如下。

(1) SMOD0：帧错误检测有效控制位。当 SMOD0=1 时，SCON 寄存器中的 SM0/FE 位用于 FE（帧错误检测）功能；当 SMOD0=0 时，SCON 寄存器中的 SM0/FE 位用于 SM0 功能，与 SM1 一起指定串行口工作方式。复位时，SMOD0 位为 0。

(2) SMOD：波特率选择位。例如，方式 2 的波特率$=2^{SMOD}\times f_{osc}/64$。当 SMOD=1 时，要比 SMOD=0 时的波特率加倍，所以 SMOD 也称为波特率倍增位。在串行口工作在方式 2 下，计算得到的波特率将被加倍。复位时，SMOD 位为 0。

3. 从机地址控制寄存器 SADEN 和 SADDR

为了方便多机通信，STC89C52 单片机设置了从机地址控制寄存器 SADEN 和

SADDR。其中SADEN是从机地址掩膜寄存器(地址为B9H,复位值为00H),SADDR是从机地址寄存器(地址为A9H,复位值为00H)。

6.3 串行口的4种工作方式

通过软件编程可使串行通信有4种工作方式,下面分别予以介绍。

6.3.1 方式0

在方式0下,串行口作同步移位寄存器用,以8位数据为一帧,先发送或接收最低位,每个机器周期发送或接收一位,故其波特率是固定的,为$f_{osc}/6$(6T模式)或$f_{osc}/12$(12T模式)。串行数据由RXD (P3.0)端输入或输出。同步移位脉冲由TXD(P3.1)端送出。这种方式常用于扩展I/O口。

发送时,当一个数据写入发送缓冲寄存器SBUF(99H),串行口即把8位数据以$f_{osc}/6$(6T模式)或$f_{osc}/12$(12T模式)的波特率从RXD端送出(低位在前),发送完置中断标志TI为1。在此采用74HC164(简写为74164)与其相接实现I/O口扩展(也可选用其他同样功能的CMOS器件),74164引脚图见图6-7(a),单片机与74164的具体接线图见图6-7(b)。74HC164是TTL串行输入、并行输出移位寄存器。Q0~Q7为并行输出端,A、B为串行输入端,$\overline{CLR}$为清除端;零电平时,使74164输出清零;CK为时钟脉冲输入端,在CK脉冲的上升沿作用下实现移位。在CK=0,$\overline{CLR}$=1时,74164保持原来数据状态。

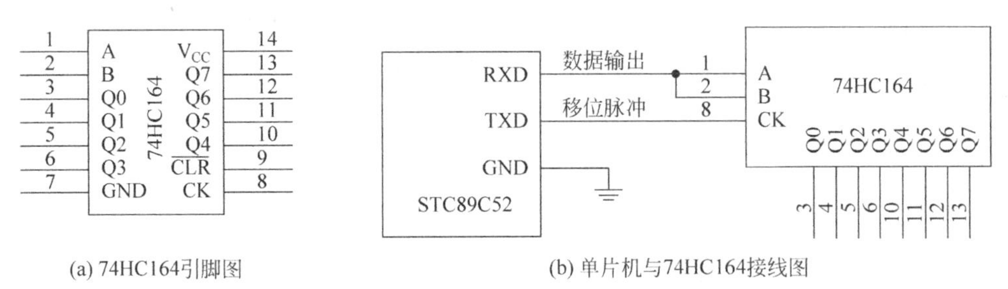

图6-7 方式0用于I/O扩展输出

接收时,REN是串行口接收器允许接收控制位。REN=0,禁止接收;REN=1,允许接收。当软件置REN为1时,即开始从RXD端以$f_{osc}/6$(6T模式)或$f_{osc}/12$(12T模式)波特率输入数据(低位在前),当接收到8位数据时,置中断标志RI为1。在此采用74HC165(简写为74165)与其相接实现I/O口扩展(也可选用其他同样功能的CMOS器件),74165引脚图见图6-8(a),单片机与74165的具体接线图见图6-8(b)。74165是TTL并入串出移位寄存器,CK为时钟脉冲输入端,P0~P7为并行输入端,S/$\overline{L}$=0时允许并行置入数据,S/$\overline{L}$=1时允许串行移位。S_{IN}、Q_H分别为数据的输入、输出端。

从理论上讲,74HC164或74HC165可以无限地串级上去,进一步扩展输入/输出并行口,但这种扩展方法,输入/输出的速度是不高的,移位时钟频率为$f_{osc}/6$(6T模式)或$f_{osc}/12$(12T模式)。

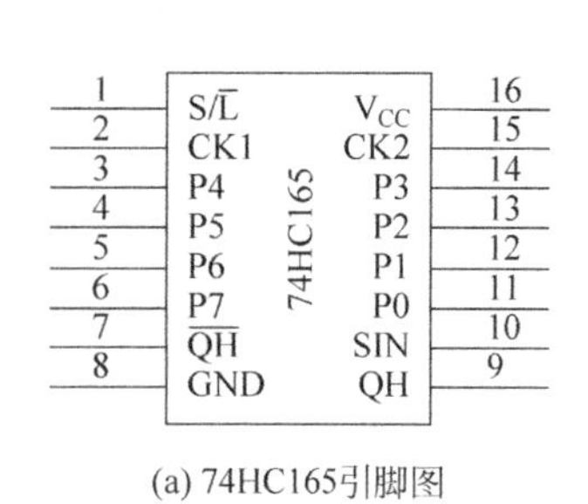

(a) 74HC165引脚图

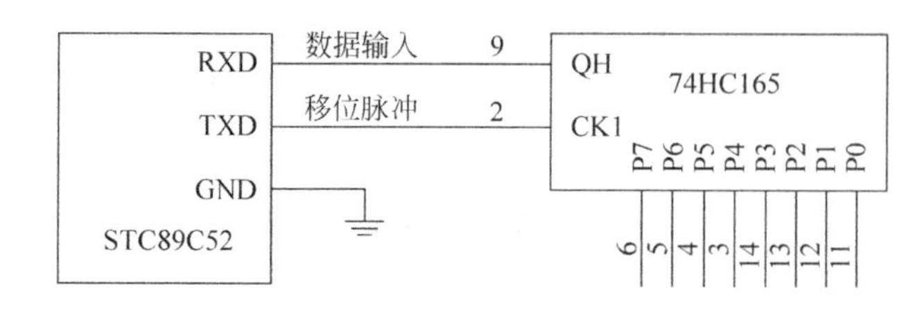

(b) 单片机与74HC165接线图

图6-8 方式0用于I/O扩展输入

串行控制寄存器中TB8和RB8位在方式0中未用。每当发送或接收完8位数据时,由硬件将发送中断TI或接收中断RI标志置位。CPU响应TI或RI中断请求时,不会清除TI或RI标志,必须由用户用软件清0。方式0时SM2位必须为0。

6.3.2 方式1

在方式1下,串行口为10位通用异步接口。发送或接收一帧数据,包括1位起始位0,8位数据位和1位停止位1。其传送波特率可调。

发送时,数据从引脚TXD(P3.1)端输出,当数据写入发送缓冲器SBUF时,就启动发送器发送。当发送完一帧数据后,就把TI标志置1,并申请中断,通知CPU可以发送下一个数据。

接收时,使REN置1允许接收,串行口采样引脚RXD(P3.0)。当采样到1至0的跳变时,确认是起始位0,就开始接收一帧数据。当停止位到来之后把停止位送入RB8位,则置位中断标志RI,并申请中断,通知CPU从SBUF取走接收到的一帧数据。

6.3.3 方式2

方式2下串行口为11位异步通信接口。发送或接收一帧信息包括1位起始位0、8位数据位、1位可编程位和1位停止位1。其信息传送波特率与SMOD有关。

发送前,先根据通信协议由软件设置TB8(如作奇偶校验位或地址/数据标识位),然后将要发送的数据写入SBUF即能启动发送器。

发送过程是由执行任何一条以SBUF作为目的寄存器的指令而启动的。写SBUF指令,把8位数据装入SBUF,同时还把TB8装到发送移位寄存器的第9位位置上,并通知发送控制器:要求进行一次发送,然后即从TXD(P3.1)端输出一帧数据。

在接收时,先置位REN为1,使串行口处于允许接收状态,同时还要将RI清0。在满足这个条件的前提下,再根据SM2的状态(因为SM2是方式2和方式3的多机通信控制位)和所接收到的RB8的状态才能决定此串行口在信息到来后是否会使RI置1,并申请中断,接收数据。

当SM2=0时,不管RB8为0还是为1,RI都置1,此串行口将接收发来的信息。

当SM2=1,且RB8为1时,表示在多机通信情况下,接收的信息为地址帧,此时RI置

1。串行口将接收发来的地址。

当 SM2=1，且 RB8 为 0 时，表示接收的信息为数据帧，但不是发给本从机的，此时 RI 不置 1，因而 SBUF 中所接收的数据帧将丢失。

6.3.4　方式 3

方式 3 为波特率可变的 11 位异步通信方式。除波特率外，方式 3 和方式 2 完全相同。

6.4　波特率的设定与计算

在串行通信中，收发双方必须采用相同的通信速率，即波特率。如果波特率有偏差将影响通信的成功率，如果误差大于 2%则通信不会成功。串行口的 4 种工作方式中，方式 0 和方式 2 的波特率是固定的，而方式 1 和方式 3 的波特率是可设置的，波特率时钟须从单片机内部定时器 1 或者定时器 2 产生。

1. 方式 0

串行口工作在方式 0 时，波特率与系统时钟频率 f_{osc} 有关。一旦系统时钟频率选定且在 STC-ISP 编程器中设置好，方式 0 的波特率固定不变。当用户在下载用户应用程序时 STC-ISP 编程器中设置单片机为 6T/双倍速时，其波特率为 f_{osc} 的 1/6。当用户在下载用户应用程序时 STC-ISP 编程器中设置单片机为 12T/单倍速时，其波特率为 f_{osc} 的 1/12。

2. 方式 2

串行口工作在方式 2 时，波特率仅与 SMOD 位的值有关。其计算公式为

$$\text{方式 2 的波特率} = \frac{2^{SMOD}}{64} \times f_{osc} \tag{6-1}$$

式中，SMOD——波特率倍增位，可由软件设置为 0 或 1；f_{osc}——系统时钟频率。

3. 方式 1 和方式 3

串行口工作在方式 1 或方式 3 时，波特率设置方法相同，采用定时器 T1 或 T2 作为波特率发生器。其计算公式为

$$\text{方式 1、3 的波特率} = \frac{2^{SMOD}}{32} \times \text{定时器 T1 的溢出率或定时器 T2 的溢出率} \tag{6-2}$$

在实际设定波特率时，T1 常设置为方式 2 定时，即 8 位常数重装入方式，并且不允许 T1 中断。这种方式不仅操作方便，也可避免因软件重装初值带来的定式误差。

设单片机工作在 12T 模式，设定时器 T1 工作在方式 2 的初值为 X，则有

$$\text{定时器 1 的溢出率} = \frac{1}{\text{溢出周期}} = \frac{1}{(256 - X) \times T_{cy}} = \frac{f_{osc}}{12 \times (256 - X)} \tag{6-3}$$

式中 T_{cy} 为系统机器周期。

将式(6-3)代入式(6-2)，则有

$$波特率 = \frac{2^{SMOD}}{32} \times \frac{f_{osc}}{12 \times (256 - X)} \tag{6-4}$$

此时，波特率随 f_{osc}、SMOD 和初值 X 而变化。解出时间常数装载值为

$$X = 256 - \frac{f_{osc} \times (SMOD + 1)}{384 \times 波特率} \tag{6-5}$$

当单片机工作在 6T 模式时，设定时器 T1 工作在方式 2 的初值为 X，则有

$$定时器\ T1\ 的溢出率 = \frac{f_{osc}}{6 \times (256 - X)} \tag{6-6}$$

将式(6-6)代入式(6-2)，则有

$$波特率 = \frac{2^{SMOD}}{32} \times \frac{f_{osc}}{6 \times (256 - X)} \tag{6-7}$$

解出时间常数装载值为

$$X = 256 - \frac{f_{osc} \times (SMOD + 1)}{192 \times 波特率} \tag{6-8}$$

当设置定时器 T2 作为波特率发生器，定时器 T2 的溢出脉冲经 16 分频后作为串行口发送脉冲、接收脉冲。其波特率计算公式为

$$波特率 = \frac{2^{SMOD}}{32} \times \frac{f_{osc}}{65\,536 - (RCAP2H, CAPP2L)} \tag{6-9}$$

实际使用时，经常根据已知波特率和时钟频率 f_{osc} 来计算 T1、T2 的初值。表 6-4、表 6-5 分别给出了以定时器 T1 以及以定时器 T2 作为波特率发生器时，常用的波特率和初值的对应关系。

表 6-4　用定时器 T1 产生的常用波特率

波特率/kbps	f_{osc}=12MHz		f_{osc}=11.0592MHz	
	SMOD	TH1/TL1	SMOD	TH1/TL1
19.2	1	FCH	1	FDH
9.6	1	F9H	0	FDH
4.8	1	F3H	0	FAH
2.4	0	F3H	0	F4H
1.2	0	E6H	0	E8H

表 6-5　用定时器 T2 产生的常用波特率

波特率/kbps	f_{osc}=12MHz		f_{osc}=11.0592MHz	
	RCAP2H	RCAP2L	RCAP2H	RCAP2L
19.2	FFH	EDH	FFH	EEH
9.6	FFH	D9H	FFH	DCH
4.8	FFH	B2H	FFH	D8H
2.4	FFH	64H	FFH	70H
1.2	FEH	C8H	FEH	E0H

对表 6-4、表 6-5 有几点需要特别说明。

(1) 在使用时钟振荡频率 f_{osc} 为 12MHz 时，将初值 X 和 f_{osc} 带入式(6-3)中，计算出的波特率有一定误差。为减小波特率误差，可使用的时钟频率为 11.0592MHz 或 22.1184MHz，

此时定时初值为整数，但该外接晶振用于系统精确的定时服务不是十分理想。例如，若单片机工作在 12T 模式，外接 11.0592MHz 晶振时，机器周期=12/11.0592MHz≈1.085μs，是一个无限循环的小数。当单片机外接 22.1184MHz 晶振时，机器周期=12/22.1184MHz≈0.5425μs，也是一个无限循环的小数，因此不能够为定时应用提供精确的定时。

(2) 如果要产生很低的波特率，如波特率选 55，可以考虑使用定时器 T1 工作在方式 1，即 16 位定时器方式。但在这种情况下，定时器 T1 溢出时，须在中断服务程序中重新装入初值，中断响应时间和执行指令时间会使波特率产生一定的误差，可用改变初值的方法加以调整。

(3) 定时器 T2 作波特率发生器是 16 位自动重装载初值的，位数比定时器 T1 作为波特率发生器要多(定时器 T1 作为串口波特率发生器工作在方式 2 是 8 位自动重装初值)，因此可以支持更高的传输速度。

例 6-1 若 STC89C52 单片机系统时钟频率 f_{osc} 为 11.0592MHz，工作在 12T 模式，采用 T1 定时器工作在方式 2 作为波特率发生器，波特率为 2400 波特，求初值。

解：取 SMOD=0。

将已知条件带入公式(6-5)中，解得 X=244=F4H。另查表也可得。

例 6-2 设 STC89C52 单片机系统时钟频率 f_{osc} 为 11.0592MHz，T2 工作方式在波特率发生器方式，波特率为 9600bps。求初值和编写串口初始化 C51 程序。

分析 根据题意知 T2 工作在波特率发生器方式，T2 产生发送时钟和接收时钟，则 TCLK=1、RCLK=1。

(1) 求定时初值 X：选择 T2 为定时模式，启动 T2 工作，即 TR2=1。选择向上计数，即 DCEN=0，波特率计算公式为式(6-9)，取 SMOD=0，由于 MCU 选 12T，则 n=32，已知波特率为 9600bps，f_{osc} 为 11.0592MHz，令 X=(RCAP2H，RCAP2L)，则代入公式计算后 X=65 536−36=65 500=FFDCH，即 RCAP2H=FF，RCAP2L=DCH。

(2) 确定特殊功能寄存器 T2CON、T2MOD 值。T2CON=34H，(即 TCLK=1，RCLK=1，TR2=1)，T2MOD=00H(即 DCEN=0)。

C51 参考程序如下。

```
void initUart(void){
    SCON = 0x50;                //串行口工作在方式 1
    T2MOD = 0x00                //设置 T2 加法计数,时钟输出不使能
   T2CON = 0x34;                //T2 为波特率发生器并启动 T2 计数
    TH2   = 0xff;
    TL2   = 0xdc;               //设置定时寄存器计数初值
    RCAP2L = 0xdc;
   RCAP2H =  0xff;              //设置自动重装寄存器计数初值
}
```

6.5 串行口的应用

6.5.1 串行口作串/并转换的应用

例 6-3 如图 6-9 所示，编写程序控制 8 个发光二极管轮流点亮。

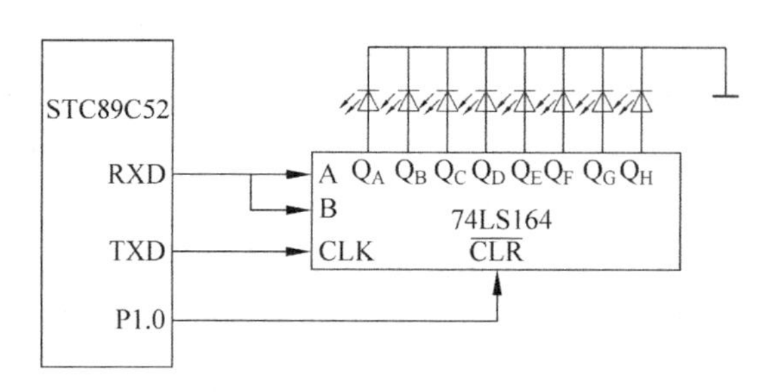

图 6-9 串行口方式 0 接口电路

分析 图中 74LS164 的 CLK 端为同步脉冲输入端，$\overline{CLR}$为控制端，当$\overline{CLR}=0$时，允许串行数据从 A 和 B 端输入但是 8 位并行输出端关闭；当$\overline{CLR}=1$时，A 和 B 输入端关闭，但是允许 74LS164 中的 8 位数据并行输出。当 8 位串行数据发送完毕后，引起中断，在中断服务程序中，单片机通过串行口输出下一个 8 位数据。

C51 参考程序如下。

```
#include <reg52.h>
 #include <stdio.h>
 sbit P1_0 = 0x90;
 xdata char nSendByte;
 delay( );
 main( )
 { SCON = 0x00;                    /* 设置串行口为方式 0 */
   EA = 1;                         /* 全局中断允许 */
   ES = 1;                         /* 允许串行口中断 */
   nIndex = 1;
   SBUF = nSendByte;
   P1_0 = 0;
   for(; ; )
     { }
 }
void  Serial_Port( ) interrupt 4  using 0
{    if(TI == 1)
     {    P1_0 = 1;
          delay( );
          P1_0 = 0;
          nSendByte <<= 1;
          if(nSendByte == 0) nSendByte  = 1;
          SBUF = nSendByte;
     }
          TI = 0;
          RI = 0;
     }
delay( )
{    int nCounter;
     for(nCounter = 0; nCounter < 128; nCounter++);
}
```

例 6-4 图 6-10 为串口外接一片 8 位并行输入、串行输出的同步移位寄存器 74LS165，扩展一个 8 位并行输入口的电路，可将接在 74LS165 的 8 个开关的状态通过串口方式 0 读入到单片机内。74LS165 的 SH/$\overline{LD}$端为控制端。若 SH/$\overline{LD}$=0，则 74LS165 可并行输入数据，且串行输出端关闭；SH/$\overline{LD}$=1，则并行输入关闭，可以串行输出。

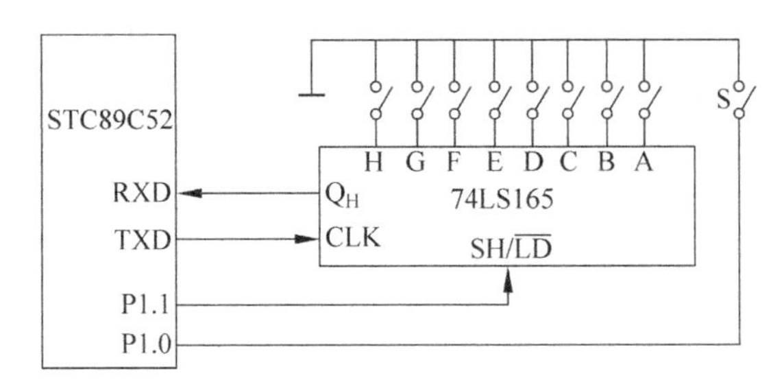

图 6-10　外接并行输入、串行输出的同步移位寄存器

分析　图中由 P1.0 检测的开关 S 合上时开始数字量并行读入，采用中断方式来完成数字量的读取。

C51 参考程序如下。

```
#include <reg52.h>
#include <stdio.h>
sbit P1_0 = 0x90;
sbit P1_1 = 0x91;
xdata char nRxByte;
delay( );
main( )
{ xdata char nRxByte = 0;
SCON = 0x00;                    /* 串行口初始化为方式 0 */
ES = 1;                         /* 允许串行口中断 */
EA = 1;                         /* 允许全局中断 */
for(; ; )
{ if(P1_0 == 0)                 /* P1.0 = 0 为真,表示要并行读入数字量 */
{ P1_1 = 0;                     /* P1.1 清 0,将数字量并行读入 */
P1_1 = 1;                       /* P1.1 置 1,将并行读入数字量串行输出给单片机 */
    }
    }
    }
void Serial_Port() interrupt 4 using 0
    {if(RI == 1)
    {nRxByte = SBUF;            /* 读入 SBUF 中的数据 */
    }
    TI = 0;                     /* 清除 TI 和 RI 标志位 */
    RI = 0;
    }
```

程序说明：当 P1.0 为 0 表示要并行读入数字量，通过 P1.1 把 SH/$\overline{LD}$复位，则并行读入，再把 SH/$\overline{LD}$置 1，74LS165 就将并行读入的数字量通过 QH 端串行发给单片机，在中断服务程序中读入 SBUF 中的数据。

6.5.2 串行口作双机通信接口的应用

例 6-5 如图 6-11 所示，甲、乙双机串行通信，双机的 RXD 和 TXD 相互交叉相连，甲机的 P1 口接 8 个开关，乙机的 P1 口接 8 个发光二极管。甲机设置为只发不收的单工方式。要求甲机读入 P1 口的 8 个开关的状态后，通过串行口发送到乙机，乙机将接收到的甲机的 8 个开关的状态数据送入 P1 口。

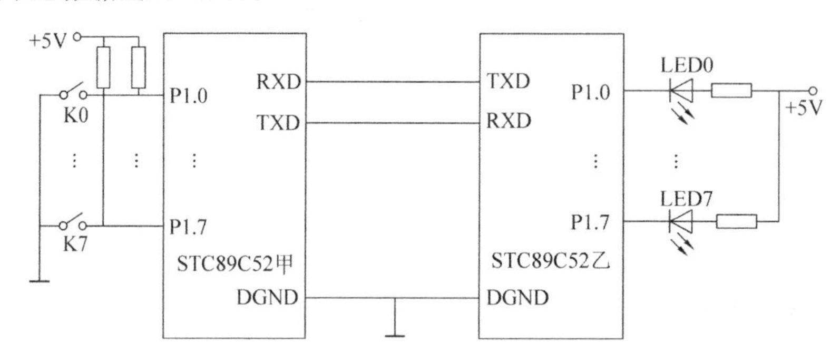

图 6-11 单片机方式 1 双机通信的连接

分析 由 P1 口的 8 个发光二极管来显示 8 个开关的状态。双方晶振均采用 11.0592MHz。C51 参考程序如下。

```
/*甲机串行发送*/
#include<reg52.h>
#define uchar unsigned char
#define uint unsigned int
void main()
{uchar temp=0;
TMOD=0x20;                          /*设置定时器 T1 为方式 2*/
TH1=0xfd;                           /*波特率 9600bps*/
TL1=0xfd;
SCON=0x40;                          /*方式 1 只发送,不接收*/
PCON=0x00;                          /*串行口初始化为方式 0*/
TR1=1;                              /*启动 T1*/
P1=0xff;                            /* P1 口为输入*/
while(1)
    {temp=P1;                       /*读入 P1 口开关的状态数据*/
    SBUF=temp;                      /*数据送串行口发送*/
    while(TI==0);                   /*如果 TI=0,未发送完,循环等待*/
    TI=0;                           /*已发送完,再把 TI 清 0*/
}
        }
    /*乙机串行接收*/
    #include<reg52.h>
    #define uchar unsigned char
    #define uint unsigned int
    void main( )
```

```
{   uchar temp = 0;
    TMOD = 0x20;              /* 设置定时器 T1 为方式 2 */
    TH1 = 0xfd;               /* 波特率 9600bps */
    TL1 = 0xfd;
SCON = 0x50;                  /* 设置串口为方式 1 接收,REN = 1 */
PCON = 0x00;                  /* SMOD = 0 */
TR1 = 1;                      /* 启动 T1 */
while(1)
{while(RI == 0);              /* 若 RI 为 0,未接收到数据 */
RI = 0;                       /* 接收到数据,则把 RI 清 0 */
temp = SBUF;                  /* 读取数据存入 temp 中 */
P1 = temp;                    /* 接收的数据送 P1 口控制 8 个 LED 的亮与灭 */
}
}
```

例 6-6 实现有握手信号和校验的双机通信。在实际嵌入式系统控制中,虽然在距离很近时可以采用 TTL 电平的点对点通信,但为了通信的可靠性,一般在通信前通过握手信号建立链路,在通信中采用各种校验来保证信息传输正确。在本例中,波特率选 1200bps。并假定甲机为主机,乙机是从机。

分析 通信开始甲机先发一个查询信号 0xaa,乙机收到后应答 0xbb,甲机收到 0xbb 后,说明链路已建立,开始发送数据。假定发 10 个数据,在发送过程中,甲机对发送数据求和,在 10 个数据发送完毕,将数据和作为第十一个数据发给乙方。然后接收乙方是否数据传输正确的代码,如果代码是 0x00,说明数据传输正确,结束通信。如果是 0xff,说明数据传输不正确,甲方要重新发送。

乙方上电初始化后,接收允许,收到查询信号 0xaa 并回答 0xbb 后开始接收数据并对数据求和,接收结束,把此和与甲方发来的累加结果对比,如果相同说明数据传输正确,给对方发送 0x00,结束通信。如果结果不正确则给甲方发送 0xff,要求甲方重新发送。

C51 参考程序如下。

```
/* 甲机发送 */
#include <reg52.h>
unsigned char buf[10];
unsigned char pf;
void main(void)
{
unsigned char i;
TMOD = 0x20;                  //定时器/计数器波特率选 1200bps 工作方式 2
TL1 = 0xe8;                   //波特率选 1200bps,T1 初值
TH1 = 0xe8;
PCON = 0x00;
TR1 = 1;                      //启动 T1
SCON = 0x50;                  //串口工作方式 1,接收允许
do{
SBUF = 0xaa;                  //甲机给乙机发握手信号
while(TI == 0);               //等乙机取走
TI = 0;                       //手工清 TI,准备下次发送
While(RI == 0)                //等对方应答
```

```
    RI = 0;                         //收到对方应答,手工清 RI,准备下次接收
    }
  while((SBUF ^ 0xbb)!= 0);         //应答信号是否 0xbb,是,链路建立,传数据
  do{
  pf = 0;                           //累加器清 0
  for(i = 0;i < 10;i++)             // 循环十次,每次发一个字节
  {
    SBUF = buf[i];                  //发一个字节
    pf += buf[i];                   //累加器求和
    while(TI == 0);                 //等乙机取走
    TI = 0;                         //乙机取走,手工清 TI,准备下次发送
  }
    SBUF = pf;                      //最后发累加器和
    while(TI == 0);                 //等乙机取走
    TI = 0;                         //手工清 TI,准备下次发送
    while(RI == 0);                 //等对方信息
    RI = 0;                         //手工清 RI,准备下次接收
  }
  while(SBUF!= 0);                  //对方回答 0x00,发送正确,结束发送.如回答非 0x00,回到前面
  }                                 // do while()循环开始,重新发送

  /* 乙机接收 */
  #include < reg52.h >
  unsigned char buf[10];
  unsigned char pf;
  void main(void)
  {
    unsigned char i;
    TMOD = 0x20;
    TL1 = oxe8;
    TH1 = oxe8;
    PCON = 0x00;
    TR1 = 1;
    SCON = 0x50;                    // 串口工作方式 1,接收允许
    do{
      while(RI == 0);               // 接收握手信号,不是 0xaa
      RI = 0;
    }
  While(SBUF ^ 0xaa!= 0);
  SBUF = 0xbb;                      //收到甲方握手信号 0xaa,给甲方应答 0xbb
  while(TI == 0);
  TI = 0;
  while(1)
  {
     pf = 0;
  for(i = 0;i < 10;i++)
  {
     while(RI == 0);
        RI = 0;
        buf[i] = SBUF;
        pf += buf[i];
```

```
    }
    while(RI == 0);
    RI = 0;
    if((SBUF ^pf) == 0)           //校验,正确给甲方发 0x00
    {
      SBUF = 0x00;break;
    }
    else
    {                             //不正确给甲方发 0xff
        SBUF = 0xff;
        while(TI == 0);
        TI = 0;
    }
  }
}
```

除波特率的差别外,方式 2 的使用和方式 3 是一样的,所以下面介绍的方式 3 应用编程也适用于方式 2。

例 6-7　甲乙两个单片机进行方式 3(或方式 2)串行通信。甲机将 8 个流水灯控制数据发送给乙机,乙机再利用该数据点亮其 P1 口的 8 个 LED。方式 3 比方式 1 多了一个可编程位 TB8,该位一般作奇偶校验位。乙机接收到的 8 位二进制数据有可能出错,须进行奇偶校验,其方法是将乙机的 RB8 和 PSW 的奇偶校验位 P 进行比较,如相同,接收数据,否则拒绝接收。

C51 参考程序如下。

```
/*甲机发送程序如下*/
#include <reg52.h>
sbit p = PSW^0;                   /* p位定义为 PSW 寄存器的第 0 位,即奇偶校验位*/
unsigned char code Tab[ ] = {0xfe , 0xfd , 0xfb , 0xf7 , 0xef , 0xdf , 0xbf , 0x7f };
                                  /*控制流水灯显示数据,数组被定义为全局变量*/
void Send(unsigned char dat )     /* 发送一个字节数据的函数*/
    {dat = ACC;
    TB8 = p;                      /* 将奇偶校验位写入 TB8 */
    SBUF = dat;                   /* 将待发送的数据写入发送缓冲器*/
    while(TI == 0);               /* 检测发送标志位 TI, TI = 0,未发送完*/
                                  /* 空操作*/
    TI = 0;                       /* 一个字节发送完,TI 清 0 */
    }
void Delay (void)                 /* 延时大约 200ms 函数*/
    {   unsigned char m,n;
        for(m = 0;m < 250;m++);
        for(n = 0;n < 250;n++);
    }
    void main(void)               /* 主函数*/
    {   unsigned char i;
        TMOD = 0x20;              /*设置定时器 T1 为方式 2 */
        SCON = 0xc0;              /*设置串口为方式 3 */
        PCON = 0x00;              /* SMOD = 0 */
        TH1 = 0xfd;               /*给定时器 T1 赋初值,波特率设置为 9600bps */
```

```
        TL1 = 0xfd;
        TR1 = 1;                    /* 启动定时器 T1 */
    while(1)
    {for(i = 0;i<8;i++);
    {Send(Tab[i] );
    Delay( );                       /* 大约 200ms 发送一次数据 */
}
}
}
/* 乙机接收程序如下 */
#include <reg52.h>
sbit p = 0xd0;                      /* p 位为 PSW 寄存器的第 0 位,即奇偶校验位 */
unsigned char Receive(void)         /* 接收一个字节数据的函数 */
  {unsigned char dat;
  while(RI == 0);                   /* 检测接收中断标志 RI,RI = 0,未接收完,则循环等待 */
  RI = 0;                           /* 已接收一帧数据,将 RI 清 0 */
  ACC = SBUF;                       /* 将接收缓冲器的数据存于 ACC */
  if(RB8 == P)                      /* 只有奇偶校验成功才接收数据 */
  {dat = ACC;                       /* 将接收缓冲器的数据,存于 dat */
   return dat;                      /* 将接收的数据返回 */

  }
}
void main(void)                     /* 主函数 */
    {   TMOD = 0x20;                /* 设置定时器 T1 为方式 2 */
        SCON = 0xd0;                /* 设置串口为方式 3,允许接收 REN = 1 */
        PCON = 0x00;                /*  SMOD = 0 */
        TH1 = 0xfd;                 /* 给定时器 T1 赋初值,波特率为 9600bps  */
        TL1 = 0xfd;
        TR1 = 1;                    /* 接通定时器 T1 */
    REN = 1;                        /* 允许接收 */
    while(1)
        {P1 =  Receive( );          /* 将接收到的数据送 P1 口显示 */
    }
}
```

6.5.3 串行口多机通信接口

多个 STC89C52 单片机可利用串行口进行多机通信,常采用如图 6-12 所示的主从式结构。所谓主从式是指多机系统中,只有一个主机,其余全是从机。主机发送的信息可以被所有从机接收,任何一个从机发送的信息,只能由主机接收。从机与从机之间不能进行直接通信,只能经主机才能实现。

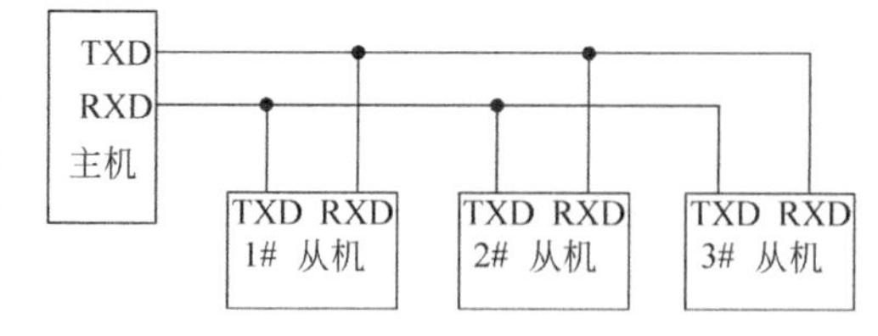

图 6-12 多机通信系统示意图

图 6-12 中主机可以是单片机或其他有串行接口的微机。主机的 RXD 与所有从机的

TXD 端相连，TXD 与所有从机的 RXD 端相连。从机地址分别为 01H、02H 和 03H。在多机通信系统中，每个从机都被赋予唯一的地址。一般还要预留 1～2 个“广播地址”，它是所有从机共有的地址。例如可将“广播地址”设为 00H。

要保证主机与所选择的从机通信，须保证串口有识别功能。SCON 中的 SM2 位就是为满足这一条件设置的多机通信控制位。其工作原理是在串行口以方式 2(或方式 3)接收时，若 SM2＝1，则表示进行多机通信，可能以下两种情况。

(1) 从机接收到的主机发来的第 9 位数据 RB8＝1 时，前 8 位数据才装入 SBUF，并置中断标志 RI＝1。向 CPU 发出中断请求。在中断服务程序中，从机把接收到的 SBUF 中的数据存入数据缓冲区中。

(2) 如果从机接收到的第 9 位数据 RB8＝0 时，则不产生中断标志 RI＝1，不引起中断，从机不接收主机发来的数据。

若 SM2＝0，则接收的第 9 位数据不论是 0 还是 1，从机都将产生 RI＝1 中断标志，接收到的数据装入 SBUF 中。

应用这一特性，可实现 STC89C52 单片机的多机通信。具体的工作过程如下。

(1) 各从机初始化程序允许从机的串行口中断，将串行口编程为方式 2 或方式 3 接收，即 9 位异步通信方式，且 SM2 和 REN 位置 1，使从机处于多机通信且只接收地址帧的状态。

(2) 在主机和某个从机通信之前，先将从机地址(即准备接收数据的从机)发送给各个从机，接着才传送数据(或命令)，主机发出的地址帧信息的第 9 位为 1，数据(或命令)帧的第 9 位为 0。当主机向各从机发送地址帧时，各从机的串行口接收到的第 9 位信息 RB8 为 1，且由于各从机的 SM2＝1，则 RI 置 1，各从机响应中断，在中断服务子程序中，判断主机送来的地址是否和本机地址相符合，若为本机地址，则该从机 SM2 位清零，准备接收主机的数据或命令；若地址不相符，则保持 SM2＝1。

(3) 接下来主机发送数据(或命令)帧，数据帧的第 9 位为 0。此时各从机接收到的 RB8＝0。只有与前面地址相符合的从机(即 SM2 位已清零的从机)才能激活中断标志位 RI，从而进入中断服务程序，接收主机发来的数据(或命令)；与主机发来的地址不相符的从机，由于 SM2 保持为 1，又 RB8＝0，因此不能激活中断标志 RI，就不能接收主机发来的数据帧。从而保证主机与从机间通信的正确性。此时主机与建立联系的从机已经设置为单机通信模式，即在整个通信中，通信的双方都要保持发送数据的第 9 位(即 TB8 位)为 0，防止其他的从机误接收数据。

(4) 结束数据通信并为下一次的多机通信做好准备。当主机与从机的数据通信结束后，一定要将从机再设置为多机通信模式，以便进行下一次的多机通信。这时要求与主机正在进行数据传输的从机必须随时监测接收的数据第 9 位(即 TB8 位)，如果其值为 1，说明主机传送的不再是数据，而是地址，这个地址就有可能是“广播地址”。当收到“广播地址”后，便将从机的通信模式再设置成多机模式，为下一次的多机通信做好准备。

例 6-8　设有一台主机，两台从机，主机呼叫从机，若联系成功则主机向从机发送指令，从机利用 P1 口所接发光二极管显示从机机号。主频 6MHz，波特率为 2400bps。主、从机均采用查询工作方式。

C51 参考程序如下。

```
#include "reg52.h"
void Device(unsigned char kc)
{
  unsigned int ret = 0;
   if(kc == 1)SBUF = 1;           //判断从机号
   else SBUF = 2;
start:
   while(TI == 0)
  {
    ret++;                        //延时程序
    if(ret == 60000)break;
  }
  if(ret == 60000)return;
  else ret = 0;
  while(RI == 0)
  {
    ret++;                        //延时程序
    if(ret == 60000)break;
  }
  if(ret == 60000)return;
  else ret = 0;
  if(SBUF!= kc)
  {
    SBUF = 0xff;
    goto : start;
  }
  TI = 0;
   if(kc == 1)
   SBUF = 1;
   else SBUF = 2;
  TB8 = 1;
  while(TI == 0);
}
main()
{
  TMOD = 0x20;                    //波特率设置
  TL1 = 0xFA;
  TH1 = 0xFA;
  TR1 = 1;
  SCON = 0xD8;                    //主机工作于方式 3,REN = 1,TB8 = 1
  PCON = 0x00;                    //SMOD 为 0
  TI = 0;                         //清发送标志
  EA = 0;                         //关中断
  while(1)
  {
    Device(1);                    //呼叫 1 号从机
    Device(2);                    //呼叫 2 号从机
```

```
  }
}

//1#机工作程序
#include "reg52.h"
#define Number 1
main()
{
  TMOD = 0x20;                    //波特率设置
  TL1 = 0xFA;
  TH1 = 0xFA;
  TR1 = 1;
  SCON = 0xD8;                    //主机工作于方式 3,REN = 1,TB8 = 1
  PCON = 0x00;                    //SMOD 为 0
  TI = 0;                         //清发送标志
  EA = 0;                         //关中断
start:
  RI = 0;
  while(RI == 0);
  if(SBUF == Number)
  {
    SM2 = 1;
    P1 = SBUF;                    //点亮二极管
    SBUF = Number;
    while(TI == 0);               //返回地址
    goto:start;
  }
  else
  {
   SM2 = 0;
   goto:start;
  }
}
//2#机工作程序
#include "reg52.h"
#define Number 2
main()
{
  TMOD = 0x20;                    //波特率设置
  TL1 = 0xFA;
  TH1 = 0xFA;
  TR1 = 1;
  SCON = 0xD8;                    //主机工作于方式 3,REN = 1,TB8 = 1
  PCON = 0x00;                    //SMOD 为 0
  TI = 0;                         //清发送标志
  EA = 0;                         //关中断
start:
  RI = 0;
  while(RI == 0);
  if(SBUF == Number)
  {
```

```
        SM2 = 1;
        P1 = SBUF;                    //点亮二极管
        SBUF = Number;
        while(TI == 0);               //返回地址
        goto:start;
    }
    else
    {
     SM2 = 0;
     goto:start;
    }
}
```

6.6 PC 与多个单片机间通信

应用 IBM-PC 系列微机和多个单片机构成小型分布系统在一定范围内是最经济可行的方案，已被广泛采用。这种分布系统在许多实时工业控制和数据采集系统中，充分发挥了单片机功能强、抗干扰性能好、温限宽、面向控制等优点，同时又可以利用 PC 弥补单片机在数据处理及交互性等方面的不足。在应用系统中，一般是以 IBM-PC 系列微机作为主机，定时扫描以单片机为核心的智能化控制器(即从机作为前沿机)以便采集数据或发送控制信息。在这样的系统中，智能化控制器既能独立完成数据处理和控制任务，又可以将数据传送给 PC。PC 则将这些数据形象地显示在 CRT 上或通过打印机打印成各种报表，并将控制命令传送给各个前沿单片机，以实现集中管理和最优控制。下面将讨论 PC 与多个单片机之间的通信问题。

6.6.1 采用 RS-232C 标准总线通信

1. 采用 MAX232 芯片的 RS-232C 接口的通信电路

PC 与多个单片机通信接口电路如图 6-13 所示。整个通信系统的硬件结构设计为主从式串行总线型。PC 串口给出的是标准的 RS-232C 电平，而单片机则为 TTL/CMOS 电平。采用单一电源的 MAX232 芯片就可实现电平的转换和驱动。

2. 多个单片机与 PC 通信协议的约定

PC 和 STC89C52 单片机双向传送数据代码和功能代码。数据代码是通信过程必须传送的目的代码；功能代码是应答信号(如 PC 要向单片机发数据，PC 允许单片机发数据，有误码重发等)以及表征数据特征和数量的代码。

通信程序除具备前述的通信协议约定以外，还必须具有以下功能。

(1) 帧格式

PC 必须能够向单片机发送被寻呼的单片机站号(地址)、命令、字段、数据首地址长度、

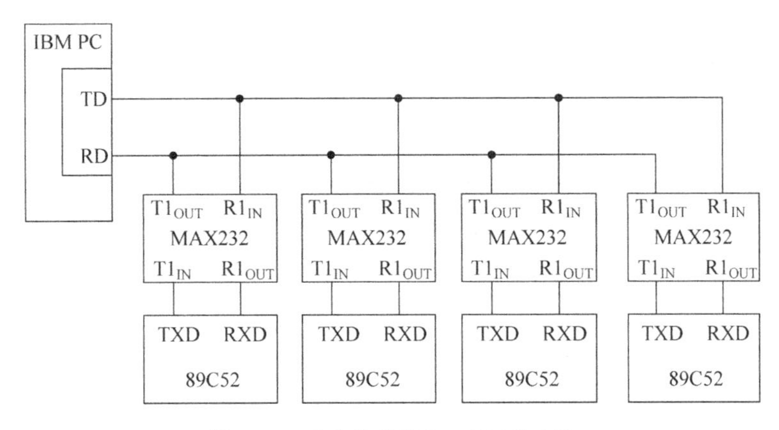

图 6-13　多个单片机与 PC 通信电路

数据块及各种校验值。单片机必须能够向 PC 发进自身站号(地址)、数据长度、数据块及校验值。

(2) 差错检测

通信线的传输差错是不可避免的,通信系统必须具有识别这种差错的能力。例如,可以采用数据位累加法,即统计信息位中 1 的个数来进行差错检测,也可采用累加和校验法。

(3) 差错处理

每发送一数据块,仅当数据块接收正确时,才会发送一个响应帧;否则,回送出错信息,要求重发该数据块,直至被正确接收为止。为了防止系统出错引起死循环,最多只允许重发三次,否则转出错处理程序,显示系统出错。

我们把通信协议分为三段,即主机与从机的连接阶段、握手阶段,发送(接收)阶段以及结束阶段。连接阶段主要是完成通信联络任务,主机发送从机的地址信号,从机接收到后如果与本机地址相符,回送应答信号,置 SM2=0;否则不予理睬(SM2 仍为 1),实现主机与从机间的点对点通信。然后便可以开始发送或接收数据。在发送或接收数据过程中,选择校验方法,对数据的传输进行校验。结束阶段则是当通信系统出错或误码次数越限时宣告通信失败而结束通信。

PC 的通信软件必须包括如下内容。

① 根据用户的要求和通信协议规定,对 8250 初始化,即设置波特率(1200bps)、数据位数(8 位)、奇偶类型和停止位位数(1 位)。需要指出的是,这里的奇偶校验位用作发送地址码或数据的特征值,而数据通信的校核采用累加和校验方法。

② 确定数据传送方式。采用查询方式发送和接收。在发送地址或数据时,首先由输入指令检查发送保持寄存器是否为空,若空,则由输出指令将一个数据输出给 8250,8250 会自动依据初始化设置的要求把二进制数串行发送到串行通信线上。

在接收数据时,8250 把串行数据转换成并行数据发送到接收器的数据寄存器中,并把"接收数据准备好"信号放入状态寄存器中。计算机读到这个信号后,就可以用输入指令从接收器的数据寄存器中读入一个数据了。

③ 确定 PC 为主机,所有单片机为从机。从机的地址码为 0F1H～0F4H。

下面给出查询方式的 PC 通信主程序框图,如图 6-14 所示。

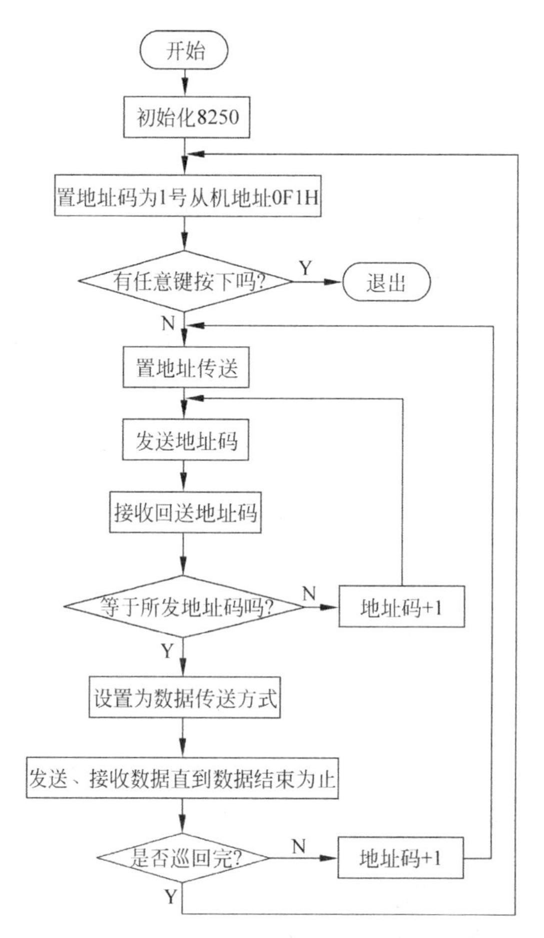

图 6-14　多个单片机与 PC 通信主程序框图

PC 开始设置为地址传送方式。从 0F1H 地址码开始发送，然后接收地址回送码，如回送地址等于发送地址码，则说明与 1 号从机握手成功。继而可以设置为数据传送方式，开始与 1 号从机交换数据。传送数据结束后，又开始与 2 号从机(地址码 0F2H)联络。如 PC 发送从机地址后，接收回送地址码与发送地址码不等，则与此地址码的从机握手失败。继续与其他从机联络，依此类推。

④ 为了避免出现死循环，设置了按 PC 任意键退出的功能。

3. 单片机的通信软件

单片机的波特率要与 PC 一致。定时器 T1 作为波特率发生器，设置为工作模式 2。串口设置为工作方式 3，数据的传送格式为 11 位，即 1 位起始位、8 位数据位、1 位停止位和作为数据/地址控制位的第 9 位。采用查询方式发送和接收数据。单片机在通信开始阶段，首先设置为传送地址方式，等待接收地址，只有当接收到本机的地址码时，才回送本机地址给 PC，以作为应答信号。

然后设置为传送数据方式，以便开始传送数据。其通信数据的约定要与 PC 一致，即以什么样的数据为结束标志，多少位数据为一个数据块或多少位数据进行一次累加和校验。

校验回送码为 00H 时表示发送正确,0FFH 为错误,需要重发。重发的次数也要与 PC 取得一致,不超过三次。

下面给出单片机查询方式通信的主程序。其程序框图如图 6-15 所示。4 台从机的通信程序基本相同,不同之处只是地址码不同。

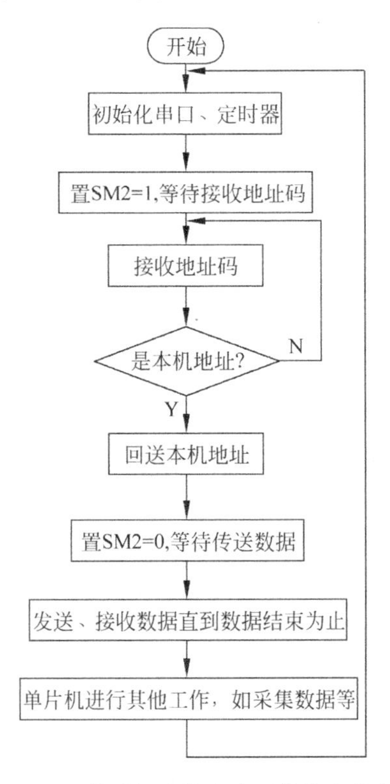

图 6-15 单片机查询方式通信的主程序

6.6.2 采用 RS-422A 标准总线通信

RS-422A 标准是美国电气工业协会(EIA)公布的"平衡电压数字接口电路的电气特性"标准,是为改善 RS-232C 标准的电气特性,又考虑与 RS-232C 兼容而制定的。RS-422A 比 RS-232C 传输信号距离长、速度快,传输率最大为 10Mbps,在此速率下,电缆允许长度为 120m; 如采用较低传输速率,如在 90 000bps 时,最大距离可达 1200m。RS-422A 每个通道要用二相信号线,如果其中一根是逻辑 1 状态,另一根就为逻辑 0 状态。RS-422A 电路由发送器、平衡连接电缆、电缆终端负载、接收器几部分组成。规定电路中只允许有一个发送器,可有多个接收器。因此,通常采用点对点通信方式。该标准允许驱动器输出为±(2～6V),接收器可以检测到的输入信号电平可低到 200mV。

目前,RS-422 与 TTL 的电平转换最常用的芯片是传输线驱动器 SN75174 或 MC3487 和传输线接收器 SN75175 或 MC3486,其内部结构及引脚如图 6-16 所示。

SN75174 是具有三态输出的单片 4 差分线驱动器,其设计符合 EIA 标准 RS-422A 规范,适用于噪声环境中长总线线路的多点传输,采用+5V 电源供电,功能上可与 MC3487 互换。

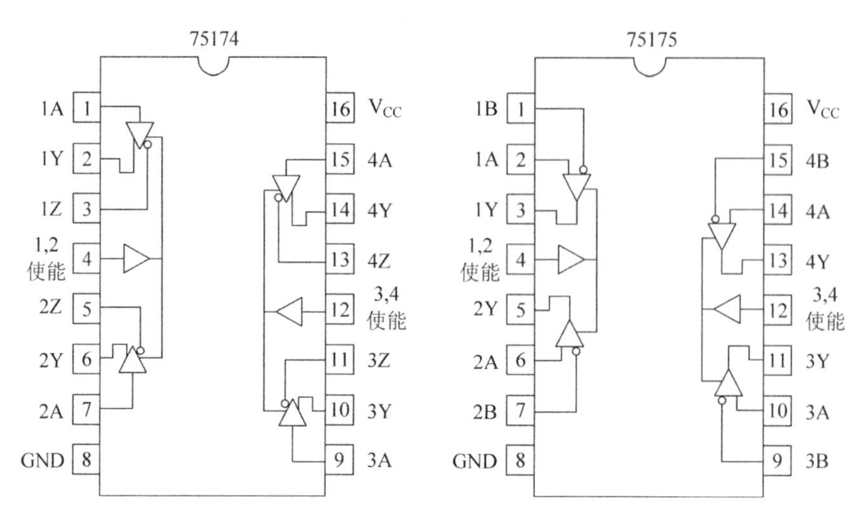

图 6-16　RS-422 电平转换芯片 SN75174 和 SN75175

SN75175 是具有三态输出的单片 4 差分接收器，其设计符合 EIA 标准 RS-422A 规范，适用于噪声环境中长总线线路上的多点总线传输，该片采用+5V 电源供电，功能上可与 MC3486 互换。

这里主要讨论采用 RS-422A 标准总线实现上位机与多台前沿下位控制机之间的远距离通信。分布式通信系统网络采用了主从式串行总线结构，如图 6-17 所示。所有下位控制机全部挂在上位 PC 的串行通信 RS-422A 标准总线上，下位控制机之间不进行通信，只在上位机和下位机之间进行主从方式通信。

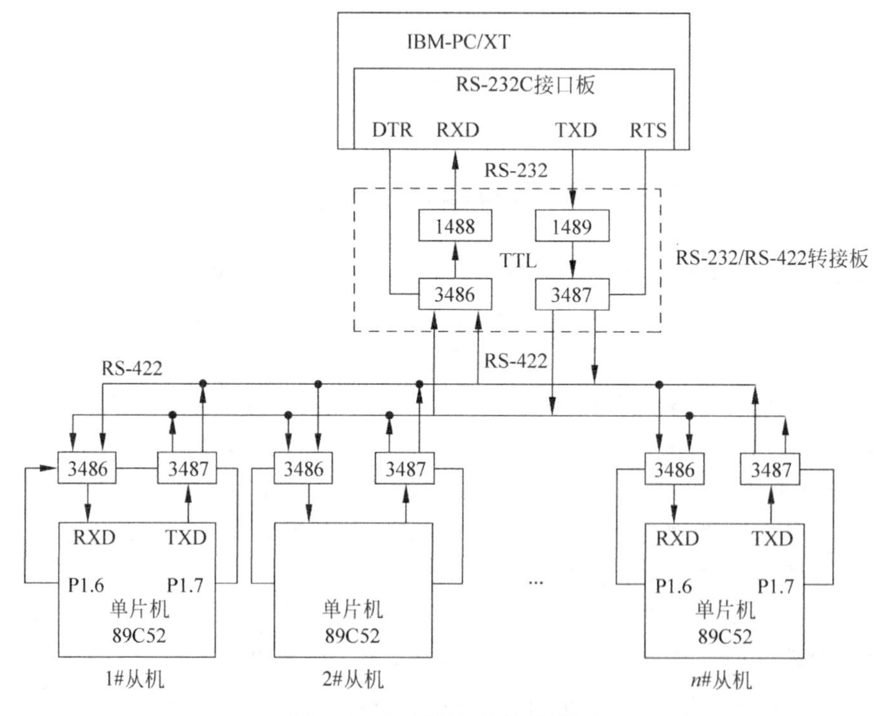

图 6-17　控制网络系统结构图

PC 中一般都有一块 RS-232 串行通信板，该板完成串行数据转换和串行数据接收、发送的任务，采用 RS-232C 通信标准。这块板使用简单，不加调制解调器时，只用三条线即可完成通信功能。其不足之处是带负载能力差、通信范围小——不超过十几米，很难满足一般集散控制系统的需要。

为了充分利用这块现有的串行接口板，并且进一步扩大通信范围，可制作一块 RS-232/RS-422 通信转接板，接在 PC RS-232 串行总线和通信线路之间，这样就把通信标准从 RS-232C 标准变成了 RS-422A 标准。RS-232/RS-422 通信转接板电路如图 6-17 中虚线框内部分所示。

转接板中的 MC1488 和 MC1489 是实现 RS-232 标准通信的一对芯片。前者发送，完成 TTL 电平到 RS-232 标准电平的转换；后者接收，完成从 RS-232 标准电平到 TTL 电平的转换。MC3487 和 MC3486 是实现 RS-422 标准通信的一对芯片。前者发送，把 TTL 电平变成 RS-422 标准电平；后者接收，将 RS-422 标准电平变成 TTL 电平。

通信标准改变以后，采用了平衡传输方式，带负载能力和抗干扰能力大大提高，通信距离可以达到 1200m 以上，完全可以满足一般集散控制系统多机通信的要求。通信软件与前例大同小异。

一个实际的 PC RS-232/RS-422 接口转接板电路如图 6-18 所示。

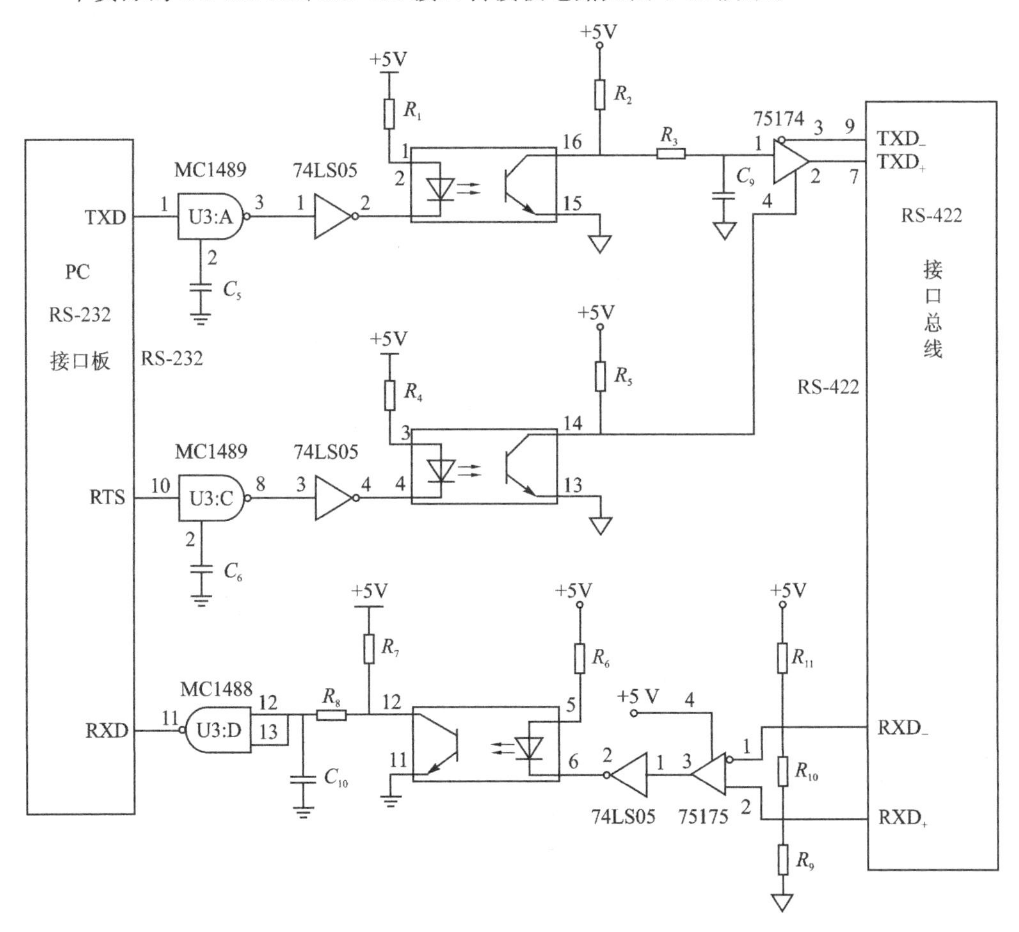

图 6-18　PC RS-232/RS-422 接口转接板电路

当 PC 发送数据时，首先由 RS-232 口的请求发送信号 RTS 的 1 电平经 MC1489→74LS05→光电隔离器到达 75174 的三态控制端，打开 75174 的三态门；发送的数据由 TXD 经 MC1489→74LS05→光电隔离器到 75174 的输入端，经 75174 输出转换成双端输出的 RS-422 标准电平信号，从而完成 RS-232 到 RS-422 的转换。

当 PC 接收数据时，75175 的三态控制端接高电平，三态门是常开的，75175 双端输入（RXD_+ 和 RXD_-）的信号变成单端输出到达 74LS05→光电隔离器→MC1488 输入给 PC RS-232 口的 RXD 端，从而完成了 RS-422 标准的转换。

本章小结

本章介绍 STC89C52 单片机串行通信的基本概念、串行通信格式。介绍串行口的功能结构及 4 种工作方式。以实例介绍 STC89C52 单片机串行口进行双机通信、多机通信、PC 与多个单片机间通信的设计方法。本章应重点掌握串行口设置、波特率计算选择、串行通信编程应用。

思考题

1. 什么是并行通信和串行通信？它们各有什么特点？

2. 串行异步通信的数据帧的格式是怎样的？

3. 根据数据传输的方向，串行通信有哪几种方式？

4. 什么是波特率？通信双方对波特率有什么要求？

5. 已知串行异步通信中，每个字符发送时的数据帧格式是 1 个起始位，8 个数据位，1 个停止位，求每分钟传输 2400 个字符时的波特率。

6. 跟串行通信有关的寄存器有哪些？分别起什么作用？

7. STC89C52 单片机的串行口工作设置有哪几种方式？各有什么特点？单片机编程时如何对它们进行初始化？

8. 利用方式 0，画出芯片 74LS164 的扩展应用图，并将内部 40H 单元开始的 16 个单元数据依次通过串口送出去。

9. 利用方式 0，画出芯片 74LS165 的扩展应用图，并从 74LS165 中读取数据，存到内部 30H 单元。

10. 使用 STC89C52 的串行口按方式 1 工作进行串行数据通信，假定波特率为 2400bps，以中断方式传送数据，请编写全双工通信程序。

11. 使用 STC89C52 的串行口按方式 3 工作进行串行数据通信，假定波特率为 2400bps，第 9 位数据作为奇偶校验位，以中断方式传送数据，请编写通信程序。

第7章　STC89C52单片机系统扩展

本章学习要点：

- 了解STC89C52单片机外部扩展和总线构成原理。
- 掌握采用线选法和译码法扩展的方法。
- 掌握扩展外部存储器和并行I/O接口的端口地址编址方法。
- 掌握单总线、I^2C总线、SPI总线的接口、操作时序和编程应用。

通常情况下，采用内部有程序存储器的单片机最小应用系统，最能发挥单片机体积小、成本低的优点。随着单片机内存容量的不断扩大，单片机“单片”应用的情况更加普遍。但在许多情况下，构成一个工业测控系统时，由于控制对象的多样性和复杂性以及片内存储器容量有时还不够大等原因，最小应用系统有时不能满足要求，因此，系统扩展是单片机应用系统硬件设计中常遇到的问题。本章将介绍存储器(ROM、RAM)、并行I/O接口以及串行总线的具体扩展方法。

7.1　系统扩展概述

系统扩展是指单片机内部各功能部件不能满足应用系统要求时，在片外连接相应的外围芯片，对单片机的功能进行扩展以满足应用要求。单片机的系统扩展主要有程序存储器扩展、数据存储器扩展、并行I/O口扩展、串行口扩展以及串行总线扩展等。

一般单片机均有很强的外部扩展功能，外围扩展电路芯片大多是一些常规芯片，扩展电路及扩展方法较典型、规范。用户很容易通过标准扩展电路来构成较大规模的应用系统。

7.1.1　单片机的外部扩展总线

STC89C52单片机内部有地址总线、数据总线和控制总线，内部部件的运行和操作要依靠这三总线。同样，当进行系统扩展时也需要这三总线把外部芯片与单片机连接为一体。一般的计算机外部三总线是相互独立的，但是STC89C52单片机由于受引脚的限制，其作为低8位地址线的P0口是地址/数据复用口。为了区别地址/数据信号，需要在P0口前加一个锁存器，从而形成一个与一般计算机类似的外部扩展三总线。其三总线扩展电路如图7-1。图中单片机芯片为STC89C52，地址锁存器采用74HC373。

由图可见P2口为地址线的高8位，P0口的低8位地址信号首先送到地址锁存器74HC373中，当ALE信号由高变低时此地址被锁存到373中，直到ALE信号再次变高，低8位地址才会发生变化。这样P2口与被锁存的P0口的低8位地址共同形成了16位的地址总线，寻址范围为64KB。作为高8位的P2口在应用中可根据实际寻址范围确定采用几

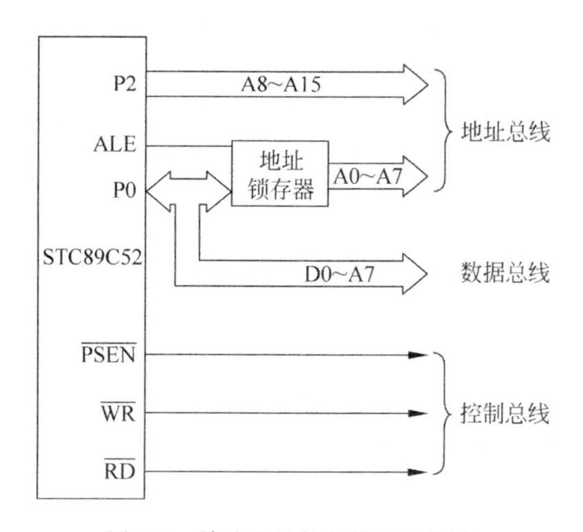

图 7-1 单片机的外部扩展三总线

根口线，并不一定把 8 位口全部接上。此外，由于一些外围接口芯片的地址也在这 64KB 范围之内，选择外围芯片地址时要注意不要与存储器地址发生冲突，还要注意保证存储器的地址要连续。

P0 口作为地址线使用时是单向的，P0 口作为数据线使用时是双向的。P0 口的数据/地址复用功能是通过软件、硬件配合共同实现的。P0 口多路转换电路 MUX 及地址/数据控制电路就是为此而设计的。因为 P0 口是分时提供低 8 位地址和数据信息的，在软件上通过采用访问片外存储器的指令就可以实现在送出低 8 位地址信号和锁存信号之后，接着送出数据信息。

单片机系统扩展所用到的控制线主要如下。

(1) ALE 作为低 8 位地址锁存的选通信号；

(2) $\overline{\text{PSEN}}$作为扩展程序存储器的读选通信号；

(3) $\overline{\text{RD}}$、$\overline{\text{WR}}$作为扩展数据存储器和外接 I/O 口芯片的读、写选通信号。

还有一点需要提醒读者注意，$\overline{\text{EA}}$信号是内部、外部程序存储器的选择信号，一旦存储器方案确定，$\overline{\text{EA}}$引脚上的电平就确定了。

STC89C52 的 PDIP40 HD 版本的 4 个并行 I/O 口，由于系统扩展的需要，能够真正作为数字 I/O 使用的就只剩下 P1 和 P3 的部分口线了。

7.1.2 系统扩展常用芯片

在此主要介绍几种在系统扩展中常用的通用芯片，如锁存器、译码器、缓冲/驱动器等。

1. 锁存器

锁存器在地址扩展中的作用就是锁存地址。地址锁存器可使用带三态缓冲输出的 8D 锁存器 74HC373、8282，也可以使用带清除端的 8D 锁存器 74HC273。因为这 3 种锁存器引脚互不兼容，使用不同的锁存器与单片机的连接方法不完全相同。下面介绍使用最多的 74HC373，常简称 74373 或 373。

在地址/数据线复用的单片机中，往往需要用锁存器锁存先出现的地址信号。743738D 锁存器是最常使用的地址锁存器。图 7-2 是 74373 芯片引脚图，图 7-3 所示为其常用连接方法，其工作方式见表 7-1。

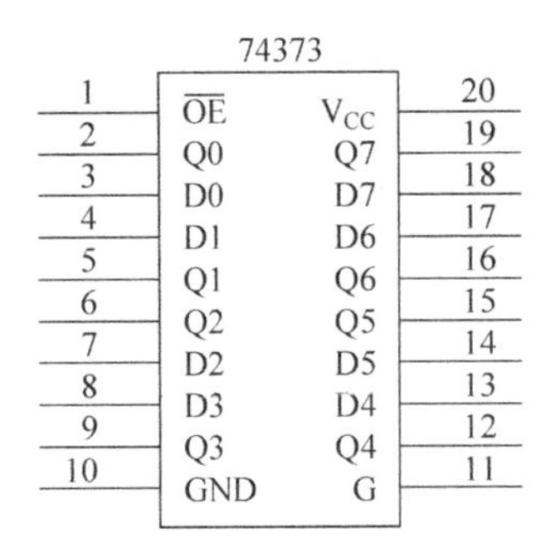

图 7-2　74373 芯片引脚图

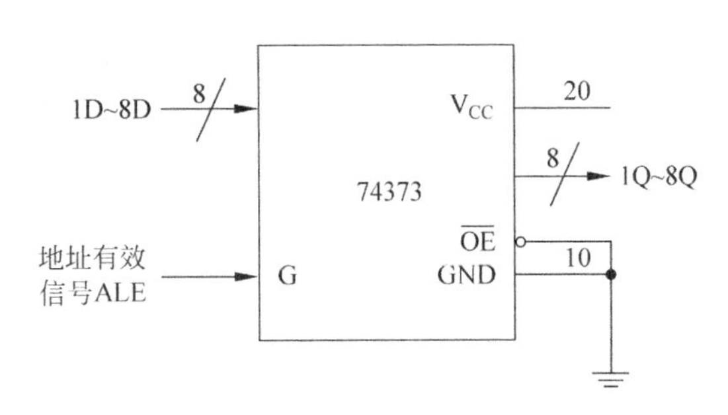

图 7-3　74373 常用连接方法

表 7-1　74373 工作方式

工 作 方 式	输入信号			内部寄存器	输出 Q
	$\overline{OE}$	G	D		
使能并读寄存器	L	H	L	L	L
	L	H	H	H	H
锁存并读寄存器	L	L	L/H	L	L
	L	L	L/H	H	H
锁存寄存器并禁止输出	H	L	L/H	L	低阻
	H	L	L/H	H	高阻

图 7-3 中$\overline{OE}$为使能控制端。当$\overline{OE}$为低电平时，8 路全导通；当$\overline{OE}$为 1 时，为高阻态。G 为锁存控制信号。

74373 有 3 种工作状态。

(1) 当$\overline{OE}$为低电平、G(有的手册称为 LE)为高电平时，输出端状态和输入端状态相同，即输出跟随输入。

(2) 当$\overline{OE}$为低电平、G 由高电平降为低电平(下降沿)时，输入端数据锁入内部寄存器中，内部寄存器的数据与输出端相同，当 G 保持为低电平时，即使输入端数据变化，也不会影响输出端状态，从而实现了锁存功能。

(3) 当$\overline{OE}$为高电平时，锁存器缓冲三态门封闭，即三态门输出为高阻态。74373 的输入端 1D～8D 与输出端 1Q～8Q 隔离，则不能输出。

当 74373 用作单片机低 8 位地址/数据线地址锁存器时，将$\overline{OE}$置成低电平，锁存允许信号 G 受控于单片机地址有效锁存信号 ALE。这样当外部地址锁存有效信号 ALE 使 G 变为高电平时，74373 内部寄存器便处于直通状态，当 G 下降为低电平时，立即将锁存器的输入 1D～8D，即总线上的低 8 位地址锁入内部寄存器中。

2. 74244 八同相三态数据缓冲/驱动器

单片机在进行系统扩展时，为了正确地进行数据的 I/O 传送，必须解决总线的隔离和驱动问题。通常总线上连接着多个数据源设备(向总线输入数据)和多个数据负载设备(向总线输出数据)。但是在任何时刻,只能进行一个源和一个负载之间的数据传送,此时要求所有其他设备在电性能上与总线隔离。使外设在需要的时候与总线接通,不需要的时候又能和总线隔离开,这就是总线隔离问题。此外,由于单片机功率有限,故每个 I/O 引脚的驱动能力亦有限。因此,为了驱动负载,往往采用缓冲/驱动器,74244 就具有数据缓冲隔离和驱动作用,其输入阻抗较高,输出阻抗低,通常用作单向三态缓冲输出。图 7-4 为其引脚图,图 7-5 为常用接法,其工作方式列于表 7-2。

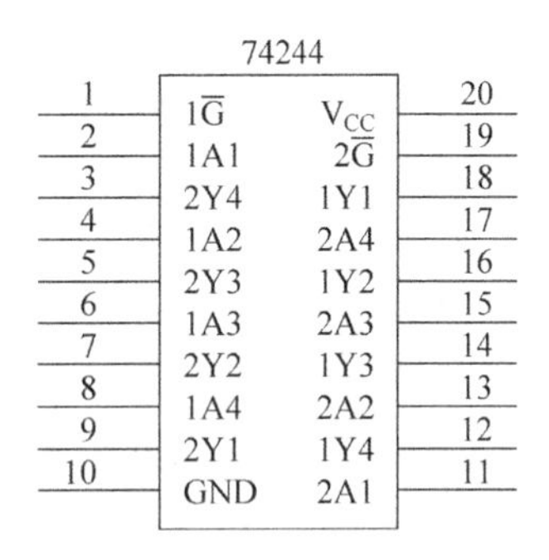

图 7-4 74244 引脚图

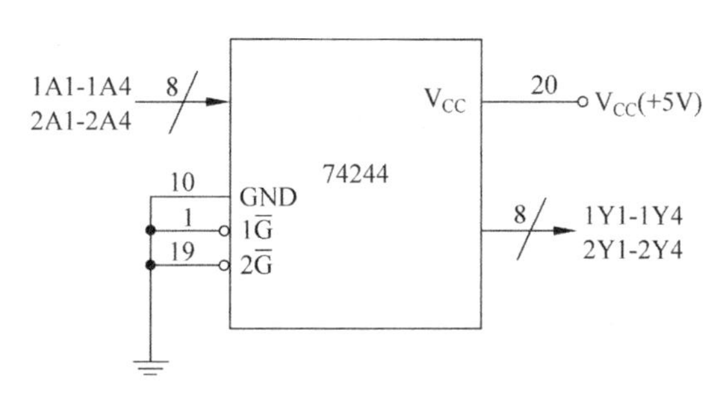

图 7-5 74244 常用接法

表 7-2 74244 的工作方式

输入			输出
$1\overline{G}$	$2\overline{G}$	A	Y
L	L	L	L
L	L	H	H
H	H	×	高阻

244 使用时可分为两组,每组 4 条输入线($A_1 \sim A_4$)、4 条输出线($Y_1 \sim Y_4$)。$1\overline{G}$ 和 $2\overline{G}$ 分别为每组的三态门使能端,低电平有效。一般应用是将 244 作为 8 线并行输入/输出接口器件,因此,将 $1\overline{G}$ 和 $2\overline{G}$ 连在一起并接低电平,此时 244 始终处于门通状态,如图 7-5 所示。

如果 244 在系统中并不始终处于门通状态,而是在需要读或写数据时才打开缓冲门,则须采用地址编码线配合进行读或写操作,其原理如图 7-6 所示,图中$\overline{AD}$为 244 芯片在系统中的地址编码线。

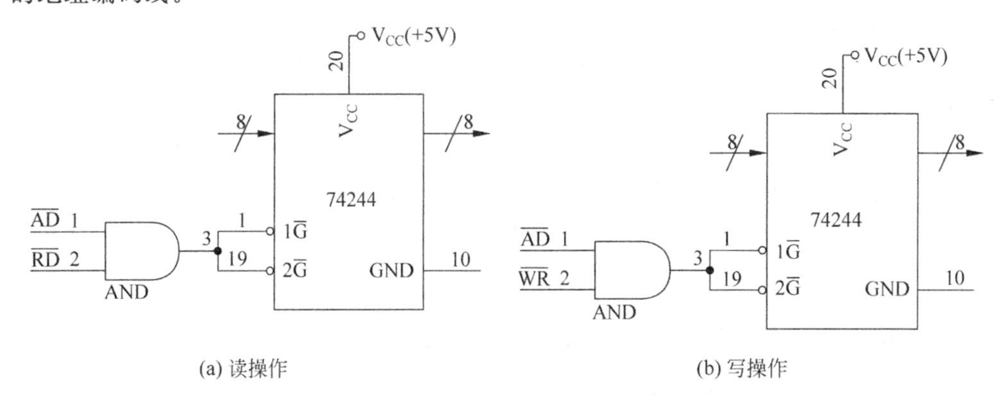

(a) 读操作　　(b) 写操作

图 7-6 74244 读、写操作原理图

$\overline{\text{AD}}$信号线低电平有效；$\overline{\text{RD}}$或$\overline{\text{WR}}$为系统 CPU 读或写控制信号。只有$\overline{\text{AD}}$和$\overline{\text{RD}}$或$\overline{\text{AD}}$和$\overline{\text{WR}}$同时为低电平，系统选择该芯片并且处在读或写周期时，数据才能通过 244 输入和输出。一旦有 1 个控制信号为高电平，缓冲门则为高阻态，使输入或输出设备与系统数据总线隔离开来。

与 74244 电路功能类似的还有 8 反相缓冲器 74240 等。74240 引脚与 74244 完全兼容，只是输出信号反相。

3. 74245 八总线接收/发送器

74245 与 74244 的不同之处是前者可以双向输入/输出。其引脚信号如图 7-7 所示。

由图 7-7 可知，当 $\overline{\text{E}}$ 有效时，74245 的输入/输出方向由 DIR 控制。工作方式如表 7-3 所示。

表 7-3　74245 的工作方式

控制信号		数据传输方向
$\overline{\text{E}}$	DIR	
L	L	B→A
L	H	A←B
H	×	高阻

由表 7-3 可知，若将 DIR 接固定 TTL 逻辑电平（高或低），则 74245 变为单向缓冲器，但这种方式极少采用。一般都使用它的双向传输功能。为此，DIR 必须可控，使其根据需要变为高电平或低电平，并与 E 相结合控制数据传输方向。在单片机系统中，可采用读信号或写信号实现控制，如图 7-8 所示。

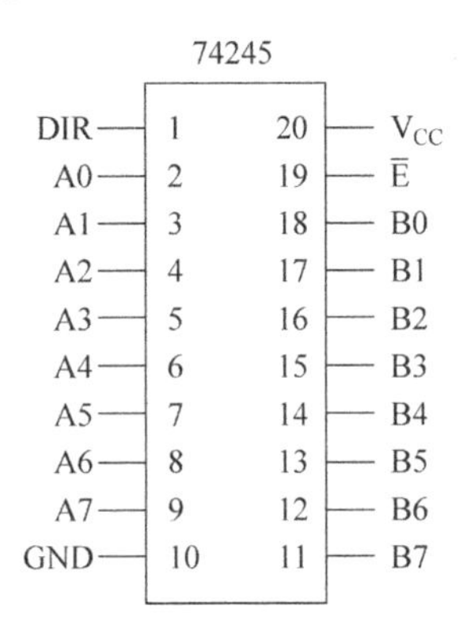

图 7-7　74245 的引脚图

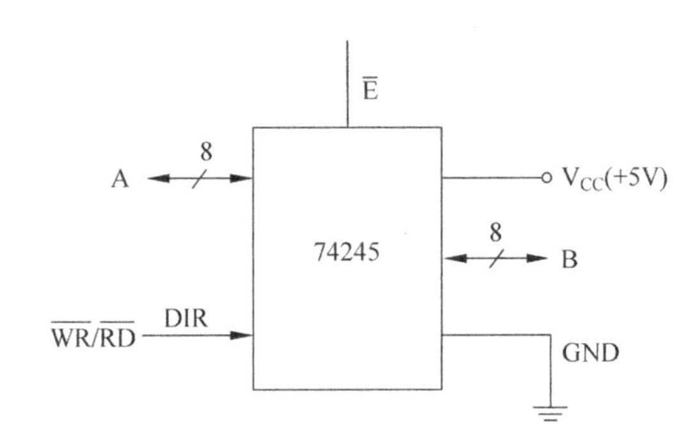

图 7-8　用读、写信号控制 245 传输方向

当$\overline{\text{WR}}$有效时，数据通过 74245 的 B 端（B0～B7）输入，A 端（A1～A8）输出；当$\overline{\text{RD}}$有效时，数据由 A 端输入，B 端输出。由此可见，由于 74245 芯片具有双向缓冲和驱动作用，很适合作单片机数据总线的收发器。

4. 译码器

译码器有变量译码器、代码译码器和显示器译码器 3 类，在此仅介绍用作地址译码的变量译码器。常用译码器有 74HC138 和 74HC139 等。它们的引脚图如图 7-9 所示，逻辑功能真值表如表 7-4 和表 7-5 所示。

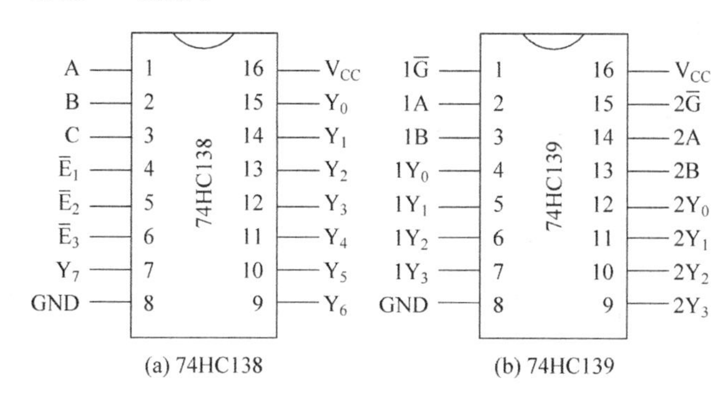

图 7-9　引脚图

表 7-4　74HC138 逻辑功能真值表

输入						输出							
使能			选择			Y_0	Y_1	Y_2	Y_3	Y_4	Y_5	Y_6	Y_7
$\overline{E_3}$	$\overline{E_2}$	$\overline{E_1}$	C	B	A								
1	0	0	0	0	0	0	1	1	1	1	1	1	1
1	0	0	0	0	1	1	0	1	1	1	1	1	1
1	0	0	0	1	0	1	1	0	1	1	1	1	1
1	0	0	0	1	1	1	1	1	0	1	1	1	1
1	0	0	1	0	0	1	1	1	1	0	1	1	1
1	0	0	1	0	1	1	1	1	1	1	0	1	1
1	0	0	1	1	0	1	1	1	1	1	1	0	1
1	0	0	1	1	1	1	1	1	1	1	1	1	0
0	X	X	X	X	X	1	1	1	1	1	1	1	1
X	1	X	X	X	X	1	1	1	1	1	1	1	1
X	X	1	X	X	X	1	1	1	1	1	1	1	1

表 7-5　74HC139 逻辑功能真值表

输入			输出			
使能	选择		Y_0	Y_1	Y_2	Y_3
$\overline{G}$	B	A				
1	X	X	1	1	1	1
0	0	0	0	1	1	1
0	0	1	1	0	1	1
0	1	0	1	1	0	1
0	1	1	1	1	1	0

74HC138 是 3-8 译码器，具有 3 个选择输入端，可组合成 8 种输入状态，输出端有 8 个，每个输出端分别对应 8 种输入状态中的 1 种，0 电平有效。换句话讲，对应每种输入状态，仅允许 1 个输出端为 0 电平，其余全为 1。74HC138 还有 3 个使能端 $\overline{E_3}$、$\overline{E_2}$ 和 $\overline{E_1}$，必须同时输入有效电平，译码器才能工作，也就是仅当输入电平为 100 时，才选通译码器，否则译码器

的输出全无效。其引脚图见图 7-9(a)所示，逻辑功能真值表见表 7-4 所示。74HC139 是双 2-4 译码器，每个译码器仅有 1 个使能端 $\overline{G}$，0 电平选通；有 2 个选择输入，4 个译码输出，输出 0 电平有效。2 个输入信号 A、B 译码后得 4 个输出状态，真值表见表 7-5 所示，引脚图见图 7-9(b)所示。显然采用译码器寻址可节约单片机的 I/O 口线。

在单片机进行系统扩展时，数据缓冲器、锁存器应用是很普遍的，限于篇幅这里仅介绍了以上几种。

7.1.3　系统扩展的寻址方法

系统扩展的寻址是指当单片机扩展了存储器、I/O 接口等外围接口芯片之后，如何寻找这些芯片的地址。外围接口芯片的寻址与存储器寻址方法是类似的，一般更简单些，下面重点介绍存储器的寻址。存储器寻址是指通过对地址线进行适当连接，使得存储器中任一单元都对应唯一的寻址地址。存储器寻址分两步：即存储器芯片的寻址和芯片内部存储单元的寻址。在存储器寻址问题中，对于芯片内部存储单元的选择，方法很简单，就是把存储器芯片的地址线和相应的系统地址线按位相连即可，但芯片的寻址方法有多种，存储器寻址主要是研究芯片的寻址问题。目前常用的有两种方法：线选法和译码法。

1. 线选法寻址

当扩展存储器采用的芯片不多时，比较简单的方法是采用线选法寻址。线选法是直接以系统的几根高位地址线作为芯片的片选信号，把选定的地址线和存储器芯片的片选端直接相连即可。线选法的特点是连接简单，不必专门设计逻辑电路，只是芯片占的存储空间不紧凑，并且地址空间利用率低，一般用于简单的系统扩展。

2. 译码法寻址

当扩展存储器或其他外围芯片的数量较多时，常常采用译码法寻址。译码法寻址由译码器组成译码电路对系统的高位地址进行译码，译码电路将地址空间划分若干块，其输出作为存储器芯片的片选信号分别选通各芯片，这样既充分利用了存储空间，又避免了空间分散的缺点，还可减少 I/O 口线。这种方法也适用于其他外围电路芯片。

7.2　存储器的扩展

当单片机片内存储器不够用时或采用片内无存储器的芯片时，需要扩展程序存储器或数据存储器，扩展容量随应用系统的需要而定。本节介绍采用并行总线结构的单片机扩展程序存储器和数据存储器的方法。

7.2.1　程序存储器扩展概述

在 STC89C52 单片机应用系统扩展中，程序存储器的扩展方法比较简易，这是由其扩展特性决定的。

1. 程序存储器扩展特性

(1) STC89C52 的程序存储器寻址空间为 64KB,有单独的地址编号(0000H～FFFFH)。虽然与数据存储器地址重叠,但不会发生冲突。它使用单独的控制信号 PSEN,读取数据用 MOVC 查表指令。

(2) 由于大规模集成电路的发展,程序存储器的片容量越来越大,而价格增加幅度不大。这样一般只需一片芯片就可达到扩展要求。

(3) 程序存储器与数据存储器共用地址总线与数据总线。

2. 程序存储器扩展电路芯片

程序存储器扩展时通常用到的芯片是非易失性可编程存储器芯片和锁存器芯片。目前由用户自行研制的单片机系统中使用最多的程序存储器是快擦写存储器芯片,EPROM 系列芯片目前基本不用了。随着集成电路技术的发展,大容量芯片价格日趋便宜,所以在满足容量要求时尽可能选择大容量芯片,以减少芯片组合数量,简化扩展电路结构。

7.2.2 数据存储器扩展概述

STC89C52 扩展系统中,数据存储器由随机存取存储器组成,最大可扩展 64KB。一般采用静态 RAM,数据读/写的访问时间根据不同型号一般为 20～200ns。

数据存储器空间地址同程序存储器一样,由 P2 口提供高 8 位地址,P0 口分时提供低 8 位地址和 8 位双向数据。数据存储器的读和写由$\overline{RD}$(P3.7)和$\overline{WR}$(P3.6)信号控制,而程序存储器由读选通信号$\overline{PSEN}$控制,两者虽然共处同一地址空间,但由于控制信号不同,故不会发生总线冲突。

在 STC89C52 单片机系统中,可以用作数据存储器的芯片主要是静态数据存储器、动态数据存储器和可改写的只读存储器。常用芯片 62128 为 16KB×8 位 RAM,62256 为 32KB×8 位 RAM,62512 为 64KB×8 位 RAM 等。

7.2.3 E^2PROM 和 RAM 的综合扩展

图 7-10 是采用 74HC139 译码器扩展 32KB 程序存储器和 32KB 数据存储器的一个实例。图中 P3.0 作为 74HC139 的片选端,P3.0 输出为 0,选中 74HC139。P2.7 接至 74HC139 的 A 输入端,74HC139 的 B 输入端接地,因而 P2.7 的 2 种状态可选中位于不同地址空间的芯片。各芯片对应存储空间如下。

AT29C256：程序存储空间 0000H～7FFFH(Y_0)；

62256：数据存储空间 8000H～FFFFH(Y_1)。

图中 8D 锁存器 74HC373 的三态控制端$\overline{OE}$接地,以保持输出常通。G 端与 ALE 相连接,每当 ALE 下跳变时,74HC373 锁存低 8 位地址线 A_0～A_7,并输出供系统使用。

本例中 32KB 程序存储器选用了一片 AT29C256,这是 32KB×8 的快擦写 E^2PROM 芯

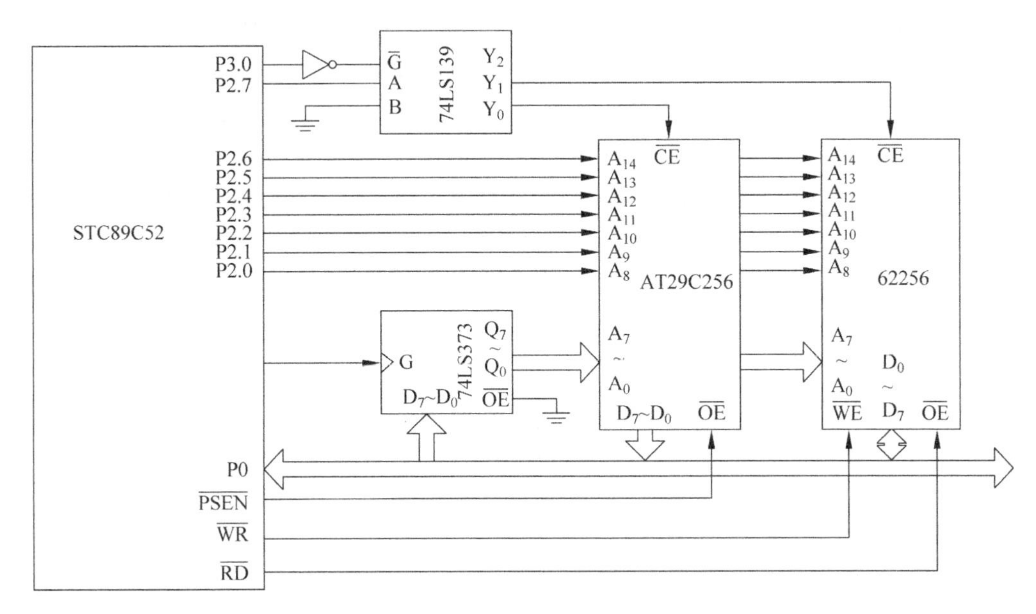

图 7-10　扩展 32KB RAM 和 32KB ROM

片，有 15 根地址线 A_0～A_{14} 输入，这 15 根线分别与 STC89C52 的 P0 口（通过 74LS373）和 P2.0～P2.6 相连。当 STC89C52 发出 15 位地址信息时，将分别选中 AT29C256 片内 32KB 存储器中各单元。

AT29C256 的 $\overline{CE}$ 引脚为片选信号输入端，低电平有效，表示选中该芯片。该片选信号决定了 AT29C256 这块芯片的 32KB 存储器在整个 64KB 程序存储器空间中的位置。外部程序存储器采用单片电路时，其片选端可直接接地。在此，为说明译码器的用法，采用 74139 的 Y_0 端作为它的片选端。根据上述电路接法，AT29C256 占有的程序存储器地址空间为 0000H～7FFFH。

AT29C256 的 $\overline{OE}$ 端是输出使能端，与单片机的 $\overline{PSEN}$ 端相连，当 $\overline{PSEN}$ 有效时，把 AT29C256 中的指令或数据通过 P0 口线读入单片机中。关于 STC89C52 单片机的 $\overline{EA}$ 端接法如下，当选用无片内存储器的单片机，或者不打算用片内存储器时，$\overline{EA}$ 端必须接地，使全部程序都在扩展系统的 ROM 中运行。若单片机采用片内存储器时，$\overline{EA}$ 应接高电平，此时，片外程序存储器的起始地址应该安排在片内存储器之后，本例 $\overline{EA}$ 端选择高电平。

P2 口用作扩展程序存储器的高 8 位地址总线，即使没有全部占用，空余的几根也不宜作通用 I/O 线，否则会给软件编写及其使用带来不必要的麻烦。

图 7-10 线路中的 32KB 数据存储器采用静态 RAM 62256。STC89C52 的 $\overline{WR}$(P3.6) 和 $\overline{RD}$(P3.7) 分别与 62256 的写允许 $\overline{WE}$ 和读允许 $\overline{OE}$ 连接，实现写/读控制。62256 的片选控制端 $\overline{CE}$ 与 Y_1 相接。

在图 7-10 的线路中，访问片外 RAM 时，STC89C52 的 P0 口和 P2 口上的全部 16 根口线同时用作传递地址信息。

在这个例子中如果不打算扩展其他外围芯片，则可以不用译码器芯片，实际应用中只需把程序存储器和数据存储器的片选端接地即可，此时它们的起始地址均为 0，在此主要为说明译码器地址的选择和存储空间的分布情况才选用了译码器。

下面还要说明的一个问题是 AT29C256 这类 E^{2}PROM 芯片兼有程序存储器与数据存储器的特点，故在单片机应用系统中既可作为程序存储器，也可作为数据存储器(注意其擦写次数有限)。作为程序存储器使用时，其连接方式应同于一般程序存储器的连接方式。考虑到 E^{2}PROM 可以在线写入的特点，为方便程序的修改，可以连接写入控制信号$\overline{WR}$。此外，E^{2}PROM 中的$\overline{OE}$引脚信号常由$\overline{RD}$和$\overline{PSEN}$相“与”后提供，无论是$\overline{RD}$有效还是$\overline{PSEN}$有效，都能使$\overline{OE}$有效，这种连接方法是既把 E^{2}PROM 作为程序存储器，也作为数据存储器。

当将 E^{2}PROM 作为数据存储器时，与单片机的接口较灵活，既可直接将 E^{2}PROM 作为片外数据存储器扩展，也可以作为一般外围设备扩展，而不影响数据的存取。

例 7-1　编写程序将片外数据存储器中 5000H～50FFH 单元全部清 0。

C51 参考程序如下。

```
xdata unsigned char databuf [256] _at_0x5000;
void main(void)
{   unsigned char i;
for(i = 0; i<256; i++)
    {   databuf [i] = 0
    }
}
```

7.3　并行 I/O 接口的扩展

输入/输出(I/O)端口是单片机与外部设备交换数据的桥梁，I/O 端口可以使用集成在单片机芯片上的，也可以使用单独制成的芯片。STC89C52 单片机有 3 种封装，40 引脚 DIP 封装，片上有 4 个 8 位并行 I/O 口 P0～P3，44 引脚的 PLCC 和 PQFP 封装，它们片上除了 4 个 8 位并行 I/O 口 P0～P3 外增加一个 4 位 I/O 口 P4，在系统 I/O 端口不够用时，需要用扩展方式增加 I/O 端口。

7.3.1　I/O 接口概述

单片机通过 I/O 接口电路与外设传送数据，I/O 接口分为串行 I/O 接口和并行 I/O 接口两种。不同外设的工作速度差别很大，串行 I/O 接口采用逐位串行移位的方式传输数据，可以满足速度要求不高的串行设备接口要求；并行 I/O 接口采用并行方式传输数据，可以与外设高速传输数据：然而，大多数外设的速度很慢，无法与微秒级的单片机速度相比，为了保证数据传输的安全、可靠，必须合理设计单片机与外设的 I/O 接口电路。

1. I/O 接口的功能

(1) 数据传输速度匹配。单片机在与外设传送信息时，需要通过 I/O 接口实时了解外设的状态，并根据这些状态信息，调节数据的传输，实现单片机与外设之间的速度匹配。

(2) 输出数据锁存。单片机传输速度很快，数据在总线上保留时间短，为保证输出数据能被外设备可靠接收，在扩展的 I/O 接口电路中应具有数据锁存器功能。

(3) 输入数据三态缓冲。由于外设要通过数据总线向单片机输入数据，如果总线上"挂"有多个外设，则传送数据时可能会发生冲突。为了避免数据冲突，每次只允许一个外设使用总线传送数据，其余的外设应处于隔离状态。因此，设计的 I/O 接口电路应能够为数据输入提供三态缓冲功能。

(4) 信号或电平变换。CPU 处理并行数据，而有些外设只能处理串行数据，这时，I/O 接口应具有串/并转换功能；而单片机与 PC 串行通信时，因为通信双方电平不匹配，需要用 I/O 接口进行电平变换。

2. I/O 接口与端口的区别

I/O 接口(Interface)是 CPU 与外界的连接电路，是 CPU 与外界进行数据交换的通道，外设输入原始数据或状态信号，CPU 输出运算结果或发出命令等都要通过 I/O 接口电路。

I/O 端口(Port)是 CPU 与外设直接通信的地址，通常是把 I/O 接口电路中能够被 CPU 直接访问的寄存器或缓冲器称为端口。CPU 通过这些端口来读取状态、发送命令或传输数据。一个接口电路可以有一个或多个端口。例如 8255A 并行 I/O 接口芯片中就包含有 1 个命令/状态端口和 3 个数据端口。

3. I/O 端口编址

单片机采用地址的方式访问 I/O 端口，因此，所有接口中产生的 I/O 端口必须进行编址，以使 CPU 通过端口地址交换信息：常用 I/O 端口的编址有独立编址方式和统一编址方式。

(1) 独立编址方式

独立编址方式是把 I/O 端口地址空间和存储器地址空间严格分开，地址空间相互独立，编址界限分明。

(2) 统一编址方式

统一编址是把 I/O 端口地址空间与数据存储器单元同等对待，每个 I/O 端口作为一个外部数据存储器 RAM 地址单元编址。单片机操作 I/O 端口时如同访问外部存储器 RAM 那样进行读/写操作。

STC89C52 单片机对 I/O 端口采用统一编址。

4. 单片机与外设间的数据传送方式

单片机与外设间的数据传送方式有同步、异步和中断三种：通过 I/O 接口电路，以实现和不同外设速度的匹配。

(1) 同步传送方式

单片机与外设的速度相差不大时，采用同步方式传送数据，单片机和片外数据存储器之间的数据传输方式就是同步传送方式。

(2) 异步传送方式

无论采用哪种数据传送方式都需要实现同步无条件的数据传送。例如单片机与外设的速度相差较大时，需要经过查询外设的状态进行有条件的传送数据，如外设空闲时，允许传输数据；外设忙时，禁止传输数据。异步传送的优点是通用性好，硬件连线和查询程序比较简单，但是数据传输效率不高。

(3) 中断传送方式

中断传送方式是指利用单片机本身的中断功能实现数据传送：外设准备就绪时，向单片机发出数据传送的中断请求信号，触发单片机中断，单片机响应中断后，进入中断服务程序，实现与外设之间的数据传送。采用中断方式可以大大提高单片机的工作效率。

5. I/O 接口电路种类

可编程 I/O 接口芯片的种类比较多，为单片机扩展 I/O 端口提供了便利：常用的片外 I/O 接口芯片有 TTL 芯片、CMOS 器件、可编程并行接口芯片(如 8155H、8255A)。但使用可编程 I/O 接口芯片时，扩展电路烦杂，实际已经很少使用。

7.3.2 简单的 I/O 扩展

可以作为 I/O 扩展使用的芯片有 373、377、244、245、273、367 等。在实际应用中可根据系统对输入、输出的要求，选择合适的扩展芯片。

图 7-11 为采用 74HC244 作扩展输入、74HC273 作扩展输出的简单 I/O 扩展电路。图中 74HC273 是 8D 触发器。

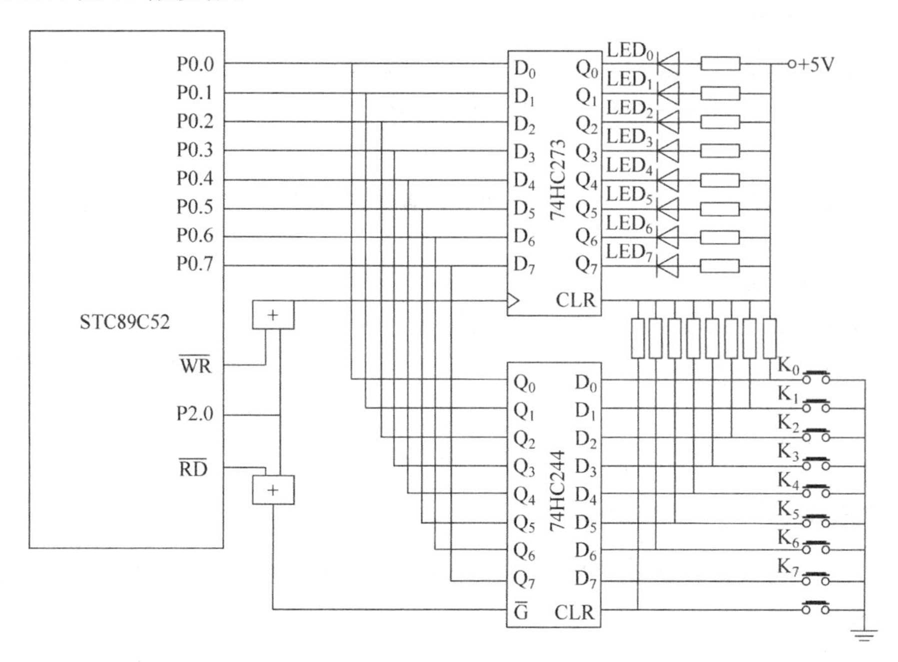

图 7-11　简单 I/O 接口扩展电路

图 7-11 中，P0 口为双向数据线，既能从 74HC244 输入数据，又能将数据传送给 74HC273 输出。输出控制信号由 P2.0 和 $\overline{\text{WR}}$ 合成，当二者同时为 0 电平时，"或"门输出 0，将 P0 口的数据锁存到 74HC273，其输出控制着发光二极管 LED。当某线输出 0 电平时，该线上的 LED 发光。

输入控制信号由 P2.0 和 $\overline{\text{RD}}$ 合成，当二者同时为 0 电平时，"或"门输出 0，选通 74HC244，将外部信息输入到总线。当与 244 相连的按键开关无键按下时，输入全为 1，若按下某键,则所在线输入为 0。

可见,输入和输出都是在 P2.0 为 0 时有效,因此,其口地址为 FEFFH(实际只要保证 P2.0=0,其他地址位无关),即占有相同的地址空间,但由于分别用 $\overline{RD}$ 和 $\overline{WR}$ 信号控制,因而在总线上不会发生冲突。系统中若有其他扩展 RAM,或其他输入/输出接口,则可用线选法或译码法将地址空间区分开。

例 7-2 按照图 7-11 电路的接法,要求实现如下功能:任意按下一个键,对应的 LED 发亮,例如,按 K_1 则 LED_1 发亮,按 K_2 则 LED_2 发亮等。则编写程序如下。

```
#include<reg52.h>
#define XBYTE ((unsigned char volatile xdata *) 0)
#define EXPORT  XBYTE[0x7fff]          //定义扩展端口地址
#define uchar unsigned char
sbit      P10 = P1^0;                  //*定义 74LS245 方向控制端
/******** main 函数 *********/
void main (void) {
    uchar    key;
    P10 = 0;                           /设 74LS245 方向控制端为 0
    while(1){
        key = EXPORT;                  //读 74LS245 输入口按键值
        EXPORT = key;                  //向 74LS373 输出按键值
    }
}
```

7.3.3 可编程接口芯片 8255 扩展并行接口

可编程接口是指其功能可由计算机的指令来加以改变的接口芯片。可编程 I/O 接口利用编程序的方法,可使一个接口芯片执行多种不同的接口功能,因此使用十分灵活。用它来连接计算机和外设时,不但可以扩展 I/O 口,还可以起到高速的 CPU 与慢速的外设(如打印机等)之间的连接与匹配作用。

目前,已生产了很多系列的可编程接口芯片,例如,可编程计数/定时器 8253、可编程串行接口 8250、可编程中断控制器 8259 等,由于篇幅所限不能一一加以介绍,在此仅介绍在 51 单片机中常用的接口芯片 8255。通过对 8255 的使用与理解,可以对其他可编程芯片的学习起到举一反三的作用。

8255 具有 3 个可编程并行 I/O 端口,A 口、B 口和 C 口。这 3 个 8 位 I/O 端口的功能完全由编程决定,但每个口都有自己的特点。

1. 8255 的结构

8255 的引脚图及内部功能结构框图见图 7-12。

8255 可编程接口由以下 4 个逻辑结构组成。

(1) 数据总线缓冲器

这是双向三态的 8 位数据缓冲口,用于和单片机的数据总线相连,以实现单片机与 8255 芯片间的数据传送。

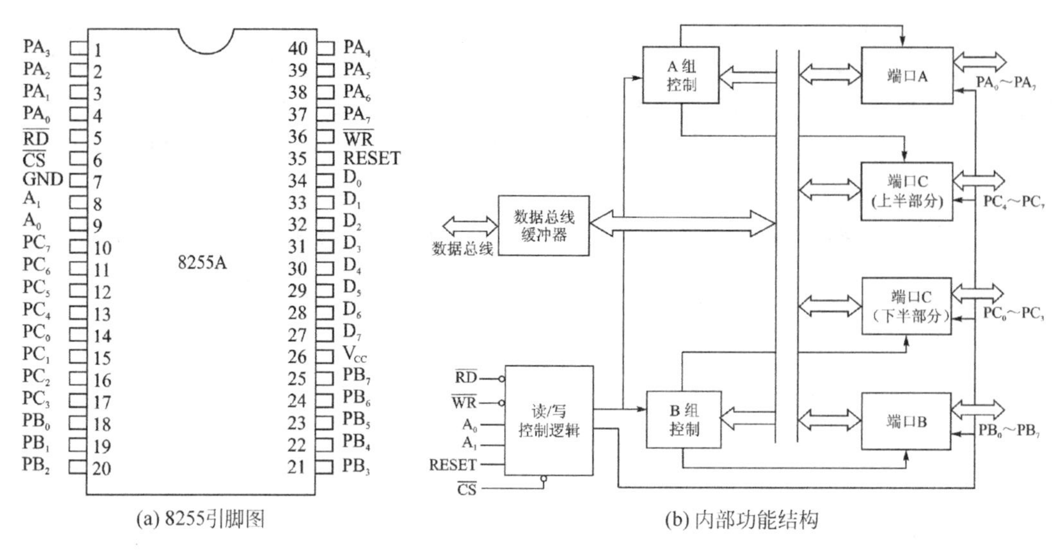

(a) 8255引脚图　　(b) 内部功能结构

图 7-12　8255 内部结构与引脚

(2) 3 个并行 I/O 端口

A 口：具有一个 8 位数据输出锁存/缓冲器和一个 8 位数据输入锁存器，是最灵活的输入/输出寄存器，它可编程为 8 位输入输出或双向寄存器。

B 口：具有一个 8 位数据输出锁存/缓冲器和一个 8 位数据输入缓冲器(不锁存)，可编程作为 8 位输入或输出寄存器，但不能双向输入/输出。

C 口：具有一个 8 位数据输出锁存/缓冲器和一个 8 位数据输入缓冲器(不锁存)。这个口可分为两个 4 位口使用。C 口除作输入输出口使用外，还可以作为 A 口、B 口选通方式操作时的状态控制信号。

(3) 读/写控制逻辑

它用于实现 8255 的硬件管理，包括芯片的选择、口的寻址，以及控制各个口的工作状态，管理所有的数据、控制字或状态字的传送。

(4) A 组和 B 组控制电路

这是两组根据 CPU 的命令字控制 8255 工作方式的电路。每组控制电路从读、写控制逻辑接收各种命令，从内部数据总线接收控制字(即指令)并发出适当的命令到相应的端口。

A 组控制电路控制 A 口及 C 口的高 4 位；B 组控制电路控制 B 口及 C 口的低 4 位。

2. 8255 的引脚介绍

8255 的引脚如图 7-12(a)所示。8255 共有 40 个引脚，下面根据功能分类说明。

(1) 数据总线：D_0～D_7、PA_0～PA_7、PB_0～PB_7、PC_0～PC_7，此 32 条数据线均为双向三态。D_0～D_7用于传送 CPU 与 8255 之间的命令与数据，PA_0～PA_7、PB_0～PB_7、PC_0～PC_7分别与 A、B、C 三个口相对应，用于 8255 与外设之间传送数据。

(2) 控制线：$\overline{RD}$、$\overline{WR}$、RESET。

$\overline{RD}$：读信号，输入，低电平有效。当这个引脚输入为低时，CPU 对 8255A 进行读操作。

$\overline{WR}$：写信号，输入，低电平有效。当这个引脚输入为低时，CPU 对 8255A 进行写操作。

RESET：复位信号，输入，高电平有效。当此引脚为高电平时，所有 8255 内部寄存器都清 0。所有通道都设置为输入方式。24 条 I/O 引脚，为高阻状态。

(3) 寻址线：$\overline{CS}$、A_0、A_1。

$\overline{CS}$：芯片选择线，输入低电平有效。当此引脚为低电平时，本芯片被 CPU 选中。

A_0 和 A_1：这是两个输入信号，通常一一对应接到地址总线最低两位 A_0 和 A_1 上：当$\overline{CS}$有效时，这两位的 4 种组合 00、01、10、11 分别用来选择 A、B、C 口和控制寄存器。所以一片 8255 共有 4 个地址单元。

3. 8255 的工作方式

8255 有 3 种工作方式，即方式 0、方式 1、方式 2。

(1) 方式 0(基本输入/输出方式)。这种方式不需要任何选通信号。A 口、B 口及 C 口的高 4 位和低 4 位都可以被设定为输入或输出。作为输出口时，输出的数据被锁存；B 口、C 口作为输入口时，其输入的数据不锁存。

(2) 方式 1(选通输入/输出方式)。在这种工作方式下，A、B、C 三个口将分为两组。A 组包括 A 口和 C 口的高 4 位，A 口可由编程设定为输入口或输出口，C 口的高 4 位则用来作为输入/输出操作的控制和同步信号；B 组包括 B 口和 C 口的低 4 位，B 口可由编程设定为输入口或输出口，C 口的低 4 位则用来作为输入/输出操作的控制和同步信号。A 口和 B 口的输出数据都被锁存。

(3) 方式 2(双向数据传送方式)。在这种方式下，A 口为 8 位双向数据口，C 口的 PC_3～PC_7，用来作为输入/输出的控制同步信号。应注意的是，只有 A 口允许作为双向数据口使用。这时 B 口和 PC_0～PC_2 则可编程为方式 0 或方式 1 工作。

表 7-6 为在不同工作方式选择下，各个口的输入、输出功能。由表可见当 A、B 两口工作于方式 1 和方式 2 时，C 口的某些线作为 A、B 两口的控制和状态线用，这些线已在表中定义，用户不能编程改变。例如，在方式 1 作输入用时，PC_2、PC_4 分别为 B、A 口的选通信号 $\overline{STB_A}$、$\overline{STB_B}$，是低电平有效信号；PC_5 及 PC_1 分别为 A、B 两口的输入缓冲区满信号 IBF_A、IBF_B，为输出高电平有效信号；PC_3、PC_0 分别为 A、B 两口的中断请求信号 $INTR_A$、$INTR_B$。表中的$\overline{ACK}$为应答信号，低电平有效；$\overline{OBF}$为输出缓冲区满信号，输出低电平有效。

表 7-6　8255 在不同工作方式下的口线功能

端　口		方式 0		方式 1		方式 2
		输入	输出	输入	输出	输入/输出
A 口	PA_0	IN	OUT	IN	OUT	双向
	PA_1	IN	OUT	IN	OUT	双向
	PA_2	IN	OUT	IN	OUT	双向
	PA_3	IN	OUT	IN	OUT	双向
	PA_4	IN	OUT	IN	OUT	双向
	PA_5	IN	OUT	IN	OUT	双向
	PA_6	IN	OUT	IN	OUT	双向
	PA_7	IN	OUT	IN	OUT	双向

续表

端　　口		方式 0		方式 1		方式 2
		输入	输出	输入	输出	输入/输出
B 口	PB_0	IN	OUT	IN	OUT	只限于方式 0 或方式 1
	PB_1	IN	OUT	IN	OUT	
	PB_2	IN	OUT	IN	OUT	
	PB_3	IN	OUT	IN	OUT	
	PB_4	IN	OUT	IN	OUT	
	PB_5	IN	OUT	IN	OUT	
	PB_6	IN	OUT	IN	OUT	
	PB_7	IN	OUT	IN	OUT	
C 口	PC_0	IN	OUT	$INTR_B$	$INTR_B$	I/O
	PC_1	IN	OUT	IBF_B	$\overline{OBF_B}$	I/O
	PC_2	IN	OUT	$\overline{STB_B}$	$\overline{ACK_B}$	I/O
	PC_3	IN	OUT	$INTR_A$	$INTR_A$	$INTR_A$
	PC_4	IN	OUT	$\overline{STB_A}$	I/O	$\overline{STB_A}$
	PC_5	IN	OUT	IBF_A	I/O	IBF_A
	PC_6	IN	OUT	I/O	$\overline{ACK_A}$	$\overline{ACK_A}$
	PC_7	IN	OUT	I/O	$\overline{OBF_A}$	$\overline{OBF_A}$

4. 8255 的控制字

8255 的工作方式选择是通过对控制口输入控制字(或称命令字)的方式实现的。控制字有方式选择控制字和 C 口置/复位控制字。

(1) 方式选择控制字

方式选择控制字的格式与定义如图 7-13 所示。

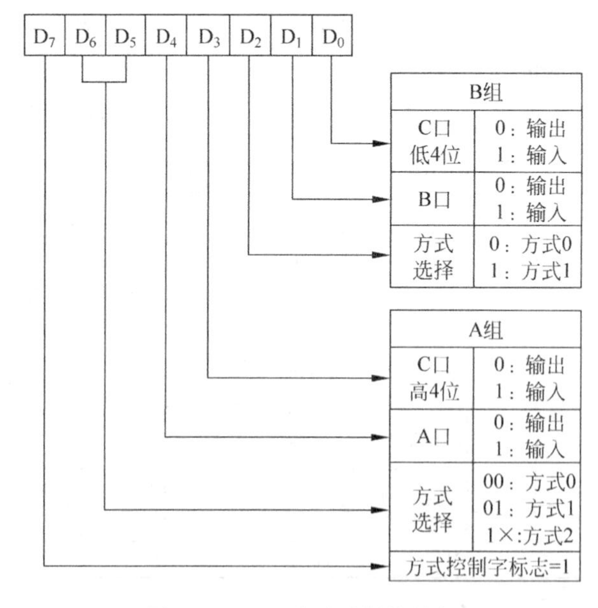

图 7-13　8255 方式选择控制字

例如，当将 83H(10000011B)写入控制寄存器后，8255 被编程为 A 口为方式 0 输出，B 口为方式 0 输入，$PC_7 \sim PC_4$ 为输出，$PC_3 \sim PC_0$ 为输入。

(2) C 口置/复位控制字

C 口置/复位控制字的格式及定义如图 7-14 所示。C 口具有位操作功能，把一个置/复位控制字送入 8255 的控制寄存器(控制口)，就能把 C 口的某一位置 1 或清 0 而不影响其他位的状态。

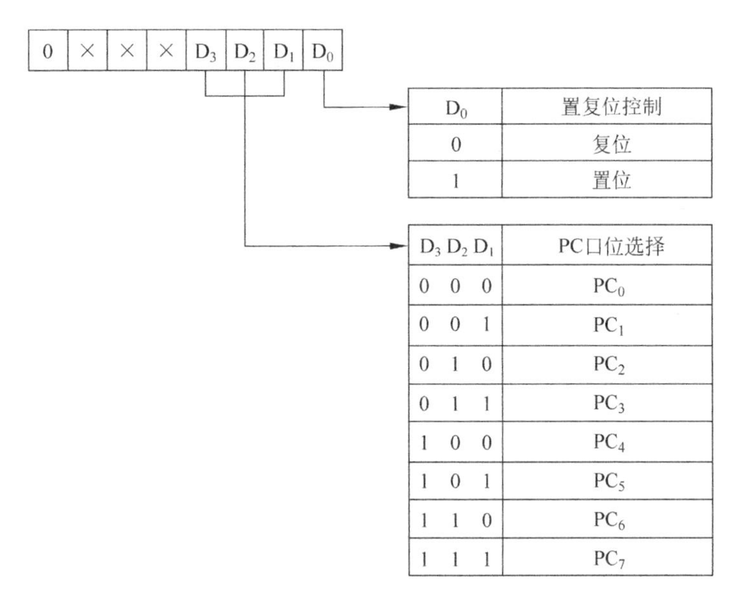

图 7-14 8255 C 口置位/复位控制字

例如，将 07H 写入控制寄存器后，8255 的 PC_3 置 1；写入 0EH 时，PC_7 复位为 0。

5. STC89C52 单片机与 8255 的接口设计

(1) 硬件接口电路

如图 7-15 为 STC89C52 扩展一片 8255 的电路。P0.1、P0.0 经 74HC373 与 8255 的 A_1、A_0 连接；P0.7 经 74HC373 与片选端 $\overline{CS}$ 相连，其他地址线悬空；8255 的控制线 $\overline{RD}$、$\overline{WR}$ 直接与单片机 $\overline{RD}$ 和 $\overline{WR}$ 端相连；单片机数据总线 P0.0～P0.7 与 8255 数据线 $D_0 \sim D_7$ 连接。

(2) 确定 8255 端口地址

图 7-15 中 8255 只有 3 条线与 STC89C52 地址线相接，片选端 $\overline{CS}$、端口地址选择端 A_1、A_0，分别接于 P0.7、P0.1 和 P0.0，其他地址线全悬空。显然只要保证 P0.7 为低电平时，即可选中 8255；若 P0.1、P0.0 再为 00，则选中 8255 的 PA 口。同理 P0.1、P0.0 为 01、10、11 分别选中 PB 口、PC 口及控制口。若端口地址用 16 位表示，其他无用端全设为 1(也可把无用端全设为 0)，则 8255 的 A、B、C 及控制口地址分别为 FF7CH、FF7DH、FF7EH、FF7FH。如果没有用到的位取 0，则 4 个端口地址分别为 0000H、0001H、0002H、0003H，只要保证 A_1、A_0 的状态，无用位设为 0 或 1 即可。

(3) 软件编程

在实际设计中，须根据外设的类型选择 8255 的操作方式，并在初始化程序中把相应控

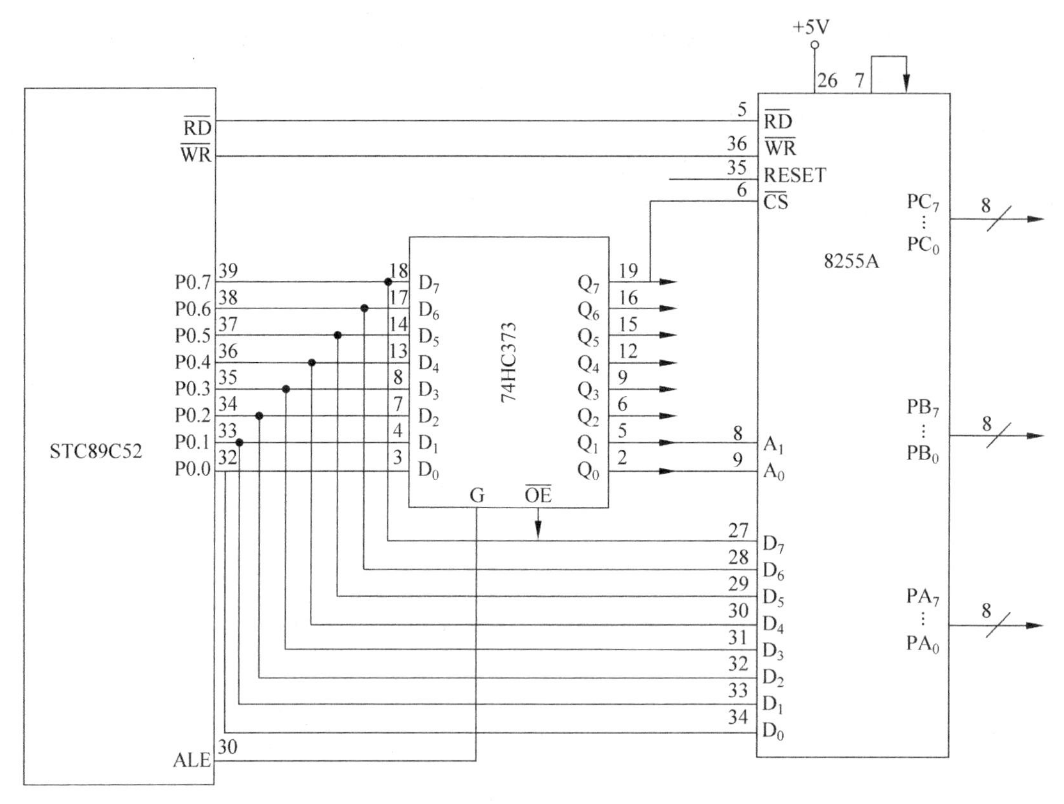

图 7-15 STC89C52 单片机扩展一片 8255 的接口电路

制字写入控制口。下面根据图 7-15,介绍对 8255 进行操作的编程。

例 7-3 根据图 7-15,要求 8255 的 PC 口工作在方式 0,并从 PC_5 脚输出连续的方波信号,频率为 500Hz。

C51 参考程序如下。

```
#include  <reg52.h>
#include  <absacc.h>
#define PA8255   XBYTE[0xff7c]          /* 0xff7c 为 8255 PA 端口地址 */
#define PB8255   XBYTE[0xff7d]          /* 0xff7d 为 8255 PB 端口地址 */
#define PC8255   XBYTE[0xff7e]          /* 0xff7e 为 8255 PC 端口地址 */
#define COM8255  XBYTE[0xff7f]          /* 0xff7f 为 8255 控制寄存器地址 */
#define uchar unsigned char
extern void delay_1000us ( );
void init8255(void)
{
  COM8255 = 0x85;                       /* 工作方式选择控制字写入控制寄存器 */
}
void main(void)
{
  init8255(void);
  for(;;)
  {  COM8255 = 0x0b;                    /* PC5 脚为高电平 */
     delay_1000us ( );                  /* 高电平持续 1000μs */
     COM8255 = 0x0a;                    /* PC5 脚为低电平 */
     delay_1000us ( ) ;                 /* 低电平持续 1000μs */
  }
}
```

7.4　串行总线扩展

由于用并行接口进行总线扩展要占用较多的 I/O 口，线路较复杂，为了能进一步缩小单片机及其外围芯片的体积，降低价格，简化互连线路，近年来，各制造厂商先后推出专门用于串行数据传输的各类器件和接口，其中 I^2C 总线、SPI 和单总线接口已获得广泛应用，并已形成系列。这类串行通信总线接口是一种二/三线的同步串行通信标准，使用时在硬件上要符合接口标准对时序的严格要求，在软件上要遵守标准要求的通信协议。对于在原来设计中没有这种接口的单片机只要在硬件和软件上能模拟它的通信要求，同样可以与带有这类串行通信标准的芯片相连使用。由于此类总线仅占用很少的资源和 I/O 线，一般只需 2～4 根信号线，所以，器件间连线简单，结构紧凑，可大大缩小整个系统的尺寸。同时还具有工作电压宽、抗干扰能力强、功耗低、数据不易丢失和支持在线编程等特点。此外，串行总线可十分方便地用于构成由 1 个单片机和一些外围器件组成的单片机系统，在总线上加接器件不影响系统正常工作，系统易修改，且可扩展性好。同时，连接和拆卸都很方便，使系统的设计简化。这种总线结构虽然没有并行总线那样大的吞吐能力，但它的上述优点使它在某些领域逐渐得到广泛应用。本节对这几种总线予以介绍。

7.4.1　单总线串行扩展

单总线，即 1-wire，又称单线总线。它是美国的达拉斯半导体公司(Dallas Semiconductor)推出的一项特有的单总线(1-Wire Bus)技术。该技术采用单根信号线，既可传输时钟，又能传输数据，而且数据传输是双向的，因而这种单总线技术具有线路简单，硬件开销少，成本低廉，便于总线扩展和维护等优点。

单总线适用于单主机系统，能够控制一个或多个从机设备。主机可以是微控制器，从机可以是单总线器件，它们之间的数据交换只通过一条信号线。当只有一个从机设备时，系统可按单节点系统操作；当有多个从机设备时，系统则按多节点系统操作。为了学习单总线的使用，将以单总线温度传感器 DS18B20 为例进行相关学习。

1. DS18B20 的引脚及功能

美国 Dallas 公司最新推出的 DS18B20 数字式温度传感器，能够直接读出被测温度，温度测量范围从－55～＋125℃，其中－10～＋85℃时测量精度为±0.5℃；可根据实际要求通过简单的编程实现 9～12 位的数字值读数方式，能够分别在 93.75ms 和 750ms 内将温度值转化 9 位和 12 位的数字量(出厂时被设置为 12 位，通过编程可实现 9～12 位的数字值读数方式)；同时用户可自设定非易失性的报警上下限值；单线接口，只有一根信号线与 CPU 连接，传送串行数据，不需要外部元件；芯片的耗电量很小，一般不用另加电源，可通过信号线供电，电源电压范围从 3.3～5V；因而使用 DS18B20 可使系统结构更简单，可靠性更高。最可贵的是该芯片在检测点就将被测信号数字化了，因此在单总线上传送的是数字信号，这使得系统的抗干扰性好、可靠性高、传输距离远。

DS18B20 的封装有 3 脚、6 脚和 8 脚三种方式，如图 7-16、图 7-17、图 7-18 所示，引脚说明表见表 7-7。

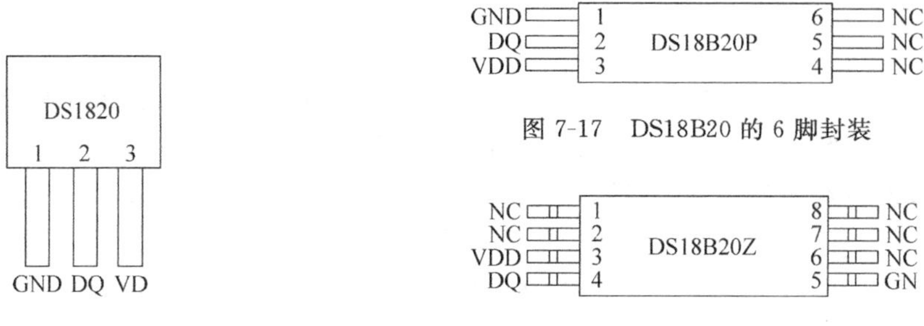

图 7-17　DS18B20 的 6 脚封装

图 7-16　DS18B20 的 3 脚封装

图 7-18　DS18B20 的 8 脚封装

表 7-7　DS18B20 的引脚说明表

引　　脚	功　　能
DQ	数字信号输入/输出端，对于单线操作，此引脚为漏极开路输出
GND	电源地
VDD	外接供电电源输入端，在寄生电源接线方式时接地

图 7-19 为 DS18B20 的内部电路结构，可见 DS18B20 内部包含四个主要的部件：64 位刻录的二进制 ROM 码、温度传感器、非易失性温度报警触发器、一个配置寄存器。该器件可以从单总线上得到能量并储存在内部电容中，该能量将会在信号线处于低电平期间消耗，在高电平时能量得到补充，这种供电方式称为寄生电源供电。当然 DS18B20 也可以选择由 3～5.5V 的外部电源供电。

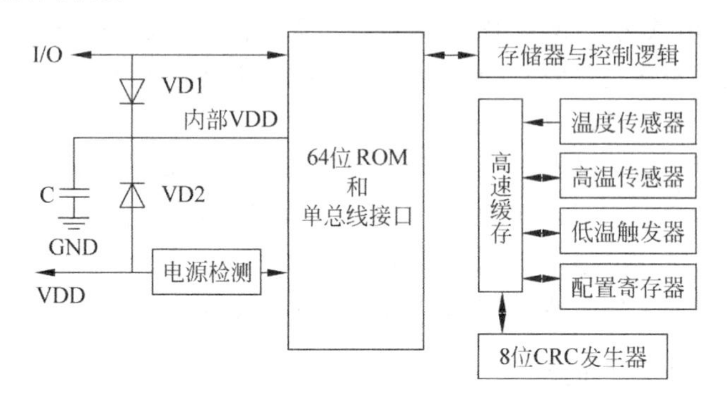

图 7-19　DS18B20 内部结构图

2. DS18B20 的工作原理

DS18B20 的测温原理如图 7-20 所示，图中低温度系数晶振的振荡频率受温度的影响很小，用于产生固定频率的脉冲信号，送给减法计数器 1，为计数器 1 提供一频率稳定的计数脉冲；高温度系数晶振随温度变化其振荡频率明显改变，是很敏感的振荡器，所产生的信号作为减法计数器 2 的脉冲输入，为计数器 2 提供一个频率随温度变化的计数脉冲。DS18B20 内部有一个计数门，当计数门打开时，DS18B20 就对低温度系数振荡器产生的时钟脉冲进行计数，进而完成温度测量。计数门的开启时间由高温度系数振荡器来决定，每次测量前，首先将－55℃所对应的基数分别置入减法计数器 1 和温度寄存器中，减法计数器 1 和温度寄存器被预置在－55℃所对应的一个基数值，减法计数器 1 对低温度系数晶振产生的脉冲信号进行减法计数，当减法计数器 1 的预置值减到 0 时温度寄存器的值将加 1，减法计数器 1 的预置将重新被装入，减法计数器 1 重新开始对低温度系数晶振产生的脉冲信号进行计数，如此循环直到减法计数器 2 计数到 0 时，停止温度寄存器值的累加，此时温度寄存器中的数值即为所测温度。斜率累加器用于补偿和修正测温过程中的非线性，其输出用于修正减法计数器 1 的预置值，只要计数门仍未关闭就重复上述过程，直至温度寄存器值达到被测温度值。

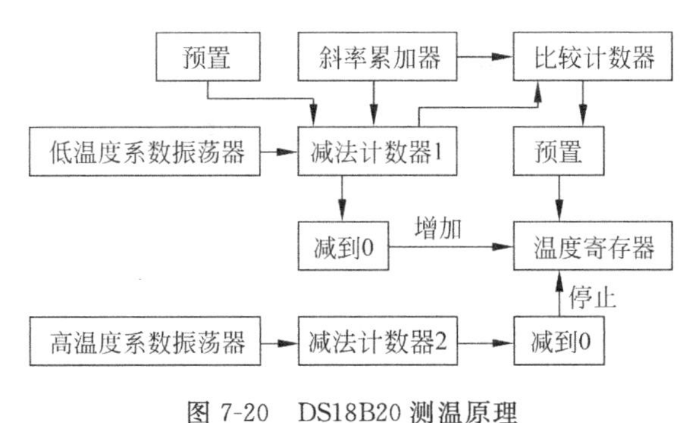

图 7-20　DS18B20 测温原理

3. DS18B20 的命令控制字

DS18B20 的存储器配置如图 7-21 所示。其中，高速缓冲存储器共 9 字节，前 2 字节为测得的温度值，以补码形式存放。第 0 个字节用于存放所测温度的低 8 位；第 1 个字节用于存放所测温度的高 8 位；第 2 个字节和第 3 个字节用于存放用户设定的温度报警上限值、下限值；第 4 个字节为配置寄存器，保存了上电复位后的一些配置信息，并保证上电复位时被刷新；第 5、6、7 个字节用于内部计算；第 8 个字节为冗余检验字节。E^2PROM 共 3 个字节，用于长时间保存高温报警温度设置值 TH、低温报警温度设置值 TL 和配置寄存器值，当上电复位时，E^2PROM 的内容将传送到便笺式 RAM 中的高、低温报警温度寄存器和配置寄存器中。

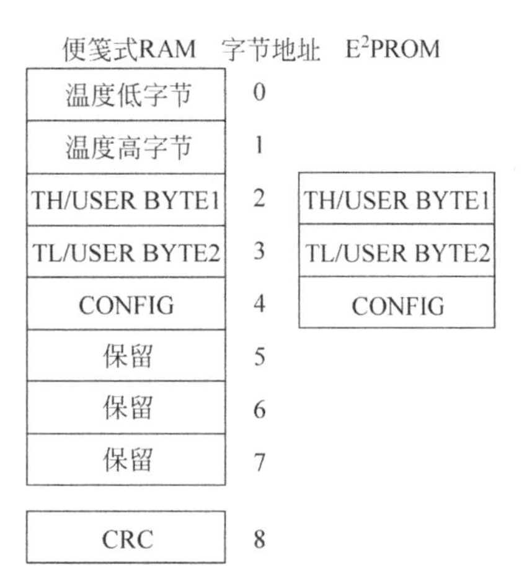

图 7-21　DS18B20 的存储器配置图

DS18B20 内有一个能直接转化为数字量的温度传感器，其分辨率为 9 位、10 位、11 位、12 位可编程，对应的温度转换精度有 0.5℃、0.25℃、0.125℃、0.0625℃，通过设置内部配置寄存器来选择温度的转换精度，出厂时默认设置为 12 位，配置寄存器各位的内容如表 7-8 所示。

表 7-8　温度精度寄存器

BIT7	BIT6	BIT5	BIT4	BIT3	BIT2	BIT1	BIT0
TM	R1	R0	1	1	1	1	1

配置寄存器的BIT0～BIT4五位都是1，TM是测试模式位，用于设置DS18B20在工作模式还是在测试模式。在DS18B20出厂时该位被设置为0，不要去改动。R1和R0用来设置分辨率，如表7-9所示。

表7-9　分辨率设置

R1	R0	分辨率/位	温度最大转换时间/ms
0	0	9	93.75
0	1	10	187.5
1	0	11	375
1	1	12	750

由于DS18B20采集到的温度是自动转换成2字节数值后存放在高速暂存RAM中，故读取温度信息字节中的内容，再经过相应地转换就可得到对应的温度值，温度读数以16位、符号扩展的二进制补码读数形式提供。如表7-10所示，列出了分辨率为9位时温度值与温度字节间的对应关系，温度值等于十六进制数乘以系数0.5℃；如表7-11所示，列出了分辨率为12位时温度值与温度字节间的对应关系，温度值等于十六进制数乘以系数0.0625℃。可见设置不同的分辨率，系数是不一样的。

表7-10　温度值与温度字节之间的对应关系(分辨率为9位)

温度值/℃	温度字节		十六进制
	MSB(高字节)	LSB(低字节)	
+125	0000 0000	1111 1010	00FAH
+25	0000 0000	0011 0010	0032H
−25	1111 1111	1100 1110	FFCEH
−55	1111 1111	1001 0010	FF92H

表7-11　温度值与温度字节之间的对应关系(分辨率为12位)

温度值/℃	温度字节		十六进制
	MSB(高字节)	LSB(低字节)	
+125	0000 0111	1101 0000	07D0H
+10.125	0000 0000	1010 0010	00A2H
−10.125	1111 1111	0101 1110	FF5EH
−55	1111 1100	1001 0000	FC90H

DS18B20在正常使用时的测温分辨率为0.5℃，如果要更高的精度，则可采取直接读取DS18B20内部暂存寄存器的方法，将DS18B20的测温分辨率提高到0.1～0.01℃。

此外，每一片DS18B20都有64位长的唯一ROM码。第一个8位单总线器件识别码(DS18B20编码是10H)；接下来48位是器件的唯一系列码；最后8位是开始56位的CRC校验码。CRC校验码按下列多项式计算：$CRC = X^8 + X^5 + X^4 + 1$。主机根据ROM的前56位来计算CRC值，并与存入DS18B20中的CRC值做比较，以判断主机收到的ROM数据是否正确。

4. DS18B20 的工作时序

DS18B20 依靠一个单线端口通信。在单线端口条件下，必须先建立 ROM 操作协议，才能进行存储器和控制操作。因此，控制器必须首先操作下面 5 个 ROM 操作命令之一。读 ROM、匹配 ROM、搜索 ROM、跳过 ROM、报警搜索。在单线总线上挂有多个器件时，这些命令对每个器件的 ROM 部分进行操作，以便可以区分出单个器件，同时可以使总线控制器指明有多少器件或是什么型号，每一片 DS18B20 都有 64 位长的唯一 ROM 码。用一条控制命令指示 DS18B20 完成一次温度测量，测量结果放在 DS18B20 的暂存器里；用一条读暂存器内容的存储器操作命令可以把暂存器中数据读出；可以用一条存储器操作命令将 TH 和 TL 进行写入，而对寄存器的读出则须通过暂存器。

5. DS18B20 的具体操作命令字

(1) 读 ROM 命令(33H)

通过该命令，主机可以读出 ROM 中 8 位系列产品代码、48 位产品序列号和 8 位 CRC 码。读命令仅用在单个 DS18B20 在线情况，当多于一个 DS18B20 在线时，由于 DS18B20 为漏极开路输出，从而引起数据冲突。

(2) 选择定位命令(55H)

多片 DS18B20 在线时，主机发出该命令和一个 64 位数列，DS18B20 内部 ROM 与主机数一致者，才响应主机发送的寄存器操作命令，其他 DS18B20 等待复位。该命令也可以用在单片 DS18B20 情况。

(3) 跳过 ROM 序列号检测命令(CCH)

对于单片 DS18B20 在线系统，该命令允许主机跳过 ROM 序列号检测而直接对寄存器操作，从而节省时间。对于多片 DS18B20 在线系统，该命令将引起数据冲突。

(4) 查询命令(F0H)

当系统初建时，主机可能不知道总线上有多少设备，以及他们各自的 64 位序列号，该命令可以允许主机来识别总线上所有从片的 64 位 ROM 编码。

(5) 报警查询命令(ECH)

该命令操作过程同 ROM 查询命令，但是仅当上次温度测量值已置位报警标志(温度测量值高于 TH 或低于 TL 时)，DS18B20 才响应该命令，如果 DS18B20 处于上电状态，该标志将保持有效，直到遇到下列两种情况：本次测量温度发生变化，测量值处于 TH、TL 之间；TH、TL 改变，温度值处于新的范围之间。设置报警时要考虑到 E^2PROM 中的值。

6. DS18B20 的存储器操作命令

(1) 写入(4EH)

用此命令把数据写入寄存器第 2～4 字节，从第 2 字节(TH)开始。复位信号发出之前必须把这三个字节写完。

(2) 读出(BEH)

用此命令读出寄存器中的内容，从第 1 字节开始，直到读完第 9 字节，如果仅需要寄存器中部分内容，主机可以在合适时刻发送复位命令结束该过程。

(3) 复制(48H)

用该命令把暂存器第 2～4 字节转存到 DS18B20 的 E^2PROM 中，如果 DS18B20 是由信号线供电，主机发出复制命令后，总线必须保证至少 10ms 的上拉，主机发出读时序来读总线，如果转存正在进行，读结果为 0，转存结束为 1。

(4) 温度转换(44H)

DS18B20 收到该命令后立刻开始温度转换，不需要其他数据。此时 DS18B20 处于空闲状态，当温度转换正在进行时，主机读总线将收到 0，转换结束为 1。如果 DS18B20 是由信号线供电，主机发出此命令后主机必须立即提供至少相应于分辨率的温度转换时间的上拉电平。

(5) 回调(B8H)

执行该命令把 E^2PROM 中的内容回调到寄存器 TH、TL 和设置寄存器单元中，DS18B20 上电时能自动回调，因此设备上电后 TH、TL 就存在有效数据。该命令发出后，如果主机接着读总线，读到 0 意味着忙，1 为回调结束。

(6) 读电源标志(B4H)

主机发出该命令后读总线，DS18B20 将发送电源标志，0 为信号线供电，1 为外电源。单片 DS18B20 使用时，总线接 5kΩ 上拉电阻即可；如挂接多片 DS18B20，应适当降低上拉电阻值，调试时，可把上拉电阻换作一电位器，逐步调节电位器直到获得正确的温度数据。读/写 DS18B20 时，应严格按照既定的时序操作，否则，读/写无效。

7. DS18B20 的复位及读、写操作时序

(1) 复位(初始化)

对 DS18B20 操作时，首先要将它复位。复位时，DQ 线被拉为低电平，时间为 480～960μs；接着将数据线拉为高电平，时间为 15～60μs；最后 DS18B20 发出 60～240μs 的低电平作为应答信号，主 CPU 收到此信号后表示复位成功，初始化时序如图 7-22 所示。

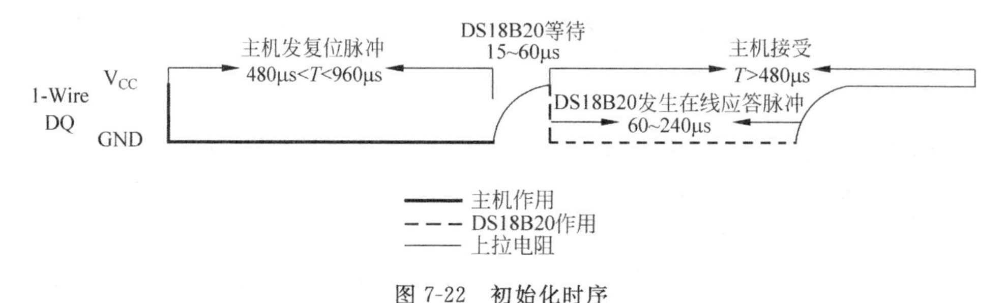

图 7-22　初始化时序

(2) 写操作

将数据线从高电平拉至低电平，产生写起始信号。从 DQ 线的下降沿起计时，在 15～60μs 这段时间内对数据线进行检测，如数据线为高电平则写 1；若为低电平，则写 0，完成了一个写周期。另外，在开始一个新的写周期前，必须有 1μs 以上的高电平恢复期，每个写周期必须要有 60μs 以上的持续期。主机写时序如图 7-23 所示。

(3) 读操作

主机将数据线从逻辑高电平拉至逻辑低电平 1μs 以上，再使数据线升为高电平，从而产

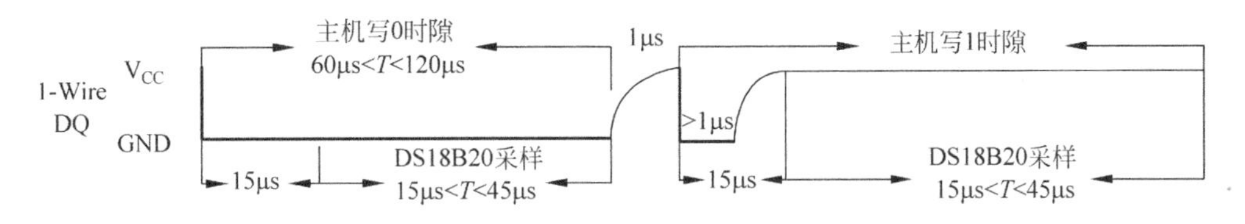

图 7-23　主机写时序

生读起始信号。从主机将 DQ 线从高电平拉至低电平起 15μs 结束之前，主机读取数据，最好将采样时间定在 15μs 器件的末尾。同样的，在开始一个新的读周期前，必须有 1μs 以上的高电平恢复期，每个读周期最短的持续期为 60μs。主机读时序如图 7-24 所示。

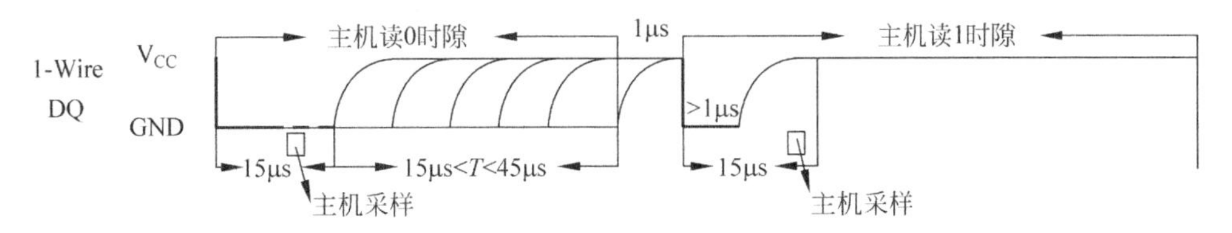

图 7-24　主机读时序

根据 DS18B20 的协议规定，微控制器控制 DS18B20 完成温度的转换必须经过以下 4 个步骤。①初始化。总线上的所有操作前要初始化主机，即先发复位信号。②ROM 操作命令。主机收到 DS18B20 在线信号后，就可以发送五个 ROM 操作命令中的一个：读 ROM、匹配 ROM、搜索 ROM、跳过 ROM、报警搜索。③存储器操作命令。用户可以根据需要读、写存储器的内容及进行温度转换。④对 DS18B20 进行读/写操作。

8. DS18B20 的应用

例 7-4　如图 7-25 所示，将环境温度实时地采集并显示。

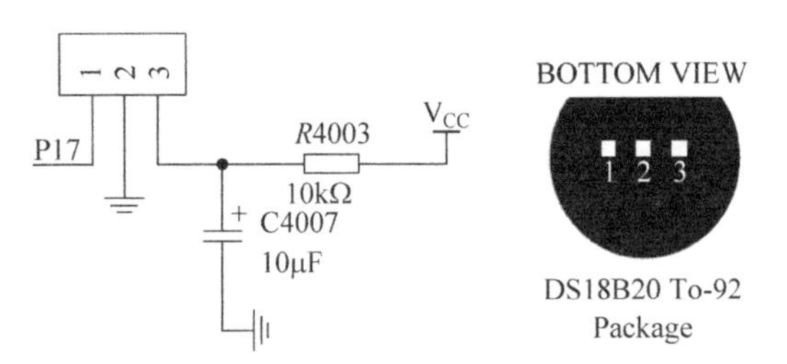

图 7-25　温度传感器 DS18B20 电路

分析　程序设计流程图如图 7-26～7-30 所示。

C51 参考程序如下。

```
#include<reg52.h>
#include<stc89kfb.h>
sbit DS1820_SDA = P1^6;                          //ds18b20 与单片机连接口
unsigned char temp_disp[8];
void  ds1820_delay_um(unsigned int i);           //延时 1μs
void  ds1820_rst();                              //ds1820 复位
```

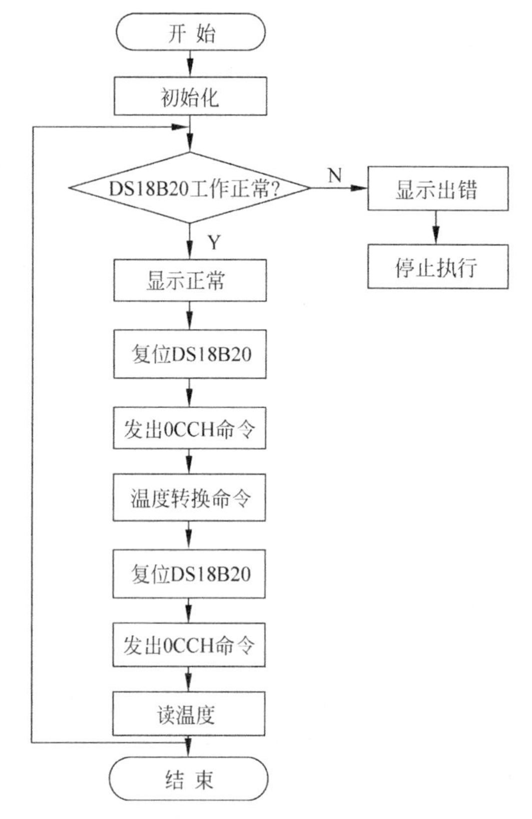

图 7-26　单个 DS18B20 测温设计流程图

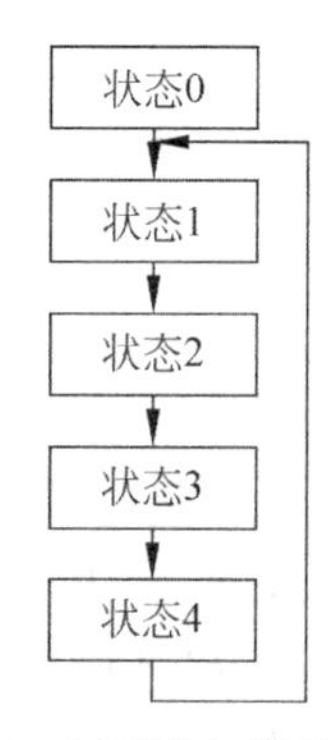

图 7-27　温度转换程序流程图

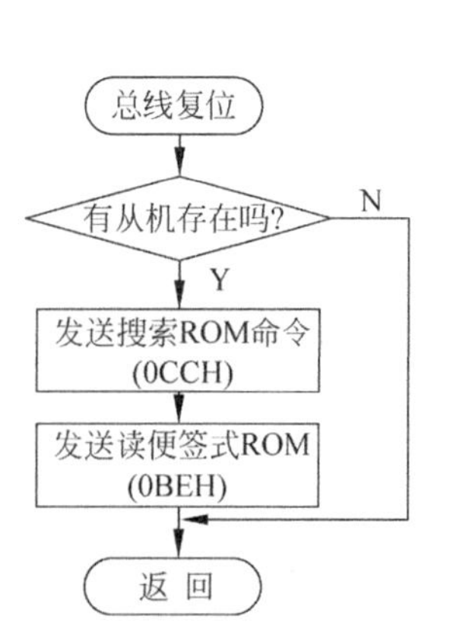

图 7-28　温度读取流程图

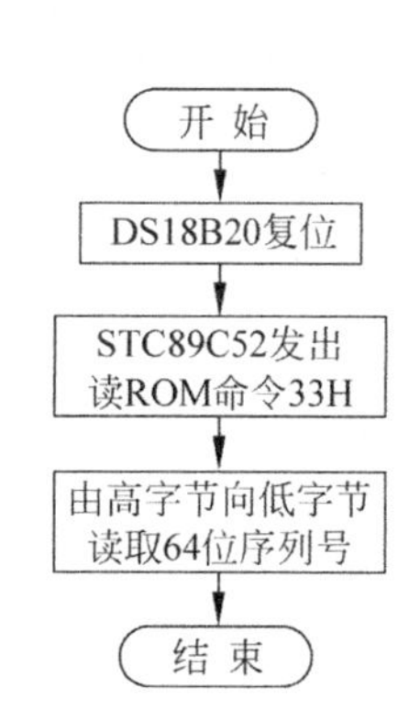

图 7-29　读 DS18B20 的序列号流程图

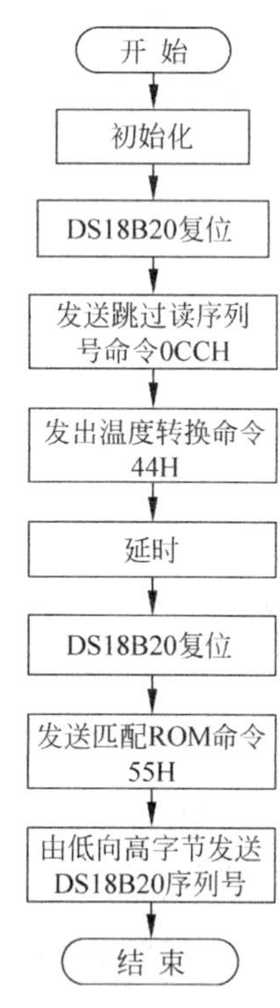

图 7-30　两个 DS18B20 温度测量

```
unsigned char ds1820_rd_data();                    //读 1 字节数据
void  ds1820_wr_data(unsigned char wdata);         //写数据
void  ds1820_rd_temp();                            //读取温度值
/******************** 主程序 ***********************************/
void main()
{
  ch451_init();
  while(1)
  {
   ds1820_rd_temp();                               //读取温度
   ch451_led_write(temp_disp);
   }
}
/**************** ds1820 程序 *************************************/
void ds1820_delay_um(unsigned int i)               //延时 1μs
{
   while(i--);
}
void ds1820_rst()                                  /* ds1820 复位 */
{
 DS1820_SDA = 1;                                   //DS1820_SDA 复位
 ds1820_delay_um(4);                               //延时
 DS1820_SDA = 0;                                   //DS1820_SDA 脉冲
 ds1820_delay_um(100);
 DS1820_SDA = 1;
 ds1820_delay_um(40);
}
unsigned char ds1820_rd_data()                     //读一字节数据
{
  unsigned char i;
  unsigned char dat = 0;
  for (i=0;i<8;i++)
  {
   DS1820_SDA = 0;                                 //给脉冲信号
   dat >>= 1;
   DS1820_SDA = 1;                                 //给脉冲信号
   if(DS1820_SDA) {dat| = 0x80;}
   ds1820_delay_um(10);
   }
   return(dat);
}
void ds1820_wr_data(unsigned char wdata)           /* 写数据 */
{
 unsigned char i ;
 for (i=0;i<8;i++)
 {
  DS1820_SDA = 0;
  DS1820_SDA = wdata&0x01;
  ds1820_delay_um(10);
  DS1820_SDA = 1;
  wdata >>= 1;
```

```
    }
}
/****************读取温度值********************************/
void  ds1820_rd_temp()
{ unsigned long temp_value;                          //温度值
  bit temp_flag;                                     //温度正负标志
  unsigned char temper_low,temper_high;
  ds1820_rst();
  ds1820_wr_data(0xcc);                              /*跳过读序列号*/
  ds1820_wr_data(0x44);                              /*启动温度转换*/
  ds1820_rst();
  ds1820_wr_data(0xcc);                              /*跳过读序列号*/
  ds1820_wr_data(0xbe);                              /*读取温度*/
  temper_low = ds1820_rd_data();
  temper_high = ds1820_rd_data();
  temp_value = temper_high;
  temp_value <<= 8;                                  //将高位移到16位整型的高8位
  temp_value = temp_value|temper_low;                //将高低位组合成到16位整型
  if(temp_value < 0x0fff){temp_flag = 0;}            //符号位0为正、1为负
  else
     {
      temp_value = ~temp_value + 1;
      temp_flag = 1;
      }
  temp_value = temp_value&0x0fff;                    //0x0fff; 纯数值
  temp_value = temp_value * 625;                     //放大10000,为取得小数
/*******************温度值处理*********************/
if(temp_flag == 0) {temp_disp[0] = 0x10;}            //正温度不显示符号
else {temp_disp[0] = 0x12;}                          //负温度显示负号
temp_disp[1] = temp_value/1000000;                   //百位数
temp_disp[2] = temp_value % 1000000/100000;          //十位数
temp_disp[3] = temp_value % 100000/10000 + 0x80;     //个位数
temp_disp[4] = temp_value % 10000/1000;              //小数位
temp_disp[5] = temp_value % 1000/100;                //temp_value % 10; 小数位
if(temp_disp[1] == 0)
  {
   temp_disp[1] = 0x10;                              //如果百位为0,不显示
   if(temp_disp[2] == 0)temp_disp[2] = 0x10;         //如果百位为0,十位为0也不显示
   }
}
```

7.4.2 I^2C 总线

1. I^2C 总线介绍

I^2C 总线(Inter IC Bus)由 Philips 公司推出,是近年来微电子通信控制领域广泛采用的一种新型总线标准,它是同步通信的一种特殊形式,具有接口线少、控制简单、器件封装形式小、通信速率较高等优点。在主从通信中,可以有多个 I^2C 总线器件同时接到 I^2C 总线上,

所有与 I^2C 兼容的器件都具有标准的接口，通过地址来识别通信对象，使它们可以经由 I^2C 总线互相直接通信。

I^2C 总线产生于 20 世纪 80 年代，最初为音频和视频设备开发，如今主要在服务器管理中使用，其中包括单个组件状态的通信。例如管理员可对各个组件进行查询，以管理系统的配置或掌握组件的功能状态，如电源和系统风扇。可随时监控内存、硬盘、网络、系统温度等多个参数，增加了系统的安全性，方便了管理。

I^2C 总线由数据线 SDA 和时钟线 SCL 两条线构成通信线路，既可发送数据，也可接收数据。在 CPU 与被控 IC 之间、IC 与 IC 之间都可进行双向传送，最高传送速率为 400kbps。各种被控器件均并联在总线上，但每个器件都有唯一的地址。在信息传输过程中，I^2C 总线上并联的每一个器件既是被控器（或主控器），又是发送器（或接收器），这取决于它所要完成的功能。CPU 发出的控制信号分为地址码和数据码两部分：地址码用来选址，即接通需要控制的电路；数据码是通信的内容。这样各 IC 控制电路虽然挂在同一条总线上，却彼此独立。

2. I^2C 总线硬件结构图

图 7-31 为 I^2C 总线系统的硬件结构图，其中，SCL 是时钟线，SDA 是数据线。总线上各器件都采用漏极开路结构与总线相连。因此 SCL 和 SDA 均需接上拉电阻，总线在空闲状态下均保持高电平。连到总线上的任一器件输出的低电平，都将使总线的信号变低，即各器件的 SDA 及 SCL 都是线“与”关系。

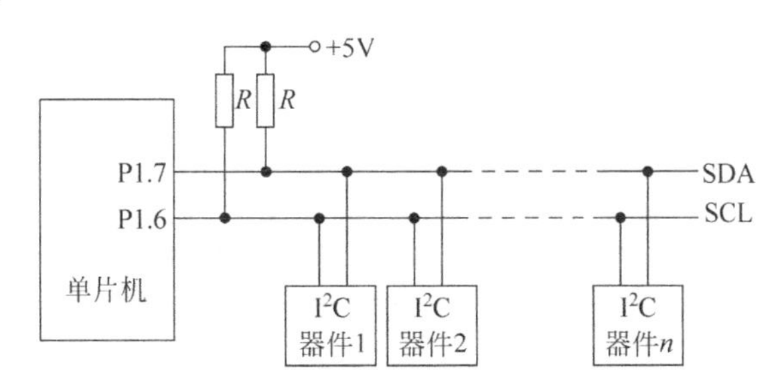

图 7-31　I^2C 总线系统的硬件结构图

I^2C 总线支持多主和主从两种工作方式，通常为主从工作方式。在主从工作方式中，系统中只有一个主器件（单片机），其他器件都是具有 I^2C 总线的外围从器件。在主从工作方式中，主器件启动数据的发送（发出启动信号），产生时钟信号，发出停止信号。

3. I^2C 总线操作方法

I^2C 总线在传送数据过程中共有三种类型信号，它们分别是开始信号、结束信号和应答信号。

1）开始信号与结束信号

如图 7-32 所示为 I^2C 总线开始与结束信号。

开始信号：SCL 为高电平时，SDA 由高电平向低电平跳变，开始传送数据。

结束信号：SCL 为低电平时，SDA 由低电平向高电平跳变，结束传送数据。

一定要注意时序的精准性！以下是两个信号成功的关键。

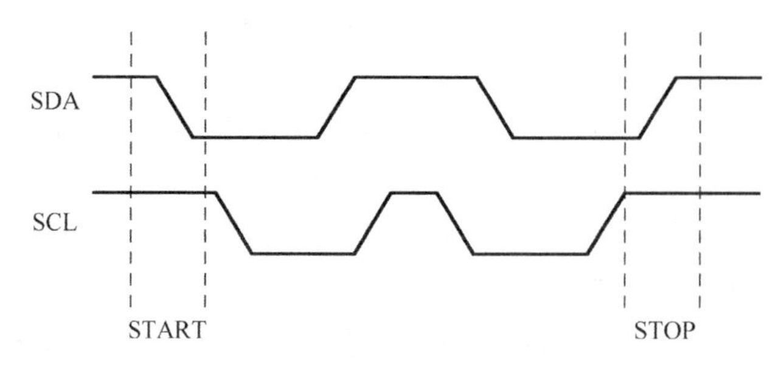

图 7-32　I^2C 总线开始信号与结束信号

① 在 SDA 的整个变化期间，SCL 是一直保持稳定的高电平的。SCL 监视 SDA 的整个变化而不只是开始信号中的负跳变或者结束信号的正跳变。

② 要注意到 I^2C 总线的传输速度为 kbps 级，而单片机工作频率为 Mbps 级，所以必不可少地要用 μs 级延时函数_delay_us()将单片机速度降下来配合 I^2C 时序。

2）应答信号

如图 7-33 所示，首先要知道器件发送数据到总线上，定义为发送器，器件接收数据则定义为接收器。如上应答信号时序，SCL 线为主机（微控制器）控制，DATA IN 表示从机接收数据情况，DATA OUT 表示从机发送数据情况。如图可见，在 START 信号之后，从器件在 8 个时钟脉冲的控制下接收数据，在此期间从机并未发出任何信号！而在第 9 个时钟期间，从机将 SDA 线拉低表示应答。所以应答信号在接收数据的 I^2C 在接收到 8 位数据后，向发送数据的 I^2C 发出特定的低电平脉冲，表示已收到数据。

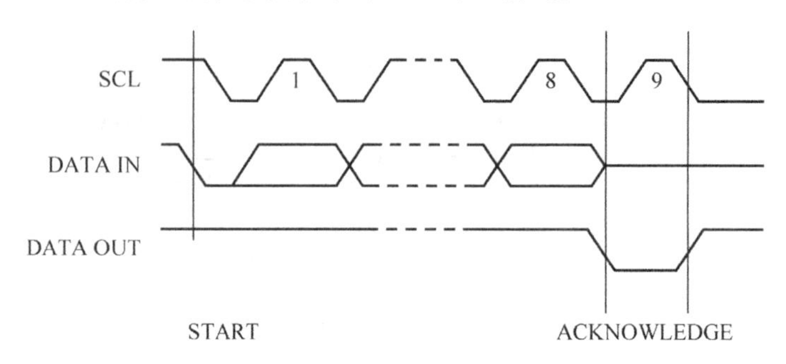

图 7-33　I^2C 总线应答信号

关于 SDA 上数据的变化如图 7-34 所示。

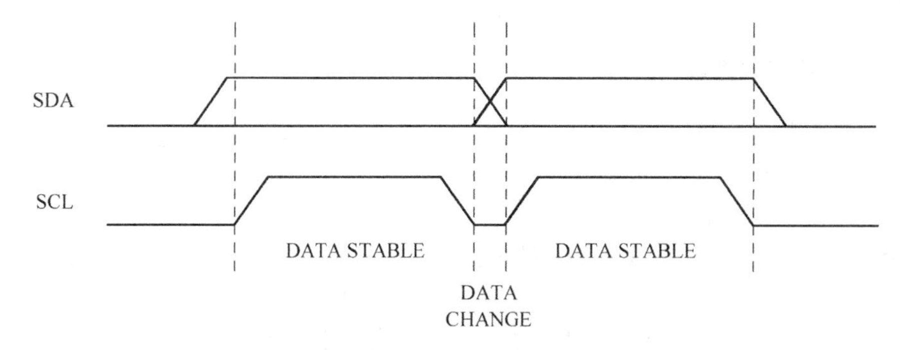

图 7-34　SDA 上数据的变化

当 SCL 为高电平时要求 DATA STABLE 即数据稳定，而在 SCL 低电平时才可以 DATA CHANGE 即数据改变。所以 I^2C 总线协议要求只有在 SCL 为低电平时 SDA 上的数据才可以改变。因为若 SCL 处于高电平期间，SDA 上的电平无论发生上升沿还是下降沿，都会被识别为一次开始或结束信号。

3）字节传输时序

如图 7-35 所示为 I^2C 总线一次完整的数据传送应答时序。

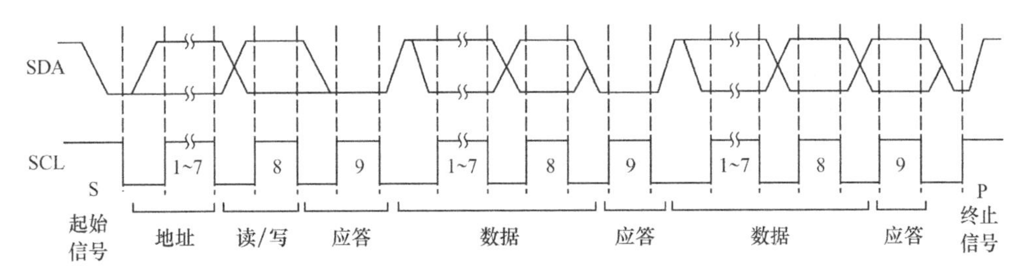

图 7-35　I^2C 总线一次完整的数据传送应答时序

如图 7-35 所示时序是一个完整的 I^2C 字节写周期，从左往右，起始信号之后：如果是写字节，前 8 个时钟周期中的 SCL 上升沿将数据写入数据接收方，接着在第九个周期数据接收方发出应答信号；而如果是读字节，前 8 个时钟周期中的 SCL 上升沿将数据从数据发送方读出到 SDA 线上，并且数据接收方在第九个周期选择发送怎样的应答信息到 SDA 线上。

4. I^2C 总线接口的应用

具有 I^2C 总线接口的 E^2PROM 有多个厂家的多种类型产品。在此仅介绍 ATMEL 公司生产的 AT24C 系列 E^2PROM，主要型号有 AT24C01/02/04/08/16 等，其对应的存储容量分别为 128x8/256x8/512x8/1024x8/2048x8。采用这类芯片可解决掉电数据保存问题，可对所存数据保存 100 年，并可多次擦写，擦写次数可达 10 万次以上。

在一些应用系统设计中，有时需要对工作数据进行掉电保护，如电子式电能表等智能化产品。若采用普通存储器，在掉电时需要备用电池供电，并需要在硬件上增加掉电检测电路，但存在电池不可靠及扩展存储芯片占用单片机过多口线的缺点。采用具有 I^2C 总线接口的串行 E^2PROM 器件可很好地解决掉电数据保存问题，且硬件电路简单。下面以 AT24C02 芯片为例，介绍具有 I^2C 总线接口的 E^2PROM 的具体应用。

（1）AT24C02 引脚配置与引脚功能

AT24C02 芯片的常用封装形式有直插（DIP8）式和贴片（SO-8）式两种，无论是直插式还是贴片式，其引脚功能与序号都一样，如图 7-36 所示。

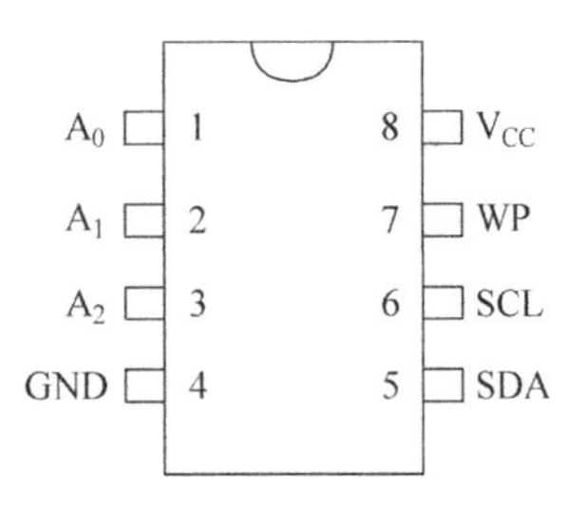

图 7-36　AT24C02 引脚图

各引脚功能如下：

① 1，2，3（A_0，A_1，A_2）——可编程地址输入端。

② 4（GND）——电源地。

③ 5（SDA）——串行数据输入/输出端。

④ 6（SCL）——串行时钟输入端。

⑤ 7 (WP)——写保护输入端,用于硬件数据保护。当其为低电平时,可以对整个存储器进行正常的读/写操作。当其为高电平时,存储器具有写保护功能。但读操作不受影响。

⑥ 8 (V_{CC})——电源正端。

(2) 存储结构与寻址

AT24C02 的存储容量为 2KB,内部分成 32 页,每页 8 字节,共 256 字节,操作时有两种寻址方式:芯片寻址和片内子地址寻址。

① 芯片寻址。AT24C02 的芯片地址为 1010,其地址控制字格式为 1010A2A1AOR/W。其中 A_2、A_1、A_0 为可编程地址选择位。A_2、A_1、A_0 引脚接高、低电平后得到确定的三位编码,与 1010 形成 7 位编码,即为该器件的地址码。R/W 为芯片读/写控制位,该位为 0,表示对芯片进行写操作;该位为 1,表示对芯片进行读操作。

② 片内子地址寻址。芯片寻址可对内部 256 字节中的任一个地址进行读/写操作,其寻址范围为 00H～FFH。共 256 个寻址单元。

(3) 读/写操作时序

串行 E^2PROM 一般有两种写入方式:一种是字节写入方式,另一种是页写入方式。页写入方式允许在一个写周期内(10ms 左右)对一个字节到一页的若干字节进行编程写入。

AT24C02 的页面大小为 8 字节。采用页写方式可提高写入效率,但也容易发生事故。AT24C 系列片内地址在接收到一个数据字节后自动加 1,故装载一页以内数据字节时,只需输入首地址,如果写到此页的最后一个字节,主器件继续发送数据,数据将重新从该页的首地址写入,进而造成原来的数据丢失,这就是页地址空间的“上卷”现象。

解决“上卷”的方法是:在第 8 个数据后将地址强制加 1,或是将下一页的首地址重新赋给寄存器。

① 字节写入方式:单片机(主器件)先发送启动信号和一个字节的控制字,从器件发出应答信号后,单片机再发送一个字节的存储单元子地址(AT24C02 芯片内部单元的地址码),单片机收到 AT24C02 应答后,再发送 8 位数据和 1 位终止信号。

② 页写入方式:单片机先发送启动信号和一个字节的控制字,再发送 1 个字节的存储器起始单元地址,上述几个字节都得到 AT24C02 的应答后,就可以发送最多 1 页的数据,并顺序存放在已指定的起始地址开始相继的单元中,最后以终止信号结束。

③ 指定地址读方式:单片机发送启动信号后,先发送含有芯片地址的写操作的控制字,AT24C02 应答后,再发送 1 个字节的指定单元的地址,AT24C02 应答后再发送 1 个含有芯片地址的读操作控制字,此时如果 AT24C02 做出应答,被访问单元的数据就会按 SCL 信号同步出现在 SDA 线上,供单片机读取。

④ 指定地址连续读方式:指定地址连续读方式与读地址控制与指定读地址方式相同。单片机收到每个字节数据后要做出应答,只有 AT24C02 检测到应答信号后,其内部的地址寄存器就自动加 1 指向下一单元,并顺序将指向的单元的数据送到 SDA 线上。

当需要结束读操作时,单片机接收到数据后,在需要应答的时刻发送一个非应答信号,接着再发送一个终止信号即可。

(4) AT24C02 与 STC89C52 单片机的接口应用

例 7-5　AT24C02 与 STC89C52 单片机的接口电路如图 7-37 所示。试编程实现向 AT24C02 写入和读取数据的功能(通过 I^2C 总线)。

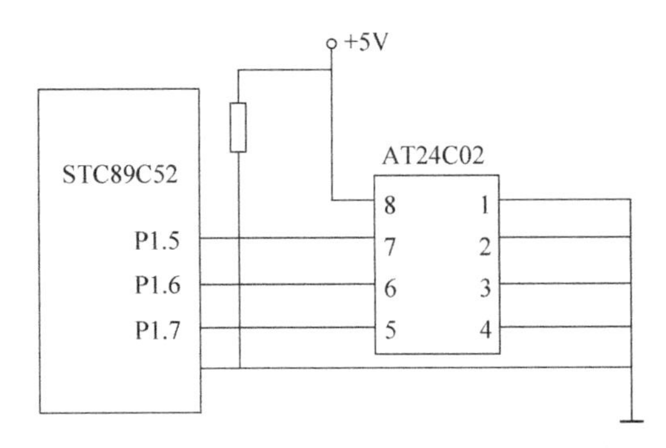

图 7-37　AT24C02 与 STC89C52 的接口电路

C51 参考程序如下。

```
#include<reg52.h>
#include<intrins.h>
#define uchar unsigned char
#define unit unsigned int
#define Addwr 0xa0;                         /* 0xa0 为写入的存储器单元的地址 */
#define AddRd 0xa1;                         /* 0xa1 为读出的存储器单元的地址 */
sbit  SDA = P1^7;                           /* 模拟 I²C 数据传送位 */
sbit  SCL = P1^6;                           /* 模拟 I²C 时钟控制位 */
sbit  WP = P1^5;                            /* 硬件写保护 */
void Start(void)                            /* 起始位函数 */
{    …    }
void Stop(void)                             /* 终止位函数 */
{    …    }
void Ack(void)                              /* 应答位函数 */
{    …    }
void NoAck (void)                           /* 非应答位函数 */
{    …    }
void send(uchar Data)                       /* 发送数据函数,Data 为要发送的数据 */
{    uchar BitCounter = 8;                  /* 发送的位数控制 */
     uchar temp;                            /* temp 为临时变量 */
     do
     {    temp = Data;;
          SCL = 0;
          _Nop( ); _Nop( ); _Nop( ); _Nop( );
          if((temp&0x80) == 0x80))          /* 如果最高位是 1 */
          SDA = 1;                          /* 发送的数据左移 1 位 */
          else
          SDA = 0;
          SCL = 1;
          temp = Data<<1
          Data = temp;
          BitCounter--;
     }
     while(BitCounter);
     SCL = 0;
}
```

```
void Read(void)                              /*读入1字节数据的函数,并返回该字节值*/
{    uchar temp = 0;
     uchar temp1 = 0;
uchar BitCounter = 8;
SDA = 1;
do
{    SCL = 0;
         _Nop( ); _Nop( ); _Nop( ); _Nop( );
     SCL = 1;
         _Nop( ); _Nop( ); _Nop( ); _Nop( );
     if(SDA)                                 /* 如果 SDA =1*/
       temp = temp|0x01;                     /* temp 的最低位置 1*/
       else
       temp = temp&0xfe;                     /*否则 temp 的最低位清 0*/
     if(BitCounter - 1)
     {    temp1 = temp<<1;
          temp = temp1;
     }
BitCounter --;
}
while(BitCounter);
return(temp);
}
void WriteROM (uchar Data[ ],uchar Address, uchar Num)   /*向存储器写1字节数据的函数*/
{    uchar i;
     uchar *PData;
     PData = Data;
     for(i = 0;i < Num;i++)
     {    Start( );                          /*发送起始信号*/
          send(0xa0);                        /*发送写从器件地址的控制字节*/
          Ack( );                            /*应答*/
              send(Address, + i);            /*发送地址*/
          Ack( );
              send( * (PData + i));
          Ack( );
              Stop( )
          delay(20)
     }
}
void ReadROM(uchar Data[ ],uchar Address, uchar Num)   /*读存储器函数*/
{    uchar i;

uchar *PData;
PData = Data;
  for(i = 0;i < Num;i++)
  {    Start( );                             /*发送起始信号*/
       send(0xa0);                           /*发送读从器件的地址字节*/
       Ack( );
       send(Address + i);
       Ack( );
       Start( );
       send(0xa1);
       Ack( );
```

```
        *(Pdata + i) = Read( );
        SCL = 0;
    NoAck( );
    Stop( );
    }
}
void main(uchar Data[ ],uchar Address, uchar num)   /* 主函数 */
{
    uchar number[4] = {1,2,3,4};
    WP = 1;
    WriteROM(Numder,4, 4);          /* 将数组中的数据写入存储器中 */
    Delay(20);
    Numder[0] = 0;
    Numder[1] = 0;
    Numder[2] = 0;
    Numder[3] = 0;                  /* 将数组中的值清 0 */
    ReadROM(Numder,4, 4);           /* 把写入存储器中的数据读回到数组,验证读出的数是否正确 */
}
```

7.4.3 SPI 总线串行扩展

SPI(Serial Periperal Interface)是 Motorola 公司推出的一种同步串行外设接口,允许单片机与多个厂家生产的带有标准 SPI 接口的外围设备直接连接,以串行方式交换信息。

1. SPI 总线的扩展结构

SPI 外围串行扩展结构如图 7-38。SPI 使用 4 条线：串行时钟 SCK、主器件输入/从器件输出数据线 MISO、主器件输出/从器件输入数据线 MOSI 和从器件选择线$\overline{CS}$。

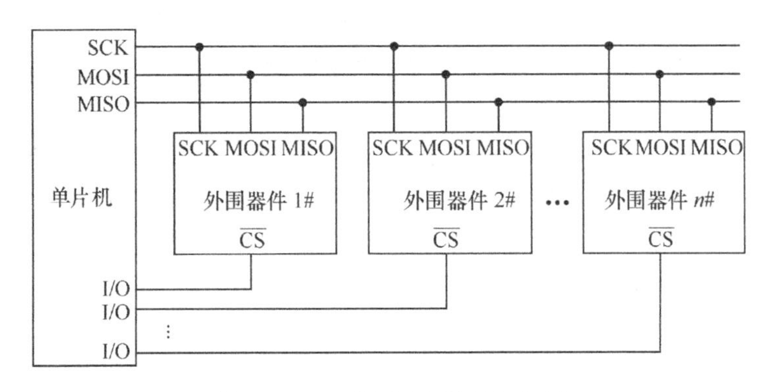

图 7-38　SPI 外围串行扩展结构图

SPI 的典型应用是单主系统,即只有一台主器件,从器件通常是外围接口器件,如存储器、I/O 接口、A/D、D/A、键盘、日历/时钟和显示驱动等。单片机扩展多个外围器件时,SPI 无法通过数据线译码选择,故外围器件都有片选端。

在扩展单个 SPI 器件时,外围器件的片选端可以接地或通过 I/O 口控制；在扩展多个 SPI 器件时,单片机应分别通过 I/O 口线来分时选通外围器件。在 SPI 串行扩展系统中,如某一从器件只作输入(如键盘)或只作输出(如显示器)时,可省去一条数据输出(MISO)线或一条数据输入(MOSI)线,从而构成双线系统(接地)。

SPI 系统中单片机对从器件的选通需控制其$\overline{CS}$端,由于省去传输时的地址字节,数据传送软件十分简单。但在扩展器件较多时,需要控制较多的从器件$\overline{CS}$端,连线较多。在 SPI 串行系统中,主器件单片机在启动一次传送时,便产生 8 个时钟,传送给接口芯片作为同步时钟,控制数据的输入和输出。数据的传送格式是高位(MSB)在前,低位(LSB)在后,如图 7-39 所示。数据线上输出数据的变化以及输入数据时的采样,都取决于 SCK。但对于不同的外围芯片,有的可能是 SCK 的上升沿起作用,有的可能是 SCK 的下降沿起作用。SPI 有较高的数据传输速度,最高可达 1.05Mbps。

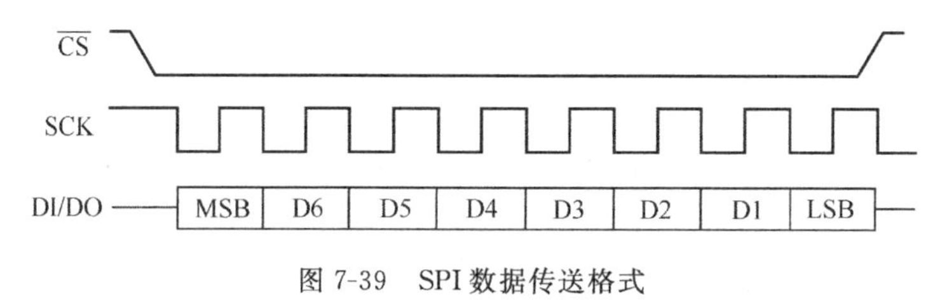

图 7-39　SPI 数据传送格式

Motorola 公司为广大用户提供了一系列具有 SPI 接口的单片机和外围接口芯片,如存储器 MC2814、显示驱动器 MC14499 和 MC14489 等各种芯片。

SPI 外围串行扩展系统的从器件要有 SPI 接口。主器件是单片机。目前已有许多机型的单片机都带有 SPI 接口。但是对于 STC89C52,由于不带 SPI 接口,可采用软件与 I/O 口结合来模拟 SPI 的接口时序。

2. 扩展带 SPI 串口的 A/D 转换器 TLC2543

带 SPI 接口的串行 A/D 转换器具有占用 I/O 口线少的优点,在单片机应用系统中应用逐渐增多,大有取代并行 A/D 的趋势。下面介绍 STC89C52 单片机如何来扩展带有 SPI 接口的串行 A/D 转换器 TLC2543。由于 STC89C52 不带 SPI 接口,必须采用软件与 I/O 口线相结合,来模拟 SPI 的接口时序。

TLC2543 是美国 TI 公司 12 位串行 SPI 接口的 A/D 转换器,转换时间 10μs。有 1 个 14 路模拟开关,用来选择 11 路模拟输入以及 3 路内部测试电压中的 1 路进行采样。图 7-40 为 STC89C52 与 TLC2543 的 SPI 接口。

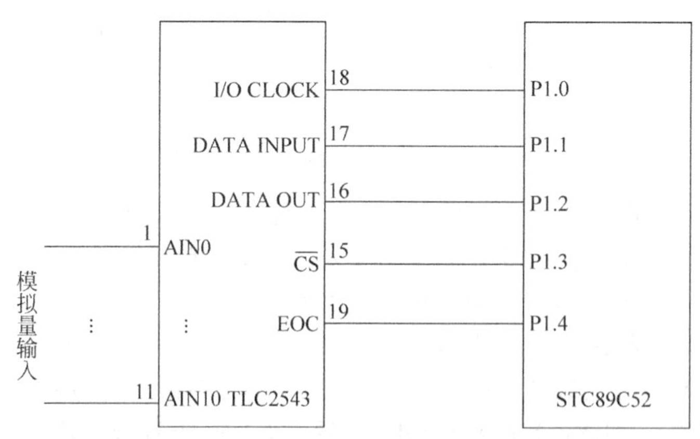

图 7-40　STC89C52 与 TLC2543 的 SPI 接口

TLC2543 的 I/O CLOCK、INPUT DATA 和 $\overline{CS}$ 端由 STC89C52 单片机的 P1.0、P1.1 和 P1.3 来控制。转换结果的输出数据(DATA OUT)由单片机的 P1.2 引脚串行接收，STC89C52 将命令字通过 P1.1 脚输入到 TLC2543 的输入寄存器中。

TLC2543 的通道选择和方式数据为 8 位。其中 D7～D4 用来选择要转换的通道：D7～D4 为 0000 时选择 0 通道，0001 时选择 1 通道，依次类推；D3 和 D2 用来选择输出数据长度，如选择输出数据长度为 12 位，则 D3、D2＝00 或 10；D1 和 D0 选择输入数据的前导位，如 D1、D0＝00 则选择高位在前。

采集的数据为 12 位无符号数，采用高位在前的输出数据。写入 TLC2543 的命令字位为 0A0H。由 TLC2543 的时序，命令字的写入和转换结果的输出是同时进行的，即在读出转换结果的同时也写入下一次的命令字，采集 10 个数据要进行 11 次转换。

第 1 次写入的命令字是有实际意义的，但是第 1 次读出的转换结果无意义，应丢弃；而第 11 次写入的命令字是无意义的操作，而读出的转换结果有意义。

例 7-6　如图 7-40 所示，编写数据采集程序。

C51 参考程序如下。

```
#include<reg52.h>
#include<intrins.h>
#define uchar unsigned char
#define unit unsigned int
unit xdata ADresult[11]                /* 11 个通道的转换结果单元 */
sbit  ADIOCLK = P1^0;                  /* 定义 P1.0 与 IOCLK 相连 */
sbit  ADDATIN = P1^1;                  /* 定义 P1.1 与 DATAINPUT 相连 */
sbit  ADDATOUT = P1^2;                 /* 定义 P1.2 与 DATAOUT 相连 */
sbit  ADCS = P1^3;                     /* 定义 P1.3 与 CS 相连 */
sbit  ADEOC = P1^4;                    /* 定义 P1.4 与 EOC 脚相连 */
void delay10us( )                      /* 延时 10μs 的函数 */
{…}                                    /* 延时函数由读者自行编写 */
unit getdata(uchar channel)            /* getdata()为获得转换数据函数,channel 为通道号 */
{   uchar i,temp;
    unit read_ad_data = 0;             /* 分别存放采集的数据,先清 0 */
    channel = channel << 4;            /* 结果为 12 位数据格式,高位在前 */
    ADIOCLK = 0;
    ADCS = 1;                          /* CS上跳沿 */
    ADCS = 0;                          /* CS下跳沿,并保持低电平 */
    temp = channel;                    /* 输入要转换的通道 */
    for(i = 0;i<12;i++)
      {   read_ad_data =    read_ad_data << 1;/* 转换结果左移 1 位 */
          if((temp&0x80)!= 0) { ADDATIN = 0;    /* 写入方式/通道命令字 */
      }
    else
      ADDATIN = 0;
if(ADDATOUT)
  {   read_ad_data =    read_ad_data + 1;    /* 读入转换结果 */
  }
ADIOCLK = 1;                                 /* IOCLK 上跳沿 */
ADIOCLK = 0;                                 /* IOCLK 为下跳沿 */
```

```
    temp = temp << 1;                            /* 左移 1 位 */
    ADCS = 1;                                    /* CS上跳沿 */
    read_ad_data =     read_ad_data&0x0fff;      /* 屏蔽 16 位高 4 位,因为是 12 位的转换结果 */
    return(read_ad_data);
    }
    void main(void)
    {   uchar i
        ...                                      /* 系统的初始化,根据需要编写 */
        ADresult[0] = getdata(0);                /* 启动 0 通道转换,但转换结果无意义 */
        for(i = 0;i < 11;i++)
        { while(!ADEOC);{}                       /* 判是否转换结束 */
        ADresult[i] = getdata(i + 1);            /* 读取转换结果,同时启动下次转换 */
        }
    while(1);{ }
    }
```

由本例见,STC89C52 与 TLC2543 的接口电路十分简单,只需控制 4 条 I/O 脚按规定时序对 TLC2543 进行访问即可。

本章小结

单片机的内部资源是有限的,因此要外部扩展电路。单片机扩展外部器件可以选用串行接口、并行接口。本章介绍 STC89C52 单片机扩展存储器和并行 I/O 接口以及串行总线扩展的端口地址编址方法。重点应熟悉外部器件的特性和引脚功能,掌握串行总线(单总线、I^2C 总线、SPI 总线)扩展外部器件的接口,理解操作时序和编程方法。

思考题

1. 在什么情况下需要对程序存储器和数据存储器同时进行扩展? 扩展的方法有哪些?
2. 存储器芯片的容量为 64KB,16 位,该存储器芯片有多少存储单元? 地址线有几根? 数据线有几根?
3. 外部存储器的扩展有哪些? 简要说明各扩展方法的基本原理。
4. 编写程序,将外部数据存储器的 5000～5FFFH 单元全部清 0。
5. 请利用译码器 74HC138 设计一个译码电路,分别选中 2 片 29C256 和 2 片 62256,且列出各芯片所占的地址空间范围。
6. 可编程并行接口 8255 有几个端口? 这些端口的名称是什么? 端口地址如何确定?
7. 某单片机系统应用 8255 扩展 I/O 接口,设其 A 口为方式 1 输出,B 口为方式 1 输入,C 口余下的引脚用于输出,试写出其方式控制字。
8. 什么是 I^2C 总线? 它有什么特点? 采用 I^2C 总线传输数据时,应该注意什么?
9. DS18B20 是什么芯片? 有什么特点? 试采用它设计一个电子温度计。
10. 什么是 SPI 总线? 它有什么特点?

第8章　单片机接口技术应用

本章学习要点：

- 了解STC89C52单片机与键盘接口电路设计和编程方法。
- 掌握数码管、专用芯片和12864点阵液晶显示的工作原理、接口电路设计和编程方法。
- 掌握STC89C52单片机与微型打印机TPμP-40A/16A的接口电路设计和编程方法。

在设计各种单片机应用系统中，还需扩展很多外部接口器件才能充分发挥单片机的智能控制功能。如键盘和显示器件是一个系统中不可缺少的输入输出设备。在系统工作的过程中，用户需要对系统相应控制操作，键盘是重要的输入控制信息的设备，对系统各种状态进行控制。通过显示设备可以向用户显示系统各种状态信息和控制指令的执行结果，通过显示设备，可以实时了解系统运行状态，以便做出及时的处理。一些单片机应用系统中还需要打印各种状态信息或定时生成一些数据报表，特别是在各种便携式设备中，通过单片机控制的微型打印机得到了更多的应用。

8.1　键盘接口电路

键盘是计算机最常用的输入设备，是实现人机对话的纽带。按其结构形式可分为非编码键盘和编码键盘。

编码键盘采用硬件方法产生键码。每按下一个键，键盘能自动生成键盘代码，键数较多，且具有去抖动功能。这种键盘使用方便，但硬件较复杂，PC所用键盘即为编码键盘。非编码键盘仅提供按键开关工作状态，其键码由软件确定，这种键盘键数较少，硬件简单，广泛应用于各种单片机应用系统，本书主要介绍非编码键盘的设计与应用。

8.1.1　独立式键盘

按照键盘与单片机的连接方式可分为独立式键盘与矩阵式键盘。独立式键盘相互独立，每个按键占用一根I/O口线，每根I/O口线上的按键工作状态不会影响其他按键的工作状态。这种按键软件程序简单，但占用I/O口线较多(一根口线只能接一个键)，适用于键盘应用数量较少的系统中。

图8-1为8个独立式按键的应用电路。其键盘编写程序步骤如下。

(1) 键闭合测试，检查是否有键闭合

当某一按键按下时，对应的检测线就变成了低电平，与其他按键相连的检测线仍为高电

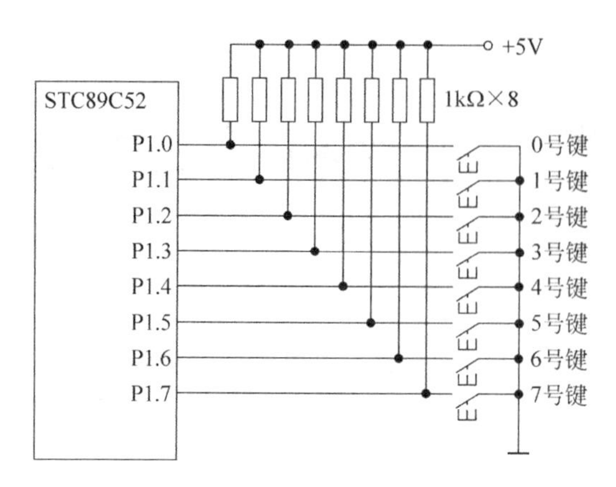

图 8-1　独立式键盘的接口电路

平，只需读入 I/O 输入线的状态，判别哪一条 I/O 输入线为低电平，就很容易识别出哪个键被按下。

(2) 去抖动

当测试到有键闭合后，需进行去抖动处理。由于按键闭合时的机械弹性作用，按键闭合时不会马上稳定接通，按键断开时也不会马上断开，由此在按键闭合与断开的瞬间会出现电压抖动，如图 8-2 所示。键盘抖动的时间一般为 5～10ms，抖动现象会引起 CPU 对一次键操作进行多次处理，从而可能产生错误，因而必须设法消除抖动的不良后果。通过去抖动处理，可以得到按键闭合与断开的稳定状态。去抖动的方法有硬件与软件两种：硬件方法是加去抖动电路，如可通过 RS 触发器实现硬件去抖动；软件方法是在第一次检测到键盘按下后，执行一段 10ms 的延迟子程序后再确认该键是否确实按下，跳过抖动，待信号稳定之后，再进行键扫描。通常多采用软件方法。

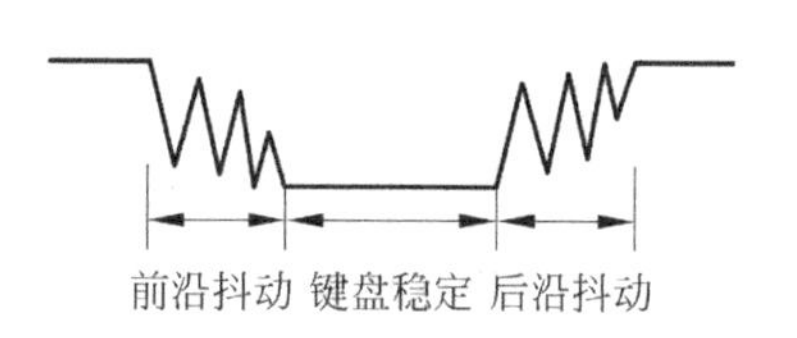

图 8-2　键抖动示意图

(3) 采用查询方式确定键位

如图 8-2 可见，若某键闭合则相应单片机引脚输入低电平。

(4) 键释放测试

键盘闭合一次只能进行一次键功能操作，因此必须等待按键释放后再进行键功能操作，否则按键闭合一次系统会连续多次重复相同的键操作。对于开关式按键，可不必等待键释放。

例 8-1　键盘为图 8-1 所示的独立式键盘，采用查询方式对键盘的键值读取。

C51 参考程序如下。

```
#include <reg52.h>
void main(void)
{   unsigned char keyvalue;
    do
    {   P1 = 0xff;
        keyvalue = P1;
        keyvalue = ~keyvalue;
    switch(keyvalue)
```

```
    {  case 1: …;                       /* 处理 0 号键 */
                      break;
       case 2: …;                       /* 处理 1 号键 */
                      break;
       case 4: …;                       /* 处理 2 号键 */
                      break;
       case 8: …;                       /* 处理 3 号键 */
                      break;
       case 16: …;                      /* 处理 4 号键 */
                      break;
       case 32: …;                      /* 处理 5 号键 */
                      break;
       case 64: …;                      /* 处理 6 号键 */
                      break;
       case 128: …;                     /* 处理 7 号键 */
                      default:
       break;                           /* 无按下键处理 */
       }
    }
    while(1)
}
```

例 8-2 键盘接口见图 8-3,编写中断方式的独立式键盘处理程序。

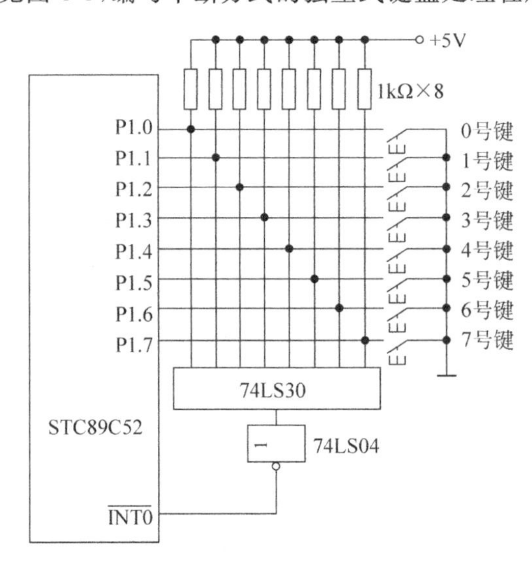

图 8-3 中断方式的独立式键盘的接口电路

为进一步提高扫描键盘工作效率,可采用中断扫描方式,如图 8-3 所示。键盘只有在有按键按下时,才进行处理,所以实时性强,效率高。当键盘中有按键按下时,74LS30 的输出经过 74LS04 反相后向单片机的中断请求输入引脚 $\overline{\text{INT0}}$ 发出中断请求信号,单片机响应中断,执行键盘扫描程序中断服务子程序,识别出按下按键的键号,并跳向该按键的处理程序。

C51 参考程序如下。

```
#include<reg52.h>
```

```
#include<absacc.h>
#define uchar unsigned char
#define TRUE 1
#define FALSE 0
bit key_flage;
uchar key_value;
void delay_10ms(void);                    /*延时10ms函数*/
void main(void)
{    IE=0x81;
     IP=0x01;
key_flag=0;                               /*设置中断标志为0*/
do{
if(key_flag)                              /*如果按键有效*/
    {    switch(key_value)                /*根据按键分支*/
         {    case 1: ...;                /*处理.0号键*/
                   break;
              case 2: ...;                /*处理1号键*/
                   break;
              case 4: ...;                /*处理2号键*/
                   break;
              case 8: ...;                /*处理3号键*/
                   break;
              case 16: ...;               /*处理4号键*/
                   break;
              case 32: ...;               /*处理5号键*/
                   break;
              case 64: ...;               /*处理6号键*/
                   break;
              case 128: ...;              /*处理7号键*/
                   default:
                   break;                 /*无效按键,如多个键同时按下*/
         }
    key_flag=0;  }
      }
    while(TRUE);
}
void int0( )  interrupt 0
{   uchar reread_key;
    IE=0x80;                              /*屏蔽中断*/
    key_flag=0;                           /*设置中断标志*/
P1=0xff;                                  /* P1口锁存器置1*/
key_value=P1;                             /*读入P1口的状态*/
delay_10ms(void);                         /*延时10ms*/
reread_key=P1&0x07;                       /*再次读取P1口的状态*/
if(key_value==reread_key)
{
   key_flag=1;                            /*设置中断标志为1*/
}
IE=0x81;                                  /*中断允许*/
}
```

8.1.2 矩阵式键盘

1. 矩阵式键盘的原理

下面以 4×4 矩阵键盘(如图 8-4 所示)为例讲解编程扫描方式的具体工作原理,4×4 矩阵键盘将 16 个按键排成 4 行 4 列,第一行将每一个按键的一端连接在一起构成行线,第一列将每一个按键的另一端连接在一起构成列线,这样便有 4 行 4 列共 8 根线,将这 8 根线连接到单片机的 8 个 I/O 口上,通过程序扫描键盘就可检测到 16 个键。同样用这种方法可以实现 3 行 3 列 9 个按键、5 行 5 列 25 个按键、6 行 6 列 36 个按键等键盘的设计。

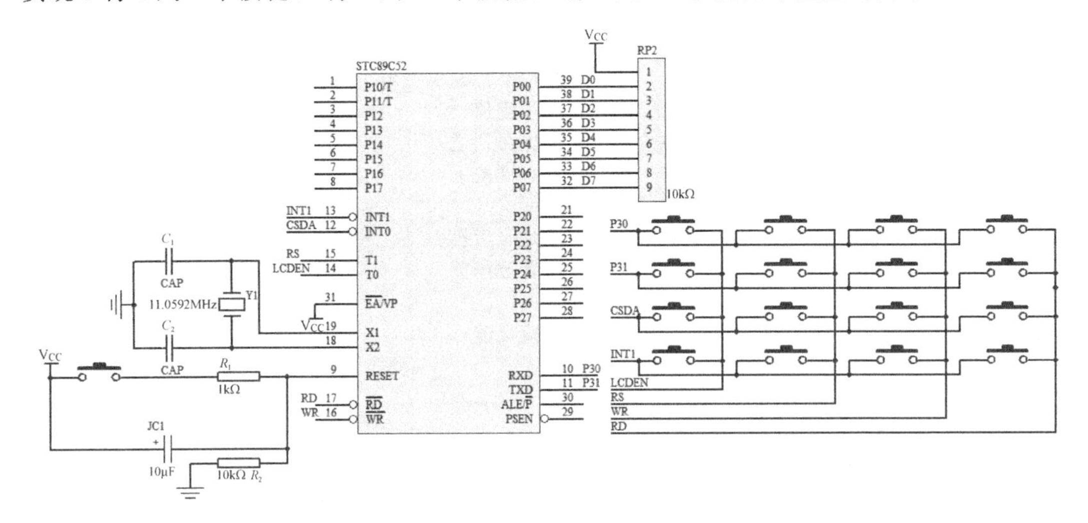

图 8-4　键盘接口硬件电路图

矩阵键盘两端都与单片机 I/O 口相连,因此在检测时须人为通过单片机 I/O 口送出低电平,在检测时,先送一列为低电平,其余几列全为高电平(此时可确定列数),然后立即轮流检测一次各行是否有低电平,若某一行检测到有低电平(此时可确定行数),由此确定当前按下按键的具体位置,用同样的方法轮流向每一列送一次低电平,再轮流检测一次各行是否为低电平,这样可以检测完所有的按键,当有按键按下的时候即可判断按下的是哪一个键。这就是矩阵键盘的检测原理和方法。

2. 矩阵式键盘的应用

例 8-3　对图 8-4 所示的矩阵式键盘,编写查询式的键盘处理程序。

C51 参考程序如下。

```
#include<reg52.h>                    //52 系列单片机头文件
#define uchar unsigned char
#define uint unsigned int
//sbit dula=P2^6;
//sbit wela=P2^7;
uchar i=100;
uchar temp,key;
```

```
/******************** 延时函数 ********************/
void delay(unsigned char i)
{
     uint j,k;
     for(j = i;j > 0;j -- )
          for(k = 125;k > 0;k -- );
}
uchar code table[ ] = {0x3f,0x06,0x5b,0x4f,0x66,0x6d,0x7d,
                              0x07,0x7f,0x6f,0x77,0x7c,0x39,0x5e,0x79,0x71};
/******************** 主函数 ********************/
void main()
{
   while(1)
   {
     P3 = 0xfe;                                    //第 0 行输出低电平
     temp = P3;                                    //读键值
     temp = temp&0xf0;                             //保存列值
     if(temp!= 0xf0)                               //有键按下
     {
       delay(10);                                  //延时消抖
if(temp!= 0xf0)                                    //有键按下
       {
          temp = P3;                               //读键值
          switch(temp)
          {
            case 0xee:
                  key = 0;
                  break;
            case 0xde:
                  key = 1;
                  break;
            case 0xbe:
                  key = 2;
                  break;
            case 0x7e:
                  key = 3;
                  break;
          }
while(temp!= 0xf0)                                 //按键释放确认
          {
             temp = P3;
             temp = temp&0xf0;
          }
          display(key);                            //键释放,调显示函数
       }
     }
     P3 = 0xfd;                                    //第 1 行输出低电平
     temp = P3;                                    //读键值
     temp = temp&0xf0;                             //保存列值
     if(temp!= 0xf0)                               //有键按下
     {
```

```
        delay(10);                           //延时消抖
  if(temp!= 0xf0)
        {
          temp = P3;                         //读键值
          switch(temp)                       //判断键值
          {
            case 0xed:
                 key = 4;
                 break;
            case 0xdd:
                 key = 5;
                 break;
            case 0xbd:
                 key = 6;
                 break;
            case 0x7d:
                 key = 7;
                 break;
           }
  while(temp!= 0xf0)                         //按键释放确认
           {
             temp = P3;                      //读键值
             temp = temp&0xf0;
           }
           display(key);                     //键释放,调显示函数
        }
       }
      P3 = 0xfb;                             //第 2 行输出低电平
      temp = P3;                             //读键值
      temp = temp&0xf0;
  f(temp!= 0xf0)
      {
        delay(10);
        if(temp!= 0xf0)
  if(temp!= 0xf0)
        {
          temp = P3;                         //读键值
          switch(temp)
          {
            case 0xeb:
                 key = 8;
                 break;

            case 0xdb:
                 key = 9;
                 break;
            case 0xbb:
                 key = 10;
                 break;
            case 0x7b:
                 key = 11;
```

```
                break;
            }
    while(temp!= 0xf0)                  //按键释放确认
            {
              temp = P3;                //读键值
              temp = temp&0xf0;
            }
          display(key);                 //键释放,调显示函数
        }
        }
    P3 = 0xf7;                          //第3行输出低电平
        temp = P3;                      //读键值
        temp = temp&0xf0;
        if(temp!= 0xf0)
        {
          delay(10);
          if(temp!= 0xf0)
            {
            temp = P3;                  //读键值
            switch(temp)
            {
              case 0xe7:
                   key = 12;
                   break;
              case 0xd7:
                   key = 13;
                   break;
              case 0xb7:
                   key = 14;
                   break;
              case 0x77:
                   key = 15;
                   break;
            }
    while(temp!= 0xf0)                  //按键释放确认
            {
              temp = P3;                //读键值
              temp = temp&0xf0;
            }
          display(key);                 //键释放,调显示函数
        }
      }
    }
}
        void display(key)
{
    P1 = table[key];
}
```

8.2　LED 显示接口电路

8.2.1　LED 显示器

LED(Light Emitting Diode)显示器是由发光二极管作为显示字段的数码型显示器件，具有显示清晰、成本低廉、配置灵活、与单片机接口简单等特点，在单片机应用系统中得到了广泛的应用。

1. LED 显示器结构与分类

LED 显示器内部由 7 段发光二极管组成，因此亦称之为七段 LED 显示器，由于主要用于显示各种数字符号，故又称之为 LED 数码管。每个显示器还有一个圆点型发光二极管(用符号 DP 表示)，用于显示小数点，图 8-5 为 LED 显示器的符号与引脚图。根据其内部结构，LED 显示器可分为共阴极与共阳极两种，如图 8-6 所示。

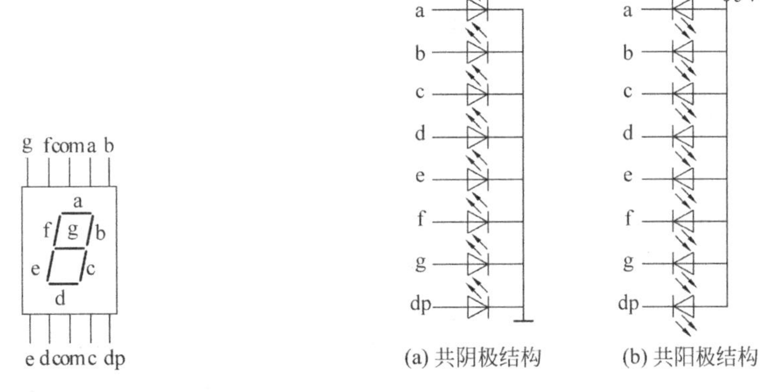

图 8-5　LED 显示器的符号与引脚图　　　图 8-6　LED 显示器内部结构图

图 8-6(a)为共阴极 LED 显示器的内部结构。图中各二极管的阴极连在一起，公共端接低电平时，若某段阳极加上高电平则该段发光二极管就导通发光，而输入低电平的段则不发光。

图 8-6(b)为共阳极 LED 显示器的内部结构。图中各二极管的阳极连在一起，公共端接高电平时，若某段阴极加上低电平则该段发光二极管就导通发光，而输入高电平的段则不发光。

LED 数码管通常有红色、绿色、黄色三种，以红色应用最多。由于二极管的发光材料不同，数码管有高亮与普亮之分，应用时根据数码管的规格与显示方式等决定是否加驱动电路。

2. LED 显示器的段码

七段 LED 显示器可采用硬件译码与软件译码两种方式。在数字电路中曾介绍硬件译码显示方法，如利用 74LS47 等实现译码显示，这里主要介绍软件方式实现译码显示。加在显示器上对应各种显示字符的二进制数据称为段码。数码管中，七段发光二极管加上一个小数点位共计八段，因此段码为 8 位二进制数，即一个字节。由于点亮方式不同，共阴与共阳两种 LED 数码管的段码是不同的，详见表 8-1。

表 8-1 LED 数码管段码表

字 型	共阳极段码	共阴极段码	字 型	共阳极段码	共阴极段码
0	C0H	3FH	9	90H	6FH
1	F9H	06H	A	88H	77H
2	A4H	5BH	B	83H	7CH
3	B0H	4FH	C	C6H	39H
4	99H	66H	D	A1H	5EH
5	92H	6DH	E	86H	79H
6	82H	7DH	F	8EH	71H
7	F8H	07H	灭	FFH	00H
8	80H	7FH			

8.2.2 LED 数码管显示器接口设计举例

1. 数码管静态显示方式

数码管静态显示方式是当 LED 数码管显示器显示某个字符时，相应的段（发光二极管）恒定地导通或截止，直到显示另一个字符为止。

LED 数码管显示器工作于静态显示方式时，若为共阴数码管，各位的共阴极接地；若为共阳极数码管，则接正电压，电压根据 LED 数码管的具体要求定。每位的段选线分别与一个 8 位锁存器的输出口相连，显示器中的各位相互独立，而且各位的显示字符一经确定，相应锁存的输出将维持不变。正因如此，静态显示器的亮度较高。这种显示方式编程容易，维护也较简单。

2. 数码管动态显示方式

在多位 LED 数码管显示器显示时，为了简化电路，降低成本，将所有位的段选线并联在一起，由一个 8 位 I/O 口控制。而共阴（或共阳）极公共端分别由相应的 I/O 线控制，实现各位的分时选通方法。这就构成了动态显示方式。

段选码、位选码每送入一次后延时 1ms，因人眼的视觉暂留时间为 0.1s(100ms)，所以每位显示的间隔不能超过 20ms，并保持延时一段时间，以造成视觉暂留效果，让人看上去每个数码管总在亮。

例 8-4 电路如图 8-7 所示，试编程实现 6 个数码管同时显示 0～5。

C51 参考程序如下。

```
#include<reg52.h>
#define uchar unsigned char
```

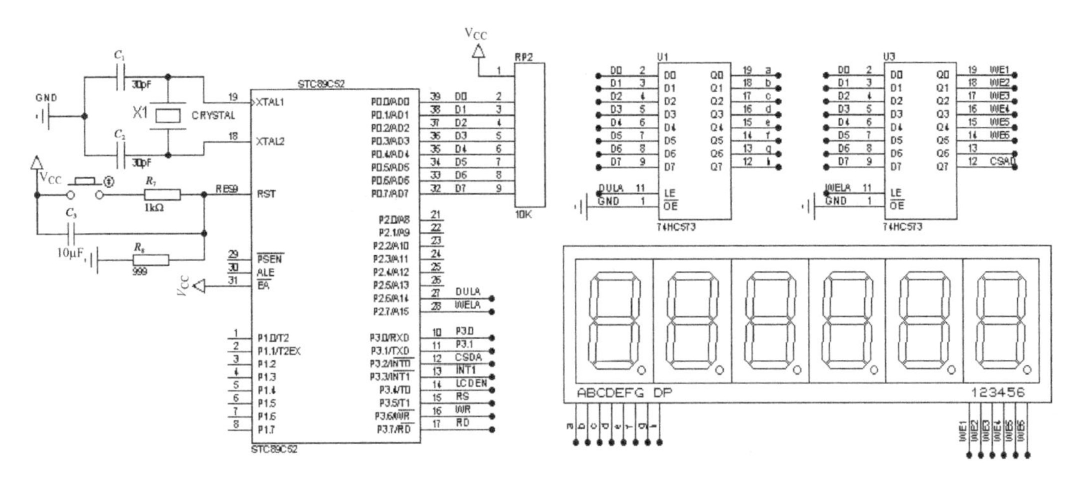

图 8-7　数码管接口硬件电路图

```
#define uint unsigned int
sbit dula = P2 ^6;                                        //段选信号的锁存器控制
sbit wela = P2 ^7;                                        //位选信号的锁存器控制
uchar code wei[ ] = {0xfe,0xfd,0xfb,0xf7,0xef,0xdf};      //数码管各位的码表
uchar code duan[ ] = {0x3f,0x06,0x5b,0x4f,0x66,0x6d};     //0～5 的码表
void delay(unsigned int i)
{
    uint m,n;
    for(m = i;m > 0;m -- )
        for(n = 90;n > 0;n -- );
}
void main()
{
    uchar num;
    while(1)
    {
        for(num = 0;num < 6;num++)
        {
            P0 = wei[num];
            wela = 1;
            wela = 0;

            P0 = duan[num];
            dula = 0;
            dula = 1;
            delay(2);
        //时间间隔短,这是关键(所谓的同时显示,只是间隔较短而已,
        //利用人眼的余辉效应,让人觉得每个数码管都一直在亮)
         }
    }
}
```

8.3 键盘与 LED 显示器综合设计电路

8.3.1 利用并行 I/O 芯片 82C55 实现的键盘/显示器接口

例 8-5 图 8-8 是 STC89C52 用并行 I/O 接口芯片 82C55 实现的 32 键和 8 位 LED 数码管显示的键盘/显示器接口电路。STC89C52 外扩一片 82C55，82C55 的 PA、PB、PC 口及控制口的地址分别为：7FFCH、7FFDH、7FFEH 以及 7FFFH。82C55 的 PA 口为输出口，控制键盘列线的扫描，PA 口同时又是 8 位共阴极显示器的位扫描口。PB 口作为显示段码的输出口，82C55 的 PC 口作为键盘的行线状态的输入口，图中 7407 为同相驱动器。

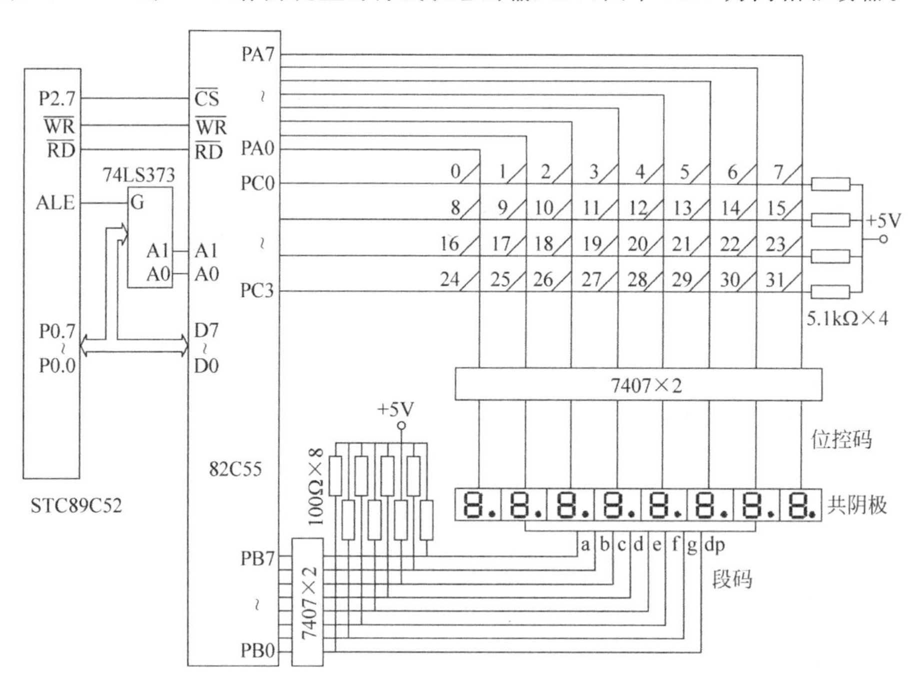

图 8-8 用并行 I/O 接口芯片 82C55 实现键盘/显示器接口电路

1. 动态显示程序设计

```
#include<reg52.h>
#include<absacc.h>
#define uchar unsigned char
#define cmd8255 XBYTE[0x7fff]              /*82C55 的控制字寄存器端口地址 0x7fff */
#define PA8255 XBYTE[0x7ffc]               /*82C55 的 PA 口地址 0x7ffc */
#define PB8255 XBYTE[0x7ffd]               /*82C55 的 PB 口地址 0x7ffd */
#define PC8255 XBYTE[0x7ffe]               /*82C55 的 PC 口地址 0x7ffe*/
uchar idata dis_buf[8];                    /*显示缓冲区*/
uchar code table[16] = {0x3f, 0x06, 0x5b, 0x4f, 0x66, 0x6d, 0x07, 0x7f, 0x6f, 0x77, 0x7c,
0x39, 0x5e, 0x79, 0x71} ;                  /*共阴极数码管段码表*/
```

```
void delay(uchar d);                          /* 延时函数,用户根据实际需要自行编写 */
void display(void)
{    uchar segcode,bitcode,i;
         bitcode = 0xfe;                      /* 点亮最左边的显示器的位控码 */
     for(i = 0;i<7;i++)
         {    segcode = dis_buf[i];
              PB8255 = table[segcode];        /* 段码从 PB 口输出 */
              PA8255 = bitcode;               /* 位控码从 PA 口输出,点亮某一位 */
              delay (1);                      /* 延时 */
              bitcode = bitcode<<1;           /* 位控码左移 1 位 */
              bitcode = bitcode | 0x01;
         }
}
void main(void)
{cmd8255 = 0x80;
 dis_buf[8] = {1,2,3,4,5,6,7,8};
 while(1)
   {display( );
   }
}
```

2. 键盘扫描程序设计

键盘采用扫描工作方式。键盘程序功能有以下 4 方面。

(1) 判别键盘上有无键闭合,其方法为扫描口 PA0～PA7 输出全 0,读 PC 口的状态,若 PC0～PC3 为全 1(键盘上行线全为高电平),则键盘上没有闭合键,若 PC0～PC3 不全为 1,则有键闭合。

(2) 去除键的机械抖动,在判别出键盘上有键闭合后,延迟一段时间再判别键盘的状态,若仍有键闭合,则认为键盘上有键处于稳定的闭合期,否则认为是键的抖动。

(3) 判闭合键键号,对键盘的列线进行逐列扫描,扫描口 PA0～PA7 依次输出下列编码,即只有一列为低电平,其余各列为高电平,如表 8-2 所示。

表 8-2　扫描口 PA0～PA7 输出编码表

PA7	PA6	PA5	PA4	PA3	PA2	PA1	PA0
1	1	1	1	1	1	1	0
1	1	1	1	1	1	0	1
1	1	1	1	1	0	1	1
1	1	1	1	0	1	1	1
1	1	1	0	1	1	1	1
1	1	0	1	1	1	1	1
1	0	1	1	1	1	1	1
0	1	1	1	1	1	1	1

依次读 PC 口的状态,若 PC0～PC3 为全 1,则列线为 0 的这一列上没有键闭合。闭合键的键号等于为低电平的列号加上行线为低电平的行的首键号。例如,PA 口输出为 11111101 时,读出 PC0～PC3 为 1101,则 1 行 1 列相交的键处于闭合状态,第一列的首键号

为 8,列号为 1。因此,闭合键的键号 N 为

N=行首键号+列号=8+1=9

(4) 对键的一次闭合仅作一次处理,采用的方法为等待闭合键释放以后再做处理。

C51 参考程序如下。

```
#include<reg52.h>
#include<absacc.h>
#define uchar unsigned char
#define uint unsigned int
void delay(uint);
uchar scankey(void);
uchar keyscan (void);
void main(void)
{    uchar key;
     while(1)
       {    key = keyscan ( );
            delay(2000);
       }
     }
void delay(uint i)
{    uint j;
     for(j = 0; j<1; j++){ }
}
uchar checkkey( )                  /* 检测有无键按下函数,有键按下返回 0xff,无键按下返回 0 */
{    uchar i;
     XBYTE[0x7ffc] = 0x00;                    /* 列线 PA 口输出全 0 */
     i = XBYTE[0x7ffe];                       /* 读入行线 PC 口的状态 */
     i = i&0x0f;                              /* 屏蔽 PC 口的高 4 位 */
     if(i == 0x0f)return(0);                  /* 无键按下返回 0 */
     else  return(0xff);
}
uchar keyscan ( )              /* 键盘扫描函数,如有键按下返回该键的编码,无键按下返回 0xff */
{    uchar  scancode;                         /* 定义列扫描码变量 */
uchar  codevalue;                             /* 定义返回的编码变量 */
uchar  m;                                     /* 定义行首编码变量 */
uchar  k;                                     /* 定义行检测码 */
uchar  i,j;
if(checkkey( ) == 0) return(0xff);            /* 检测是否有键按下,无键按下返回 0xff */
else
{    delay(200);
     if(checkkey( ) == 0) return(0xff);       /* 检测是否有键按下,无键按下返回 0xff */
     else
     {    scancode = 0xfe;m = 0x00;           /* 列扫描码,行首键码赋初值 */
for(i = 0;i<8;i++)
{    k = 0x01;
     XBYTE[0x7ffc] = scancode;                /* 送列扫描码 */
for(j = 0;j<8;j++)
{    if((XBYTE[0x7ffd]&k) == 0)               /* 检测当前行是否有键按下 */
{    codevalue = m + j;                       /* 当前行有键按下,求编码 */
     {while(checkkey( )!= 0);
```

```
        return(codevalue);                    /* 返回按下键的编码 */
    }
    else k = k << 1;                          /* 行检测码左移 1 位 */
    }
    m = m + 8;                                /* 计算下一行的首键码 */
    scancode = scancode << 1;                 /* 列扫描码左移 1 位,扫描下一列 */
    }
            }
        }
    }
```

8.3.2　利用串行口实现的键盘/显示器接口

当 STC89C52 的串行口未作它用时,可使用串口来外扩键盘/显示器。应用串行口方式 0,外扩移位寄存器 74LS164、74LS165 来构成键盘/显示器接口,这是在实际的设计中,经常采用的一种方案,接口电路如图 8-9 所示。

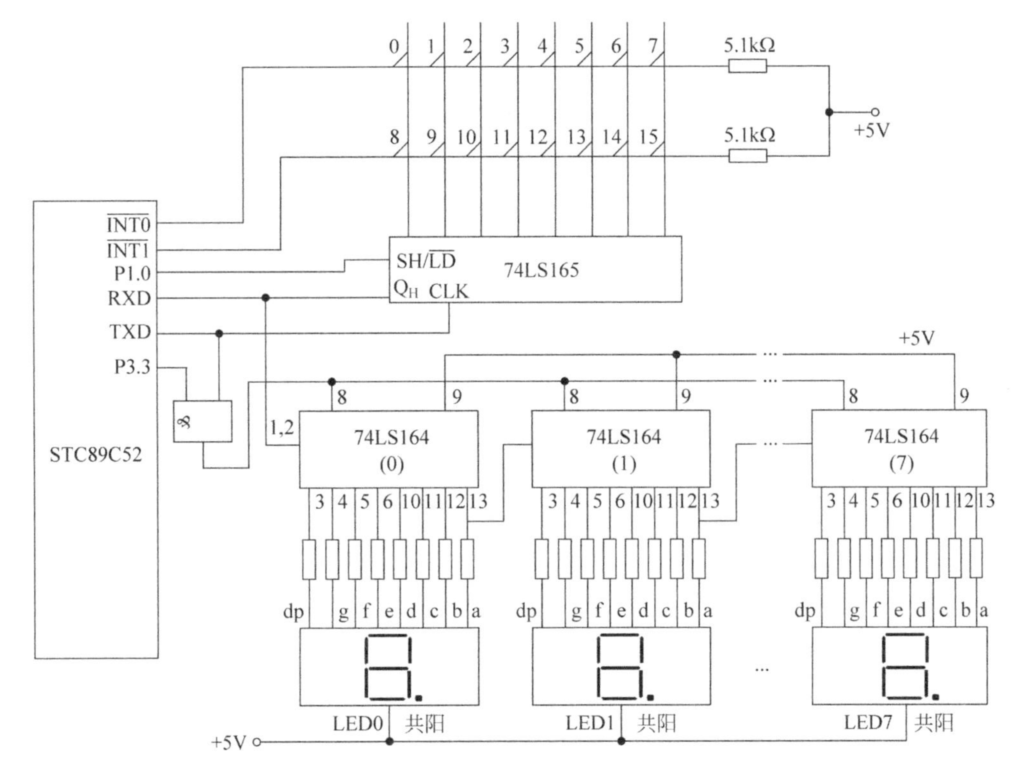

图 8-9　用 STC89C52 串行口扩展的键盘/显示器接口

例 8-6　如图 8-9 所示的键盘/显示器接口,显示部分接有 8 个 74LS164,作为 8 个 LED 数码管的段码输出口。P3.3 作为 TXD 引脚同步移位脉冲输出的控制线,P3.3=0 时与门输出 0,禁止同步移位脉冲输出。本静态显示方式要比动态显示的亮度更大些,由于 74LS164 在低电平输出时,允许通过的电流为 8mA,故不必加驱动电路。与动态扫描相比较,单片机不必频繁地扫描显示器,提高了工作效率,因而软件设计比较简单。显示子程序要求在8位数码管显示器上显示“1、2、3、4、5、6、7、8”。

C51参考程序如下。

```
#include<reg52.h>
#define uchar unsigned char
sbit P3_3 = P3^3;
char code tab[8] = {0xf9,0xa4, 0xb0, 0x99, 0x92, 0x82, 0xf8, 0x80};/*显示字符1~8的段码*/
void display(void)
{    uchar i;
        TI = 0;
    SCON = 0;                              /*串口方式0*/
    P3_3 = 1;                              /*与门打开,TXD可输出同步移位脉冲*/
for(i = 0;i<8;i++)
{    SBUF = tab[7 - i];                    /*串行输出显示代码到数码管*/
    while(TI == 0);                        /*等待发送完*/
TI = 0;
}
P3_3 = 0;                                  /*与门关闭,即关闭显示,同步移位脉冲不能输出*/
}
```

键盘电路部分的74LS165是并行输入,串行输出的同步移位寄存器,其中Q_H为串行输出端,CLK为同步脉冲输入端,$SH/\overline{LD}$为控制端。若$SH/\overline{LD}=0$,为并行输入数据(串行输出端关闭);若$SH/\overline{LD}=1$,为串行输出(并行输入关闭),74LS165的并行输入作为键盘的列线,键盘的行线接至STC89C52的$\overline{INT0}$和$\overline{INT1}$脚,作为两行键的行状态输入。键盘处理程序采用中断方式。

C51参考程序如下。

```
#include<reg52.h>
#define uchar unsigned char
int keynum;
char RxByte;
char Interrupt_Flag;                       /*Interrupt_Flag作为区分两个外中断的标志位*/
sbit P10 =  0x90;
sbit P32 =  0xb2;                          /*定义外中断0输引脚*/
sbit P33 =  0xb3;                          /*定义外中断1输引脚*/
void GetKeyRxByte( );
main( )
{    keynum = 0xff;
        EX0 = 1;                           /*允许外中断0中断*/
        EX1 = 1;                           /*允许外中断1中断*/
    ES = 1;                                /*允许串行口中断*/
    EA = 1;                                /*全局中断允许*/
while(1)
{    if(keynum == 0xff);                   /*键盘值全为高,无键按下*/
{…};                                       /*无键按下的处理*/
else
{    {…}                                   /*有键按下的处理*/
keynum == 0xff;
}
```

```
}
}
void int0( )  interrupt 0  using 0
{   P1_0 = 0;                          /* 74LS165 并行输入 */
P1_0 = 1;                              /* 74LS165 串行输出 */
Interrupt_Flag = 0;
}
void int1( )  interrupt 2  using 0
{   P1_0 = 0;                          /* 74LS165 并行输入 */
P1_0 = 1;                              /* 74LS165 串行输出 */
Interrupt_Flag = 1;
}
void serial_port( )  interrupt 4 using 0
{   if(RI == 1)
{   RxByte = SBUF;
    GetKeyByte( );
}
TI = 0;
RI = 0;
}
void GetKeyRxByte( )
{   int i,temp;
    for(i = 0;i < 8;i++)
    if(((RxByte >> i)&0x01) == 0)
    {   temp = i;
        keynum = temp + 8 * Interrupt_Flag; /* 得到键值 */
        return;
}
}
```

程序说明如下。

(1) 由于程序中有两个外中断,故设置了 Interrupt_Flag 作为区分两个外中断的标志位,当响应外部中断 0 时,Interrupt_Flag=0,响应外部中断 1 时,Interrupt_Flag=1。

(2) 函数 GetKeyRxByte( )用于从接收到的串行数据中获得键值,在函数中采用移位的方法来实现。

8.3.3 8279 键盘、显示器接口电路

INTEL8279 是一种通用可编程键盘/显示接口芯片,它能同时完成键盘输入和显示控制两种功能。键盘接口电路可最多控制 64 个按键或传感器组成的阵列,可自动消除开关抖动、自动识别键码并具有多键同时按下保护功能。显示接口电路采用自动扫描方式工作,最多可连接 16 位 LED 显示器。采用该芯片设计键盘与显示接口电路可简化程序,从而减少 CPU 运行时间,提高工作效率。

1. 8279 内部结构及基本工作原理

8279 内部结构如图 8-10 所示,下面介绍各单元电路的基本工作原理。

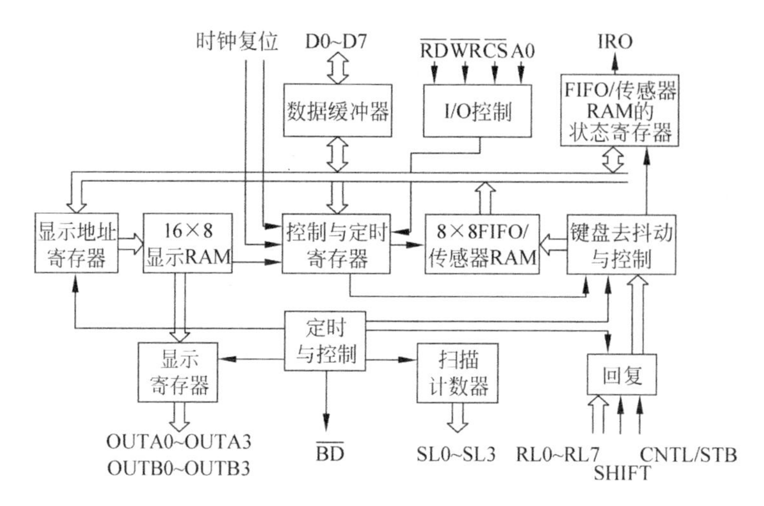

图 8-10　8279 内部结构

1) 数据缓冲器及 I/O 控制

数据缓冲器为双向缓冲器，连接内、外总线，用于传送 CPU 和 8279 之间的命令或数据。I/O 控制线实现 CPU 对 8279 内部各种寄存器、缓冲器读/写数据和读/写控制命令进行控制。

2) 控制与定时寄存器及定时控制

控制与定时寄存器用于寄存键盘及显示工作方式控制字以及其他操作方式控制字。该寄存器接收并锁存 CPU 送来的命令，然后通过译码产生相应的控制信号，从而完成相应的控制功能。

定时与控制电路由 N 个基本计数器组成，其中，第一个计数器是一个可编程 N 级分频器，N 可由软件编程在 2～31 间取值。该分频器将外部时钟 CLK 分频得到内部所需的 100kHz 时钟，再经分频为键盘提供适当的扫描频率和显示时间。

3) 扫描计数器

该电路为键盘和显示器提供扫描信号，有两种工作方式：编码方式和译码方式。

按编码方式工作时，计数器进行二进制计数并由扫描线 SL0～SL3 输出，经外部译码器译码后，为键盘和显示器提供扫描信号。按译码方式工作时，扫描计数器的最低两位被译码后，从 SL0～SL3 输出，提供了 4 选 1 的扫描译码。

4) 回复缓冲器、键盘去抖动及控制

在键盘工作方式中，从 SL0～SL3 送出的扫描信号，将会去扫描键盘，如有按键被按下时，去抖电路被置位，延时等待 10ms 后，再检查该键是否仍处在闭合状态。若不闭合，则视作干扰信号；若仍闭合，则将该键的地址和附加的移位、控制状态一起形成键盘数据送入 8279 内部的 FIFO(先入先出)存储器，数据格式如表 8-3 所示。

表 8-3　8279 FIFO 存储器的格式

D7	D6	D5	D4	D3	D2	D1	D0
控制	移位	扫描			回复		

控制和移位(D7、D6)的状态由两个独立的附加开关决定,而扫描(D5、D4、D3)和回复(D2、D1、D0)则是被按键置位的数据。D5、D4、D3 来自扫描计数器,它们是根据回复信号而确定的行/列编码。

在传感器开关状态矩阵方式中,回复线的内容直接被送往相应的传感器 RAM(即 FIFO 存储器)中。

在选通输入方式工作时,回复线的内容在 CNTL/STB 线的脉冲上升沿被送入 FIFO 存储器。

5) FIFO/传感器 RAM 及其状态寄存器

FIFO/传感器 RAM 是一个双重功能的 8×8 位 RAM。在键盘或选通工作方式时,它是 FIFO RAM,其输入/输出遵循先入先出的原则。此时,FIFO 状态寄存器存放 FIFO 的工作状态,如 RAM 是满还是空,所存数据多少,操作是否出错等。若 FIFO 不空,IRQ 信号为高电平,向 CPU 申请中断。

在传感器矩阵方式工作时,该存储器用于存放传感器矩阵中每一个传感器的状态。在此方式中,若检出传感器发生变化,则 IRQ 信号变为高电平,向 CPU 申请中断。

6) 显示 RAM 和显示地址寄存器

显示 RAM 用于存储显示数据,容量为 16×8 位。在显示过程中,存储的显示数据轮流从显示寄存器输出。显示寄存器分为 A、B 两组,OUTA3～0、OUTB3～0。它们既可以单独送数,也可以组成一个 8 位的字,OUT A 输出高 4 位,OUTB 输出低 4 位。显示寄存器的输出与显示扫描配合,轮流驱动被选中的显示器件,实现稳定的动态显示。

显示地址寄存器用来寄存 CPU 读/写显示 RAM 的地址,它可以由命令设定,也可以设置成在每次读出或写入之后自动递增。

2. 8279 引脚功能

8279 芯片为 40 脚双列直插式封装,见图 8-11。

引脚	名称	名称	引脚
1	RL2	V_{CC}	40
2	RL3	RL1	39
3	CLK	RL0	38
4	IRQ	CNTL/STB	37
5	RL4	SHIFT	36
6	RL5	SL3	35
7	RL6	SL2	34
8	RL7	SL1	33
9	RESET	SL0	32
10	$\overline{RD}$	OUTB0	31
11	$\overline{WR}$	OUTB1	30
12	D0	OUTB2	29
13	D1	OUTB3	28
14	D2	OUTA0	27
15	D3	OUTA1	26
16	D4	OUTA2	25
17	D5	OUTA3	24
18	D6	$\overline{BD}$	23
19	D7	$\overline{CS}$	22
20	GND	A0	21

图 8-11　8279 引脚图

引脚功能如下。

(1) D0～D7:双向三态数据总线。在 CPU 与 8279 间进行数据与命令的传送。

(2) CLK:8279 系统时钟,100kHz 为最佳选择。

(3) RESET:系统复位输入信号,高电平有效。复位后,系统为 16 字符显示、编码扫描键盘、双向锁定、时钟分频系数为 N=31。

(4) $\overline{CS}$:片选输入端,低电平有效。

(5) A0:数据选择输入端。A0=1 时,CPU 写入数据为命令字,读出数据为状态字;A0=0 时,CPU 写入/读出均为数据。

(6) $\overline{RD}$:读出控制信号,低电平有效。

(7) $\overline{WR}$:写入控制信号,低电平有效。

(8) IRQ:中断请求输出端,高电平有效。

(9) SL0～SL3:扫描输出端,用于扫描键盘和显示器。可编程设定为编码(4 选 1)或译码输出(16 选 1)。

(10) RL0～RL7：回复线，键扫描或传感器的列信号输入端。无按键被按下时，返回高电平；有按键按下时，该回复线为低电平。

(11) SHIFT：移位信号输入端，高电平有效。

(12) CNTL/STB：控制/选通输入端，高电平有效。在键盘工作方式时，它是键盘数据的最高位，通常用作控制键；在选通输入方式时，它的上升沿可把来自 RL0～RL7 的数据存入 FIFO/传感器 RAM 中；在传感器工作方式中，它无效。

(13) OUTA0～OUTA3：A 组显示信号输出端(高 4 位)。

(14) OUTB0～OUTB3：B 组显示信号输出端(低 4 位)。

(15) $\overline{BD}$：显示熄灭输出端，低电平有效。

3. 8279 工作方式

8279 工作方式由输入到 8279 的工作方式命令字来决定，共有三种工作方式。

1) 键盘工作方式

通过命令字可将键盘工作方式设定为双键互锁与 N 键巡回两种工作方式。

双键互锁：若有两个键或多个键同时按下，8279 电路只识别最后一个释放的键，并把键值送入 FIFO/传感器 RAM 中。

N 键巡回：若有多个按键同时按下时，键盘扫描将各键键值按以下顺序依次存入 FIFO/传感器 RAM 中。

2) 显示器工作方式

通过设置键盘/显示命令字和写显示 RAM 命令字，显示数据写入显示缓冲器时可置为左端送入和右端送入两种方式。左端送入为依次填入方式，右端送入为移入方式。

3) 传感器矩阵方式

通过设置读 FIFO/传感器命令字，8279 可工作于传感器矩阵方式，此时传感器的开关状态直接送到传感器 RAM。CPU 对传感器阵列扫描时，如果检测到某个传感器状态发生变化，则产生中断请求信号 IRQ。

4. 8279 命令字

8279 共有 8 条命令字，其格式与功能如下。

(1) 键盘/显示方式设置命令。命令字格式说明如表 8-4 所示。

表 8-4 8279 命令字格式

D7	D6	D5	D4	D3	D2	D1	D0
0	0	0	D	D	K	K	K

其功能如下。

D7、D6、D5 为 000，为方式设置命令特征位。

D4、D3 为显示方式设定位，共有以下 4 种显示方式，如表 8-5 所示。

D2、D1、D0 为键盘/显示工作方式设定位，共有以下 8 种工作方式，如表 8-6 所示。

表 8-5　8279 显示方式

D4	D3	显示方式
0	0	8 字符显示,左边输入
0	1	16 字符显示,左边输入
1	0	8 字符显示,右边输入
1	1	16 字符显示,右边输入

表 8-6　8279 键盘/显示工作方式

D2	D1	D0	工作方式
0	0	0	编码扫描键盘,双键锁定输出
0	0	1	译码扫描键盘,双键锁定输出
0	1	0	编码扫描键盘,N 键依次读出
0	1	1	译码扫描键盘,N 键依次读出
1	0	0	编码扫描传感器矩阵
1	0	1	译码扫描传感器矩阵
1	1	0	选通输入,编码显示扫描
1	1	1	选通输入,译码显示扫描

(2) 时钟编程命令。时钟编程命令字格式如表 8-7 所示。

表 8-7　时钟编程命令字格式

D7	D6	D5	D4	D3	D2	D1	D0
0	0	1	P	P	P	P	P

其功能如下。

D7、D6、D5 为 001,是时钟编程命令特征位。

D4、D3、D2、D1、D0 用于设定对 CLK 输入端输入的外部时钟信号进行分频的分频系数 N。若外部时钟频率为 2MHz,PPPPP 被设置为 10100(N=20),即可产生 8279 内部要求的 100kHz 基本时钟信号。

(3) 读 FIFO/传感器 RAM 命令。读 FIFO/传感器 RAM 命令字格式如表 8-8 所示。

表 8-8　读 FIFO/传感器 RAM 命令字格式

D7	D6	D5	D4	D3	D2	D1	D0
0	1	0	AI	×	A	A	A

其功能如下。

D7、D6、D5 为 010,是读 FIFO/传感器 RAM 命令特征位。

D4(AI)为自动递增设定位。当该位为 0 时,每次读完传感器 RAM 的数据后地址不变;当该位为 1 时,每次读完传感器 RAM 的数据后地址自动加 1,下一个数据便从下一个地址读出,不必重新设置读 FIFO/传感器 RAM 命令。

D2、D1、D0 为 FIFO/传感器 RAM 地址。

(4) 读显示 RAM 命令。读显示 RAM 命令字格式如表 8-9 所示。

表 8-9　读显示 RAM 命令字格式

D7	D6	D5	D4	D3	D2	D1	D0
0	1	1	AI	A	A	A	A

其功能如下。

D7、D6、D5 为 011，是读显示 RAM 命令特征位。

D4(AI)为自动递增设定位。该位为 1 时，每次读数后地址自动加 1。

D3、D2、D1、D0 为显示 RAM 的存储单元地址。

(5) 写显示 RAM 命令。该命令字格式如表 8-10 所示。

表 8-10　写显示 RAM 命令字格式

D7	D6	D5	D4	D3	D2	D1	D0
1	0	0	AI	A	A	A	A

其功能如下。

D7、D6、D5 为 100，是写显示 RAM 命令特征位。

D4(AI)为自动递增设定位。该位为 1 时，每次写入数据后地址自动加 1。

D3、D2、D1、D0 为待写入显示 RAM 的存储单元地址。

(6) 显示禁止写入/消隐命令。显示禁止写入/消隐命令字格式如表 8-11 所示。

表 8-11　显示禁止写入/消隐命令字格式

D7	D6	D5	D4	D3	D2	D1	D0
1	0	1	×	IWA	IWB	BLA	BLB

其功能如下。

D7、D6、D5 为 101，是显示禁止写入/消隐命令特征位。

D3、D2 为 A、B 组显示 RAM 写入屏蔽位。当 D3＝1 时，A 组的显示 RAM 禁止写入，从 CPU 写入显示 RAM 数据时，不会影响 A 的显示，这种情况通常用于双 4 位显示器。当 D2＝1 时，可屏蔽 B 组显示器。

D1、D0 为 A、B 组的消隐设置位。D1(或 D0)为 1，则对应的 A(或 B)组显示输出熄灭，该位为 0，则显示恢复。

(7) 清除命令。清除命令字格式如表 8-12 所示。

表 8-12　清除命令字格式

D7	D6	D5	D4	D3	D2	D1	D0
1	1	0	CD	CD	CD	CF	CA

其功能如下。

D7、D6、D5 为 110，是清除命令的特征位。

D4、D3、D2 为清除显示 RAM 方式设定位，工作方式如表 8-13 所示。

表 8-13　清除方式设定

D4	D3	D2	清除方式
1	0	×	将显示 RAM 全部清 0
	1	0	将显示 RAM 置为 20H(A 组=0010,B 组=0000)
	1	1	将显示 RAM 全部置 1
0	不清除(若 D0=1,则 D2、D3 仍然有效)		

D1 为置空 FIFO 存储器设定位。当该位为 1 时,清空 FIFO RAM,使 IRQ 为低电平。

D0 为总清除设定位。该位为 1 时,清除全部显示器 RAM 及 FIFO RAM。

(8) 结束中断/出错方式设置命令。该命令字格式如表 8-14 所示。

表 8-14　结束中断/出错方式设置命令字格式

D7	D6	D5	D4	D3	D2	D1	D0
1	1	1	E	×	×	×	×

其功能如下。

D7、D6、D5 为 111,是结束中断/出错方式设置命令的特征位。

D4 为 1 时,N 键轮回工作方式可工作在特定的出错方式(多个键同时按下);对传感器工作方式,此命令使 IRQ 变低,结束中断,并允许对 RAM 进一步写入。

5. 8279 状态字

8279 的 FIFO 状态字主要用于键盘和选通工作方式,以指示数据缓冲器 FIFO/传感器 RAM 中的字符数和是否有错误发生。状态字格式如表 8-15 所示。

表 8-15　状态字格式

D7	D6	D5	D4	D3	D2	D1	D0
DU	S/E	0	U	F	N	N	N

其功能如下。

D7 为显示无效位。在执行清除显示 RAM 命令后但尚未完成前,D7=1,表示此时对显示 RAM 操作无效。

D6 为传感器信号结束/错误位。在传感器工作方式时,S/E=1 表示传感器的最后一个信号已进入传感器 RAM;在特殊错误方式中,D6=1 表示出现了多键同时按下错误。该位在执行 CF=1 的清除命令时被复位。

D5 为 FIFO/传感器 RAM 溢出标志位。当 FIFO/传感器 RAM 写满时,若再写入数据,则该位置 1。

D4 为 FIFO/传感器 RAM 空标志位。当 FIFO/传感器 RAM 已置空时,如果 CPU 要读出数据,则该位置 1。

D3 为 FIFO/传感器 RAM 满标志位。D3=1 表示 FIFO/传感器 RAM 已满。

D2、D1、D0 表示 FIFO/传感器 RAM 中字符的个数。

6. 8279 应用举例

例 8-7　图 8-12 为利用 8279 扩展键盘与显示器应用电路。上电时,显示器显示 8 个 0;若按数字键,则以右边进入方式将数字显示在 LED 显示器中;若按其他功能键,显示器重新显示 0(实际应用中可根据所按功能键执行不同的设计功能)。此例采用七段显示译码器 4511 实现显示器译码驱动,电路采用共阴极 LED 显示器。当有键闭合时,8279 产生中断信号,单片机响应中断,读取键码进行判断处理,然后再由 8279 OUTA 送出显示。时钟取自 STC89C52 的 ALE 引脚,经 8279 内部 20 分频后得到 100kHz 信号。根据图 8-12 电路,8279 的命令/状态口地址为 0100H,数据口地址为 0000H。

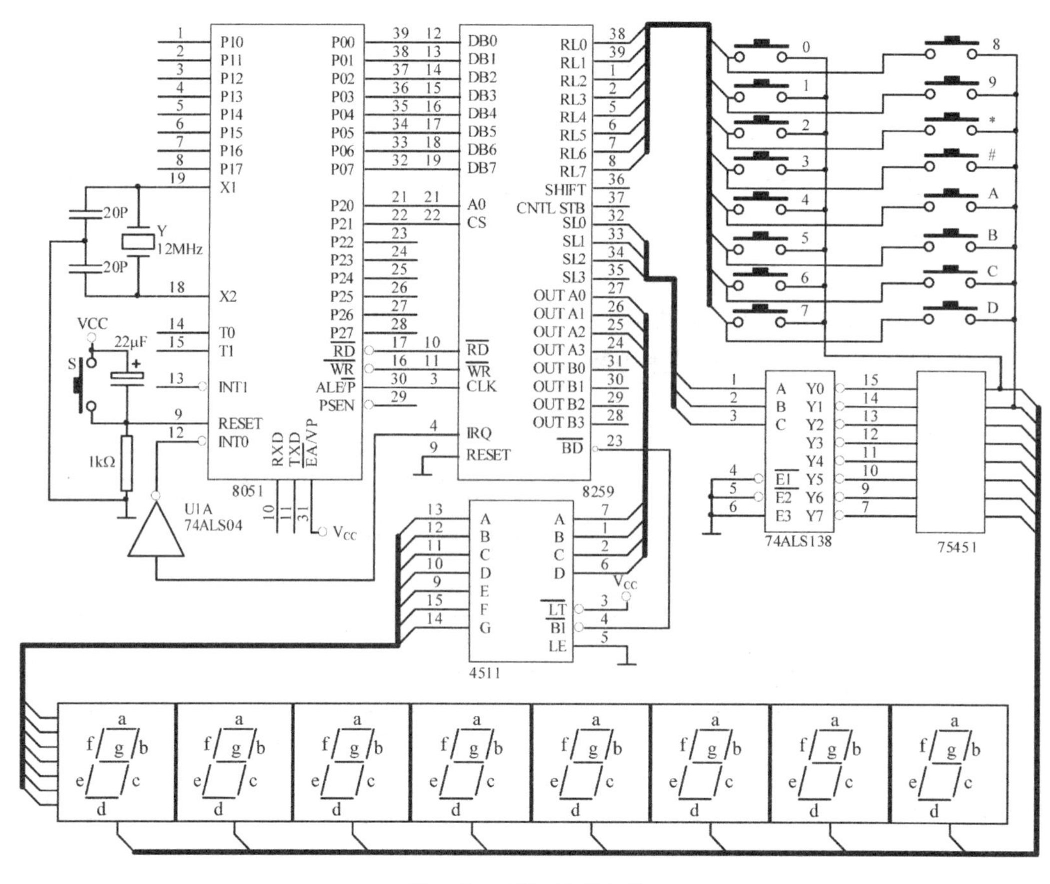

图 8-12　8279 应用电路

C51 参考程序如下。

```
#include "reg52.h"
#include "absacc.h"
unsigned char swap(unsigned char a)
{
    unsigned char b = a&0x0f;
    a& = 0xf0;
    a * = 16;
    a& = b;
```

```
    return a;
}
void zdxs() interrupt 0                /* 中断服务程序,相应中断 0 */
{
    XBYTE[0x0100] = 0x40;              /* 读取 FIFO RAM,自动递增,起始地址为 00H */
    a = XBYTE[0x0000];                 /* 读 FIFO RAM 键码 */
    a& = 0x0f;                         /* 取低 4 位 */
    if(a > 0x0a) XBYTE[0x0100] = 0xd3; /* 显示 0 */
    else
    {
        a = swap(a);                   /* 高低 4 位交换 */
        XBYTE[0x0000] = a;             /* 输出 A */
    }
}
void main()
{
    unsigned char a;
    XBYTE[0x0100] = 0x12;              /* 右边进入,8 位显示,编码扫描键盘,N 键依次读出 */
    XBYTE[0x0100] = 0x34;              /* 设时钟分频系数 20 */
    XBYTE[0x0100] = 0xd3;              /* 清除显示器 RAM,FIFO RAM 为 0 */
    XBYTE[0x0100] = 0x90;              /* 写显示 RAM 命令,自动递增,起始地址为 00H */
    IE = 0x81;                         /* 开中断 */
}
```

8.4　LCD 显示接口电路

LCD12864 为 128×64 绘图型点阵液晶模块,可以显示汉字、ASCII 码字符和任意图形。根据生产厂家不同,12864 控制芯片有 KS0108、T6963 和 ST7920 等,其中 KS0107(或 KS0108)不带字库,ST7920 带国标二级字库(8 千多个汉字)。T6963C 带有 ASCII 码字符库,并且完善的指令集和较简便的控制方式,所以本节以 T6963C 控制的 12864 为列,介绍 12864 的显示原理和程序设计方法,并通过项目实例介绍 12864 的一般应用。

8.4.1　12864 点阵液晶显示模块的原理

1. 功能原理

T6963C 是日本东芝公司专门为中等规模 LCD 模块设计的一款控制器,它通过外部 MCU 方便地实现对 LCD 驱动器和显示缓存的管理。其内部有 128 个常用字符表,可管理外部扩展显示缓存 64KB(12864 模块为 32KB),与单片机连接采用并行接口。

12864 液晶显示器除 T6963 控制器外,内部还包括行驱动器 T6A40、列驱动器 T6A39、液晶驱动偏压电路、显示存储器以及液晶屏,能够显示字符及图形,也可以显示 8×4 个 16×16 点阵的汉字。12864 液晶显示器电路图如图 8-13 所示,与外部接口共有 20 个引脚,分显示器电源、背光电源、并行数据接口、控制端口和对比度调节控制端口。LCD 正面时引脚在上，引脚编号从左依次为 1～20，引脚功能如表 8-16 所示。

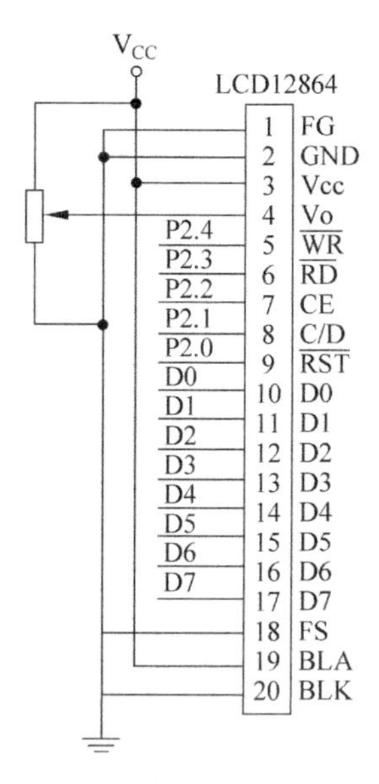

图 8-13　12864 液晶显示器电路图

表 8-16　12864 液晶引脚功能

引脚	符号	电　平	功能描述
1	FG	0V	模拟地
2	GND	0V	信号地
3	V_{CC}	5.0V	逻辑和 LCD 正驱动电源
4	V_O	$-10V<V_O<V_{DD}$	对比度调节输入(内部负压时空接)
5	$\overline{WR}$	L	写信号
6	$\overline{RD}$	L	读信号
7	$\overline{CE}$	L	片选信号
8	C/D	H/L	指令/数据选择(H:指令,L:数据)
9	$\overline{RESET}$	L	复位(模块内已带上电复位电路,加电后可自动复位)
10～17	D0～D7	H/L	数据总线 0 (三态数据总线)
18	FS	H/L	字体选择(H:6×8 点,L:8×8 点,图形方式时建议接地)
19	BLA		LED 背光电源输入(+5V)或 EL 背光电源输入(AC80V)
20	BLK		LED 背光电源输入负极

2. 12864 的指令集

T6963C 的指令表见表 8-17 所示，分读状态字操作、设置指令、数据的读/写操作指令、位操作指令四种。

表 8-17 T6963C 指令表

命　　令	命　令　码	参数 D1	参数 D2	功　　能
地址指针设置	00100001(21H)	X 横向地址	Y 垂直地址	光标地址设置
	00100010(22H)	偏置地址	00H	CGRAM 偏置地址设置
	00100100(24H)	低 8 位地址	高 8 位地址	读/写显存地址设置
显示区域设置	01000000(40H)	低 8 位地址	高 8 位地址	文本显示区首地址
	01000001(41H)	每行字符数	00H	文本显示区宽度
	01000010(42H)	低 8 位地址	高 8 位地址	图形显示区首地址
	01000011(43H)	每行字节数	00H	图形显示区宽度
显示方式设置	10000000(80H)			文本与图形逻辑“或”合成显示
	10000001(81H)			文本与图形逻辑“异或”合成显示
	10000011(83H)			文本与图形逻辑“与”合成显示
	10000100(84H)			文本显示特征以双字节表示
显示状态设置	10010000(90H)			关闭所有显示
	10010010(92H)			光标显示但不闪
	10010011(93H)			光标闪动显示
	10010100(94H)			文本显示，图形关闭
	10011000(98H)			文本关闭，图形显示
	10011100(9CH)			文本和图形都显示
光标大小设置	10100000(A0H)			1 行八点光标
	10100001(A1H)			2 行八点光标
	10100010(A2H)			3 行八点光标
	10100011(A3H)			4 行八点光标
	10100100(A4H)			5 行八点光标
	10100101(A5H)			6 行八点光标
	10100110(A6H)			7 行八点光标
	10100111(A7H)			8 行八点光标
进入/退出显示数据自动读/写方式设置	10110000(B0H) 10110001(B1H) 10110010(B2H) 10110011 10110011(B3H)			进入显示数据自动写方式 进入显示数据自动读方式 退出自动读/写方式 退出自动读/写方式
进入显示数据一次读/写方式设置	11000000(C0H)	数据		写 1 字节数据，地址指针加 1
	11000001(C1H)			读 1 字节数据，地址指针加 1
	11000010(C2H)	数据		写 1 字节数据，地址指针减 1
	11000011(C3H)			读 1 字节数据，地址指针减 1
	11000100(C4H)	数据		写 1 字节数据，地址指针不变
	11000101(C5H)			读 1 字节数据，地址指针不变
屏读 1 字节	11100000(E0H)			从当前地址指针(在图形区内)读一字节屏幕显示数据
屏读复制(1 行)	11101000(E8H)			从当前地址指针(在图形区内)读一行屏幕显示数据并写回

续表

命　令	命　令　码	参数 D1	参数 D2	功　能
显示数据位操作设置	11110XXX			位清零
	11111XXX			位置位
	1111X000			设位地址 bit 0(LSB)
	1111X001			设位地址 bit 1
	1111X010			设位地址 bit 2
	1111X011			设位地址 bit 3
	1111X100			设位地址 bit 4
	1111X101			设位地址 bit 5
	1111X110			设位地址 bit 6
	1111X111			设位地址 bit 7(MSB)

1）读状态字操作

在 T6963C 中有一个 1 字节的状态字，单片机无论是向 T6963C 读/写数据还是写入命令，都必须对状态字进行状态判断，以决定是否可以继续对 T6963C 进行操作。

读状态字操作格式为$\overline{RD}$= 0；$\overline{WR}$= 1；$\overline{CE}$= 0；C/D=1；此时数据端口 D0～D7 输出状态字，8 为状态字从高到低分别为 STA7—STA0，其各位表示的状态描述见表 8-18 所示。其中，STA0 和 STA1 在大多数命令和数据传送前必须在同一时刻判断，否则可能会出错。在数据自动读/写时判断 STA2 和 STA3。在屏读/屏复制时判断 STA6、STA5 和 STA7 为厂家测试时用。

表 8-18　状态字说明

状态字位	状态表示	说　明
STA0	指令读/写状态	0:忙,1:闲
STA1	数据读/写状态	0:忙,1:闲
STA2	数据自动读状态	0:忙,1:闲
STA3	数据自动写状态	0:忙,1:闲
STA4	未用	
STA5	控制器运行检测可能性	0:不能,1:可能
STA6	屏读/屏拷贝出错状态	0:对,1:错
STA7	闪烁状态检测	0:关,1:开

2）设置指令

该类指令用于设置显示的区域、方式及数据地址指针，设置光标的形状和数据的读/写方式等，使用时需通过写指令操作写入 12864。

3）数据的读/写指令

该指令读/写的数据即为液晶屏上所显示的内容。在液晶显示模块中配备有显示存储器(RAM)，T6963C 最大可控制 64KB。该存储器经设置指令设置(区域、方式)后，存储器中被设置的空间内的每一个“位”都与液晶屏上的一个像素(点)相对应，而“位”的二值性就表示液晶屏上像素是否“显现”。T6963C 则将存储器中设置区域的内容不断地、扫描式地送向液晶屏，用户则通过显示模块对外的接口将需显示的“数据”送入存储器中的设置区域即可。

4）位操作指令

位操作指令专用于对液晶屏上的像素（点）操作。

3. 12864 操作时序

12864 的 5 个控制引脚有严格的规定和操作时序，其中 C/D ＝ 1 为允许指令读/写操作，C/D ＝ 0 为数据读/写操作；$\overline{\text{CE}}$为片选端，低电平有效；$\overline{\text{RD}}$、$\overline{\text{WR}}$分别为读、写控制端，低电平有效；$\overline{\text{RESET}}$为复位端，低电平有效。控制端和数据端操作时序见图 8-14 所示。

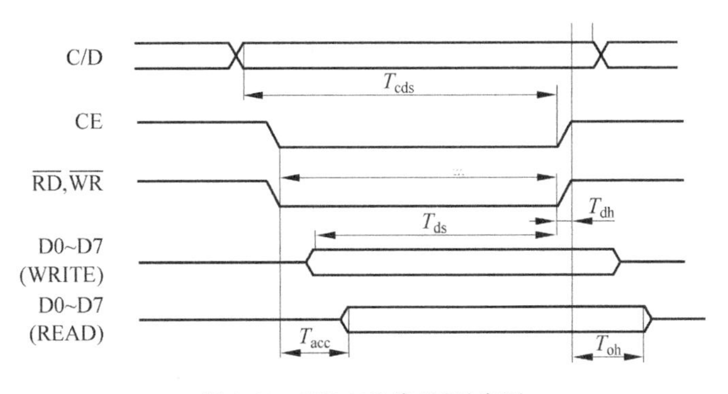

图 8-14　T6963C 读/写时序图

8.4.2　12864 驱动程序

1. 参考电路

液晶 12864 和单片机的连接电路如图 8-15 所示，其中 12864 的数据端 D0～D7 分别接单片机的 P0 口，需加上拉电阻。$\overline{\text{WR}}$接 P2.4、$\overline{\text{RD}}$接 P2.3、$\overline{\text{CE}}$接 P2.2、C/D 接 P2.1 和$\overline{\text{RESET}}$接 P2.0。12864 的第 4 脚接多圈电位器，用来调节 12864 显示的对比度。

2. 12864 液晶显示器驱动程序

12864 的驱动程序中主要有系统配置预处理、基本操作函数和应用操作函数，基本操作函数有：向 12864 中写 1 个 1 字节数据，写 1 个 1 字节命令，写 1 个数据 1 个命令，写 2 个数据 2 个命令和 12864 基本设置函数、清屏函数以及延时函数，由于写过程中采用了延时，所以程序中省去了读状态操作。应用操作包含的函数有显示字符、显示汉字、显示图形等函数，因此 12864 中包含了字库和图形的文件。

1）基本操作

```
/* 预处理 */
#include <reg52.h>
#include <ziku.c>
#include <tuxing.c>
#define uchar unsigned char
#define uint unsigned int
```

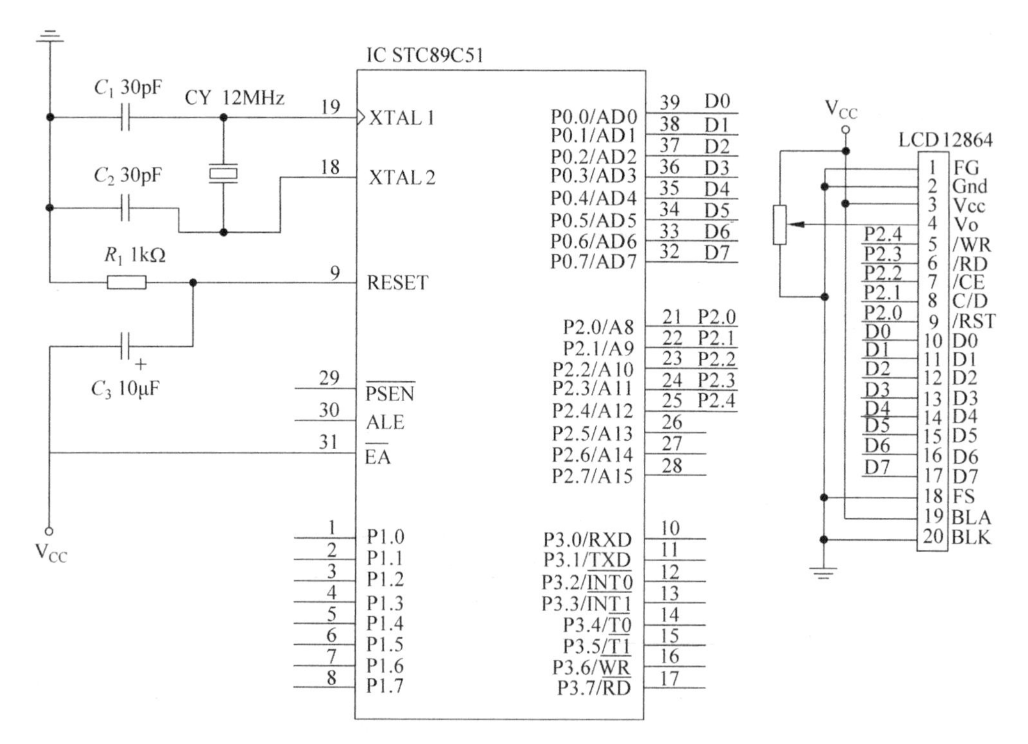

图 8-15 STC89C51 和 LCD12864 连接电路图

```
uchar num[ ] = "0123456789";
sbit rest  =  P2 ^0;                //复位信号,低电平有效
sbit  _cd = P2 ^1;                  //命令和数据控制口(高为命令,低为数据)
sbit  _ce = P2 ^2;                  //片选信号,低电平有效
sbit  _rd = P2 ^3;                  //读信号,低电平有效
sbit  _wr = P2 ^4;                  //写信号,低电平有效
/*延迟函数*/
void delay(uint i)
{
        while(i--);
}
/*写命令*/
void write_commond(uchar com)
{
        _ce = 0;
        _cd = 1;                    //高电平,写指令
        _rd = 1;
        P0 = com;
        _wr = 0;        _nop_();
        _wr = 1;
        _ce = 1;
        _cd = 0;
}
/*对写一个数据*/
void write_date(uchar dat)
{
```

```
        _ce = 0;
        _cd = 0;                        //低电平,写指令
        _rd = 1;
        P0 = dat;
        _wr = 0;
        _nop_();
        _wr = 1;
        _ce = 1;
        _cd = 1;
}
/* 写一个指令和一个数据 */
 void write_dc(uchar com,uchar dat)
{
        write_date(dat);                //先写数据
        write_commond(com);             //后写指令
}
/* 写一个指令和两个数据 */
void write_ddc(uchar com,uchar dat1,uchar dat2)
{
        write_date(dat1);               //先写数据
        write_date(dat2);               //先写数据
        write_commond(com);             //后写指令
}
/* LCD12864 初始化函数 */
void f12864_init(void)
{
        rest = 0;
        delay(300);
        rest = 1;
        write_ddc(0x40,0x00,0x00);      //设置文本显示区首地址 0x0000
        write_ddc(0x41,128 / 8,0x00);   //设置文本显示区宽度 8 点阵
        write_ddc(0x42,0x00,0x08);      //设置图形显示区首地址 0x0800
        write_ddc(0x43,128 / 8,0x00);   //设置图形显示区宽度
        write_commond(0x81);            //显示方式设置,文本与图形异或显示
        write_commond(0x9e);            //显示开关设置,文本开,图形开,光标闪烁关
}
/* 清屏函数 */
void f12864_clear(void)
{
          unsigned int i;
          write_ddc(0x24,0x00,0x00);                          //置地址指针为从零开始
      write_commond(0xb0);                                    //自动写
          for(i = 0;i < 128 * 64 ;i++)  write_date(0x00);     // 清一屏
          write_commond(0xb2);                                // 自动写结束
          write_ddc(0x24,0x00,0x00);                          // 重置地址指针
}
```

2) 应用操作

```
/* 显示一个 ASCII 码函数 */
void write_char(uchar x,uchar y,uchar Charbyte)
```

```
{
        uint  adress;
        adress =  16 * y + x;                                //文本显示
        write_ddc(0x24,(uchar)(adress),(uchar)(adress >> 8)); //地址指针位置
        write_dc(0xC4,Charbyte - 32);                        //数据一次读/写方式,查字符 rom
}
/* 显示字符串函数,8×8点阵,x:左右字符间隔,y:上下字符间隔 */
void display_string(uchar x,uchar y,uchar *p)
{
        while( *p != 0)
        {
              write_char(x,y, *p);
              x++;
              p++;
              if(x > 15 )                                  //自动换行,128×64,共16行0～15
               {
                     x = 0;
                     y++;
               }
       }
}
/* 显示1个汉字,x:左右点阵间距(8点阵倍数),y:上下点阵间距(16点阵倍数) */
void write_hanzi(uchar x,uchar y,uchar z)
{
        unsigned int address;
        uchar m,n = 0;
        address = 16 * 16 * y + x + 0x0800;                  //显示图形
        for(m = 0;m < 16;m++)                                //1个汉字占上下16行
        {
               write_ddc(0x24,(uchar)(address),(uchar)(address >> 8));
                write_dc(0xc0,ziku[z][n++]);write_dc(0xc0,ziku[z][n++]);
                                                             //1个汉字横向取模为2字节
               address = address + 16;                       //换行
        }
}
/* 显示多个汉字,x:左右点阵间距(8点阵倍数),y:上下点阵间距(16点阵倍数),从第i个汉字开始
显示,显示j - i个 */
void display_hanzi(uchar x,uchar y,uchar i,uchar j)
{
        for(i;i < j;i++)
        {
               write_hanzi(x,y,i);
               x   = x + 2;
        }
}
/* 显示两位数字,每一个8×8点阵,x:左右字符间隔,y:上下字符间隔 */
void display_num(uchar x,uchar y,uchar i)
{
         uint  adress;
     adress = 16 * y + x;                                    //文本显示,每行16字符
     write_ddc(0x24,(uchar)(adress),(uchar)(adress >> 8)); //地址指针位置
```

```
        write_dc(0xc0,num[i / 10] - 32);write_dc(0xc0,num[i % 10] - 32);
                                                              //写两个数字
    }
    /* 显示 128×64 图形 */
    void dispay_tuxing(void)
    {
            uchar i,j;
            uint address,x;
            address = 0x0800;                                 //首地址,图形显示
            for(i = 0;i < 64;i++)                             //64 行
             {
                    write_ddc(0x24,(uchar)(address),(uchar)(address >> 8));
                    for(j = 0;j < 16;j++)                     //每行 16 字节
                    {
                        write_dc(0xc0,tuxing[x]);
                      x++;
                }
                address = address + 16;                       //换行
            }
    }
```

3. 程序说明

1) 字库

字库中的每一个汉字采用 16×16 点阵显示,因此需要通过字模工具软件把每一个要显示的汉字转换成一个 32 字节数据,常用的字模程序可以通过网络下载,注意取模时生成的代码为 C51 程序代码,并且是横向取模。

2) 图形库

显示时,12864 每行可以显示 128 点阵,即 16×8 字节数据,共 64 行,因此图形库的文件实际是把图形转换成 16×64 字节的数据得到。有的字模程序可以具有图形取模功能,需要生成图形库文件时,先把一副图形通过画图工具保存成 128×64 点阵的黑白位图(*.bmp),然后把这个图形文件导入到字模程序中生成 C51 代码即可。

3) 字符显示

在基本操作中定义了文本显示的点阵大小即文本区宽度,例如 8×8 点阵,那么在显示文本时,每一个字符显示区就占用 8×8 点阵。可以把 12864 屏的左上角定为原点,向左为屏宽,128 点阵；向下为高,64 点阵；可以显示字符横向为 16 个,纵向为 8 个,即共有 16×8 个字符显示区。

显示字符时需要先在显示屏上定位,即设定字符显示缓存的地址。文本显示对应的地址用 x、y 坐标的代数式表示,x 为横向字符区间隔,也是一个光标宽度,单位大小为 8 点阵,显示屏从左到右共 16 字符,x 取值范围为 0～15；y 为纵向一个字符间隔,取值范围为 0～8,但 y 每增加 1 行,地址值增加 16×1 个单位,则定位地址为 address $= x + y \times 16$。注意字符显示时,写入的字符 ASCII 码需减去 0x20 才能和 12864 的字符库地址对应。数字显示也是字符显示,其定位方法与字符定位一样。

4）汉字显示

汉字显示为图形显示，一个汉字占用 16×16 点阵。由于汉字取模方式为左右横向，汉字显示时，每一点阵行要同时写入一个汉字的左部右部两字节。图形显示定位也采用 x、y 坐标的表达式表示，x 为一个光标宽度，单位为 8 点阵，但纵向为一个点阵单位，横向增加 16 个单位，纵向单位值加 1，所以每增加一行汉字，y 增加 16×16，所以地址 address＝0x0800＋16×16×y＋x。

8.4.3 12864 的应用

例 8-8 在 12864 驱动程序的基础上，可以编写一个主程序进行调试显示，其中字库和图形库内容可以随意更改，显示方式可以通过主程序编辑。主程序是管理各个子程序的核心程序，12864 显示器的应用程序都是在各个子程序基础上调用完成。显示多屏信息时需要先对 12864 清屏，然后依次显示，每次显示加入一定的等待延时。

C51 参考程序如下。

```
#include<reg52.h>
#include<f12864.c>
/*主函数*/
void main(void)
{
        uchar sec,min = 30,hour = 12;
        F12864_init();
        F12864_clear();
        dispay_tuxing();
        delay(50000);
        delay(50000);
        delay(50000);
        delay(50000);
        F12864_clear();
        display_hanzi(2,0,0,6);
        display_hanzi(2,1,6,12);
        display_string(0,4,"----------------");
        display_string(2,5,"Hello World!");
        display_string(0,6,"0123456789ABCDEF");
        delay(50000);
        delay(50000);
        delay(50000);
        delay(50000);
        F12864_clear();
        while(1)
        {
                display_hanzi(0,0,12,14);
                display_num(4,1,hour);display_num(7,1,min);display_num(10,1,sec);
                sec++;
                display_string(6,1,":");display_string(9,1,":");
                delay(50000);
                display_string(6,1," ");display_string(9,1," ");
```

```
                delay(50000);
                if(sec >= 60)
                {
                    sec = 0;
                    min++;
                }
                if(min >= 60)
                {
                    min = 0;
                    hour++;
                }
                if(hour >= 24)
                hour = 0;
        }
    }
```

无论是字符型还是点阵型 LCD，其基本原理都是通过将数据写入所对应的 DDRAM 地址中来显示所需要的图形或是字符。12864 点阵型液晶对应的 DDRAM 有 1024 个地址，当需显示的字符或图片已转为二进制数据时，怎样将数据写入对应的 DDRAM 地址是程序设计的关键。

8.5　STC89C52 单片机与微型打印机 TPμP-40A/16A 的接口

在单片机系统中多使用微型点阵式打印机，在微型打印机内部有一个控制用单片机，固化有微型打印机的控打程序。打印机通电后，由打印机内部的单片机执行固化的控打程序，就可接收和分析主控单片机送来的数据和命令，然后通过控制电路，实现对打印头机械动作的控制，进行打印。此外，微型打印机还能接受人工干预，完成自检、停机和走纸等操作。在单片机系统中，常用的微打有 TPμP-40A/16A、GP16 以及 XLF 嵌入仪器面板上的汉字微型打印机。下面介绍 STC89C52 单片机与常见的 TPμP-40A/16A 微型打印机的接口设计。

1. TPμP-40A/16A 微型打印机简介

TPμP-40A/16A 是一种单片机控制的微型智能打印机。TPμP-40A 与 TPμP-16A 的接口信号与时序完全相同，操作方式相近，硬件电路及插脚完全兼容，只是某些命令代码不同。TPμP-40A 每行打印 40 个字符，TPμP-16A 则每行打印 16 个字符。

1) TPμP-40A/16A 主要技术性能、接口要求及时序

(1) 采用单片机控制，具有 2KB 控打程序以及标准的 Centronics 打印机并行接口。

(2) 可打印全部标准的 ASCII 代码字符，以及 128 个非标准字符和图符。有 16 个代码字符(6×7 点阵)可由用户通过程序自行定义，并可通过命令用此 16 个代码字符去替换任何驻留代码字型，以便用于多种文字的打印。

(3) 可打印出 8×240 点阵的图样(汉字或图案点阵)。代码字符和点阵图样可在一行中混合打印。

(4) 字符、图符和点阵图可以在宽和高的方向放大 2、3、4 倍。

(5) 每行字符的点行数(包括字符的行间距)可用命令更换,即字符行间距空点行可在0～256间任选。

(6) 带有水平和垂直制表命令,便于打印表格。

2) Centronics 接口信号

TPμP-40A/16A 采用国际上流行的 Centronics 打印机并行接口,与单片机间通过一条20芯扁平电缆及接插件相连。打印机有一个20线扁平插座,信号引脚排列如图8-16所示。

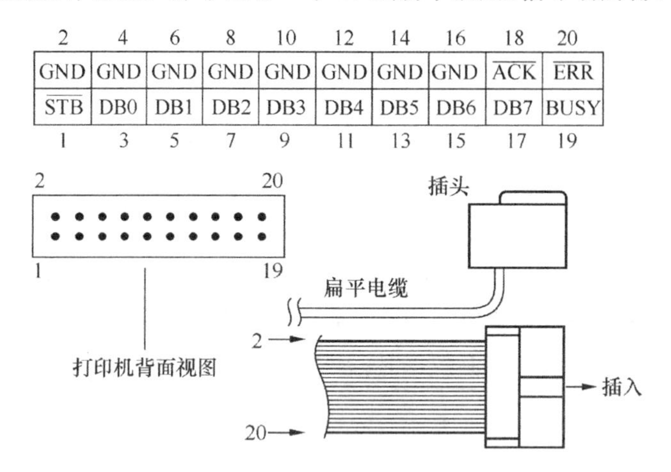

图 8-16 TPμP-40A/16A 引脚排列(从打印机背视)

各信号引脚的功能如下。

DB0～DB7:数据线,单向传输,由单片机发送给打印机。

$\overline{\text{STB}}$(STROBE):数据选通。该信号上升沿,数据线上的8位并行数据被打印机读入机内锁存。

BUSY:打印机"忙"。该信号有效(高)时,表示打印机正忙于处理数据。此时,单片机不得使本信号有效,即不向打印机送入新的数据。

$\overline{\text{ACK}}$:打印机应答,低有效。表明打印机已取走数据线上的数据。

$\overline{\text{ERR}}$:"出错"。当送入打印机的命令格式出错时,打印机立即打印一行提示出错的信息。在打印出错信息之前,该信号线出现一个负脉冲,脉冲宽度为30μs。

3) 接口信号时序

接口信号时序如图8-17所示。

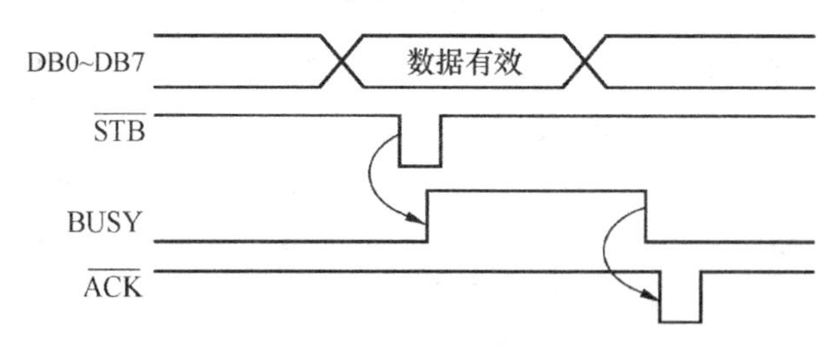

图 8-17 TPμP-40A/16A 接口信号时序

选通信号宽度需大于0.5μs。应答信号可与选通信号作为一对应答联络信号,也可使用和BUSY作为一对应答联络信号。

2. 字符代码及打印命令

写入 TPμP-40A/16A 的全部代码共 256 个，其中 00H 无效。

- 代码 01H～0FH 为打印命令；
- 代码 10H～1FH 为用户自定义代码；
- 代码 20H～7FH 为标准 ASCII 代码；
- 代码 80H～FFH 为非 ASCII 代码，包括少量汉字、希腊字母、块图图符和一些特殊字符；
- TPμP-40A 可打印的非 ASCII 代码表详见打印机说明书。

TPμP-16A 的有效代码表与 TPμP-40A 的不同之处仅在于 01H～0FH 中的指令代码，前者为 16 个，后者为 12 个，功能也不尽相同。

1) 字符代码

TPμP-40A/16A 中全部字符代码为 10H～FFH，回车换行代码 0DH 为字符串的结束符。但当输入代码满 40/16 个时，打印机自动回车。举例如下。

(1) 打印“$2356.73”。单片机输出的代码串为 24H，32H，33H，35H，36H，2EH，37H，33H，0DH。

(2) 打印“23.7cm3”。单片机输出的代码串为 32H，33H，2EH，37H，63H，6DH，9DH，0DH。

2) 打印命令

打印命令由一个命令字和若干参数字节组成，其格式如下。

CCXX …XXn

其中，CC：命令代码字节，01H～0FH。XXn：n 个参数字节，n＝0～250，随不同命令而异。命令结束代码为 0DH，除表 8-19 中代码为 06H 的命令必须用它结束外，均可省略。

表 8-19 所示为 TPμP-40A/16A 命令代码及功能。有关打印命令的更详细说明，参见技术说明书。

表 8-19　打印命令代码表及功能

命令代码	命令功能	命令代码	命令功能
01H	打印字符、图等，增宽(1、2、3、4 倍)	08H	垂直(制表)跳行
02H	打印字符、图等，增高(1、2、3、4 倍)	09H	恢复 ASCII 代码和清输入缓冲区命令
03H	打印字符、图等，宽和高同时增加(1、2、3、4 倍)	0AH	一个空位后回车换行
04H	字符行间距更换/定义	0BH～0CH	无效
05H	用户自定义字符点阵	0DH	回车换行/命令结束
06H	驻留代码字符点阵式样更换	0EH	重复打印同一字符命令
07H	水平(制表)跳区	0FH	打印位点阵图命令

3. TPμP-40A/16A 与 STC89C52 单片机接口设计

TPμP-40A/16A 在输入电路中有锁存器，在输出电路中有三态门控制，因此可以直接与 STC89C52 单片机相接。TPμP-40A/16A 没有读、写信号，只有握手线$\overline{\text{STB}}$、BUSY（或$\overline{\text{ACK}}$），接口电路如图 8-18 所示。

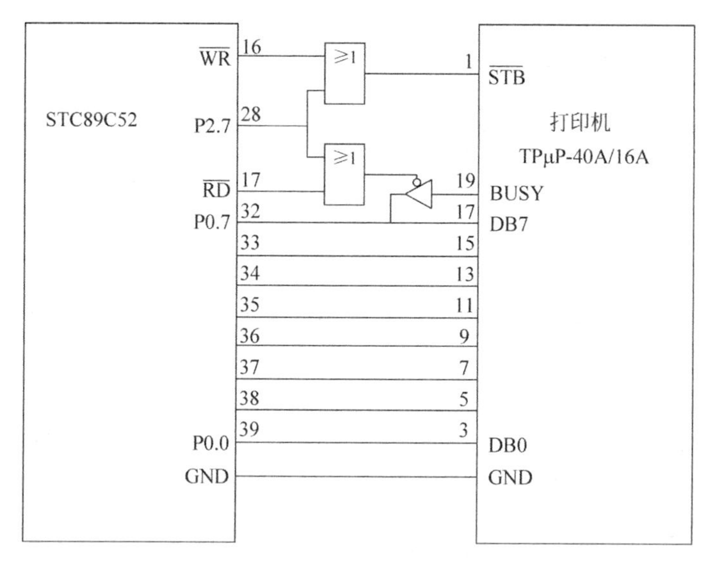

图 8-18 TPμP-40A/16A 与 STC89C52 单片机数据总线的接口

STC89C52 单片机用一条地址线（即在图 8-18 中使用 P2.7，即 A15）来控制写选通信号和读取 BUSY 状态。

图 8-19 所示为通过扩展的并行 I/O 口 82C55 连接的打印机接口电路。采用查询法，即通过读与 82C55 的 PC0 脚相连的 BUSY 状态，来判断送给打印机的一个字节的数据是否处理完毕。也可用中断法（BUSY 直接与单片机的$\overline{\text{INTX}}$引脚相连）。

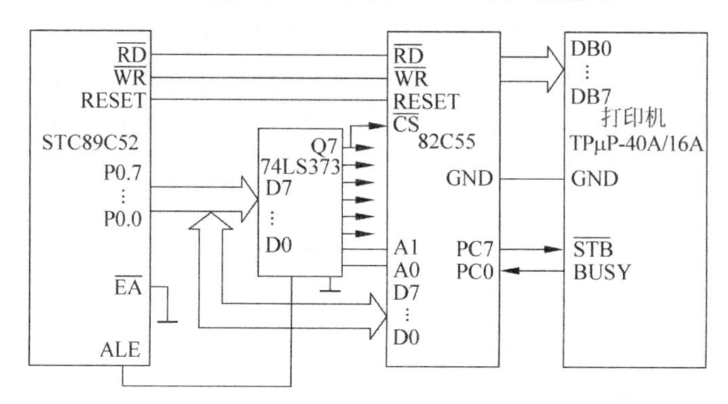

图 8-19 TPμP-40A/16A 与 STC89C52 单片机扩展的 I/O 连接

例 8-9 根据图 8-19 编写程序控制打印机完成打印字符串 WELCOM 的任务。由图可以确定 82C55 的 PA 口地址为 7CH，PB 口地址为 7DH，PC 口地址为 7EH，命令口地址为 7FH。

C51 参考程序如下。

```
#include <reg52.h>
#include <absacc.h>                    /*内部函数,包含_nop_( )空函数指令*/
#define   uchar unsigned char
```

```
#define    COMD82C55 XBYTE[0x007f]     /*命令端口地址*/
#define    PA82C55 XBYTE[0x007C]       /*PA 口地址*/
#define    PC82C55 XBYTE[0x007E]       /*PC 口地址*/
void main(void)                        /*主函数*/
{   uchar idata chara[] = "WELCOM"     /*准备打印的字符串*/
    COMD82C55 = 0x8E ;                 /*向命令端口写入命令字*/
    printchar(chara);                  /*执行打印字符串函数*/
}
void printchar(uchar * p)              /*打印字符串函数*/
{
  while((0x80&PA82C55)! =0);
  PA82C55 = * p;                       /*向 PA 口输出打印的字符*/
  COMD82C55 = 0x00;                    /*把 PC0 清 0 再置 1,模拟脉冲*/
  COMD82C55 = 0x01;
  P++;
}
```

本章小结

键盘、显示器、打印机是计算机常用的人机接口器件。本章介绍了按键开关、行列式键盘、数码管、液晶显示屏、微型打印机等常用器件的工作原理和器件特性及其与单片机接口的编程方法。应重点掌握键盘扫描、数值显示电路设计和编程技术。

思考题

1. 说明产生键盘抖动的原因及解决办法。

2. 键盘程序通常由几部分构成?

3. 阐述数码管的结构及其特点。

4. LED 数码管动态显示原理是什么? 与静态显示有何不同?

5. 串行 LED 数码管显示有何优点? 说明 12 位串行 LED 数码管显示原理。若采用并行显示方式可否实现 12 位 LED 显示?

6. 了解液晶显示模块的内部结构及工作原理,修改教材中参考程序,改变显示汉字的位置及字符。

7. 利用 8279 芯片设计键盘与 LED 显示电路有何优点?

8. 请利用最少的按键设计一实时时钟,要求可进行时、分、秒显示并可随时对时钟进行调校。

9. 若要连接 4×4 键盘与微处理器,至少需要多少位的输入/输出端口?

10. 简述 TPμp-40A/16A 微型打印机的 Centronics 接口的主要信号线的功能。与 51 单片机相连接时,如何连接这几条控制线?

第 9 章 STC89C52 单片机与 A/D、D/A 转换器的接口

本章学习要点：

- 了解 A/D、D/A 转换器的工作原理，A/D、D/A 转换器的主要技术指标。
- 掌握 A/D、D/A 转换器分辨率的计算与选型。
- 掌握 STC89C52 单片机与 A/D、D/A 转换器的接口、数据采集方法及编程控制。

在单片机应用系统中，单片机不仅处理数字量，还常进行温度、电压、电流、压力、湿度等连续变化物理量的检测与控制。而单片机仅能处理数字量，因此需将模拟量转化为易传输、易处理的连续变化的电信号，再转换为计算机能够处理的数字量。模/数转换是将模拟信号转换为相应的数字信号，把模拟信号转换为数字信号称为模/数转换，简称 A/D(Analog to Digital)转换。能够完成模拟量转化为数字量的器件，被称为模/数转换器(ADC)，反之将数字量转化为模拟量的器件，被称为数/模转换器(DAC)。

9.1 STC89C52 单片机与 A/D 转换器的接口

9.1.1 A/D 转换器简介

1. 概述

A/D 转换器把模拟量转换成数字量，以便于单片机进行数据处理。A/D 转换一般要经过采样、保持、量化及编码 4 个过程。在实际电路中，有些过程是合并进行的，如采样和保持，量化和编码在转换过程中是同时实现的。

目前单片的 ADC 芯片较多，对设计者来说，只需合理的选择芯片即可。现在部分的单片机片内集成了 A/D 转换器，当片内 A/D 转换器不能满足需要的情况下，需外部外扩 A/D 转换器。A/D 转换器按照转换速度可大致分为超高速(转换时间≤1ns)、高速(转换时间≤1μs)、中速(转换时间≤1ms)、低速(转换时间≤1s)等几种不同转换速度的芯片。

按照输出数字量的有效位数分为 4 位、8 位、10 位、12 位、14 位、16 位并行输出以及 BCD 码输出的 3 位半、4 位半和 5 位半等多种。

目前，除并行输出 A/D 转换器外，随着单片机串行扩展方式的日益增多，带有同步 SPI 串行接口的 A/D 转换器的使用也逐渐增多。串行输出的 A/D 转换器具有占用端口线少、使用方便、接口简单等优点。较为典型的串行 A/D 转换器为美国 TI 公司的 TLC549(8 位)、TLC1549(10 位)以及 TLC1543(10 位)和 TLC2543(12 位)。

2. ADC主要技术指标

1）转换时间和转换速率

ADC完成一次转换所需要的时间。转换时间的倒数为转换速率。

2）分辨率

分辨率是衡量A/D转换器能够分辨出输入模拟量最小变化程度的技术指标。分辨率取决于A/D转换器的位数，习惯上用输出的二进制位数或BCD码位数表示。例如，AD1674的满量程输入电压为5V，可输出12位二进制数，即用2^{12}个数进行量化，其分辨率为12位，或A/D转换器能分辨出输入电压$5V/2^{12}=1.22mV$的变化。

3）量化误差

量化过程引起的误差称为量化误差，是由于有限位数字量对模拟量进行量化而引起的误差。理论上规定为一个单位分辨率的$-1/2\sim+1/2$LSB，提高A/D位数既可以提高分辨率，又能够减少量化误差。

4）转换精度

转换精度定义为一个实际A/D转换器与一个理想A/D转换器在量化值上的差值，可用绝对误差或相对误差表示。

3. A/D转换器的工作原理

随着大规模集成电路技术的迅速发展，A/D转换器新品不断推出。按工作原理分，A/D转换器的主要种类有：逐次比较型、双积分型、Σ-Δ式。

(1) 逐次比较型A/D转换器，在精度、速度和价格上都适中。

(2) 双积分型A/D转换器，具有精度高、抗干扰性好、价格低廉等优点，与逐次比较型A/D转换器相比，转换速度较慢，近年来在单片机应用领域中也得到广泛应用。

(3) Σ-D式ADC具有积分式与逐次比较型ADC的双重优点。它对工业现场的串模干扰具有较强的抑制能力，不亚于双积分ADC，它比双积分ADC有较高的转换速度，与逐次比较型ADC相比，有较高的信噪比，分辨率高，线性度好，不需要采样保持电路。

尽管A/D转换器的种类很多，但目前种类最多、应用最广泛的还是逐次比较型转换器。下面介绍逐次比较型ADC的工作原理。

如图9-1所示，逐次比较型A/D转换器由N位寄存器、D/A转换器、比较器和控制逻辑等部分组成。转换过程中的逐次逼近是按照对分比较或者对分搜索的原理进行。其工作原理是：在时钟脉冲的同步下，控制逻辑先使N位寄存器的D7位置1(其余位为0)，此时该寄存器输出的内容为10000000，此值经DAC转换为模拟量输出V_N，与待转换的模拟输入信号V_{IN}相比较，若$V_{IN}\geqslant V_N$，则比较器输出为1。于是在时钟脉冲的同步下，保留最高位D7=1，并使下一位D6=1，所得新值(11000000B)再经DAC转换得到新的V_N，与V_{IN}比较，重复前述过程。反之，若使D7=1后，经比较$V_{IN}\leqslant V_N$，则使D7=0，D6=1，所得新值V_N再与V_{IN}比较，重复前述过程。以此类推，从D7～D0都比较完毕后，控制逻辑使EOC变为高电平，表示A/D转换结束，此时的D7～D0即为对应于模拟输入信号V_{IN}的数字量。

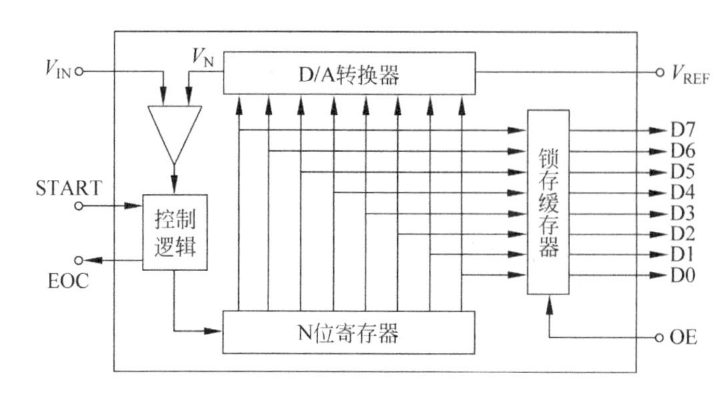

图 9-1　逐次比较型 A/D 转换器原理图

9.1.2　STC89C52 单片机与并行 8 位 A/D 转换器 ADC0809 的接口

1. ADC0809 芯片

ADC0809 是 8 位、8 模拟量输入通道的逐次逼近型 A/D 转换器，采用 CMOS 工艺制造。

1）ADC0809 内部结构

ADC0809 具有 8 路模拟量输入，可在程序控制下对任意通道进行 A/D 转换，输出 8 位二进制数字量，其内部结构框图如图 9-2 所示。

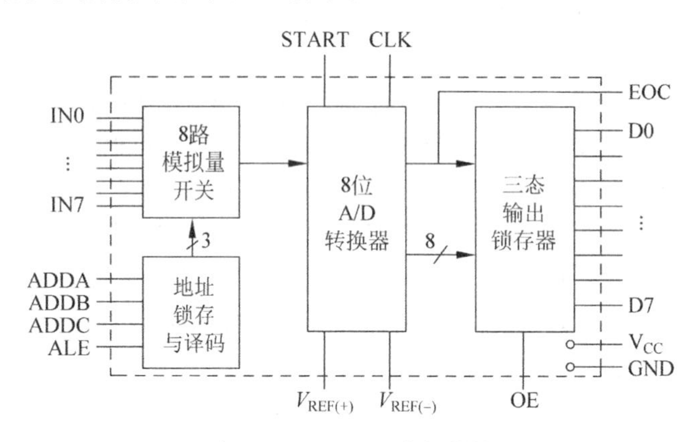

图 9-2　ADC0809 内部结构

ADC0809 转换器是由 8 路模拟选通开关、8 位逐次逼近式 A/D 转换器、三态输出锁存器及地址锁存与译码电路组成。8 路模拟选通开关以及相应的通道地址锁存及译码电路实现对 8 路模拟信号的分时采样，8 路模拟通道共用一个 8 位逐次逼近式 A/D 转换器进行 A/D 转换，转换后的数据送入三态输出数据锁存器，并同时给出转换结束信号。通道地址选择见表 9-1。

2）ADC0809 引脚功能

ADC0809 为 28 脚双列直插式封装，外部引脚排列如图 9-3 所示。

表 9-1 ADC0809 通道地址选择表

ADDA	ADDB	ADDC	选择的通道
0	0	0	IN0
0	0	1	IN1
0	1	0	IN2
0	1	1	IN3
1	0	0	IN4
1	0	1	IN5
1	1	0	IN6
1	1	1	IN7

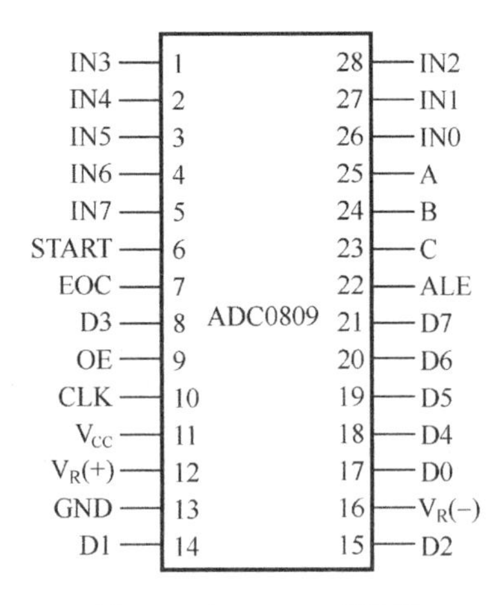

图 9-3 ADC0809 引脚图

各引脚功能如下。

(1) IN0～IN7：8 路模拟量输入端，信号电压范围为 0～5V。

(2) ADDA、ADDB、ADDC：模拟输入通道地址选择线，其 8 种编码分别对应 IN0～IN7。

(3) ALE：地址锁存允许输入信号线，该信号的上升沿将地址选择信号 A、B、C 地址状态锁存至地址寄存器。

(4) START：A/D 转换启动信号，正脉冲有效，其下降沿启动内部控制逻辑开始 A/D 转换。

(5) EOC：A/D 转换结束信号，当 ADC0809 进行 A/D 时，EOC 输出低电平，A/D 转换结束后，EOC 引脚输出高电平，可作中断请求信号或供 CPU 查询。

(6) D7(2^{-1})～D0(2^{-8})：8 位数字量输出端，可直接与单片机的数据总线连接。

(7) OE(ENABLE)：允许输出控制端，高电平有效。低电平时，数据输出端为高阻态；高电平时，将 A/D 转换后的 8 位数据送出。

(8) CLK：时钟输入端，它决定 A/D 转换器的转换速度，其频率范围为 10～1280kHz，典型值为 640kHz，对应转换速度等于 100μs。

(9) $V_R(+)$、$V_R(-)$：内部 D/A 转换器的参考电压输入。

(10) V_{CC}：+5V 电源输入端，GND 为接地端。

2. STC89C52 与 ADC0809 的接口

单片机读取 ADC 的转换结果时,可采用查询和中断控制两种方式。

1) 查询方式

查询方式是在单片机把启动信号送到 ADC 之后,执行其他程序,同时对 ADC0809 的 EOC 脚不断进行检测,以查询 ADC 变换是否已经结束。如查询到变换已经结束,则读入转换完毕的数据。

STC89C52 与 ADC0809 的查询接口如图 9-4 所示。

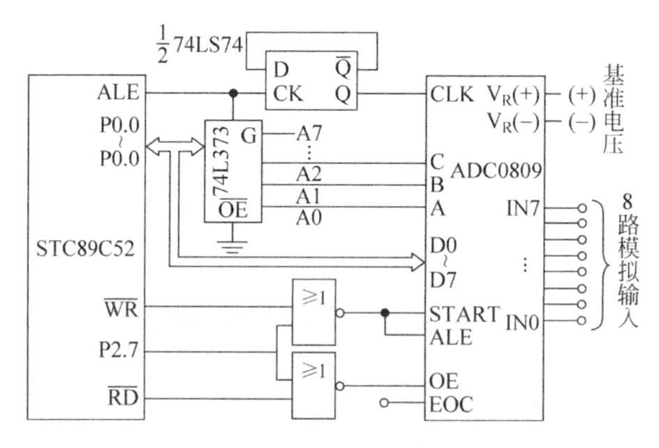

图 9-4 STC89C52 与 ADC0809 的查询接口电路

由于 ADC0809 片内无时钟,可利用单片机提供的地址锁存允许信号 ALE 经 D 触发器二分频后获得,ALE 引脚的频率是 STC89C52 单片机时钟频率的 1/6。如果单片机时钟频率采用 6MHz,则 ALE 引脚的输出频率为 1MHz,再二分频后为 500kHz,符合 ADC0809 对时钟频率的要求。当然,也可采用独立的时钟源输出,直接加到 ADC 的 CLK 脚。

由于 ADC0809 具有输出三态锁存器,其 8 位数据输出引脚 D0～D7 可直接与单片机的 P0 口相连。地址译码引脚 ADDC、ADDB、ADDA 分别与地址总线的低三位 A2、A1、A0 相连,以选通 IN0～IN7 中的一个通道。

在启动 A/D 转换时,由单片机的写信号 $\overline{WR}$ 和 P2.7 控制 ADC 的地址锁存和转换启动。由于 ALE 和 START 连在一起,因此 ADC0809 在锁存通道地址的同时启动并进行转换。

在读取转换结果时,用低电平的读信号 $\overline{RD}$ 和 P2.7 引脚经一级“或非门”后产生的正脉冲作为 OE 信号,用来打开三态输出锁存器。

例 9-1 电路如图 9-5 所示,采用 ADC0809 设计数据采集电路,该电路通过调节滑线变阻器,调节 IN5 的输入电压,A/D 转换结果存放至片内数据存储器 50H 单元,并通过两个 BCD 数码管显示出来。

电路分析:IN0～IN7 的地址分别为 0x7FF8～0x7FFF。ADC0809 的 EOC 引脚经非门 74HC14 与单片机的外部中断输入引脚 $\overline{INT1}$ 相连,A/D 转换结束后变为低电平,单片机采用查询或中断方式读取 A/D 转换结果。

C51 参考程序如下。

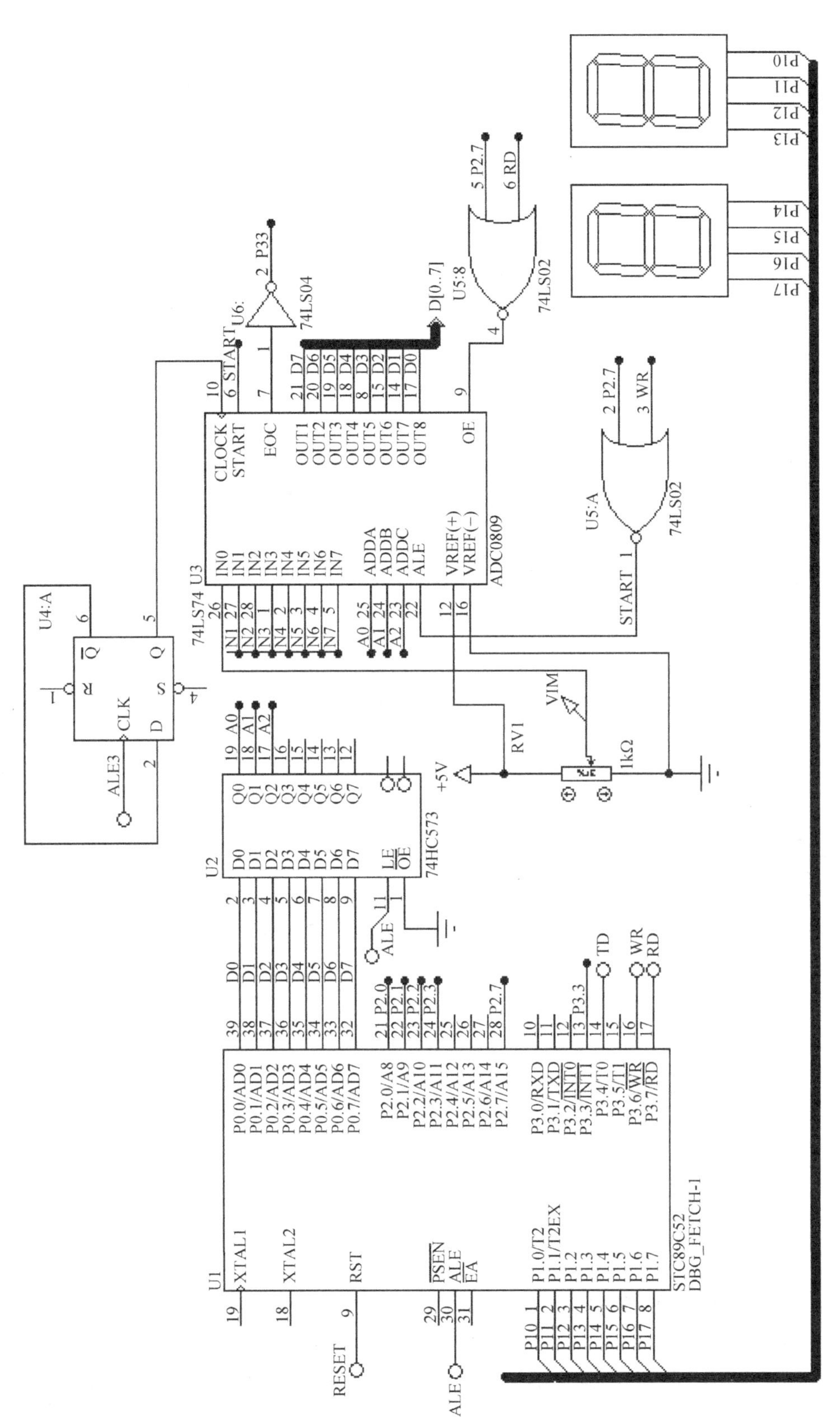

图 9-5　ADC0809 的数据采集电路

```
#include    <reg52.h>
#include    <absacc.h>
#define    AD_IN0   XBYTE[0X7FF8]            //IN0 通道地址
sbit ad_busy = P3^3;
unsigned char data temp _at_ 0x50;
void main(void)
{
  while(1){
   AD_IN0 =  0;                             //启动 A/D 信号,是一个虚写操作.
   while(ad_busy == 1);                     //等待 A/D 转换结束
   temp = AD_IN0;                           //转换数据存到片内 50H 单元
   P1 = temp;                               //转换数据显示
}
}
```

2）中断方式

如采用中断方式完成对IN0通道的输入模拟量信号的采集，当A/D转换结束后，EOC发出一个脉冲，向单片机提出中断申请；单片机响应中断请求后，由外部中断1的中断服务程序读取A/D转换结果，并启动ADC0809的下一次转换。外部中断1采用边沿触发方式。中断控制方式效率高，所以特别适合于转换时间较长的ADC。

C51参考程序(中断方式)如下。

```
#include <reg52.h>
#include <absacc.h>
#define    AD_IN0XBYTE[0x7FF8]               //IN5 通道地址
unsigned char temp _at_ 0x50;
void main(void)
{
   IE = 0x84;                                //CPU 开放中断,允许外部中断 1 中断
IT1 = 1;                                     //外部中断 1 采用边沿触发
AD_IN0  =  0;                                //启动 A/D 信号
while(1){
  }
}
void data_acquisition(void) interrupt 2{
     EA = 0;
     temp = AD_IN0;                          //转换数据显示
     P1 = temp;
     AD_IN0 = 0;                             //启动 A/D 信号
     EA = 1;
}
```

9.1.3 STC89C52与并行12位A/D转换器AD1674的接口

在某些应用中，8位ADC常常不够，必须选择分辨率大于8位的芯片，由于10位、16位接口与12位类似，因此仅以常用的12位A/D转换器AD1674为例进行介绍。

1. AD1674 简介

AD1674 是美国 AD 公司的 12 位逐次比较型 A/D 转换器。转换时间为 10s，单通道最大采集速率 100kHz。

由于芯片内有三态输出缓冲电路，因而可直接与各种典型的 8 位或 16 位的单片机相连，AD1674 片内集成有高精度的基准电压源和时钟电路，从而使该芯片在不需要任何外加电路和时钟信号的情况下完成 A/D 转换，使用非常方便。

AD1674 是 AD574A/674A 的更新换代产品。它们的内部结构和外部应用特性基本相同，引脚功能与 AD574A/674A 完全兼容，可以直接替换 AD574、AD674 使用，但最大转换时间由 25μs 缩短到 10μs。

与 AD574A/674A 相比，AD1674 的内部结构更加紧凑，集成度更高，工作性能（尤其是高低温稳定性）更好，而且可以使设计板面积大大减小，因而可以降低成本并提高系统的可靠性。目前，片内带有采样保持器的 AD1674 正以其优良的性价比，取代 AD574A 和 AD674A，其引脚图如图 9-6 所示。

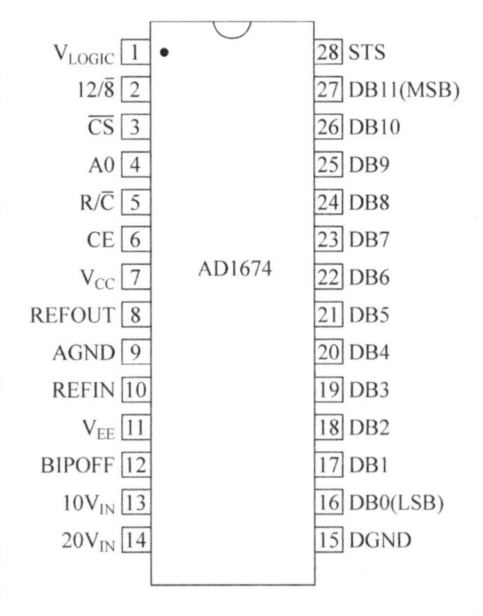

图 9-6　AD1674 的引脚图

AD1674 共有 5 个控制引脚，功能如下。

（1）$\overline{CS}$：芯片选择。$\overline{CS}$=0 时，芯片被选中。

（2）CE：芯片启动信号。当 CE=1 时，究竟是启动转换还是读取结果与 R/$\overline{C}$ 有关。

（3）R/$\overline{C}$：读出/转换控制信号。当 R/$\overline{C}$=1 时，允许读取结果；当 R/$\overline{C}$=0 时，允许 A/D 转换。

（4）12/$\overline{8}$：数据输出格式选择信号引脚。当 12/$\overline{8}$=1 时，12 条数据线并行输出转换结果；当 12/$\overline{8}$=0 时，与 A0 配合，转换结果分两次输出，即只有高 8 位或低 4 位有效。12/$\overline{8}$ 端与 TTL 电平不兼容，故只能直接接至+5V 或 0V 上。

（5）A0：字节选择控制。在转换期间，当 A0=0 时，AD1674 进行全 12 位转换；当 A0=1 时，仅进行 8 位转换。在读出期间，与 12/$\overline{8}$=0 配合，当 A0=0 时，高 8 位数据有效；当 A0=1 时，低 4 位数据有效，中间 4 位为 0，高 4 位为高阻态。

上述 5 个控制信号组合的真值表如表 9-2 所示。

表 9-2　AD1674 控制信号真值表

CE	$\overline{CS}$	R/$\overline{C}$	12/$\overline{8}$	A0	操　　作
0	×	×	×	×	无操作
×	1	×	×	×	无操作
1	0	0	×	0	启动 12 位转换
1	0	0	×	1	启动 8 位转换
1	0	1	+5V	×	允许 12 位并行输出
1	0	1	0V	0	高 8 位输出
1	0	1	0V	1	低 4 位+4 位 0 输出

(6) STS：输出状态信号引脚。转换开始时，STS为高电平，转换过程中保持高电平。转换完成时，为低电平。STS可以作为状态信息被CPU查询，也可用下跳沿向单片机发出中断申请，通知单片机A/D转换已完成，可读取转换结果。

(7) REFOUT：+10V基准电压输出。

(8) REFIN：基准电压输入。只有由此引脚把从REFOUT脚输出的基准电压引入到AD1674内部的12位DAC，才能进行正常的A/D转换。

(9) BIPOFF：双极性补偿。对此引脚进行适当的连接，可实现单极性或双极性的输入。

(10) $10V_{IN}$：10V或−5～+5V模拟信号输入端。

(11) $20V_{IN}$：20V或−10～+10V模拟信号输入端。

(12) DGND：数字地。各数字电路器件及+5V电源的地。

(13) AGND：模拟地。各模拟电路器件及+15V、−15V电源地。

(14) V_{CC}：正电源端，为+12～+15V。

(15) V_{EE}：负电源端，为−12～−15V。

2. AD1674的工作特性

由表9-2所知，当CE=1、$\overline{CS}$=0同时满足时，AD1674才能处于工作状态。当AD1674处于工作状态时，$R/\overline{C}$=0时启动A/D转换；$R/\overline{C}$=1时读出转换结果。$12/\overline{8}$和A0端用来控制转换字长和数据格式。A0=0时启动转换，按完整的12位A/D转换方式工作；A0=1启动转换，则按8位A/D转换方式工作。

当AD1674处于数据读出工作状态($R/\overline{C}$=1)时，A0和$12/\overline{8}$成为数据输出格式控制端。当$12/\overline{8}$=1时，对应12位并行输出；当$12/\overline{8}$=0时，则对应8位双字节输出。其中A0=0时输出高8位，A0=1时输出低4位，并以4个0补足中间的4位。注意：A0在转换结果数据输出期间不能变化。

如要求AD1674以独立方式工作，只要将CE、$12/\overline{8}$端接入+5V，$\overline{CS}$和A0接至0V，将$R/\overline{C}$作为数据读出和启动转换控制。$R/\overline{C}$=1时，数据输出端出现被转换后的数据；$R/\overline{C}$=0时，即启动一次A/D转换。在延时0.5s后，STS=1表示转换正在进行。经过一个转换周期后，STS跳回低电平，表示A/D转换完毕，可读取新的转换数据。只有在CE=1且$R/\overline{C}$=0时才启动转换，在启动信号有效前，$R/\overline{C}$必须为低电平，否则将产生读取数据的操作。

3. AD1674的单极性和双极性输入电路

通过改变AD1674引脚8、10和12的外接电路，可使AD1674实现单极性输入和双极性输入模拟信号的转换。由于AD1674片内含有高精度的基准电压源和时钟电路，因此AD1674无须任何外加电路和时钟信号的情况下即可完成A/D转换，使用非常方便。

1) 单极性输入电路

图9-7(a)为单极性输入电路，可实现输入信号0～10V或0～20V的转换。当输入信号为0～10V时，应从$10V_{IN}$引脚输入(引脚13)；输入信号为0～20V时，应从$20V_{IN}$引脚输入(引脚14)。

输出的转换结果D的计算公式为

$$D = 4096V_{IN}/V_{FS} \tag{9-1}$$

或

$$V_{IN} = \frac{D \times V_{FS}}{4096} \tag{9-2}$$

式中　V_{IN}——模拟输入电压；

V_{FS}——满量程电压。

若从 $10V_{IN}$脚输入，$V_{FS}=10V$，1LSB=10/4096≈24mV；若从 $20V_{IN}$脚输入，$V_{FS}=20V$，1LSB=20/4096≈49mV。

图 9-7 中的电位器 R_{P2}用于调零，即当 $V_{IN}=0$ 时，输出数字量 D 为全 0。注意：单片机系统模拟信号的地线应与 AGND 相连，使其地线的接触电阻尽可能小。

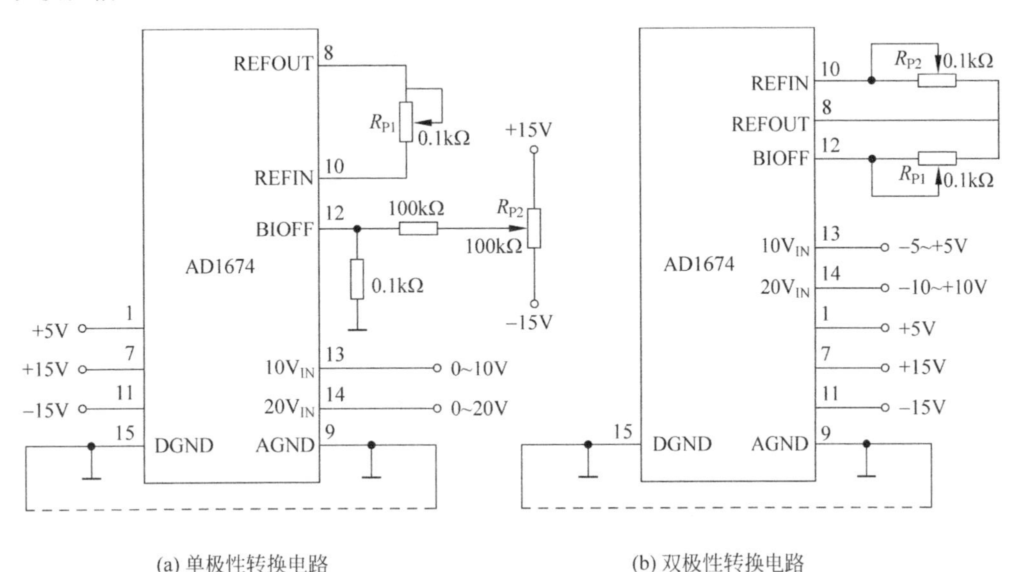

图 9-7　AD1674 模拟输入电路

2）双极性输入电路

图 9-7(b)为双极性转换电路，可实现输入信号－5～＋5V 或－10～＋10V 的转换。图中电位器 R_{P1}用于调零。

双极性输入时，输出的转换结果 D 与模拟输入电压 V_{IN}之间的关系为

$$D = 2048(1 + V_{IN}/V_{FS}) \tag{9-3}$$

或

$$V_{IN} = (D/2048 - 1)V_{FS}/2 \tag{9-4}$$

式中　V_{IN}——模拟输入电压；

V_{FS}——满量程电压。

上式求出的 D 为 12 位偏移二进制码，把 D 的最高位求反便得到补码。补码对应输入模拟量的符号和大小。同样，从 AD1674 读出的值代入到上式中的数字量 D 也是偏移二进制码。

例如，当模拟信号从 $10V_{IN}$ 引脚输入，则 $V_{FS}=10V$，若读得 $D=$ FFFH，即

111111111111B=4095,代入式中,可求得 V_{IN}=4.9976V。

转换结果的高 8 位从 DB11～DB4 输出,低 4 位从 DB3～DB0 输出,即 A0=0 时,读取结果的高 8 位;当 A0=1 时,读取结果的低 4 位。若遵循左对齐的原则,DB3～DB0 应接单片机的 P0.7～P0.4。

4. STC89C52 单片机与 AD1674 的接口

图 9-8 为 AD1674 与 STC89C52 的接口电路。由于 AD1674 片内含有高精度的基准电压源和时钟电路,从而使 AD1674 在无需任何外加电路和时钟信号的情况下即可完成 A/D 转换。

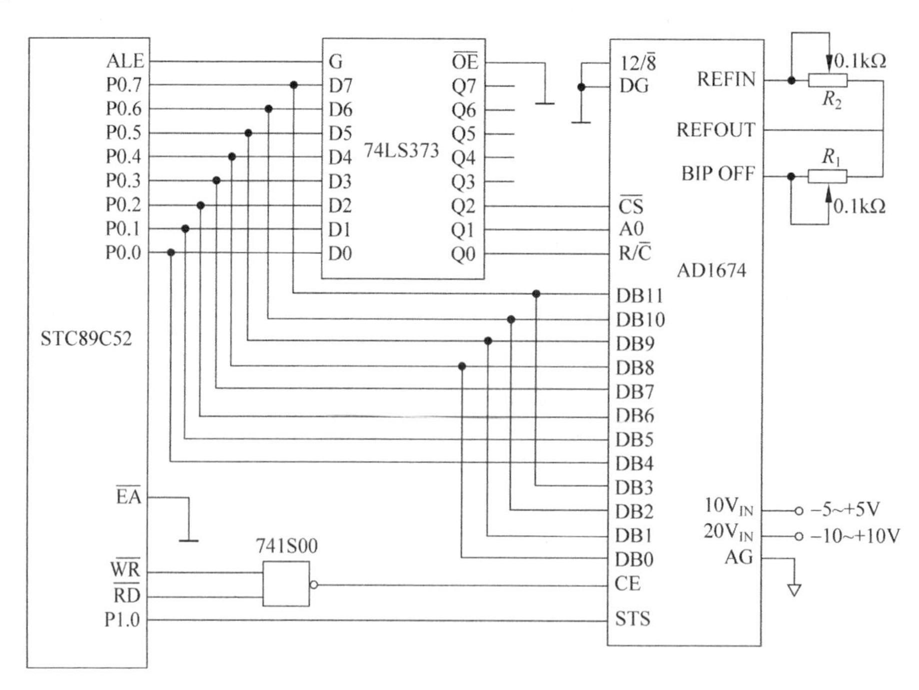

图 9-8　AD1674 与 STC89C52 的接口

该电路采用双极性输入接法,可对−5～+5V 或−10～+10V 模拟信号进行转换。转换结果的高 8 位从 DB11～DB4 输出,低 4 位从 DB3～DB0 输出,即 A0=0 时,读取结果的高 8 位;当 A0=1 时,读取结果的低 4 位。STS 脚接单片机 P1.0 脚,采用查询方式读取转换结果。当单片机执行对外部数据存储器写指令,使 CE=1,$\overline{CS}$=0,R/$\overline{C}$=0,A0=0 时,启动 12 位 A/D 转换。

当单片机查询到 P1.0 引脚为低电平时,转换结束,单片机使 CE=1,$\overline{CS}$=0,A0=0,R/$\overline{C}$=1 时,读结果高 8 位;CE=1,$\overline{CS}$=0,A0=1,R/$\overline{C}$=1 时,读结果的低 4 位。

例 9-2　利用图 9-8 电路完成一次 12 位 A/D 转换,用查询方式。程序中把启动 AD1674 进行一次转换作为一独立函数,调用此函数可得到转换结果。

C51 参考程序如下。

```
#include<reg52.h>
#include<absacc.h>
```

```
#define unit unsigned int
#define   ADCOM   XBYTE[0xff7c]                    /* 使CS = 0,A0 = 0,R/C = 0 */
#define   ADLO   XBYTE[0xff7f]                     /* 使CS = 0,A0 = 1,R/C = 1 */
#define   ADHI   XBYTE[0xff7d]                     /* 使CS = 0,A0 = 0,R/C = 1 */
sbit r = P3 ^7;
sbit w = P3 ^6;
sbit adbusy = P1 ^0;
unit AD1674(void)                                  /* AD1674 转换函数 */
{  r = 0;                                          /* 产生 CE = 1 */
   w = 0;
   ADCOM = 0;                                      /* 启动转换 */
   while(adbusy == 1);                             /* 等待转换完毕 */
   return((unit) (ADHI << 4) + ADLO&0x0f ));       /* 返回 12 位转换结果 */
}
main( )
{     unit idata result;                           /* 启动一次 A/D 转换,得到转换结果 */
      result = ad1674( ) ;
}
```

上述程序是按查询方式设计的,图中 STS 引脚也可接单片机的外中断输入$\overline{\text{INT0}}$引脚,即用中断方式读取转换结果。读者可自行编制采用中断方式读取转换结果的程序。

当 AD1674 接口电路全部连接完毕后,在模拟输入端输入一稳定的标准电压,启动 A/D 转换,12 位数据亦应稳定。如果变化较大,说明电路稳定性差,则要从电源及接地布线等方面查找原因。

AD1674 的电源电压要有较好的稳定性和较小的噪声,噪声大的电源会产生不稳定的输出数据流,所以在设计印制电路板时,注意电源去耦、布线以及地线的布置。这些问题对于位数较多的 ADC 与单片机接口,要给予重视。电源要很好地滤波,还要避开高频噪声源。

所有的电源引脚都要用去耦电容。对+5V 电源,去耦电容直接接在脚 1 和脚 15 之间;且 V_{CC}和 V_{EE}要通过电容耦合到脚 9,去耦电容是一个 4.7μF 的钽电容再并联一个0.1μF 的陶瓷电容。

如果需要更高分辨率的 ADC,可采用 14 位的 A/D 转换器 AD7685 或 16 位的 A/D 转换器 AD7656。AD7656 是 6 通道、逐次逼近型 ADC,每通道可达 250kSPS 的采样率,可对模拟输入电压−10~+10V 或 0~+20V 进行 A/D 转换。

AD7656 片内含一个 2.5V 内部基准电压源和基准缓冲器。该器件仅有 160mW 的功耗,比同类的双极性输入 ADC 的功耗降低了 60%。

AD7656 包含一个低噪声、宽带采样保持放大器,以便处理输入频率高达 8MHz 信号。还有高速并行和串行接口,可以与各种微控制器或数字信号处理器(DSP)连接。在串行接口方式下,能提供一个菊花链连接方式,以便把多个 ADC 连接到一个串行接口上。

AD7656 采用具有 ADI 公司专利技术的 iCMOS(工业 CMOS)工艺。iCMOS 器件能承受高电源电压,同时提高性能、显著降低功耗和缩小封装尺寸,非常适合在继电保护、电机控制等工业领域使用,有望成为电力继电保护的新一代产品。如对 AD7656 的应用感兴趣,可查阅相关技术资料。

9.1.4　STC89C52 单片机与 V/F 转换器的接口

在某些要求数据长距离传输，精确度要求较高的场合，采用一般的 A/D 转换技术多有不便，可使用 V/F 转换器代替 A/D 器件。V/F 转换器是把电压信号转变为频率信号的器件，有良好的精度、线性和积分输入特点，此外，它的应用电路简单，外围元件性能要求不高，适应环境能力强，转换速度不低于一般的双积分型 A/D 器件，且价格低，因此 V/F 转换技术广泛用于非快速的 A/D 转换过程中。

V/F 转换器与单片机接口有以下特点。

(1) 接口简单、占用单片机硬件资源少。产生的频率信号可输入单片机的一根 I/O 口线或作为中断信号输入及计数信号输入等。

(2) 抗干扰性能好。用 V/F 转换器实现 A/D 转换，就是频率计数的过程，相当于在计数时间内对频率信号进行积分，因而有较强的抗干扰能力。另外可采用光电耦合器连接 V/F 转换器与单片机之间的通道，实现光电隔离。

(3) 便于远距离传输。可通过调制进行无线传输或光传输。

由于以上特点，V/F 转换器适用于一些非快速而需进行远距离信号传输的 A/D 转换过程。另外，还可以简化电路、降低成本、提高性价比。

1. 用 V/F 转换器实现 A/D 转换的原理

V/F 转换工作原理为：单片机片内计数器把 V/F 转换器输出的频率信号作为计数脉冲，进行定时计数。计数器的计数值与 V/F 转换器输出的脉冲频率信号之间的关系为：

$$f=\frac{D}{T} \tag{9-5}$$

式中　D——计数器计得的值；

　　　T——已知的计数时间。

只要知道了 D 值，再除以计数的时间 T，就可求出 V/F 转换器的输出频率，从而知道输入电压 V，实现了 A/D 转换。

2. 常用 V/F 转换器 LMX31 简介

常用的通用型的 V/F 转换器为 LM331，LM331 适用于 A/D 转换器、高精度 F/V 变换器、长时间积分器、线性频率调制或解调器等电路。LM331 的特性如下。

(1) 主要特性

① 频率范围：1～100kHz；

② 低的非线性：±0.01%；

③ 单电源或双电源供电；

④ 单电源供电电压+5V 时，可保证转换精度；

⑤ 温度特性：最大±50ppm/℃；

⑥ 低功耗：V_s=5V 时为 15mW。

两种封装形式，其中的 DIP 封装如图 9-9 所示。

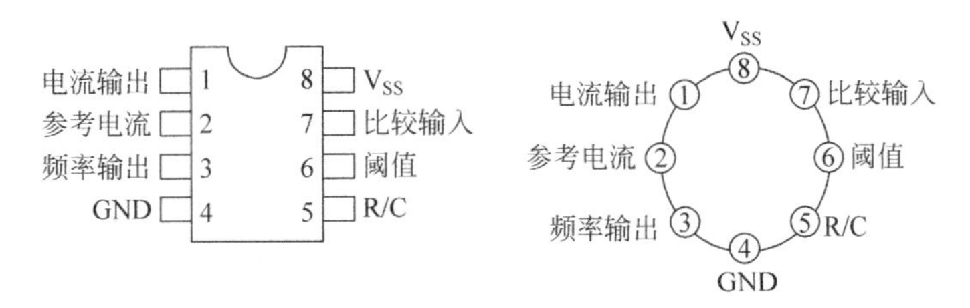

图 9-9　LMX31 封装图

(2) 电特性参数

① 电源电压：+15V；

② 输入电压范围：0～10V；

③ 输出频率：10Hz～11kHz；

④ 非线性失真：±0.03%。

(3) LMX31 的 V/F 转换外部接线

LMX31 的 V/F 转换外部接线如图 9-10 所示。

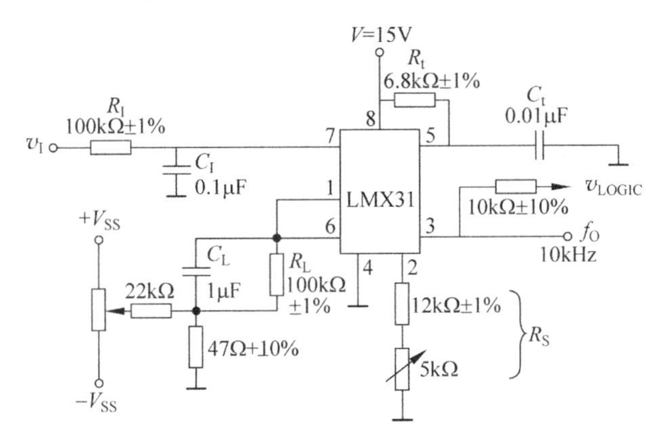

图 9-10　LMX31 外部接线图

3. V/F 转换器与 STC89C52 单片机接口

被测电压转换为与其成比例的频率信号后送入计算机进行处理。

① V/F 转换器可以直接与单片机接口。接口较简单，频率信号接单片机的定时器/计数器输入端即可，如图 9-11 所示。

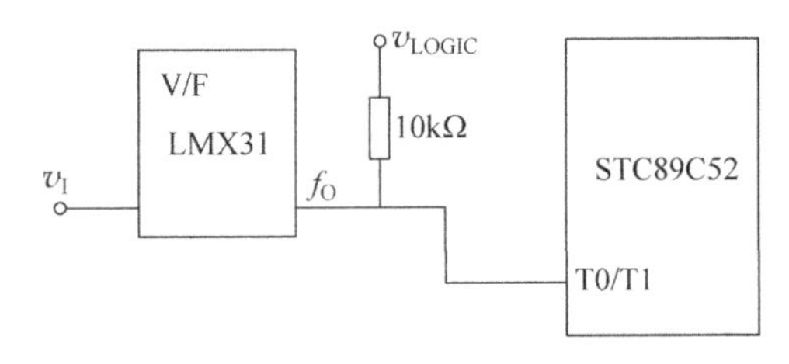

图 9-11　V/F 转换器与 STC89C52 单片机接口

② 在容易对单片机产生电气干扰的恶劣环境中，可采用光电隔离使 V/F 转换器与单片机无电信号联系，如图 9-12 所示。

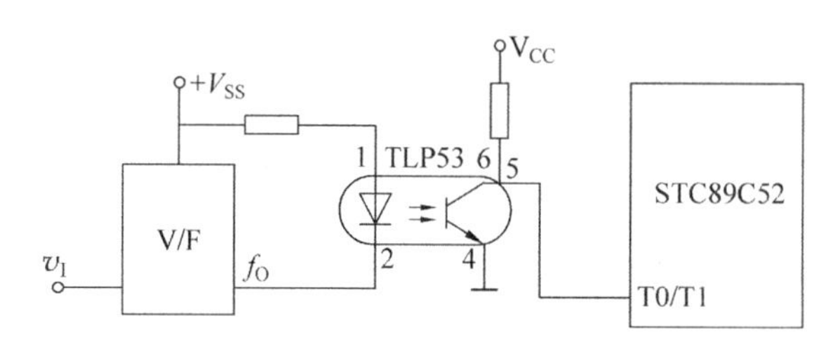

图 9-12　使用光电隔离器的接口

③ 当 V/F 转换器与单片机距离较远时需采用驱动电路以提高传输能力。一般可采用串行通信的驱动器和接收器来实现。例如使用 RS-422 的驱动器和接收器时，允许最大传输距离为 120m，如图 9-13 所示。其中 SN75174/75175 是 RS-422 标准的四差分线路驱动/接收器。

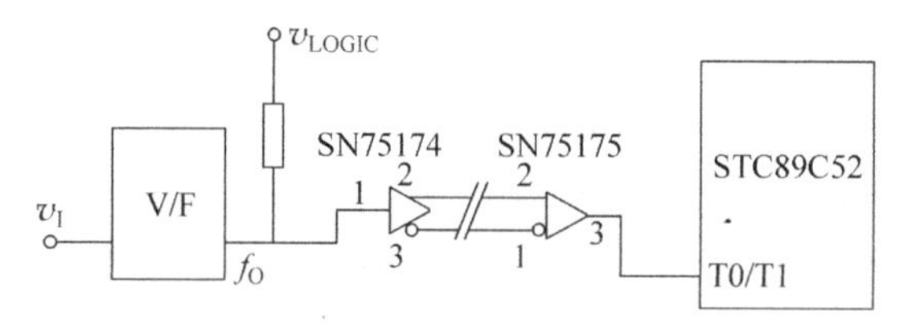

图 9-13　利用串行通信器件的接口

④ 采用光纤或无线传输时，需配以发送、接收装置，如图 9-14、图 9-15 所示。

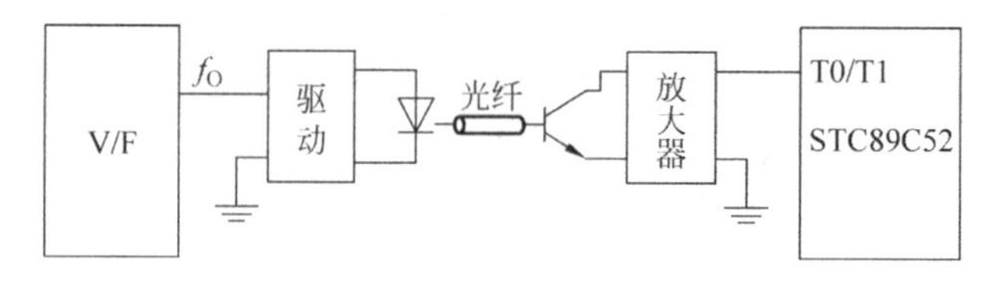

图 9-14　利用光纤进行传输的接口

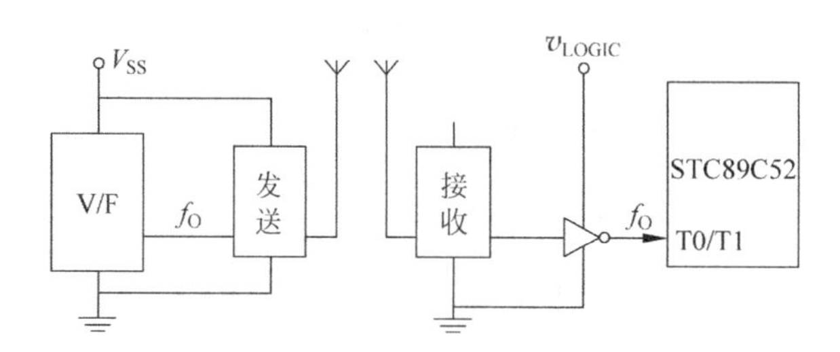

图 9-15　利用无线传输设备用作输入通道

4. LM331 应用举例

本例使用 LM331 和 STC89C52 的内部定时器构成 A/D 转换电路，具有使用元件少、成本低、精度高的特点。

(1) 接口电路

STC89C52 与 LM331 的接口电路如图 9-16 所示。

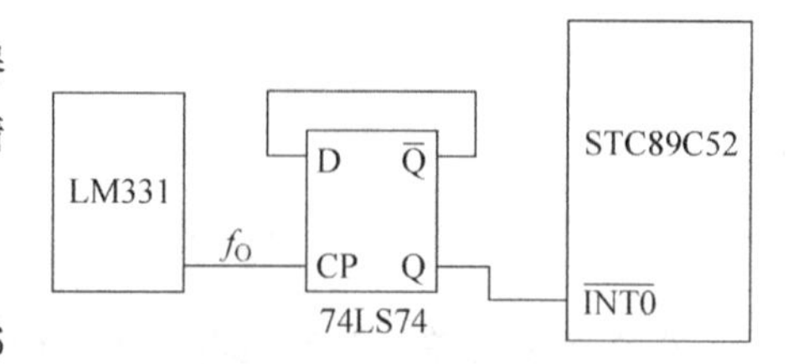

图 9-16　STC89C52 与 LM331 的接口电路

V/F转换器最大输出频率为10kHz,输入电压范围为0～10V。由于本电路输出频率较低,如对脉冲计数则会降低精度,因此采用测周期的方法。V/F输出的频率经D触发器二分频后接$\overline{\text{INT0}}$,作为T0计数器的控制信号。

T0计数器置定时器状态,取方式1,将TMOD.3(T0的GATE位)置1,这样就由$\overline{\text{INT0}}$和TR0来共同决定计数器是否工作。此法只能测量信号周期小于65 535个机器周期的信号。

(2) 软件设计思想

包括初始化和计数两部分。

初始化程序要对定时器/计数器0进行状态设置,使其工作在定时器模式,方式1,并将GATE位置1。

计数程序首先需判断$\overline{\text{INT0}}$电平,当其为低时，TR0＝0；当其变为高时,TR0＝1启动计数,再为低时停止计数并清TR0,取出数据,将T0的时间常数寄存器TH0、TL0清0,准备下一次计数。读者可根据上述思想编写C51程序。

9.2　STC89C52单片机与D/A转换器的接口

9.2.1　D/A转换器简介

1. 概述

模/数转换器(DAC)是一种把数字信号转换成模拟信号的器件。

D/A转换器的种类很多。按照二进制数字量的位数划分,有8位、10位、12位和16位D/A转换器；按照数字量的数码形式划分,有二进制码和BCD码D/A转换器；按照D/A转换器输出方式划分,有电流输出型和电压输出型D/A转换器。在实际应用中,对于电流输出的D/A转换器,如需要模拟电压输出,可在其输出端加一个由运算放大器构成的I/V转换电路,将电流输出转换为电压输出。

单片机与D/A转换器的连接,早期多采用8位数字量并行传输的并行接口,现在除并行接口外,带有串行口的D/A转换器品种也不断增多。除了通用的UART串行口外,目前较为流行的还有I^2C串行口和SPI串行口等。所以在选择单片D/A转换器时,要考虑单片机与D/A转换器的接口形式。

目前部分单片机芯片中集成的D/A转换器位数一般在10位左右,且转换速度很快,所以单片的DAC开始向高位数和高转换速度上转变。低端的产品,如8位的D/A转换器,开始面临被淘汰的危险,但是在实验室或涉及某些工业控制方面的应用,低端的8位DAC以其优异性价比还是具有相当大的应用空间的。

2. D/A转换器的主要技术指标

(1) 分辨率

分辨率是指输入数字量的最低有效位(LSB)发生变化时,所对应的输出模拟量(常为电压)的变化量。它反映了输出模拟量的最小变化值。

分辨率与输入数字量的位数有确定的关系,可以表示成 $FS/2^n$。FS 表示满量程输入值,n 为二进制位数。对于 5V 的满量程,采用 8 位的 DAC 时,分辨率为 $5V/2^8=19.5mV$;当采用 12 位的 DAC 时,分辨率则为 $5V/2^{12}=1.22mV$。显然,位数越多,分辨率就越高,即 D/A 转换器对输入量变化的敏感程度越高。

使用时,应根据对 D/A 转换器分辨率的需要来选定 D/A 转换器的位数。

(2) 建立时间

描述 D/A 转换器转换快慢的一个参数,用于表明转换时间或转换速度。其值为从输入数字量到输出达到终值误差±(1/2)LSB 时所需的时间。

电流输出型 DAC 的转换时间较短,而电压输出的转换器,由于要加上完成 I/V 转换的运算放大器的延迟时间,因此转换时间要长一些。快速 D/A 转换器的转换时间可控制在 1s 以下。

(3) 转换精度

理想情况下,转换精度与分辨率基本一致,位数越多精度越高。

但由于电源电压、基准电压、电阻和制造工艺等各种因素存在着误差。严格讲,转换精度与分辨率并不完全一致。只要位数相同,分辨率则相同,但相同位数的不同转换器转换精度会有所不同。

例如,某种型号的 8 位 DAC 精度为±0.19%,而另一种型号的 8 位 DAC 精度为±0.05%。

3. D/A 转换器的原理

目前常用的 D/A 转换器是由 T 型电阻网络构成的,一般称其为 T 型电阻网络 D/A 转换器,如图 9-17 所示。计算机输出的数字信号首先传送到数据锁存器(或寄存器)中,然后由模拟电子开关把数字信号的高低电平变成对应的电子开关状态。当数字量某位为 1 时,电子开关就将基准电压源 V_{REF} 接入电阻网络的相应支路;若为 0 时,则将该支路接地。各支路的电流信号经过电阻网络加权后,由运算放大器求和并变换成电压信号,作为 D/A 转换器的输出。

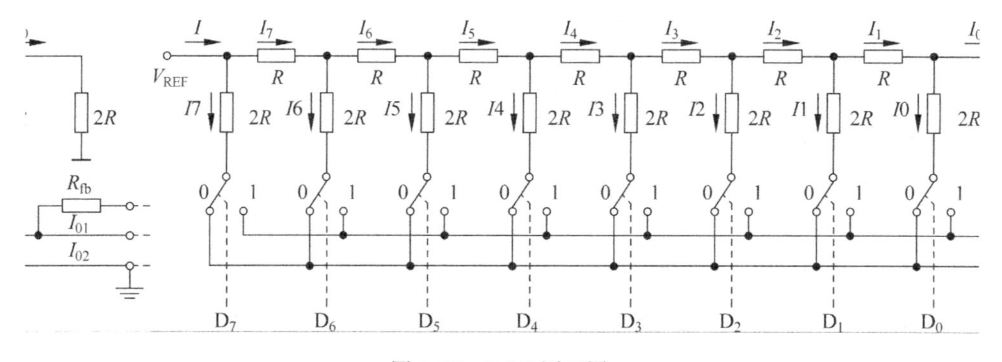

图 9-17 DAC 原理图

该电路是一个 8 位 D/A 转换器,V_{REF} 为外加基准电源,R_{fb} 为外接运算放大器的反馈电阻。D7～D0 为控制电流开关的数据。由图 9-17 可以得到

$$I=\frac{V_{REF}}{R},\quad I_7=I/2^1,\quad I_6=I/2^2,\quad I_5=I/2^3,\quad I_4=I/2^4,$$

$$I_3=I/2^5,\quad I_2=I/2^6,\quad I_1=I/2^7,\quad I_0=I/2^8$$

当输入数据 D7～D0 为 11111111B 时，有

$$\begin{aligned}I_{o1}&=I_7+I_6+I_5+I_4+I_3+I_2+I_1+I_0\\&=I/2^8\times(2^7+2^6+2^5+2^4+2^3+2^2+2^1+2^0)\end{aligned}$$

$$I_{o2}=0$$

若 $R_{fb}=R$，则

$$\begin{aligned}V_o&=-I_{o1}\times R_{fb}\\&=-I_{o1}\times R\\&=-((V_{REF}/R)2^8)\times(2^7+2^6+2^5+2^4+2^3+2^2+2^1+2^0)R\\&=-(V_{REF}/2^8)\times(2^7+2^6+2^5+2^4+2^3+2^2+2^1+2^0)\\&=-\mathrm{B}\times\frac{V_{REF}}{256}\end{aligned}\tag{9-6}$$

由此可见。输出电压 V_o 的大小与输入数字量 B 具有对应关系。

9.2.2　STC89C52 单片机与 8 位 D/A 转换器 DAC0832 的接口设计

1. DAC0832 芯片

DAC0832 是一个 8 位 D/A 转换器。单电源供电，从＋5～＋15V 均可正常工作。其基准电压的范围为±10V，电流建立时间为 1s，可直接与单片机接口。

(1) 内部结构

DAC0832 内部结构框图如图 9-18 所示。DAC0832 转换器由两个 8 位的输入寄存器和一个 8 位 D/A 转换器构成，通过两个输入寄存器构成两级数据输入锁存。使用时，数据输入可以采用两级锁存(双锁存)形式或单级锁存(一级锁存，一级直通形式)，或直接输入(两级直通)形式。

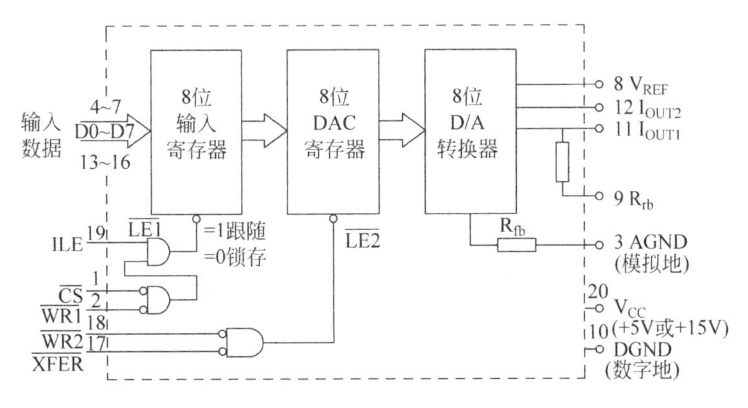

图 9-18　DAC0832 的内部结构图

此外，由三个与门电路组成寄存器输出控制逻辑电路，该逻辑电路的功能是进行数据锁存控制，当 $\overline{LE1}$($\overline{LE2}$)＝0 时，输入数据被锁存；当 $\overline{LE1}$($\overline{LE2}$)＝1 时，寄存器的输出跟随输

入数据变化。

(2) 引脚功能

DAC0832 转换器芯片为 20 引脚双列直插式封装，其引脚排列如图 9-19 所示。

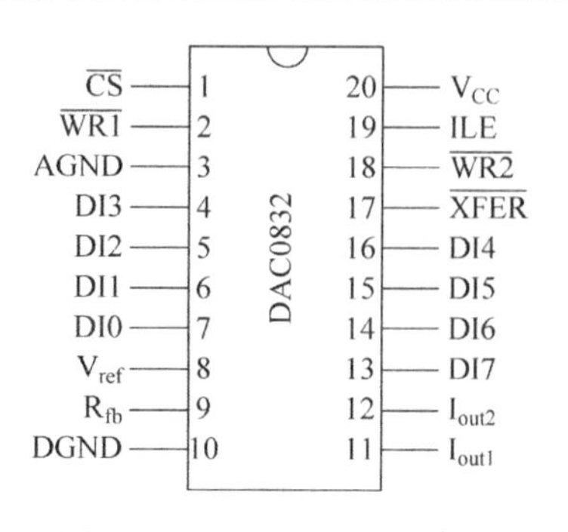

图 9-19 DAC0832 的引脚图

各引脚功能如下。

DI0～DI7：8 位数据输入线。

$\overline{CS}$：片选信号输入，低电平有效。

ILE：数据锁存允许控制信号，高电平有效。

$\overline{WR1}$：第一级输入寄存器写选通输入信号，低电平有效。

上述两个控制信号决定输入寄存器是数据直通方式还是数据锁存方式，当 ILE=1 并且$\overline{WR1}$=0 时，为输入寄存器直通方式；当 ILE=1 并且$\overline{WR1}$=1 时，为输入寄存器锁存方式。

$\overline{WR2}$：DAC 寄存器写选通信号(输入)，低电平有效。

$\overline{XFER}$：数据传送控制信号(输入)，低电平有效。上述两个信号控制 DAC 寄存器是数据直通方式还是数据锁存方式，当$\overline{WR2}$=0 和$\overline{XFER}$=0 时，为 DAC 寄存器直通方式；当$\overline{WR2}$=1 或$\overline{XFER}$=1 时，为 DAC 寄存器锁存方式。

I_{out1}、I_{out2}：电流输出，$I_{out1}+I_{out2}$=常数。

R_{fb}：反馈电阻端。内部接反馈电阻，外部通过该引脚接运放输出端。

DAC0832 是电流输出，为了取得电压输出，需在电压输出端接运算放大器，R_{fb} 即为运算放大器的反馈电阻端。

V_{REF}：基准电压，其值为−10～+10V。

AGND：模拟地，为模拟信号和基准电源的参考地。

DGND：数字地，为工作电源地和数字逻辑地，两种地线可在基准电源处进行单点共地。

V_{CC}：芯片工作电源，其值为+5～+15V。

2. STC89C52 与 DAC0832 的接口

设计接口电路时，常用单缓冲方式或双缓冲方式的单极性输出。

1) 单缓冲方式

指 DAC0832 内部的两个数据缓冲器有一个处于直通方式，另一个处于受 STC89C52 单片机控制的锁存方式。在实际应用中，如果只有一路模拟量输出，或虽是多路模拟量输出但并不要求多路输出同步的情况下，可采用单缓冲方式。

单缓冲方式的接口电路如图 9-20 所示。

图 9-20 中，单片机的信号控制 DAC0832 的$\overline{WR1}$和$\overline{WR2}$脚，单片机的 P2.7 脚控制$\overline{CS}$和$\overline{XFER}$脚。当 P2.7 脚为低时(端口地址为 7FFFH)，同时$\overline{WR}$有效，单片机这时把数字量送入 DAC0832 并转换输出。下面说明单缓冲方式下 DAC0832 的应用。

例 9-3 根据图 9-20 电路图，编写产生锯齿波、三角波和矩形波的波形程序。

(1) 编写产生锯齿波的程序

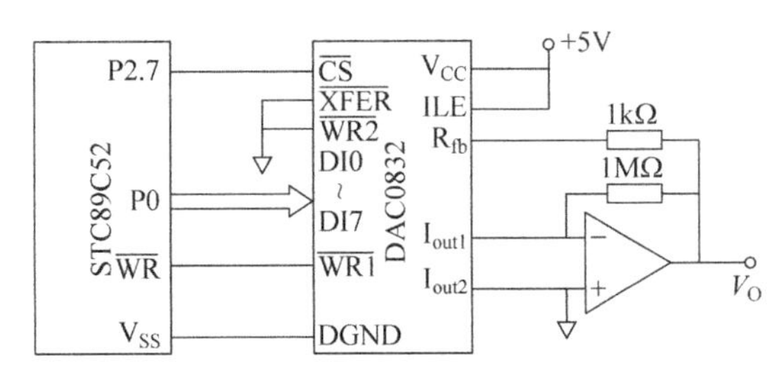

图 9-20　DAC0832 单缓冲方式接口

C51 参考程序如下。

```
#include <reg52.h>
#include <adsacc.h>
#define DAC0832 XBYTE[0x7fff]              /* 0832 端口地址 */
#define uchar unsigned char                /* 定义 uchar 代表单字节无符号数 */
#define uint unsigned int                  /* 定义 uint 无符号字 */
void stair(void )
{uchar i;
  while(1)
  {for(i = 0; i<255; i++)                  /* 锯齿波输出值,最大为 255 */
     { DAC0832 = i;                        /* DAC 转换输出 */
     }
  }
}
```

(2) 编写产生三角波的程序

C51 参考程序如下。

```
#include <reg52.h>
#include <adsacc.h>
#define DAC0832 XBYTE[0x7fff]              /* 0832 端口地址 */
#define uchar unsigned char                /* 定义 uchar 代表单字节无符号数 */
void triangle (   )
{      uchar i;
       while(1)
       { for(i = 0; i< 0xff; i++)
           {DAC0832 = i;      }            /* 三角波的上升边 */
       for(i = 0xff; i>0; i-- )
       {      DAC0832 = i;      }          /* 三角波的下降边 */
       }
}
```

(3) 编写产生矩形波的程序

C51 参考程序如下。

```
#include <reg52.h>
#include <adsacc.h>
#define DAC0832 XBYTE[0x7fff]              /* 0832 数据端口地址 */
#define uchar unsigned char                /* 定义 uchar 代表单字节无符号数 */
void delay() ;
void rectangular (   )
{    while(1)
```

```
    {    DAC0832 = 0xaf;               /* 产生矩形波的上限电平 */
         delay( ) ;                    /* 矩形波上限电平的持续时间 */
         DAC0832 = 0x10;               /* 产生矩形波的下限电平 */
         delay( ) ;                    /* 矩形波下限电平的持续时间 */
    }
}
void delay( )
{uchar i;
  for(i = 0; i < 0xff; i++);
}
```

程序中上、下限电平的改变，可向 DAC0832 送不同的数字量来实现。矩形波高、低电平时的持续时间，由 delay()的延时程序决定。也可使用两个延时时间不同的延时程序，来分别决定矩形波高、低电平的持续时间，频率可采用控制延时的方法来改变。

2）双缓冲方式

多路的 D/A 转换要求同步输出时，须采用双缓冲同步方式，此时数字量的输入锁存和 D/A 转换输出是分两步完成的。STC89C52 与 DAC0832 的双缓冲方式的连接如图 9-21。

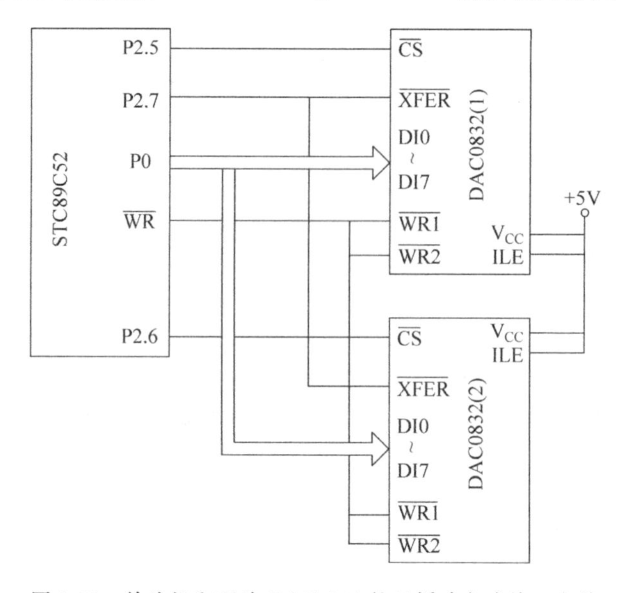

图 9-21　单片机和两片 DAC0832 的双缓冲方式接口电路

如图 9-21 所示，电路中用 P2.5、P2.6 和 P2.7 来进行片选，P2.5＝0 选通 1＃DAC0832 的数据输入，P2.6＝0 选通 2＃DAC0832 的数据输入，P2.7＝0 时实现两片 DAC0832 同时进行转换并同步输出模拟量。所以 1＃DAC0832 的数据地址为 0xDFFF（P2.5＝0）；2＃DAC0832 的地址为数据 0xBFFF(P2.6＝0)；两片 DAC0832 同时转换并输出的地址为 0x7FFF(P2.7＝0)。

若把图 9-21 中 DAC 输出的模拟电压 V_x 和 V_y 来控制 X-Y 绘图仪，则应把 V_x 和 V_y 分别加到 X-Y 绘图仪的 X 通道和 Y 通道，而 X-Y 绘图仪由 X、Y 两个方向的步进电机驱动，其中一个电机控制绘笔沿 X 方向运动，另一个电机控制绘笔沿 Y 方向运动。因此对 X-Y 绘图仪的控制有一基本要求：就是两路模拟信号要同步输出，使绘制的曲线光滑。

如果不同步输出，例如先输出 X 通道的模拟电压，再输出 Y 通道的模拟电压，则绘图笔先向 X 方向移动，再向 Y 方向移动，此时绘制的曲线就是阶梯状的。通过本例，也就不难理解为什么 DAC 设置双缓冲方式的目的所在。

例 9-4　编写 DAC0832 双缓冲方式的两路模拟量同步输出的程序，接口电路如图 9-21。

C51 参考程序如下。

```
#include <reg52.h>
#include <stdio.h>
#define DAC083201Addr 0xDFFF              /*1#0832 的数据寄存器地址*/
#define DAC083202Addr 0xBFFF              /*2#0832 的数据寄存器地址*/
#define DAC0832Addr 0x7FFF                /*两片 0832 同时转换的端口地址*/
#define uchar unsigned char               /* uchar 代表单个字节无符号数*/
#define uint unsigned int
sbit P25 = 0xa5;                          /*定义 P2.5 位*/
sbit P26 = 0xa6;                          /*定义 P2.6 位*/
sbit P27 = 0xa7;                          /*定义 P2.7 位*/
void writechip1(uchar c0832data);
void writechip2(uchar c0832data);
void transdata(uchar c0832data) ;         /*转换数据*/
void Delay(  ) ;                          /*延时子程序*/
main( )
{
    xdata cdigitl1 = 0;                   /*1#0832 待转换的数字量*/
    xdata cdigitl2 = 0;                   /*2#0832 待转换的数字量*/
    P0 = 0xff;                            /*端口初始化*/
    P1 = 0xff;
    P2 = 0xff;
    P3 = 0xff;
    Delay();                              /*延时*/
    cdigitl1 = 0x80;                      /*1#0832 的数据*/
   cdigitl2 = 0xff;                       /*2#0832 的数据*/
   writechip1(cdigitl1);                  /*向 1#0832 写入数据*/
   writechip2(cdigitl2);                  /*向 2#0832 写入数据*/
   transdata (0x00);                      /*同时进行转换*/
   while(1);
}

void writechip1(uchar c0832data)          /*向 1#0832 芯片写入数据函数*/
{ *((uchar xdata *)DAC083201Addr) = c0832data;
}
void writechip2(uchar c0832data)          /*向 2#0832 芯片写入数据函数*/
{     *((uchar xdata *)DAC083202Addr) = c0832data;
}
void TransformData(uchar c0832da)         /*两片 0832 芯片同时进行转换的函数*/
{ *((uchar xdata *)DAC0832Addr) = c0832data;
}
void Delay()                              /*延时程序*/
{     uint i;
      for(i = 0;i<200;i++);
}
```

程序说明如下。

(1) 在调用函数 writechip1 时只是向 1＃0832 芯片写入数据，不会写到 2＃0832 中，因为 2＃0832 没有被选通，对于函数 writechip2 也是同样道理。

(2) 在调用函数 TransformData( )时，函数参数可以为任意值，因为将被转换的数字量已经被锁存到 DAC 寄存器中。调用函数 TransformData( )只是发出启动第二级转换的控制信号，数据线上的数据不会被锁存。

(3) 程序的 3～5 行对 DAC0832 的 3 个端口使用了 3 个宏定义。例如，将 0832Addr 的端口地址 0x7FFF 宏定义为 DAC0832Addr(第 5 行)，是为了定义明确，方便使用和修改。使用该地址向 DAC0832 写入时要先进行类型转换。用(uchar xdata *)把 DAC0832Addr 转换为指向 0x7FFF 地址的指针型数据，再使用指针进行间接寻址。这种使用方法是较为经典和精简的代码风格，初学者可用如下拆分、等价的方式理解这句代码。

首先，由于宏替换，(uchar xdata *)DAC0832Addr 相当于(uchar xdata *) 0x7FFF，即将 0x7FFF 强制转换为指向外部数据空间的 unsigned char 类型的指针，指针内容 0x7FFF，即指向了 DAC0832 的数据转换端口，然后再来看 *((uchar xdata *)DAC0832Addr)，它相当于 * p，p 是指向外部数据空间 0x7FFF 的 unsigned char 类型指针。最后，*((uchar xdata *)DAC0832Addr)＝c0832data 意义显然为：将 c0832data 的值写入 DAC0832 的数据转换端口。

因此，以下两个代码段在功能上是等价的。

代码段 1

```
#define DAC0832Addr 0x7FFF
#define uchar unsigned char
*((uchar xdata *)DAC0832Addr) = c0832data;
```

代码段 2

```
unsigned char *p;
p = 0x7FFF;
*p = c0832data;
```

显然前者比后者有两个优点：首先，代码段 1 的意义明确，可读性和可移植性更强。更重要的是，代码段 1 节省了数据存储空间，因为它无需使用指针变量，而宏是不占用数据存储空间的，它只占用程序存储空间。

3) DAC0832 的双极性电压输出

有些场合则要求 DAC0832 双极性模拟电压输出，如何实现。

在双极性电压输出的场合下，可以按照图 9-22 所示接线。图中，DAC0832 的数字量由单片机送来，A1 和 A2 均为运算放大器，v_o 通过 $2R$ 电阻反馈到运算放大器 A2 输入端，G 点为虚拟地，可以得到

$$V_o = (B - 128) \times \frac{V_{REF}}{128} \tag{9-7}$$

式中　V_o——模拟输出电压；

V_{REF}——基准电压；

B——数字量(0～255)。

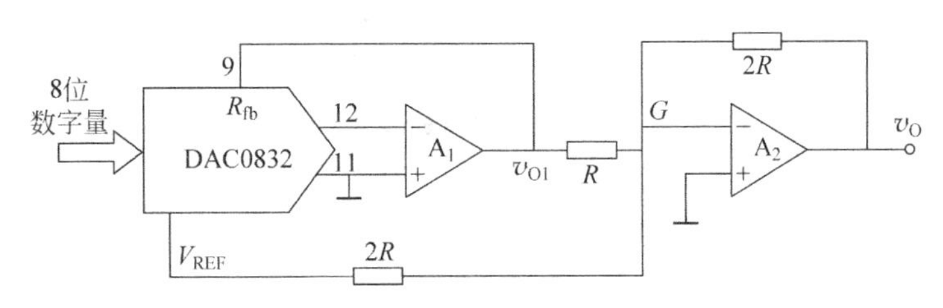

图 9-22　双极性 DAC 的接法

由上式知，当单片机输出给 DAC0832 的数字量 $B \geqslant 128$ 时，即数字量最高位 b7 为 1，输出的模拟电压 v_o 为正；当单片机输出给 DAC0832 的数字量 $B<128$ 时，即数字量最高位为 0，则 v_o 的输出电压为负。

本章小结

A/D 转换器和 D/A 转换器在信号检测、转换和控制及信息处理等方面发挥着越来越重要的作用。A/D 转换器的主要性能指标有转换时间、转换速率、转换精度和量化误差等。D/A 转换器的主要性能指标有转换速率、转换精度、分辨率、线性度、输出极性及范围等。本章应重点掌握 A/D、D/A 技术指标、选型、接口设计与编程方法。

思考题

1. D/A 与 A/D 转换器有哪些主要技术指标？

2. D/A 转换器由哪几部分组成？各部分的作用是什么？

3. 试述 DAC0832 芯片输入寄存器和 DAC 寄存器二级缓冲的优点。

4. 试设计 STC89C52 与 DAC0832 的接口电路，并编制程序，输出正弦波。

5. 设有一个 12 位的 DAC，满量程输出电压是 5V，试问它的分辨率是多少？

6. 设计 STC89C52 单片机和 ADC0809 的接口，采集 IN2 通道的 10 个数据，存入内部 RAM 的 50H～59H 单元，编写延时方式、查询方式、中断方式中的一种程序。

7. 用 STC89C52 单片机内部定时器来控制对 ADC0809 的 1 个通道信号进行数据采集和处理。每分钟对 0 通道采集一次，连续采集 5 次。若平均值超过 80H，则由 P1 口的 P1.0 输出控制信号 1，否则就使 P1.0 输出 0。

8. 从 ADC0809 的 IN0 通道输入模拟量，转换成数字量后存入 40H 地址单元中。要求：(1)用 STC89C52 单片机的接收 ADC0809 转换结束信号。在中断处理程序中，将转换后的数字量存入 40H 地址单元中。

(2) 画出 51 单片机与 ADC0809 的硬件连接图。

(3) 编写主程序与中断处理程序。

第10章　STC89C52单片机应用系统设计

本章学习要点：

- 了解STC89C52单片机应用系统设计基本原则、方法与步骤。
- 掌握STC89C52单片机应用系统基本结构、单片机实验系统电路设计和软件设计。
- 掌握STC89C52单片机语言系统设计方案与实现。

从总体设计、硬件设计、软件设计、可靠性设计、系统调试与测试等几个方面介绍了单片机应用系统设计的方法及基本过程，并给出了典型设计实例，重点是单片机应用系统开发的方法与实际应用，难点是将单片机应用系统开发的方法应用于实际工程中，设计出最优的单片机应用系统。

10.1　概述

由于单片机具有体积小、功耗低、功能强、可靠性高、实时性强、简单易学、使用方便灵巧、易于维护和操作、性价比高、易于推广应用且可实现网络通信等技术特点。因此，单片机在自动化装置、智能仪表、家用电器，乃至数据采集、工业控制、计算机通信、汽车电子及机器人等领域得到了日益广泛的应用。

单片机应用系统设计应当考虑其主要技术性能（速度、精度、功耗、可靠性与驱动能力等），还应当考虑功能需求、应用需求、开发条件、市场情况、可靠性需求及成本需求，尽量以软件代替硬件等。如图10-1所示描述了单片机应用系统设计的一般过程。

10.2　MCS-51单片机应用系统设计

10.2.1　总体设计

1. 明确设计任务

认真进行目标分析，根据应用场合、工作环境、具体用途，考虑系统的可靠性、通用性、可维护性、先进性，以及成本等，提出合理的、详尽的功能技术指标。

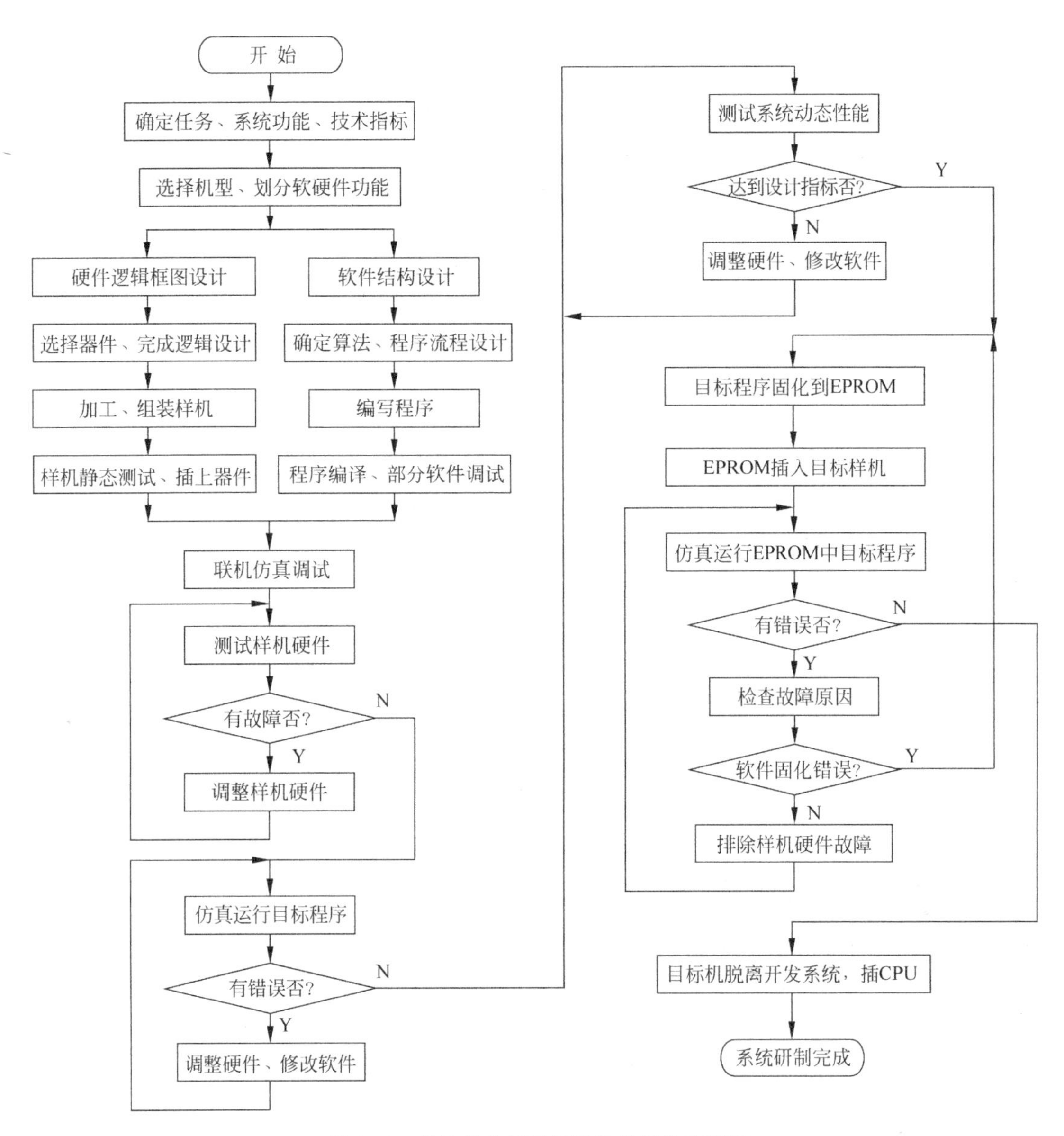

图 10-1 单片机应用系统设计的开发流程图

2. 器件选择

(1) 单片机选择

单片机选择主要从性能指标如字长、主频、寻址能力、指令系统、内部寄存器状况、存储器容量、有无 A/D、D/A 通道、功耗、性价比等方面进行选择。对于一般的测控系统，选择 8 位机即能满足要求。

(2) 外围器件的选择

外围器件应符合系统的精度、速度、可靠性、功耗及抗干扰等方面的要求。应考虑功耗、电压、温度、价格与封装形式等其他方面的指标，应尽可能选择标准化、模块化、功能强与集成度高的典型电路。

3. 总体设计

总体设计就是根据设计任务、指标要求和给定条件，设计出符合现场条件的软、硬件方案。并进行方案优化。应划分硬件、软件任务，画出系统结构框图。要合理分配系统内部的硬件、软件资源。包括以下几个方面。

（1）从系统功能需求出发设计功能模块。包括显示器、键盘、数据采集、检测、通信、控制、驱动和供电方式等。

（2）从系统应用需求分配元器件资源。包括定时器/计数器、中断系统、串行口、I/O 接口、A/D、D/A、信号调理与时钟发生器等。

（3）从开发条件与市场情况出发选择元器件。包括仿真器、编程器、元器件、语言与程序设计的简易等。

（4）从系统可靠性需求确定系统设计工艺。包括去耦、光隔、屏蔽、印制板、低功耗、散热、传输距离、速度、节电方式、掉电保护和软件措施等。

10.2.2 硬件设计

由总体设计所给出的硬件框图所规定的硬件功能，在确定单片机类型的基础上进行硬件设计、实验。进行必要的工艺结构设计，制作出印刷电路板，组装后即完成了硬件设计。

一个单片机应用系统的硬件设计包含系统扩展和系统的配置（按照系统功能要求配置外围设备）两部分。

1. 硬件电路设计的一般原则

（1）采用新技术，注意通用性，选择典型电路。

（2）向片上系统（SOC）方向发展。扩展接口尽可能采用 PSD 等器件。

（3）注重标准化、模块化。

（4）满足应用系统的功能要求，并留有适当余地，以便进行二次开发。

（5）工艺设计时要考虑安装、调试与维修等方便。

2. 硬件电路各模块设计的原则

单片机应用系统的一般结构如图 10-2 所示。

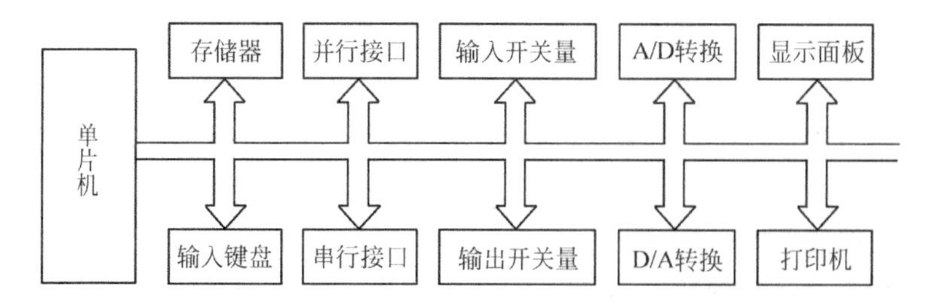

图 10-2　单片机应用系统的一般结构

各模块电路设计时应考虑以下几个方面。

(1) 存储器扩展：类型、容量、速度和接口，尽量减少芯片的数量。

(2) I/O 接口的扩展：体积、价格、负载能力、功能及合适的地址与译码方法。

(3) 输入通道的设计：开关量(接口形式、电压等级、隔离方式与扩展接口等)和模拟输入通道(信号检测、信号传输、隔离、信号处理、A/D、扩展接口、速度、精度和价格等)。

(4) 输出通道的设计：开关量(功率、控制方式等)和模拟量输出通道(输出信号的形式、D/A 、隔离方式与扩展接口等)

(5) 人机界面的设计：键盘、开关、拨码盘、启/停操作、复位、显示器、打印、指示、报警与扩展接口等。

(6) 通信电路的设计：根据需要选择 RS-232C、RS-485 和红外收发等通信标准。

(7) 印刷电路板的设计与制作：专业设计软件(Protel，OrCAD 等)、设计、专业化制作厂家、安装元件与调试等。

(8) 负载容限：总线驱动。

(9) 信号逻辑电平兼容性：电平兼容和转换。

(10) 电源系统的配置：电源的组数、输出功率和抗干扰配置。

(11) 抗干扰的实施：芯片、器件选择，去耦滤波，印刷电路板布线和通道隔离等。

10.2.3 软件设计

软件设计流程图如图 10-3 所示。可分为以下几个方面。

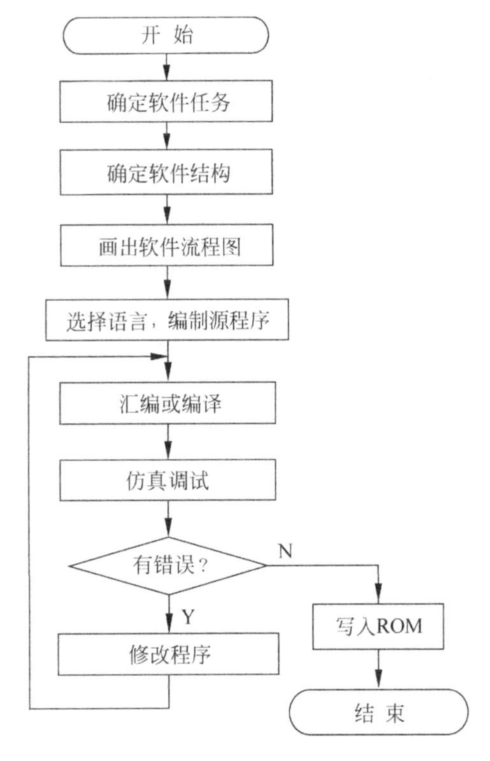

图 10-3　软件设计流程图

1. 总体规划

结合硬件结构,明确软件任务,确定具体实施的方法,合理分配资源。定义输入/输出、确定信息交换的方式(数据速率、数据格式、校验方法与状态信号等)、时间要求,检查与纠正错误。

2. 程序设计技术

软件结构实现结构化,各功能程序实行模块化和子程序化。一般有以下两种设计方法。

(1) 模块程序设计。优点是单个功能明确的程序模块的设计和调试比较方便,容易完成,一个模块可以为多个程序所共享。其缺点是各个模块的连接有时有一定难度。

(2) 自顶向下的程序设计。优点是比较符合于人们的日常思维,设计、调试和连接同时按一个线索进行,程序错误可以较早地发现。缺点是上一级的程序错误将对整个程序产生影响,一处修改可能引起对整个程序的全面修改。

3. 程序设计

(1) 建立数学模型。描述出各输入变量和各输出变量之间的数学关系。

(2) 绘制程序流程图。以简明直观的方式对任务进行描述。

(3) 程序的编制。选择数据结构、控制算法与存储空间分配,系统硬件资源的合理分配与使用,子程序的入/出口参数的设置与传递。

4. 软件装配

各程序模块编辑之后,须进行汇编或编译、调试,当满足设计要求后,将各程序模块按照软件结构设计的要求连接起来,即为软件装配。在软件装配时,应注意软件接口。

10.2.4 可靠性设计

可靠性:通常是指在规定的条件(环境条件如温度、湿度、振动和供电条件等)下,在规定的时间内(平均无故障时间)完成规定功能的能力。

提高单片机本身的可靠性措施:降低外时钟频率,采用时钟监测电路与看门狗技术、低电压复位、EFT 抗干扰技术及指令设计上的软件抗干扰等几方面。

单片机应用系统的主要干扰渠道:空间干扰、过程通道干扰和供电系统干扰。应用于工业生产过程中的单片机应用系统中,应重点防止供电系统与过程通道的干扰。

1. 供电系统干扰与抑制

干扰源:电源及输电线路的内阻、分布电容和电感等。

抗干扰措施:采用交流稳压器、电源低通滤波器、带屏蔽层的隔离变压器、独立的(或专业的)直流稳压模块,交流引线应尽量短,主要集成芯片的电源采用去耦电路,增大输入/输出滤波电容等措施。

2. 过程通道的干扰与抑制

干扰源：长线传输。单片机应用系统中，从现场信号输出的开关信号或从传感器输出的微弱模拟信号，经传输线送入单片机，信号在传输线上传输时，会产生延时、畸变、衰减及通道干扰。

抗干扰措施如下：

(1) 采用隔离技术。光电隔离、变压器隔离、继电器隔离和布线隔离等。典型的信号隔离是光电隔离。其优点是能有效地抑制尖峰脉冲及各种噪声干扰，从而使过程通道上的信噪比大大提高。

(2) 采用屏蔽措施。金属盒罩、金属网状屏蔽线。但金属屏蔽本身必须接真正的地(保护地)。

(3) 采用双绞线传输。双绞线能使各个小环路的电磁感应干扰相互抵消。其特点是波阻抗高、抗共模噪声能力强，但频带较差。

(4) 采用长线传输的阻抗匹配。有四种形式，如图 10-4 所示。

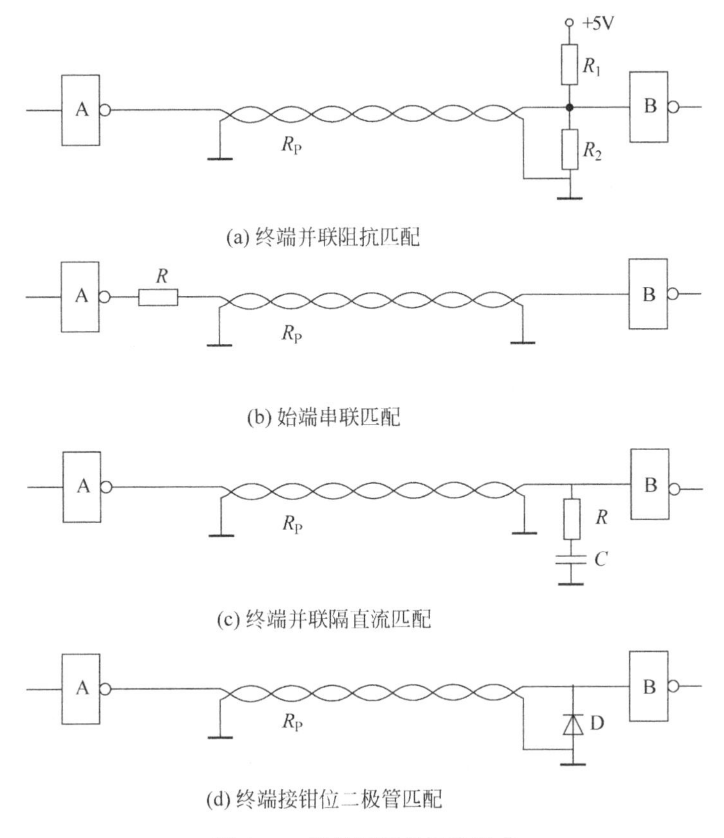

(a) 终端并联阻抗匹配

(b) 始端串联匹配

(c) 终端并联隔直流匹配

(d) 终端接钳位二极管匹配

图 10-4 阻抗匹配的四种形式

① 终端并联阻抗匹配。如图 10-4(a)所示，$R_P = R_1 // R_2$，其特点是终端阻值低，降低了高电平的抗干扰能力。

② 始端串联匹配。如图 10-4(b)所示，匹配电阻 R 的取值为 R_P 与 A 门输出低电平的

输出阻抗 R_{OUT}(约 20Ω)之差值,其特点是终端的低电平抬高,降低了低电平的抗干扰能力。

③ 终端并联隔直流匹配。如图 10-4(c)所示,$R=R_P$,其特点是增加了对高电平的抗干扰能力。

④ 终端接钳位二极管匹配。如图 10-4(d)所示,利用二极管 D 把 B 门输入端低电平钳位在 0.3V 以下。其特点是减少波的反射和振荡,提高动态抗干扰能力。

注意:长线传输时,用电流传输代替电压传输,可获得较好的抗干扰能力。

3. 其他硬件抗干扰措施

(1) 对信号整形

可采用斯密特电路整形。

(2) 组件空闲输入端的处理

组件空闲输入端的处理方法如下图 10-5 所示。其中,图 10-5(a)所示的方法最简单,但增加了前级门的负担。图 10-5(b)所示的方法适用于慢速、多干扰的场合。图 10-5(c)利用印刷电路板上多余的反相器,让其输入端接地,使其输出去控制工作门不用的输入端。

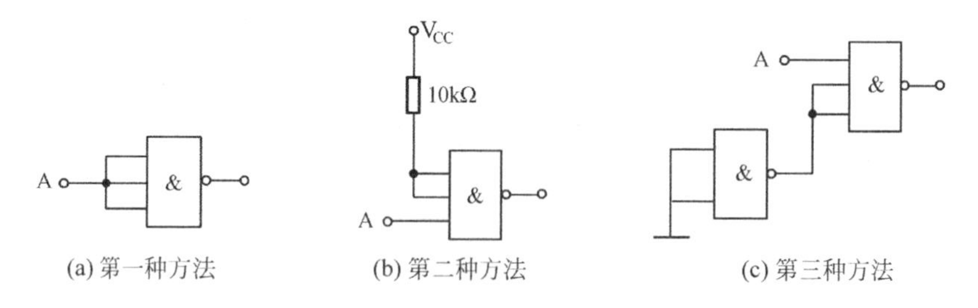

图 10-5 组件空闲输入端的处理方法

(3) 机械触点,接触器、可控硅的噪声抑制

① 开关、按钮和继电器触点等在操作时应采取去抖处理。

② 在输入/输出通道中使用接触器、继电器时,应在线圈两端并接噪声抑制器,继电器线圈处要加装放电二极管。

③ 可控硅两端并接 RC 抑制电路,可减小可控硅产生的噪声。

(4) 印刷电路板(PCB)设计中的抗干扰问题

合理选择 PCB 板的层数,大小要适中,布局和分区应合理,把相互有关的元件尽量放得靠近一些。印刷导线的布设应尽量短而宽,尽量减少回路环的面积,以降低感应噪声。导线的布局应当是均匀的、分开的平行直线,以得到一条具有均匀波阻抗的传输通路。应尽可能地减少过孔的数量。在 PCB 板的各个关键部位应配置去耦电容。要将强、弱电路严格分开,尽量不要把它们设计在一块印刷电路板上。电源线的走向应尽量与数据传递方向一致,电源线和地线应尽量加粗,以减小阻抗。

(5) 地线设计

地线结构大致有保护地、系统地、机壳地(屏蔽地)、数字地和模拟地等。

在设计时,数字地和模拟地要分开,分别与电源端地线相连;屏蔽线根据工作频率可采用单点接地或多点接地;保护地的接地是指接大地。不能把接地线与动力线的零线混淆。

此外,应提高元器件的可靠性,注意各电路之间的电平匹配,总线驱动能力要符合要求,单片机的空闲端要接地或接电源，或者定义成输出。室外使用的单片机系统或从室外架空引入室内的电源线和信号线，要防止雷击，常用的防雷击器件有：气体放电管与 TVS(瞬态电压抑制器)等。

4. 软件的抗干扰设计

常用的软件抗干扰技术有软件陷阱、时间冗余、指令冗余、空间冗余、容错技术、设置特征标志和软件数字滤波等。

(1) 实时数据采集系统的软件抗干扰

采用软件数字滤波。常用的方法有以下几种。

① 算术平均值法。对一点数据连续采样多次(可取 3～5 次)，以平均值作为该点的采样结果。这种方法可以减少系统的随机干扰对采集结果的影响。

② 比较舍取法。对每个采样点连续采样几次，根据所采样数据的变化规律，确定取舍办法来剔除偏差数据。例如，“采三取二”，即对每个采样点连续采样三次，取两次相同数据作为采样结果。

③ 中值法。对一个采样点连续采集多个信号，并对这些采样值进行比较，取中值作为该点的采样结果。

④ 一阶递推数字滤波法：利用软件完成 RC 低通滤波器的算法。

其公式为

$$Y_n = QX_n + (1-Q)Y_{n-1} \tag{10-1}$$

式中：Q——数字滤波器时间常数；

X_n——第 n 次采样时的滤波器的输入；

Y_{n-1}——第 $n-1$ 次采样时的滤波器的输出；

Y_n——第 n 次采样时的滤波器的输出。

注意：选取何种方法必须根据信号的变化规律予以确定。

(2) 开关量控制系统的软件抗干扰

可采取软件冗余、设置当前输出状态寄存单元、设置自检程序等软件抗干扰措施。

5. 程序运行失常的软件对策

程序运行失常：当系统受到干扰侵害，致使程序计数器 PC 值改变，造成程序的无序运行，甚至进入死循环。

程序运行失常的软件对策：发现失常状态后，及时引导系统恢复原始状态。可采用以下方法。

(1) 程序监视定时器(Watch Dog Timer，WDT)技术

程序监视定时器(也称为“看门狗”)的作用是通过不断监视程序每周期的运行事件是否超过正常状态下所需要的时间，从而判断程序是否进入了“死循环”，并对进入“死循环”的程序作出系统复位处理。

“看门狗”技术可由硬件、软件或软硬结合实现。

① 硬件“看门狗”可以很好地解决主程序陷入死循环的故障，但是，严重的干扰有时会出现中断关闭故障使系统无法定时“喂狗”，无法探测到这种故障，硬件“看门狗”电路失效。

② 软件“看门狗”可以保证对中断关闭故障的发现和处理，但若单片机的死循环发生在某个高优先级的中断服务程序中，软件“看门狗”也无法完成其作用。

③ 利用软硬结合的“看门狗”组合可以克服单一“看门狗”功能的缺陷，从而实现对故障的全方位监控。

(2) 设置软件陷阱

软件陷阱指将捕获的“跑飞”程序引向复位入口地址 0000H 的指令。

设置方法如下。

① 在 EPROM 中，非程序区设置软件陷阱，软件陷阱一般 1KB 空间有 2～3 个就可以进行有效拦截。指令如下：

```
NOP
NOP
LJMP 0000H
```

② 在未使用的中断服务程序中设置软件陷阱，能及时捕获错误的中断。指令如下：

```
NOP
NOP
RETI
```

(3) 指令冗余技术

指令冗余是在程序的关键地方人为插入一些单字节指令，或将有效单字节指令重写，称为指令冗余。其作用可将“跑飞”程序纳入正轨。

设置方法通常是在双字节指令和三字节指令后插入两个字节以上的 NOP。这样即使程序“跑飞”到操作数上，由于空操作指令 NOP 的存在，避免了后面的指令被当作操作数执行，程序自动纳入正轨。此外，对系统流向起重要作用的指令(如 RET、RETI、LCALL、LJMP、JC 等指令)之前也可插入两条 NOP 指令，确保这些重要指令的执行。

10.2.5 单片机应用系统的调试与测试

单片机应用系统的软、硬件制作完成后，必须反复进行调试、修改，直至完全正常工作，经过测试，功能完全符合系统性能指标要求，应用系统设计才算完成。

1. 硬件调试

(1) 静态检查

根据硬件电路图核对元器件的型号、极性、安装是否正确，检查硬件电路连线是否与电路图一致，有无短路、虚焊等现象。

(2) 通电检查

通电检查时，可以模拟各种输入信号分别送入电路的各有关部分，观察 I/O 口的动作情况，查看电路板上有无元件过热、冒烟、异味等现象，各相关设备的动作是否符合要求，整个系统的功能是否符合要求。

2. 软件调试

程序模块编写完成后，通过汇编或编译后，在开发系统上进行调试。调试时应先分别调试各模块子程序，调试通过后，再调试中断服务子程序，最后调试主程序，并将各部分进行联调。

3. 系统调试

当硬件和软件调试完成之后，就可以进行全系统软、硬件调试，对于有电气控制负载的系统，应先试验空载，空载正常后再试验负载情况。系统调试的任务是排除软、硬件中的残留错误，使整个系统能够完成预定的工作任务，达到要求的性能指标。

4. 程序固化

系统调试成功之后，就可以将程序通过专用程序固化器固化到 ROM 中。

5. 脱机运行调试

将固化好程序的 ROM 插回到应用系统电路板的相应位置，即可脱机运行。系统试运行要连续运行相当长的时间(也称为考机)，以考验其稳定性。并要进一步进行修改和完善处理。

6. 测试单片机系统的可靠性

单片机系统设计完成时，一般须进行单片机软件功能的测试、上电与掉电测试、老化测试、静电放电(Electro Static Discharge，ESD)抗扰度和电快进瞬变脉冲群(Electrical Fast Transient，EFT)抗扰度等测试。可以使用各种干扰模拟器来测试单片机系统的可靠性，还可以模拟人为使用中可能发生的破坏情况。

经过调试、测试后，若系统完全正常工作，功能完全符合系统性能指标要求，则一个单片机应用系统的研制过程全部结束。

10.3　单片机应用系统举例

10.3.1　单片机在控制系统中的应用

单片机的一个广泛应用领域就是控制系统。

1. 设计思想

通过传感电路不断循环检测室内温度、湿度及有害气体(如煤气)浓度等环境参数，然后与由控制键盘预置的参数临界值相比较，从而作出开/关窗、启/停换气扇和升/降温(湿)等判断，再结合窗状态检测电路所检测到的窗状态，发出一系列的控制命令，完成下雨则自动关窗、室内有害气体超标则自动开窗、开/启换气扇和恒温(湿)等自动控制功能。用户还可通过控制键盘，直接控制窗户的开/关、换气扇的启/停、温(湿)度的升/降，选择所显示参数的种类等。

2. 系统组成和部分电路设计

控制系统主要由控制器、数据检测传感电路、A/D 转换器、窗驱动控制接口电路、窗驱动电路等组成。其系统原理图如图 10-6 所示。

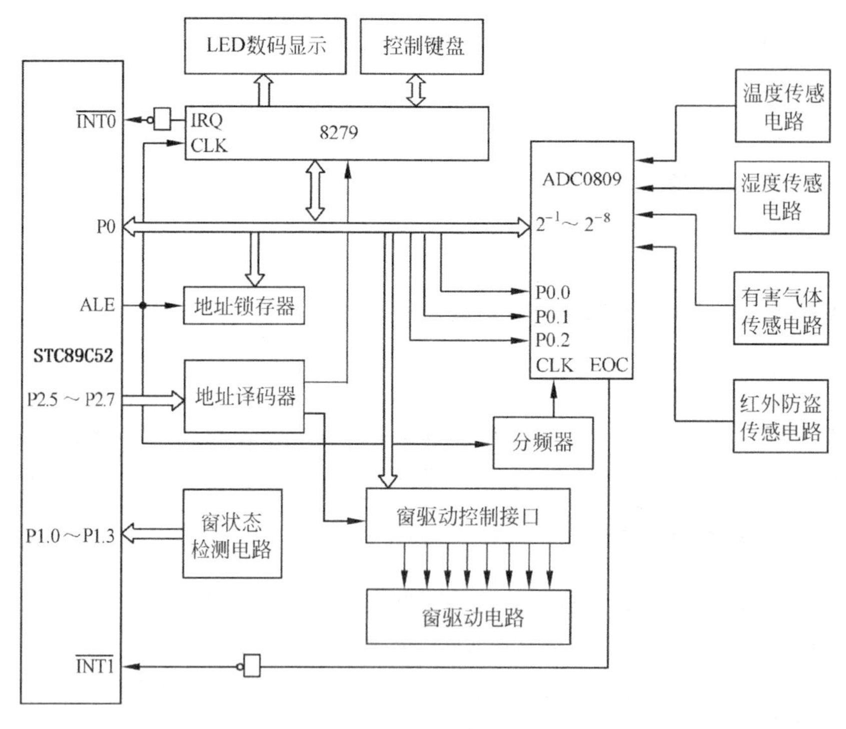

图 10-6 单片机控制系统原理图

控制器采用宏晶公司的 STC89C52 单片机。利用 STC89C52 的 P0 口采集数据，完成控制信息的采集和控制功能。利用 P1.0～P1.3 作为窗状态检测端口，完成对窗状态(即窗是否移到边框)的检测。

数据检测传感电路由温度传感电路、湿度传感电路、有害气体传感电路和红外防盗传感器四个部分组成。在此只以温度传感电路为例进行设计。

根据温度检测的要求，温度的检测选用集成温度传感器 AD590(测温范围为－55～＋150℃)。测量电路如图 10-7 所示。

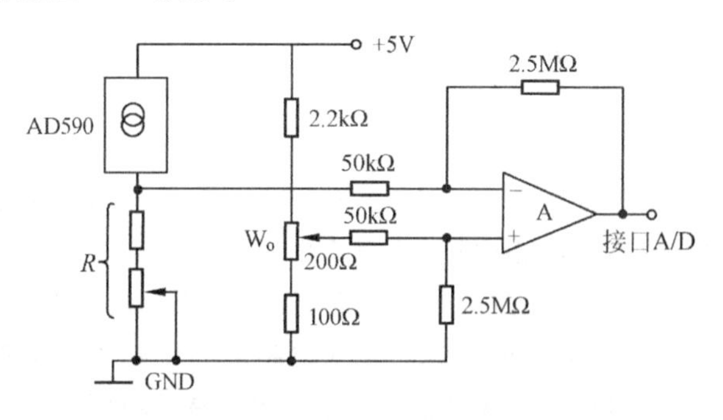

图 10-7 测温电路图

传感器的采集信号经过数据处理电路，必须通过 A/D 转换器才能与单片机连接，本系统中有 4 路模拟输入，A/D 转换器选用了 ADC0809，STC89C52 通过中断方式读取 A/D 转换的数据。通过 A/D 转换实现的数据采集电路如图 10-8 所示。A/D 转换器的接口地址为 7FFFH。

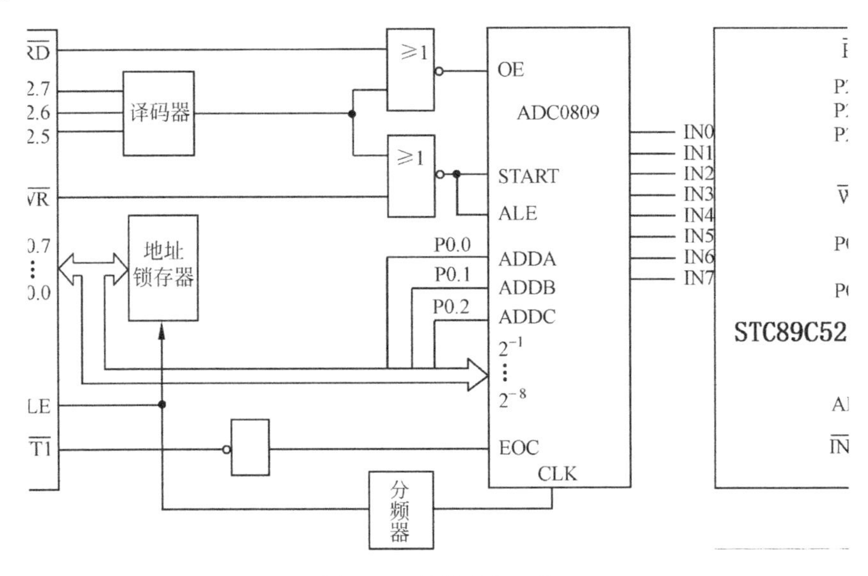

图 10-8　数据采集电路

根据驱动信号与所控对象的关系，将系统的驱动电路分解为移窗驱动电路、换窗驱动电路、锁窗驱动电路、温度调节驱动电路、湿度调节驱动电路、换气扇驱动电路和报警驱动电路等，分别用它们去控制 1 个对象。

窗状态检测电路采用 4 个开关型磁敏器件。在外窗、内窗的左、右边上，与磁敏器件相对应的地方，各贴上一小片磁铁，当小磁铁随窗户的移动而移近相对应的磁敏器件时，该磁敏器件的输出信号从高电平变为低电平，表示窗户已移到相应边上。

键盘输入及显示电路采用 Intel 公司生产的 8279 通用可编程键盘和显示器接口芯片。可实现对键盘和显示器的自动扫描，并识别键盘上闭合键的键号。

对于控制键盘，采用微动开关制作，并安装在窗户的固定边框上。通过控制键盘，用户可设置各环境参数的临界值、随意选择所显示参数的种类、直接控制窗户的开/关、换气扇的启/停及温(湿)度的升/降等。

3. 软件设计

控制系统软件主要由一个主程序和两个中断服务程序等组成。

主程序的主要作用是在系统复位后对系统进行初始化，设置 8279、ADC0809 等的工作方式和初始状态，设置各中断的优先级别并开中断，首次启动 A/D 转换等，然后向 8279 循环送显示字符进行显示。程序框图如图 10-9 所示。

键中断服务程序的主要作用是在 STC89C52 响应中断(有键按下，则产生该中断)后，读出键值，并根据键值依序发出相应的控制命令字，完成相应的控制功能。该中断应设为高优先级。程序框图如图 10-10 所示。

循环检测中断服务程序的主要作用是在 STC89C52 响应中断后，将 A/D 转换结果送相应缓冲区，然后判断该转换结果是否在上、下限值之间，并根据判断结果按序发出相应的控制命令字，完成相应的控制、报警功能。然后重新选择被转换量，再次启动 A/D 转换后，返回主程序。该中断应设为低优先级，并设为电平触发方式。程序流程图如图 10-11 所示。

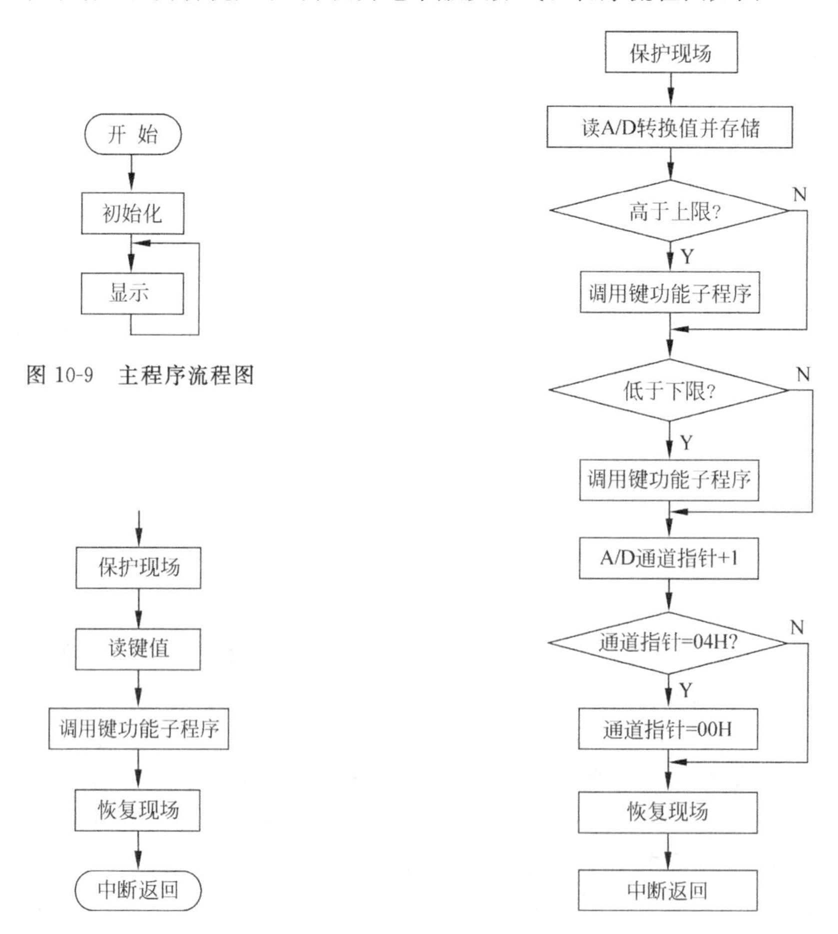

图 10-9　主程序流程图

图 10-10　键中断服务子程序流程图

图 10-11　循环检测中断服务程序流程图

10.3.2　单片机在里程和速度计量中的应用

设计要求：利用单片机实现的自行车里程/速度计能自动显示自行车行驶的总里程数及自行车行驶速度，具有超速信号提醒功能，里程数据自动记忆。也可应用于电动自行车、摩托车与汽车等机动车仪表上。

1. 总体设计

控制器采用 STC89C52 单片机，速度及里程传感器采用霍尔元件，显示器通过 STC89C52 的 P0 口和 P2 口扩展。外部存储器采用 E^2PROM 存储器 AT24C01，用于存储里程和速度等数据。并用控制器来控制里程/速度指示灯，里程指示灯亮时，显示里程；速度指示灯亮时，显示速度。超速报警采用扬声器，用一个发光二极管来配合扬声器，扬声器响时，二极管亮，表明超速。

2. 硬件电路设计

电路原理图如图 10-12 所示。P0 口和 P2 口用于七段 LED 显示器的段码及扫描输出。在显示里程时，第三位小数点用 P3.7 口控制点亮。P1.0 口和 P1.1 口分别用于显示里程状态和速度状态。P1.2、P1.3、P1.6 和 P1.7 口分别用于设置轮圈的大小。P3.0 口的开关用于确定显示的方式。当开关闭合时，显示速度；断开时，显示里程。外中断用于对轮子圈数的计数输入，轮子每转一圈，霍尔传感器输出一个低电平脉冲。外中断用于控制定时器 T1 的启停，当输入为 0 时关闭定时器。此控制信号是将轮子圈数的计数脉冲经二分频后形成，这样，每次定时器 T1 的开启时间正好为轮子转一圈的时间，根据轮子的周长就可以计算出自动车的速度。P1.4 口和 P1.5 口用于 E^2PROM 存储器 24C01 的存取控制。11 脚(TXD)输出用于速度超速时的报警。

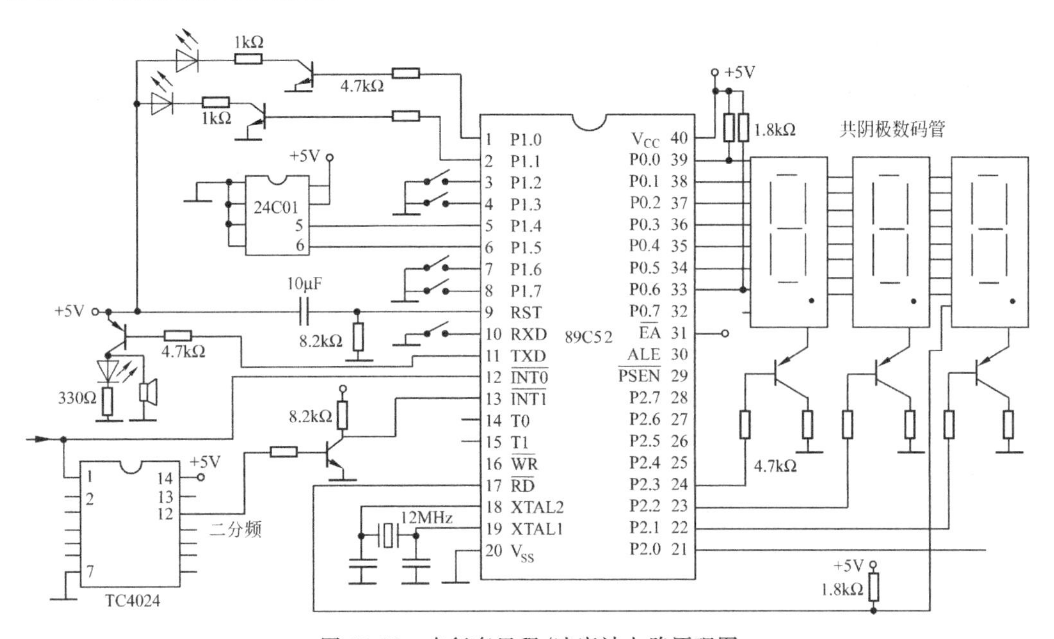

图 10-12　自行车里程/速度计电路原理图

3. 软件设计

软件主要包括：主程序、初始化程序、里程计数子程序、数据处理子程序、计数器中断服务程序、E^2PROM 存取程序与显示子程序。

(1) 主程序

根据 P0 口的开关状态切换显示状态，即选择里程显示和速度显示。

(2) 初始化程序

初始化程序主要功能是将 T1 设为外部控制定时器方式，外中断 $\overline{INT0}$ 及 $\overline{INT1}$ 设为边沿触发方式，将部分内存单元清 0，设置车轮周长值，开中断、启动定时器，将 AT24C01 中的数据调入内存中，设置车轮圈出错处理程序。

(3) 里程计数子程序

外部中断$\overline{INT0}$服务程序用于对输入的车轮圈数脉冲进行计数,为十六进制计数,用片内 RAM 的 60H 单元存储计数值的低位,62H 存储高位,计数一次后,对里程数据进行一次存储。

(4) 数据处理子程序

外中断服务程序用于处理轮子转动一圈后的计时数据,当标志位(00H)为 1 时,说明计数器溢出,放入最大值 0FFH;当标志位为 0 时,将计数单元(TL1、TH1、62H、60H)的值放入 68H～6BH 单元。

(5) 计数器中断服务程序

T1 计数单元由外中断进行控制,当计数器溢出时置溢出标志,不溢出时,使计时单元计数,存入存储器。

(6) E^2PROM 存取程序

将外部信息写入 AT24C01 存储器,存入从 50H 起的单元中;把外部信息从 AT24C01 存储器中读出,送 CPU 进行处理。

(7) 显示子程序

当显示里程时,先要将计数器中的数据进行运算,求出总里程,并送入里程显示缓冲区;当要显示速度时,要将轮子的周长和转一圈的时间相除,然后换算成 km/h(千米/小时),存入 70H～73H 单元,进行数据显示。

10.3.3 单片机在家用电器中的应用

单片机在家电行业具有广泛的应用。下面以单片机在洗衣机控制系统中的应用为例加以介绍。越来越多的消费类电子产品需要用到单片机,例如:洗衣机、电冰箱、空调机、电视机、微波炉、手机、IC 卡与汽车电子设备等。单片机控制整个流程自动完成洗衣机的整个洗涤过程,了解这个控制过程对学习单片机有重要的作用,并能通过几个模块的综合利用,锻炼编程的能力。

1. 工作任务与分析

工作任务:简易洗衣机模型设计

产品设计制作任务书:(1)按下"运行"键控制洗衣机自动完成洗涤、清洗与脱水整个过程。洗涤过程为 1min,此过程电机交替中速正反转。清洗过程为 2min,此过程电机交替高速正反转。脱水过程为 1min,此过程电机高速正转。(2)用四位数码管实时显示工作状态,第一位显示洗涤、清洗和脱水三个状态,分别对应显示 1、2、3。第三位显示电机转速,"高""中"与"低"速度分别对应显示 3、2、1。

任务分析:从简易洗衣机模型设计的要求中可以分析得出,既要求电机能正反转,又要求能控制电机的转速,从这两个要求出发可以先完成两个子模块的设计,第一个模块需要完成的功能是驱动电机正反转,第二个模块完成的功能是改变 PWM(占空比)的输出从而控制电机的转速。最后综合调用这两个模块就可以顺利完成此设计任务。

2. 资讯的收集与分析

(1) 直流电机的驱动

用单片机驱动直流电机时，需要加驱动电路，为直流电机提供足够大的驱动电流。使用不同的直流电机，其驱动电流也不同，要根据实际需求选择合适的驱动电路，通常有以下几种驱动电路：三极管电流放大驱动电路、电机专用驱动模块和达林顿驱动器等。如果是驱动单个电机，并且电机的驱动电流不大时，可用三极管搭建驱动电路，不过这样稍微麻烦一些。如果电机所需要的驱动电流较大，可直接选用市场上现成的电机专用驱动模块，这种模块接口简单，操作方便，并可为电机提供较大的驱动电流。

在简易洗衣机模型设计中，只需要驱动单个电机，并且电机驱动电流不大，所以采用三极管搭建的驱动电路。

(2) 直流电机转速的控制

当需要调节直流电机的转速时，使单片机的相应 I/O 口输出不同占空比的 PWM 波形即可。

脉冲宽度调制(Pulse Width Modulation，PWM)是按一定规律改变脉冲序列的脉冲宽度，以调节输出量和波形的一种调制方式，在控制系统中最常用的是矩形波 PWM 信号，在控制时需要调节 PWM 波的占空比。占空比是指高电平持续时间在一个周期时间内的百分比。如图 10-13 所示，控制电机转速时，占空比越大，速度越快，如果全为高电平，占空比为 100%时，速度达到最快。

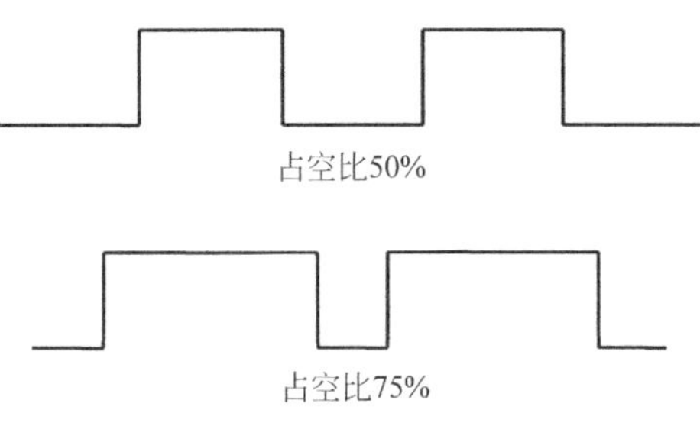

图 10-13　PWM 调制波形图

当用单片机 I/O 口输入 PWM 信号时，可采用以下三种方法。

① 利用软件延时，当高电平延时时间到时，对 I/O 口电平取反变成低电平，然后再延时；当低电平延时时间到时，再对该 I/O 口电平取反，如此循环就可得到 PWM 信号。

② 利用定时器。控制方法同上，只是在这里利用单片机的定时器来定时进行高、低电平的翻转，而不用软件延时。

③ 利用单片机自带的 PWM 控制器。STC12 系列单片机自带 PWM 控制器，STC89 系列单片机无此功能，其他型号的很多单片机也带有 PWM 控制器，如 PIC 单片机、AVR 单片机等。

3. 硬件电路

(1) 二极管保护电路

在图 10-14 中，在两个继电器的两端都反相接了一个二极管，这个二极管非常重要，当使用电磁继电器时必须接。原因如下：线圈通电正常工作时，二极管对电路不起作用。当继电器线圈在断电的一瞬间会产生一个很强的反向电动势，在继电器线圈两端反相并联二极管就是用来消耗这个反向电动势的，通常这个二极管叫作消耗二极管，如果不加这个消耗二极管，反向电动势就会直接作用在驱动三极管上，很容易将三极管烧毁。

(2) 正反转电路设计

用单片机 STC89C52 控制直流电机正反转电路设计部分中，将由 STC89C52 的 P3.0，P3.1 和 P3.6 通过晶体管控制继电器，当 P3.0 输出高电平，P3.1 输出低电平，并 P3.6 输出高电平时，三极管 Q1 和 Q3 导通，而三极管 Q2 截止，从而导致与 Q1 相连的继电器吸合，电机因两端产生电压而顺时针转动。另一种情况下，当 P3.0 输出低电平，P3.1 输出高电平，并 P3.6 输出高电平时，三极管 Q2 和 Q3 导通，而三极管 Q1 截止，从而导致与 Q2 相连的继电器吸合，电机因两端产生电压而逆时针转动。“运行”与“停止”键分别控制整个系统的自动运行和停止。

(3) 电机速度控制部分

确定正反转的状态后，再通过改变 P3.6 输出的占空比控制电机的转速。

(4) 数码管显示电路设计

使用共阴极的数码管，如图 10-14 所示。在 P0 口通过上拉电阻增加驱动电流，公共端低电平扫描。

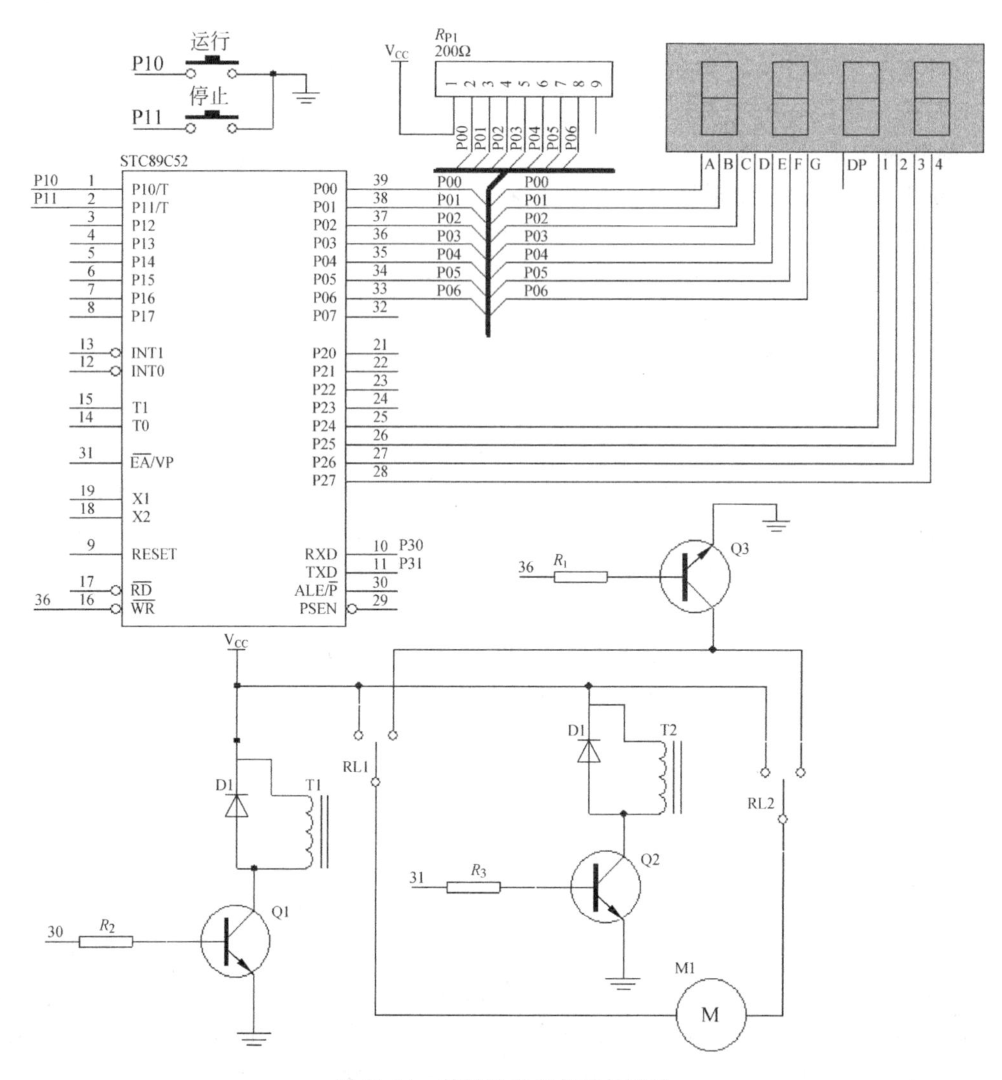

图 10-14 简易洗衣机的硬件设计

4. 软件程序设计

(1) 第一个子模块的程序设计

程序完成的功能：用定时器控制在连续的时间段中顺序做某些事情，电机停2.5s，正转5s，停2.5s，反转5s，在数码管上正转显示1，反转显示0，停转显示P。

```
#include<reg52.h>
#define uint unsigned int
#define uchar unsigned char
uint dd,direction;
uchar code table[]={
0x3f,0x06,0x5b,0x4f,
0x66,0x6d,0x7d,0x07,
0x7f,0x6f,0x77,0x7c,
0x39,0x5e,0x79,0x71,0x73};
sbit m1 = P3^0;                //声明直流电机的正传位置
sbit m2 = P3^1;                //声明直流电机的反转位置
sbit wei0 = P2^7;              //第一位数码管位选
void delay(uint z)
{
    uint x,y;
    for(x = z;x>0;x--)
        for(y = 110;y>0;y--);
}
void init()
{
    TMOD = 0x10;
    TH1 = (65536 - 50000)/256;
    TL1 = (65536 - 50000) % 256;
    EA = 1;
    ET1 = 1;
    TR1 = 1;
}
void time1() interrupt 3
{
    TH1 = (65536 - 50000)/256;
    TL1 = (65536 - 50000) % 256;
    dd++;
    if(dd<50)                  // 2.5s内电机停转,数码管显示P字母
    {
        m1 = 0;
        m2 = 0;
        direction = 16;        //数组中第16个数送给P0口后显示字母P
    }
    if(dd>=50&&dd<150)         //2.5s到7.5s之间电机正转,数码管显示1
    {
        m1 = 1;
        m2 = 0;
        direction = 1;
    }
    if(dd>=150&&dd<200)        //7.5s到10s之间电机停转,数码管显示P
    {
        m1 = 0;
```

```
        m2 = 0;
        direction = 16;
    }
    if(dd> = 200&&dd < 300)        //10s 到 15s 之间电机反转,数码管显示 0
    {
        m1 = 0;
        m2 = 1;
        direction = 0;
    }
    if(dd> = 300)                  //大于 15s 清零
    {
        dd = 0;
    }
}
void display()
{
    wei0 = 0;
    P0 = table[direction];         //direction 为电机正反转方向标志位
    delay(1);
    wei0 = 1;
}
void main()
{
    init();
    while(1)
    {
        display();                 //调用显示子函数
    }
}
```

(2) 第 2 个子模块的程序设计

子模块 2 是通过 PWM 控制电机的风速,硬件设计和上一个模块是相似的,只是多加了一个按钮,通过按钮调节风速的高低,并且“高”“中”与“低”速度分别对应在数码管上显示 3、2 和 1。

模块 2 的程序设计如下。

```
#include<reg52.h>
#define uchar unsigned char
#define uint unsigned int

uchar time,speedflag;
sbit m1 = P3^0;
sbit m2 = P3^1;
sbit pwm = P3^6;

sbit key1 = P1^0;
sbit key2 = P1^1;
sbit key3 = P1^2;

sbit wei0 = P2^7;
uchar code table[] = {
0x3f,0x06,0x5b,0x4f,
0x66,0x6d,0x7d,0x07,
```

```
0x7f,0x6f,0x77,0x7c,
0x39,0x5e,0x79,0x71};

void delay(uint z)
{
    uint x,y;
     for(x = z;x > 0;x -- )
        for(y = 120;y > 0;y -- );
}
void init_time()                  //使用定时器 T0 的方式 2,200s 中断一次
{
    TMOD = 0x02;
    EA = 1;
    TH0 = (255 - 200);
    TL0 = (255 - 200);
    ET0 = 1;
    TR0 = 1;
}
void sever0() interrupt 1
{
    time++;
    if(speedflag == 1)            //占空比为 2 : 3
    {
        if(time == 1)
            pwm = 0;
        if(time == 3)
        {
            pwm = 1;
            time = 0;
        }
    }
    if(speedflag == 2)            //占空比为 4 : 5
    {
        if(time == 1)
            pwm = 0;
        if(time == 5)
        {
            pwm = 1;
            time = 0;
        }
    }
    if(speedflag == 3)            //占空比为 6 : 7
    {
        if(time == 1)
            pwm = 0;
        if(time == 7)
        {
            pwm = 1;
            time = 0;
        }
    }
}
void key()
{
```

```
    if(key1 == 0)
    {
        delay(3);
        if(key1 == 0)
        {
            m1 = 0;
            m2 = 1;
            speedflag++;          //速度标志位
            if(speedflag == 4)
                speedflag = 1;
            while(!key1);
        }
    }
}
void display()                    //用一位数码管显示速度
{
    wei0 = 0;
    P0 = table[speedflag];
    delay(1);
    wei0 = 1;
}
void main()
{

    init_time();                  //调用初始化函数
    while(1)
    {
        key();                    //调用按键检测函数
        display();                //调用数码管显示函数
    }
}
void display()                    //用一位数码管显示速度
{
    wei0 = 0;
    P0 = table[speedflag];
    delay(1);
    wei0 = 1;
}
void main()
{
    init_time();                  //调用初始化函数
    m1 = 0;
    m2 = 1;
    while(1)
    {
        key();                    //调用按键检测函数
        display();                //调用数码管显示函数
    }
}
```

(3) 洗衣机主程序设计

简易洗衣机模块设计是以上两个子模块的综合利用。如下是简易洗衣机模块的程序设计。

```
#include<reg52.h>
#define uint unsigned int
#define uchar unsigned char
uchar time,direction,speedflag,state;
uint cc,dd;
uchar code table[]={
0x3f,0x06,0x5b,0x4f,
0x66,0x6d,0x7d,0x07,
0x7f,0x6f,0x77,0x7c,
0x39,0x5e,0x79,0x71,0x73};
sbit m1 = P3^0;                 //声明直流电机的正传位置
sbit m2 = P3^1;                 //声明直流电机的反转位置
sbit pwm = P3^6;                //声明占空比输出口
sbit wei0 = P2^4;               //第一位数码管位选
sbit wei3 = P2^7;               // 第三位数码管位选
sbit key1 = P1^0;               //"运行"按键
sbit key2 = P1^1;               //"停止"按键
void delay(uint z)
{
    uint x,y;
    for(x=z;x>0;x--)
        for(y=110;y>0;y--);
}
void init()
{
    TMOD = 0x12;                //同时使用定时器 0 和定时器 1
    TH1 = (65536-50000)/256;    //T1 中断 50ms 中断一次
    TL1 = (65536-50000)%256;
    TH0 = (255-200);            //T0 中断 200s 中断一次
    TL0 = (255-200);
    ET1 = 1;
    ET0 = 1;
    TR1 = 1;
    TR0 = 1;
}
void sever0() interrupt 1
{
    time++;
    if(speedflag==1)            //占空比为 2:3
    {
        if(time==1)
            pwm = 0;
        if(time==3)
        {
            pwm = 1;
            time = 0;
        }
    }
    if(speedflag==2)            //占空比为 4:5
    {
        if(time==1)
```

```
            pwm = 0;
        if(time == 5)
        {
            pwm = 1;
            time = 0;
        }
    }
    if(speedflag == 3)              //占空比为 6:7
    {
        if(time == 1)
            pwm = 0;
        if(time == 7)
        {
            pwm = 1;
            time = 0;
        }
    }
}
void time1() interrupt 3
{
    TH1 = (65536 - 5000)/256;
    TL1 = (65536 - 5000) % 256;
    cc++;
    dd++;
    if(cc < 3600)                   //3min 内电机都是交替正反转
    {
        if(dd < 50)                 // 2.5s 内电机停转
        {
            m1 = 1;
            m2 = 1;
            direction = 16;
        }
        if(dd >= 50&&dd < 150)     //2.5s 到 7.5s 之间电机正转
        {
            m1 = 1;
            m2 = 0;
            direction = 1;
        }
        if(dd >= 150&&dd < 200)    //7.5s 到 10s 之间电机停转
        {
            m1 = 1;
            m2 = 1;
            direction = 16;
        }
        if(dd >= 200&&dd < 300)    //10s 到 15s 之间电机反转
        {
            m1 = 0;
            m2 = 1;
            direction = 0;
      }
      if(dd >= 300)                 //大于 15s 清零
```

```
        {
            dd = 0;
        }
    }
    if(cc < 1200)                //洗涤过程为 1min,此过程电机交替中速正反转
    {
        state = 1;
        speedflag = 2;           //speedflag 速度标志位
    }
    if(cc >= 1200&&cc < 3600)    // 清洗过程为 2min,此过程电机交替高速正反转
    {
        state = 2;
        speedflag = 3;
    }
    if(cc >= 3600&&cc < 4800)    //脱水过程为 1min,此过程电机高速正转
    {
        state = 3;
        speedflag = 3;
        m1 = 1;
        m2 = 0;
    }
    if(cc >= 4800)               //三个过程完成后电机停止转动,状态显示位显示 P,风速显示 0
    {
        state = 16;
        speedflag = 0;
        m1 = 1;
        m2 = 1;
        EA = 0;
    }
}
void display()
{
    wei0 = 0;
    P0 = table[state];           //第五位数码管显示状态
    delay(1);
    wei0 = 1;
    wei3 = 0;
    P0 = table[speedflag];       //最后一位数码管显示速度
    delay(1);
    wei3 = 1;
}
void keyscan()
{
    if(key1 == 0)                //启动按钮
    {
        delay(3);
        if(key1 == 0)
        {
            EA = 1;
            while(!key1);
        }
```

```
        }
        if(key2 == 0)                   //停止按钮
        {
            delay(3);
            if(key2 == 0)
            {
                EA = 0;
                m1 = 1;
                m2 = 1;
                while(!key2);
            }
        }
    }
    void main()
    {
        init();
        while(1)
        {
            display();                  //调用数码管显示子程序
            keyscan();                  //调用键盘扫描子程序
        }
    }
```

10.3.4 基于 STC89C52 单片机的万年历的设计

1. 系统需求分析

美国 Dallas 公司推出的低功耗实时时钟电路 DS1302。它可以对年、月、日、周日、时、分与秒等方面进行计时，还具有闰年补偿等多种功能，而且 DS1302 的使用寿命长，误差小。对于数字电子万年历采用直观的数字显示，可以同时显示年、月、日、周日、时、分、秒和温度等信息，还具有时间校准等功能。该电路采用 STC89C52 单片机作为核心，功耗小，能在 3V 的低压工作，电压可选用 3～5V 电压供电。

综上所述此万年历具有读取方便、显示直观、功能多样、电路简洁和成本低廉等诸多优点，符合电子仪器仪表的发展趋势，具有广阔的市场前景。

2. 系统设计方案

本实例主要以 STC89S52 单片机为控制核心，外围设备包括按键模块、LCD 显示模块、时钟模块、闹钟模块、温度传感器模块等组成，如图 10-15 所示。时钟电路模块由 DS1302 提供，它是一种高性能、低功耗和带 RAM 的实时时钟电路，它可以对年、月、日、周日、时、分与秒进行计时，具有闰年补偿功能，工作电压为 2.5～5.5V。采用三线接口与 CPU 进行同步通信，并可采用突发方式一次传送多个字节的时钟信号或 RAM 数据。DS1302 内部有一个 31×8 的用于临时性存放数据的 RAM 寄存器。可产生年、月、日、周日、时、分和秒，具有使用寿命长，精度高和低功耗等特点，同时具有掉电自动保存功能；温度的采集由 DS18B20 构成。

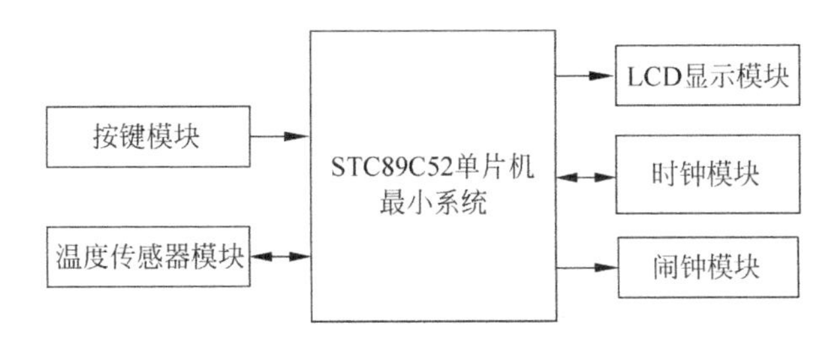

图 10-15　万年历系统框图

DS1302 工作时为了对任何数据传送进行初始化，需要将复位脚(RST)置为高电平且将 8 位地址和命令信息装入移位寄存器。数据在时钟(SCLK)的上升沿串行输入，前 8 位指定访问地址，命令字装入移位寄存器后，在之后的时钟周期，读操作时输入数据，写操作时输出数据。时钟脉冲的个数在单字节方式下为 8＋8 位(8 位地址＋8 位数据)，在多字节方式下为 8＋x(x 为最多可达 248 位的数据)。

3. 系统硬件设计

图 10-16 万年历电路原理图按照系统框图 10-15 所示，搭建系统的硬件平台，如图 10-16 所示。

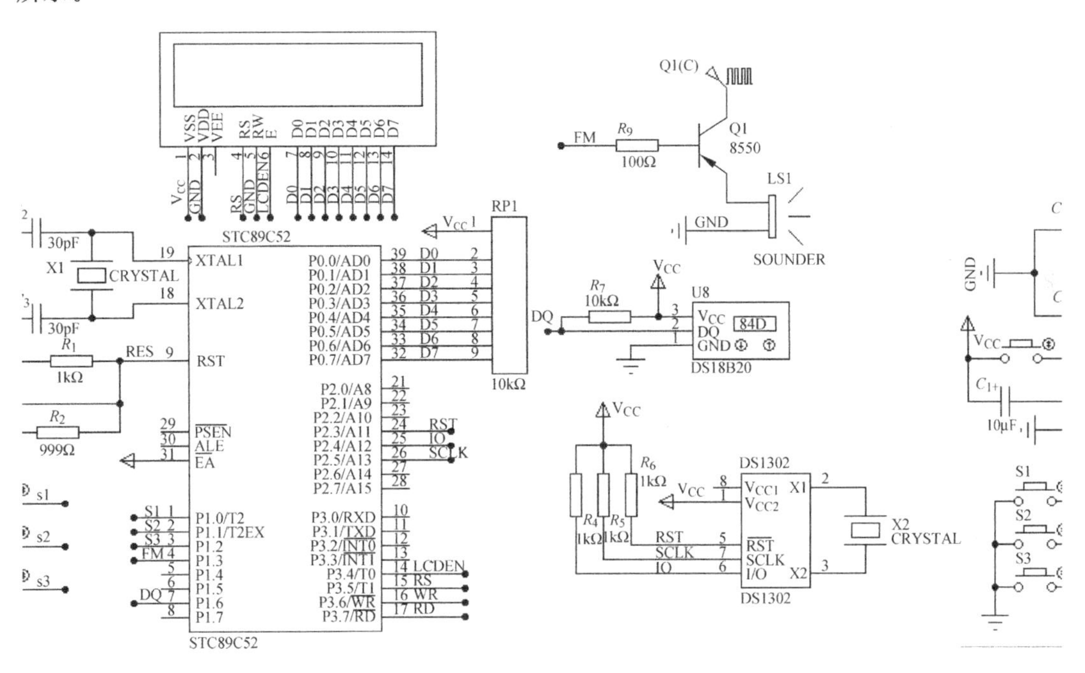

图 10-16　万年历电路原理图

4. 系统软件设计

万年历程序开始是对液晶、DS1302 模块、DS18B20 模块、定时器和外部中断进行初始化，然后进入一个循环，在循环中读取温度和时间并在液晶上显示，同时判断用户是否设置闹钟，若已设置则不断监测是否达到闹钟时间，达到则蜂鸣器响，流程图如图 10-17 所示。

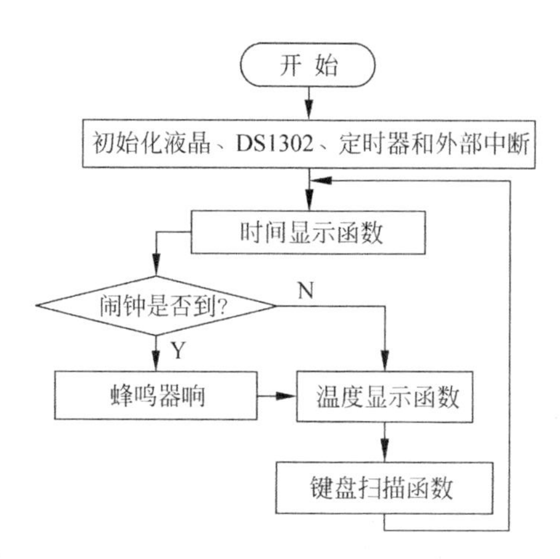

图 10-17 万年历程序流程图

万年历程序分为初始化、时间处理、温度处理和按键扫描几个模块。初始化部分程序主要包括定时器、中断、DS1302 模块、DS18B20 模块和液晶的初始化，时间处理部分程序主要是时间的读取和显示，温度显示部分程序主要包括温度的读取和显示，C51 程序代码如下。

```
#include<reg52.h>
#define uint unsigned int
#define uchar unsigned char
uchar a,b,miao,shi,fen,ri,yue,nian,week,flag,key1n,temp,miao1,shi1 = 12,fen1 = 1,miao1 = 0,
clock = 0 ;
//flag 用于读取头文件中的温度值和显示温度值
#define yh 0x80    /* LCD 第一行的初始位置,因为 LCD1602 字符地址首位 D7 恒定为 1100000000 =
                   80) */
#define er 0x80 + 0x40
/* LCD 第二行初始位置(因为第二行第一个字符位置地址是 0x40),液晶屏的与 C51 之间的引脚连接
定义(显示数据线接 C51 的 P0 口) */
sbit rs = P3^5;
sbit en = P3^4;
sbit rw = P3^6;                //如果硬件上 rw 接地,就不用写这句和后面的 rw = 0 了
sbit led = P2^6;               //LCD 背光开关
//DS1302 时钟芯片与 C51 之间的引脚连接定义
sbit IO = P2^4;
sbit SCLK = P2^5;
sbit RST = P2^3;
sbit CLO = P1^4;
sbit ACC0 = ACC^0;
sbit ACC7 = ACC^7;
sbit key1 = P1^0;              //设置键
sbit key2 = P1^1;              //加键
sbit key3 = P1^2;              //减键
sbit buzzer = P1^3;            //蜂鸣器,通过三极管 9012 驱动,端口低电平响
sbit DQ = P1^6;                //温度
/*************************************************************/
uchar code tab1[] = {"20 - - "}; //年显示的固定字符
uchar code tab2[] = {" : : "};   //时间显示的固定字符
```

```
uchar code tab3[ ] = {" Congratulation! The New World is coming! "};   //开机动画
void delay(uint xms)                                                   //延时函数
{
uint x,y;
for(x = xms;x > 0;x -- )
for(y = 110;y > 0;y -- );
}
/ ******** 液晶写入指令函数与写入数据函数 ************** /
void write_1602com(uchar com)            // **** 液晶写入指令函数 ****
{
rs = 0;                                  //数据/指令选择置为指令
rw = 0;                                  //读/写选择置为写
P0 = com;                                //送入数据
delay(1);
en = 1;                                  //拉高使能端,为制造有效的下降沿做准备
delay(1);
en = 0;                                  //en 由高变低,产生下降沿,液晶执行命令
}
void write_1602dat(uchar dat)            // *** 液晶写入数据函数 ****
{
rs = 1;                                  //数据/指令选择置为数据
rw = 0;                                  //读/写选择置为写
P0 = dat;                                //送入数据
delay(1);
en = 1;                                  //en 置高电平,为制造下降沿做准备
delay(1);
en = 0;                                  //en 由高变低,产生下降沿,液晶执行命令
}
void lcd_init()                          // *** 液晶初始化函数 ****
{
uchar j;
write_1602com(0x0f|0x08);
for(a = 0;a < 42;a++)
write_1602dat(tab3[a]);
j = 42;
while(j -- )
{
write_1602com(0x1a);                     //循环左移
delay(700);
}
write_1602com(0x01);
delay(10);
writc_1602com(0x38);             //设置液晶工作模式,意思: 16 × 2 行显示,5 × 7 点阵,8 位数据
write_1602com(0x0c);             //开显示不显示光标
write_1602com(0x06);             //整屏不移动,光标自动右移
write_1602com(0x01);             //清显示
/ *** 开机动画显示 hello welcome dianzizhong **** /
write_1602com(yh + 1);           //日历显示固定符号从第一行第 1 个位置之后开始显示
for(a = 0;a < 14;a++)
{
write_1602dat(tab1[a]);          //向液晶屏写日历显示的固定符号部分
```

```
}
write_1602com(er + 1);              //时间显示固定符号写入位置,从第 1 个位置后开始显示
for(a = 0;a < 8;a++)
{
write_1602dat(tab2[a]);             //写显示时间固定符号,两个冒号
}
write_1602com(er + 0);
write_1602dat(0x20);
}
/*************** DS1302 有关子函数 ********************/
void write_byte(uchar dat)          //写一个字节
{
ACC = dat;
RST = 1;
for(a = 8;a > 0;a -- )
{
IO = ACC0;
SCLK = 0;
SCLK = 1;
ACC = ACC >> 1;
}
}
uchar read_byte()                   //读一个字节
{
RST = 1;
for(a = 8;a > 0;a -- )
{
ACC7 = IO;
SCLK = 1;
SCLK = 0;
ACC = ACC >> 1;
}
return (ACC);
}
void write_1302(uchar add,uchar dat)  //向 1302 芯片写函数,指定写入地址、数据
{ RST = 0;
SCLK = 0;
RST = 1;
write_byte(add);
write_byte(dat);
SCLK = 1;
RST = 0;
}
uchar read_1302(uchar add)             //从 1302 读数据函数,指定读取数据来源地址
{
uchar temp;
RST = 0;
SCLK = 0;
RST = 1;
write_byte(add);
temp = read_byte();
```

```
SCLK = 1;
RST = 0;
return(temp);
}
uchar BCD_Decimal(uchar bcd)            //BCD 码转十进制函数,输入 BCD,返回十进制
{
uchar Decimal;
Decimal = bcd >> 4;
return(Decimal = Decimal * 10 + (bcd& = 0x0F));
}
//-----------------------------------------
void ds1302_init()                      //1302 芯片初始化子函数(2012 - 12 - 22,00:00:00,week6)
{
RST = 0;
SCLK = 0;
write_1302(0x8e,0x00);                  //允许写,禁止写保护
write_1302(0x80,0x00);                  //向 DS1302 内写秒寄存器 80H 写入初始秒数据 00
write_1302(0x82,0x00);                  //向 DS1302 内写分寄存器 82H 写入初始分数据 00
write_1302(0x84,0x00);                  //向 DS1302 内写小时寄存器 84H 写入初始小时数据 00
write_1302(0x8a,0x06);                  //向 DS1302 内写周寄存器 8aH 写入初始周数据 6
write_1302(0x86,0x22);                  //向 DS1302 内写日期寄存器 86H 写入初始日期数据 22
write_1302(0x88,0x12);                  //向 DS1302 内写月份寄存器 88H 写入初始月份数据 12
write_1302(0x8c,0x12);                  //向 DS1302 内写年份寄存器 8cH 写入初始年份数据 12
write_1302(0x8e,0x80);                  //打开写保护
}
//温度显示子函数
void write_temp(uchar add,uchar dat)    //向 LCD 写温度数据,并指定显示位置
{
uchar gw,sw,bw;
if(dat > = 0&&dat < = 128)
{
gw = dat % 10;                          //取得个位数字
sw = dat % 100/10;                      //取得十位数字
bw = - 5;                               //取得百位数字
}
else
{
dat = 256 - dat;
gw = dat % 10;                          //取得个位数字
sw = dat % 100/10;                      //取得十位数字
bw = - 3;                               //0x30 - 3 表示为负号
}
write_1602com(er + add);                //er 是头文件规定的值 0x80 + 0x40
write_1602dat(0x30 + bw);               //数字 + 30 得到该数字的 LCD1602 显示码
write_1602dat(0x30 + sw);               //数字 + 30 得到该数字的 LCD1602 显示码
write_1602dat(0x30 + gw);               //数字 + 30 得到该数字的 LCD1602 显示码
write_1602dat(0xdf);                  //显示温度的小圆圈符号,0xdf 是液晶屏字符库的该符号地址码
write_1602dat(0x43);
//显示 C 符号,0x43 是液晶屏字符库里大写 C 的地址码
}
void delay_18B20(unsigned int i)
```

```
{
while(i--);
}
/********** ds18b20 初始化函数 **********************/
void Init_DS18B20(void)
{
unsigned char x=0;
DQ = 1;                          //DQ 复位
delay_18B20(8);                  //稍作延时
DQ = 0;                          //单片机将 DQ 拉低
delay_18B20(80);                 //精确延时
DQ = 1;                          //拉高总线
delay_18B20(4);
x=DQ;                            //稍作延时后,如果 x=0 则初始化成功,x=1 则初始化失败
delay_18B20(20);
}
/*********** ds18b20 读一个字节 **************/
unsigned char ReadOneChar(void)
{
uchar i=0;
uchar dat = 0;
for (i=8;i>0;i--)
{
DQ = 0;                          // 给脉冲信号
dat>>=1;
DQ = 1;                          // 给脉冲信号
if(DQ)
dat|=0x80;
delay_18B20(4);
}
return(dat);
}
/************* ds18b20 写一个字节 ****************/
void WriteOneChar(uchar dat)
{
unsigned char i=0;
for (i=8; i>0; i--)
{
DQ = 0;
DQ = dat&0x01;
delay_18B20(5);
DQ = 1;
dat>>=1;
}
}
/************** 读取 ds18b20 当前温度 ************/
uchar ReadTemp(void)
{
float val;
uchar temp_value,value;
unsigned char a=0;
```

```
unsigned char b = 0;
unsigned char t = 0;
Init_DS18B20();
WriteOneChar(0xCC);               // 跳过读序号列号的操作
WriteOneChar(0x44);               // 启动温度转换
delay_18B20(100);
Init_DS18B20();
WriteOneChar(0xCC);               //跳过读序号列号的操作
WriteOneChar(0xBE);               //读取温度寄存器等(共可读 9 个寄存器),前两个就是温度
delay_18B20(100);
a = ReadOneChar();                //读取温度值低位
b = ReadOneChar();                //读取温度值高位
temp_value = b<<4;
temp_value += (a&0xf0)>>4;
value = a&0x0f;
val = temp_value + value;
return(val);
}
//--------------------------------------
//时分秒显示子函数
void write_sfm(uchar add,uchar dat)   /* 向 LCD 写时分秒,有显示位置加、显示数据,两个参数 */
{
uchar gw,sw;
gw = dat % 10;                    //取得个位数字
sw = dat/10;                      //取得十位数字
write_1602com(er + add);          //er 是头文件规定的值 0x80 + 0x40
write_1602dat(0x30 + sw);         //数字 + 30 得到该数字的 LCD1602 显示码
write_1602dat(0x30 + gw);         //数字 + 30 得到该数字的 LCD1602 显示码
}
//--------------------------------------
//年月日显示子函数
void write_nyr(uchar add,uchar dat)  /* 向 LCD 写年月日,有显示位置加数、显示数据,两个参数 */
{
uchar gw,sw;
gw = dat % 10;                    //取得个位数字
sw = dat/10;                      //取得十位数字
write_1602com(yh + add);          //设定显示位置为第一个位置 + add
write_1602dat(0x30 + sw);         //数字 + 30 得到该数字的 LCD1602 显示码
write_1602dat(0x30 + gw);         //数字 + 30 得到该数字的 LCD1602 显示码
}
//--------------------------------------------
void write_week(uchar week)       //写星期函数
{
write_1602com(yh + 0x0c);         //星期字符的显示位置
switch(week)
{
case 1:write_1602dat('M');        //星期数为 1 时,显示
write_1602dat('O');
write_1602dat('N');
break;
case 2:write_1602dat('T');        //星期数据为 2 时显示
```

```
write_1602dat('U');
write_1602dat('E');
break;
case 3:write_1602dat('W');        //星期数据为 3 时显示
write_1602dat('E');
write_1602dat('D');
break;
case 4:write_1602dat('T');        //星期数据为 4 时显示
write_1602dat('H');
write_1602dat('U');
break;
case 5:write_1602dat('F');        //星期数据为 5 时显示
write_1602dat('R');
write_1602dat('I');
break;
case 6:write_1602dat('S');        //星期数据为 6 时显示
write_1602dat('T');
write_1602dat('A');
break;
case 7:write_1602dat('S');        //星期数据为 7 时显示
write_1602dat('U');
write_1602dat('N');
break;}}
//****************键盘扫描有关函数*********************
void keyscan()
{
if(key1 == 0)          //---------------key1 为功能键(设置键)--------------------
{
delay(9);              //延时,用于消抖动
if(key1 == 0)          //延时后再次确认按键按下
{
buzzer = 1;            //蜂鸣器短响一次
delay(20);
buzzer = 0;
while(!key1);
key1n++;
if(key1n == 12)
key1n = 1;             //设置按键共有秒、分、时、星期、日、月、年、返回,8 个功能循环
switch(key1n)
{
case 1: TR0 = 0;       //关闭定时器
write_1602com(er + 0x08);          //设置按键按动一次,秒位置显示光标
write_1602com(0x0f);               //设置光标为闪烁
temp = (miao)/10 * 16 + (miao) % 10; //秒数据写入 DS1302
write_1302(0x8e,0x00);
write_1302(0x80,0x80|temp);        //miao
write_1302(0x8e,0x80);
break;
case 2: write_1602com(er + 5);     //按 2 次,fen 置显示光标
break;
case 3: write_1602com(er + 2);     //按动 3 次,shi
```

```
break;
case 4: write_1602com(yh + 0x0e);  //按动 4 次,week
break;
case 5: write_1602com(yh + 0x0a);  //按动 5 次,ri
break;
case 6: write_1602com(yh + 0x07);  //按动 6 次,yue
break;
case 7: write_1602com(yh + 0x04);  //按动 7 次,nian
break;
case 8: write_1602com(er + 0);
write_1602dat(0x53);
write_1602com(er + 0);
break;
case 9: write_1602com(er + 0);
write_1602dat(0x4d);
write_1602com(er + 0);
break;
case 10:write_1602com(er + 0);
write_1602dat(0x48);
write_1602com(er + 0);
break;
case 11:write_1602com(er + 0);
write_1602dat(0x20);
write_1602com(0x0c);               //按动到第 8 次,设置光标不闪烁
TR0 = 1;                           //打开定时器
temp = (miao)/10 * 16 + (miao) % 10;
write_1302(0x8e,0x00);
write_1302(0x80,0x00|temp);        //miao 数据写入 DS1302
write_1302(0x8e,0x80);
break;
}
}
}
//------------------------------- 加键 key2 -----------------------------
if(key1n!= 0)                      //当 key1 按下后再按以下键才有效(按键次数不等于零)
{
if(key2 == 0)                      //上调键
{
delay(10);
if(key2 == 0)
{
buzzer = 1;                        //蜂鸣器短响一次
delay(20);
buzzer = 0;
while(!key2);
switch(key1n)
{
case 1:miao++;                     //设置键按动 1 次,调秒
if(miao == 60)
miao = 0;                          //秒超过 59,再加 1,就归零
write_sfm(0x07,miao);              // LCD 在正确位置显示"加"设定好的秒数
```

```
temp = (miao)/10 * 16 + (miao) % 10; //十进制转换成 DS1302 要求的 BCD 码
write_1302(0x8e,0x00);              //允许写,禁止写保护
write_1302(0x80,temp);              //向 DS1302 内写秒寄存器 80H 写入调整后的秒数据 BCD 码
write_1302(0x8e,0x80);              //打开写保护
write_1602com(er + 0x08);   /* 因为设置液晶的模式是写入数据后,光标自动右移,所以要指定返回 */
//write_1602com(0x0b);
break;
case 2:fen++;
if(fen == 60)
fen = 0;
write_sfm(0x04,fen);                //令 LCD 在正确位置显示"加"设定好的分数据
temp = (fen)/10 * 16 + (fen) % 10;  //十进制转换成 DS1302 要求的 BCD 码
write_1302(0x8e,0x00);              //允许写,禁止写保护。
write_1302(0x82,temp);              //向 DS1302 内写分寄存器 82H 写入调整后的分数据 BCD 码。
write_1302(0x8e,0x80);              //打开写保护。
write_1602com(er + 5);
/* 因为设置液晶的模式是写入数据后,指针自动加 1,在这里是写回原来的位置。 */
break;
case 3:shi++;
if(shi == 24)
shi = 0;
write_sfm(1,shi);                   //令 LCD 在正确的位置显示"加"设定好的小时数据
temp = (shi)/10 * 16 + (shi) % 10;  //十进制转换成 DS1302 要求的 BCD 码
write_1302(0x8e,0x00);              //允许写,禁止写保护
write_1302(0x84,temp);              /* 向 DS1302 内写小时寄存器 84H 写入调整后的小时数据 BCD
码 */
write_1302(0x8e,0x80);              //打开写保护
write_1602com(er + 2);
/* 因为设置液晶的模式是写入数据后,指针自动加 1,所以需要光标回位。 */
break;
case 4:week++;
if(week == 8)
week = 1;
write_1602com(yh + 0x0C);           //指定"加"后的周数据显示位置
write_week(week);                   //指定周数据显示内容
temp = (week)/10 * 16 + (week) % 10; //十进制转换成 DS1302 要求的 BCD 码
write_1302(0x8e,0x00);              //允许写,禁止写保护
write_1302(0x8a,temp);              //向 DS1302 内写周寄存器 8aH 写入调整后的周数据 BCD 码
write_1302(0x8e,0x80);              //打开写保护
write_1602com(yh + 0x0e);
/* 因为设置液晶的模式是写入数据后,指针自动加 1,所以需要光标回位。 */
break;
case 5:ri++;
switch(yue)
{
case 1:case 3:case 5:case 7:case 8:case 10:case 12:
if(ri > 31) ri = 1;
break;
case 2:
if(nian % 4 == 0||nian % 400 == 0)
{ if(ri > 29) ri = 1; } else
```

```
{ if(ri>28) ri=1;}break;
case 4:case 6:case 9:case 11:
ri++;
if(ri>30) ri=1;
break;
}
write_nyr(9,ri);                //令 LCD 在正确的位置显示"加"设定好的日期数据
temp=(ri)/10*16+(ri)%10; //十进制转换成 DS1302 要求的 BCD 码
write_1302(0x8e,0x00);          //允许写,禁止写保护
write_1302(0x86,temp);          /*向 DS1302 内写日期寄存器 86H 写入调整后的日期数据 BCD 码*/
write_1302(0x8e,0x80);          //打开写保护
write_1602com(yh+10);
break;
case 6:yue++;
switch(ri)
{
case 31:
if(yue==2|yue==4|yue==6|yue==9|yue==11) {yue++;}
else
{if(yue>=13) yue=1;}
break;
case 30:
if(yue==2){yue++;}
else
{if(yue>=13) yue=1;}
case 29:
if(nian%4==0||nian%400==0)
{if(yue>=13) {yue=1;}}
else{if(yue==2){yue++;}
else if(yue>=13) {yue=1;}}
break;
}
if(yue>=13)
yue=1;
write_nyr(6,yue);               //令 LCD 在正确的位置显示"加"设定好的月份数据
temp=(yue)/10*16+(yue)%10;//十进制转换成 DS1302 要求的 BCD 码
write_1302(0x8e,0x00);          //允许写,禁止写保护
write_1302(0x88,temp);          /*向 DS1302 内写月份寄存器 88H 写入调整后的月份数据 BCD 码*/
write_1302(0x8e,0x80);          //打开写保护
write_1602com(yh+7);            /*因为设置液晶的模式是写入数据后,指针自动加 1,所以需要光
标回位*/
break;
case 7:nian++;
if(nian==100)
nian=0;
write_nyr(3,nian);              //令 LCD 在正确的位置显示"加"设定好的年份数据
temp=(nian)/10*16+(nian)%10;//十进制转换成 DS1302 要求的 BCD 码
write_1302(0x8e,0x00);          //允许写,禁止写保护
write_1302(0x8c,temp);          /*向 DS1302 内写年份寄存器 8cH 写入调整后的年份数据 BCD 码*/
write_1302(0x8e,0x80);          //打开写保护
write_1602com(yh+4);  /*因为设置液晶的模式是写入数据后,指针自动加 1,所以需要光标回位*/
```

```
break;
case 8:
write_1602com(er + 8);            //设置闹钟的秒定时
miao1++;
if(miao1 == 60)
miao1 = 0;
write_sfm(0x07,miao1);            //令 LCD 在正确位置显示"加"设定好秒的数据
write_1602com(er + 8);            /* 因为设置液晶的模式是写入数据后,指针自动加 1,在这里是
                                     写回原来的位置 */
break;
case 9:
write_1602com(er + 5);            //设置闹钟的分钟定时
fen1++;
if(fen1 == 60)
fen1 = 0;
write_sfm(0x04,fen1);             //令 LCD 在正确位置显示"加"设定好的分钟数据
write_1602com(er + 5);            /* 因为设置液晶的模式是写入数据后,指针自动加 1,在这里是
                                     写回原来的位置 */
break;
case 10:write_1602com(er + 2); //设置闹钟的小时定时
shi1++;
if(shi1 == 24)
shi1 = 0;
write_sfm(0x01,shi1);          //令 LCD 在正确的位置显示"加"设定好的小时数据
write_1602com(er + 2);/* 因为设置液晶的模式是写入数据后,指针自动加 1,所以需要光标回位 */
break;
}
}
}
//------------------ 减键 key3,各句功能参照'加键'注释 ---------------
if(key3 == 0)
{
delay(10);                //调延时,消抖动
if(key3 == 0)
{
buzzer = 1;               //蜂鸣器短响一次
delay(20);
buzzer = 0;
while(!key3);
switch(key1n)
{
case 1:miao--;
if(miao == -1)
miao = 59;                //秒数据减到 -1 时自动变成 59
write_sfm(0x07,miao);//在 LCD 的正确位置显示改变后新的秒数
temp = (miao)/10 * 16 + (miao) % 10;//十进制转换成 DS1302 要求的 BCD 码
write_1302(0x8e,0x00);            //允许写,禁止写保护
write_1302(0x80,temp);            //向 DS1302 内写秒寄存器 80H 写入调整后的秒数据 BCD 码
write_1302(0x8e,0x80);            //打开写保护
write_1602com(er + 0x08);         /* 因为设置液晶的模式是写入数据后,指针自动加 1,在这里是
                                     写回原来的位置 */
```

```
//write_1602com(0x0b);
break;
case 2:fen--;
if(fen == -1)
fen = 59;
write_sfm(4,fen);
temp = (fen)/10 * 16 + (fen) % 10;   //十进制转换成 DS1302 要求的 BCD 码
write_1302(0x8e,0x00);               //允许写,禁止写保护
write_1302(0x82,temp);               //向 DS1302 内写分寄存器 82H 写入调整后的分数据 BCD 码
write_1302(0x8e,0x80);               //打开写保护
write_1602com(er + 5);               /* 因为设置液晶的模式是写入数据后,指针自动加 1,在这里是
                                        写回原来的位置 */
break;
case 3:shi--;
if(shi == -1)
shi = 23;
write_sfm(1,shi);
temp = (shi)/10 * 16 + (shi) % 10;   //十进制转换成 DS1302 要求的 BCD 码
write_1302(0x8e,0x00);               //允许写,禁止写保护
write_1302(0x84,temp);               /* 向 DS1302 内写小时寄存器 84H 写入调整后的小时数据 BCD
                                        码 */
write_1302(0x8e,0x80);               //打开写保护
write_1602com(er + 2);/* 因为设置液晶的模式是写入数据后,指针自动加 1,所以需要光标回位 */
break;
case 4:week--;
if(week == 0)
week = 7;
write_1602com(yh + 0x0C);            //指定"加"后的周数据显示位置
write_week(week);                    //指定周数据显示内容
temp = (week)/10 * 16 + (week) % 10;//十进制转换成 DS1302 要求的 BCD 码
write_1302(0x8e,0x00);               //允许写,禁止写保护
write_1302(0x8a,temp);               //向 DS1302 内写周寄存器 8aH 写入调整后的周数据 BCD 码
write_1302(0x8e,0x80);               //打开写保护
write_1602com(yh + 0x0e);            /* 因为设置液晶的模式是写入数据后,指针自动加 1,因此需要
                                        光标回位 */
break;
case 5:ri--;
switch(yue)
{
case 1:case 3:case 5:case 7:case 8:case 10:case 12:
if(ri == 0) ri = 31;
break;
case 2: if(nian % 4 == 0||nian % 400 == 0)
{
if(ri == 0)
ri = 29;
}
else { if(ri == 0) ri = 28;
}break;
case 4:case 6:case 9:case 11:
if(ri == 0)
```

```
ri = 30;break;
}
write_nyr(9,ri);
temp = (ri)/10 * 16 + (ri) % 10;      //十进制转换成 DS1302 要求的 BCD 码
write_1302(0x8e,0x00);                //允许写,禁止写保护
write_1302(0x86,temp);                /* 向 DS1302 内写日期寄存器 86H 写入调整后的日期数据 BCD
                                         码 */
write_1302(0x8e,0x80);                //打开写保护
write_1602com(yh + 10);               /* 因为设置液晶的模式是写入数据后,指针自动加 1,所以需要
                                         光标回位 */
break;
case 6:yue -- ;
switch(ri)
{
case 31:
if(yue == 2|yue == 4|yue == 6|yue == 9|yue == 11)
yue -- ;
else if(yue == 0)
yue = 12;
break;
case 30:
if(yue == 2){yue -- ;}
else
{if(yue == 0) yue = 12;}
case 29:
if(nian % 4 == 0||nian % 400 == 0)
{
if(yue == 0) {yue = 12;}}
else{if(yue == 2){yue -- ;}
else if(yue == 0) {yue = 12;}}
break;
}
if(yue == 0) yue = 12;
write_nyr(6,yue);
temp = (yue)/10 * 16 + (yue) % 10;    //十进制转换成 DS1302 要求的 BCD 码
write_1302(0x8e,0x00);                //允许写,禁止写保护
write_1302(0x88,temp);                /* 向 DS1302 内写月份寄存器 88H 写入调整后的月份数据 BCD
                                         码 */
write_1302(0x8e,0x80);                //打开写保护
write_1602com(yh + 7);                /* 因为设置液晶的模式是写入数据后,指针自动加 1,所以需要
                                         光标回位 */
break;
case 7:nian -- ;
if(nian == -1)
nian = 99;
write_nyr(3,nian);
temp = (nian)/10 * 16 + (nian) % 10;//十进制转换成 DS1302 要求的 BCD 码
write_1302(0x8e,0x00);                //允许写,禁止写保护
write_1302(0x8c,temp);                /* 向 DS1302 内写年份寄存器 8cH 写入调整后的年份数据 BCD
                                         码 */
write_1302(0x8e,0x80);                //打开写保护
```

```
write_1602com(yh + 4);          /* 因为设置液晶的模式是写入数据后,指针自动加 1,所以需要
                                   光标回位 */
break;
case 8:
write_1602com(er + 8);          //设置闹钟的秒定时
miao1 -- ;
if(miao1 == - 1)
miao1 = 59;
write_sfm(0x07,miao1);          //令 LCD 在正确位置显示"加"设定好秒的数据
write_1602com(er + 8);          /* 因为设置液晶的模式是写入数据后,指针自动加 1,在这里是
                                   写回原来的位置 */
break;
case 9:
write_1602com(er + 5);          //设置闹钟的分钟定时
fen1 -- ;
if(fen1 == - 1)
fen1 = 59;
write_sfm(0x04,fen1);           //令 LCD 在正确位置显示"加"设定好的分数据
write_1602com(er + 5);          /* 因为设置液晶的模式是写入数据后,指针自动加 1,在这里是
                                   写回原来的位置 */
break;
case 10:write_1602com(er + 2);  //设置闹钟的小时定时
shi1 -- ;
if(shi1 == - 1)
shi1 = 23;
write_sfm(0x01,shi1);           //令 LCD 在正确的位置显示"加"设定好的小时数据
write_1602com(er + 2);          /* 因为设置液晶的模式是写入数据后,指针自动加 1,需要光标
                                   回位 */
break;
}
}
}
}
}
//定时器 0 初始化程序
void init()                     //定时器、计数器设置函数
{
TMOD = 0x11;                    //指定定时/计数器的工作方式为 1
TH0 = 0;                        //定时器 T0 的高四位 = 0
TL0 = 0;                        //定时器 T0 的低四位 = 0
EA = 1;                         //系统允许有开放的中断
ET0 = 1;                        //允许 T0 中断
TR0 = 1;                        //开启中断,启动定时器
}
//******************** 主函数 ***************************
//*****************************************************
void main()
{
buzzer = 0;
lcd_init();                     //调用液晶屏初始化子函数
ds1302_init();                  //调用 DS1302 时钟的初始化子函数
```

```
init();                             //调用定时计数器的设置子函数
led = 0;                            //打开 LCD 的背光电源
buzzer = 1;                         //蜂鸣器长响一次
delay(10);
buzzer = 0;
while(1)                            //无限循环下面的语句
{
keyscan();                          //调用键盘扫描子函数
}
}
/************** 通过定时中断定时读数并显示数据 ******************/
void timer0() interrupt 1           //取得并显示日历和时间
{
//读取秒时分周日月年 7 个数据(DS1302 的读寄存器与写寄存器不一样)
miao = BCD_Decimal(read_1302(0x81));
fen = BCD_Decimal(read_1302(0x83));
shi = BCD_Decimal(read_1302(0x85));
ri = BCD_Decimal(read_1302(0x87));
yue = BCD_Decimal(read_1302(0x89));
nian = BCD_Decimal(read_1302(0x8d));
week = BCD_Decimal(read_1302(0x8b));
//显示温度、秒、时、分数据:
write_temp(11,flag);                //显示温度,从第 2 行第 12 个字符后开始显示
write_sfm(7,miao);                  //秒,从第 2 行第 8 个字后开始显示(调用时分秒显示子函数)
write_sfm(4,fen);                   //分,从第 2 行第 5 个字符后开始显示
write_sfm(1,shi);                   //小时,从第 2 行第 2 个字符后开始显示
//显示日、月、年数据
write_nyr(9,ri);                    //日期,从第 2 行第 9 个字符后开始显示
write_nyr(6,yue);                   //月份,从第 2 行第 6 个字符后开始显示
write_nyr(3,nian);                  //年,从第 2 行第 3 个字符后开始显示
write_week(week);
/************ 整点报时程序 ************/
if(fen == 0&&miao == 0)
if(shi < 22&&shi > 6)
{
buzzer = 1;                         //蜂鸣器短响一次
delay(20);
buzzer = 0;
}
/*************** 闹钟程序:将暂停键按下停止蜂鸣 ********************/
if(CLO == 0)                        /* 按下 P1.3 停止蜂鸣 */
{
clock = 0; return;
}
if(shi1 == shi&&fen1 == fen&&miao1 == miao)
clock = 1;
if(clock == 1)
{
buzzer = 1;                         //蜂鸣器短响一次
delay(20);
buzzer = 0;
```

```
    }
}
```

本章小结

前面几章介绍了单片机的内部结构和外部器件的扩展方法和编程要点，设计了单片机与众多单个外部器件的接口电路。本章主要从整体应用的角度介绍单片机系统设计的方法、步骤和电路的选型，并用实例说明单片机应用系统的硬件、软件设计的方法。本章重点应掌握单片机应用系统设计过程中各个阶段的要点和技巧，包括方案设计、器件选择、电路优化和功能模块程序设计。

思考题

1. 简述 STC 单片机最小系统架构。

2. 编写测试程序，测试整个 STC 单片机最小系统。

3. 熟悉掌握 STC 单片机最小系统功能，设计一个电风扇模型。能完成以下功能。

(1) 用 4 位数码管实时显示电风扇的工作状态，最高位显示风类，后三位显示定时时间；

(2) 设计“1 挡”“2 挡”“3 挡”三个风类键用于设置风类。“1 挡”运行时 PWM 的占空比为 1∶2，“2 挡”运行时 PWM 的占空比为 2∶3，“3 挡”运行时 PWM 的占空比为 3∶4；

(3) 设计一个“摇头”键，用于控制电机摇头：电机停 2.5s，正转 5s，停 2.5s，反转 5s；

(4) 设计一个“定时”键，用于定时时间长短设置，每按一次“定时”键，定时时间增加 2min，工作功能如下：

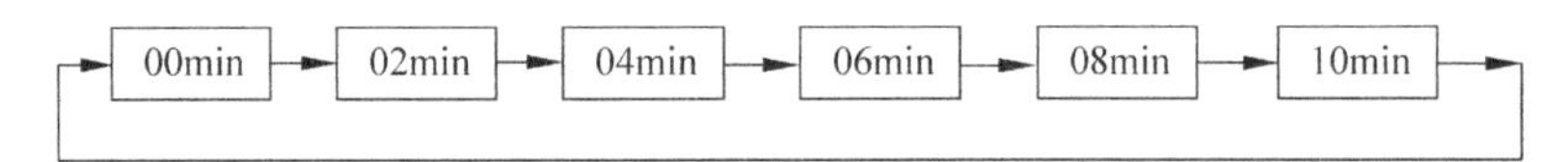

4. 熟悉掌握 STC 单片机最小系统功能，画电路图、编写程序、仿真操作一遍基于 STC89C52 单片机的万年历，尝试采用汇编语言编程软件程序，并对其仿真进行分析。

5. 熟悉掌握 STC 单片机最小系统功能，开发一种基于 STC89C52 单片机的红外遥控装置，要求通过红外遥控器控制单片机的外设，例如控制继电器开关、LED 灯开关和液晶显示屏上显示遥控数字。

第 11 章　单片机应用系统开发简介

本章学习要点：

- 介绍 Keil μVision2 运行环境、Keil C51 的安装以及 Keil C51 的使用。
- 掌握 Proteus 软件功能、软件操作和使用方法。
- 掌握 Keil C 与 Proteus 连接调试。

μVision2 支持所有的 Keil 80C51 的工具软件，包括 C51 编译器、宏汇编器、链接器/定位器和目标文件至 Hex 格式转换器，μVision2 可以自动完成编译、汇编和链接程序等操作。Proteus 是一个完整的嵌入式系统软件、硬件设计仿真平台，它包括 ISIS. EXE（电路原理图设计与电路原理仿真）、ARES. EXE（印刷电路板设计）两个应用软件和三大基本功能。支持主流单片机系统的仿真。目前支持的单片机类型有：68000 系列、8051 系列、AVR 系列、PIC12 系列、PIC16 系列、PIC18 系列、Z80 系列、HC11 系列以及各种外围芯片。本章将介绍两种软件的操作和使用方法及其协同仿真方法。

11.1　集成开发环境 Keil C51 简介

11.1.1　Keil μVision2 运行环境介绍

μVision2 支持所有的 Keil 80C51 的工具软件，包括 C51 编译器、宏汇编器、链接器/定位器和目标文件至 Hex 格式转换器，μVision2 可以自动完成编译、汇编和链接程序等操作。具体说明如下。

1. C51 编译器和 A51 汇编器

由 μVision2 IDE 创建的源文件，可以被 C51 编译器或 A51 汇编器处理，生成可重定位的 object 文件。Keil C51 编译器遵照 ANSIC 语言标准，支持 C 语言的所有标准特性。另外，还增加了几个可以直接支持 80C51 结构的特性。Keil A51 宏汇编器支持 80C51 及其派生系列的所有指令集。

2. LIB51 库管理器

LIB51 库管理器可以从由汇编器和编译器创建的目标文件建立目标库。这些库是按规定格式排列的目标模块，可在以后被链接器所使用。当链接器处理一个库时，仅仅使用了库中程序使用了的目标模块而不是全部加以引用。

3. BL51 链接器/定位器

BL51 链接器使用从库中提取出来的目标模块和由编译器、汇编器生成的目标模块，创建一个绝对地址目标模块。绝对地址目标文件或模块包括不可重定位的代码和数据。所有的代码和数据都被固定在具体的存储器单元中。

4. μVision2 软件调试器

μVision2 软件调试器能十分理想地进行快速、可靠的程序调试。调试器包括一个高速模拟器,您可以使用它模拟整个 80C51 系统,包括片上外围器件和外部硬件。当您从器件数据库选择器件时,这个器件的属性会被自动配置。

5. μVision2 硬件调试器

μVision2 调试器提供了几种在实际目标硬件上测试程序的方法。安装 MON51 目标监控器到目标系统,并通过 Monitor-51 接口下载程序;使用高级 GDI 接口,将 μVision2 调试器同类似于 DP-51PROC 单片机综合仿真实验仪或者 TKS 系列仿真器的硬件系统相连接,通过 μVision2 的人机交互环境指挥连接的硬件完成仿真操作。

6. RTX51 实时操作系统

RTX51 实时操作系统是针对 80C51 微控制器系列的一个多任务内核。RTX51 实时内核简化了需要对实时事件进行反应的复杂应用的系统设计、编程和调试。这个内核完全集成在 C51 编译器中,使用非常简单。任务描述表和操作系统的一致性由 BL51 链接器/定位器自动进行控制。

此外 μVision2 还具有极其强大的软件环境、友好的操作界面和简单快捷的操作方法,其主要表现在以下几点。

(1) 丰富的菜单栏;

(2) 可以快速选择命令按钮的工具栏;

(3) 一些源代码文件窗口;

(4) 对话框窗口;

(5) 直观明了的信息显示窗口。

11.1.2 Keil C51 的安装

以安装 Keil C51 V7.02 版本为例,安装 Keil C51 V7.02 需要的计算机系统要求比较低,只要计算机安装了 Windows 环境就可以了,操作步骤如下。

(1) 在 Windows 环境下运行软件包中 Setup\Setup.exe,出现如图 11-1 所示对话框。

(2) 单击 Full Vision 按钮,出现图 11-2 对话框,说明当前版本号,并要求确认是否安装。

(3) 单击 Next 按钮,出现如图 11-3 所示的版权对话框。

(4) 单击 Yes 按钮,出现如图 11-4 所示的安装路径对话框。系统默认的安装路径为 C:\Keil,用户可以选择其他安装路径。

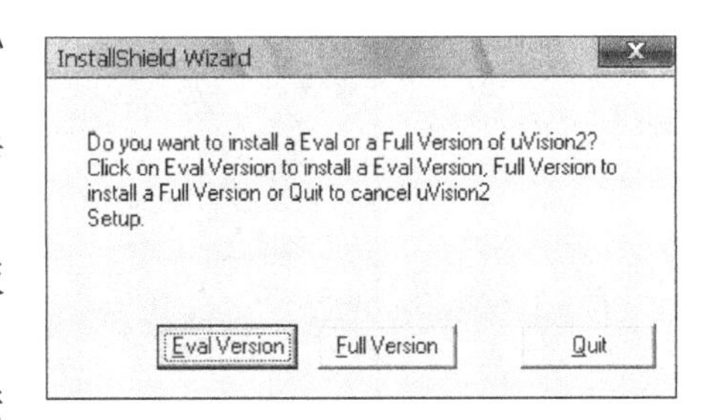

图 11-1 安装 Keil C51 首先出现的版本选择

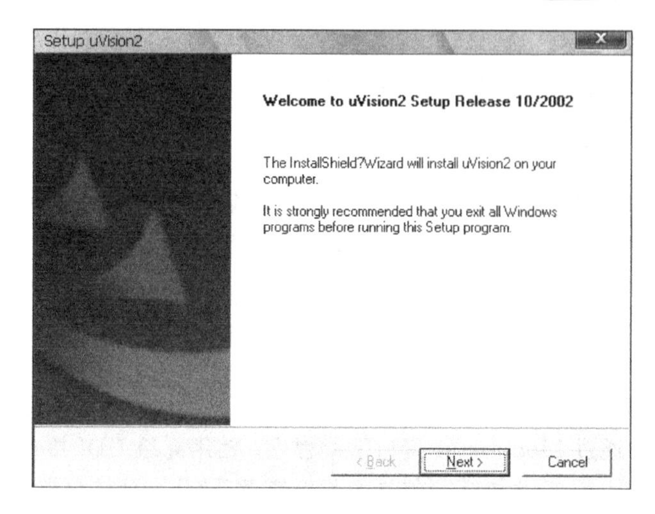

Setup uVision2
Welcome to uVision2 Setup Release 10/2002
The InstallShield?Wizard will install uVision2 on your computer.
It is strongly recommended that you exit all Windows programs before running this Setup program.
< Back
Next >
Cancel

图 11-2 安装确认对话框

Setup uVision2
License Agreement
Please read the following license agreement carefully.
KEIL SOFTWARE
Press the PAGE DOWN key to see the rest of the agreement.
END-USER LICENSE AGREEMENT
IMPORTANT-READ CAREFULLY: This END-USER LICENSE AGREEMENT is a legal agreement between you (either an individual or a single entity) and KEIL ELEKTRONIK GmbH / KEIL SOFTWARE, Inc. (KEIL). The SOFTWARE PRODUCT includes computer software, the associated media, any printed materials, and any "online" or electronic documentation. By installing, copying or otherwise using the SOFTWARE PRODUCT, you agree to be bound by the terms of this END-USER LICENSE AGREEMENT. If you do not agree to the terms of this END-USER LICENSE AGREEMENT, KEIL is unwilling to license the SOFTWARE PRODUCT to you. In such event, you may not use or copy the
Do you accept all the terms of the preceding License Agreement? If you choose No, the setup will close. To install uVision2, you must accept this agreement.
InstallShield
< Back
Yes
No

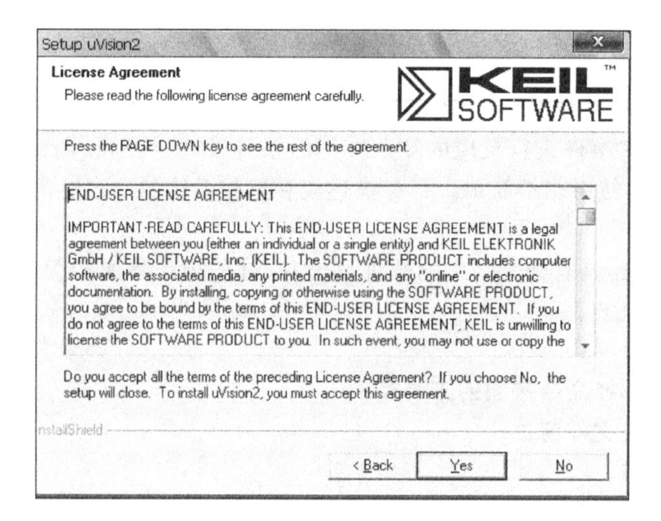

图 11-3 版权对话框

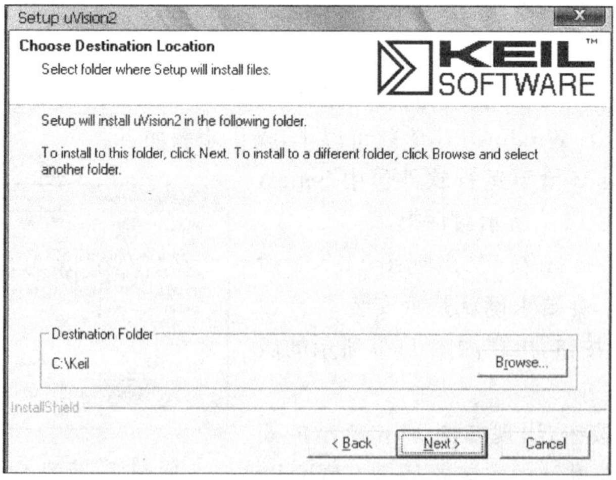

Setup uVision2
Choose Destination Location
Select folder where Setup will install files.
KEIL SOFTWARE
Setup will install uVision2 in the following folder.
To install to this folder, click Next. To install to a different folder, click Browse and select another folder.
Destination Folder
C:\Keil
Browse...
InstallShield
< Back
Next >
Cancel

图 11-4 安装路径对话框

(5) 确定好安装路径后,单击 Next 按钮,出现如图 11-5 的信息对话框,用户需按照要求填好,其中序列号需要到安装软件包中的 sn. txt 中查找。

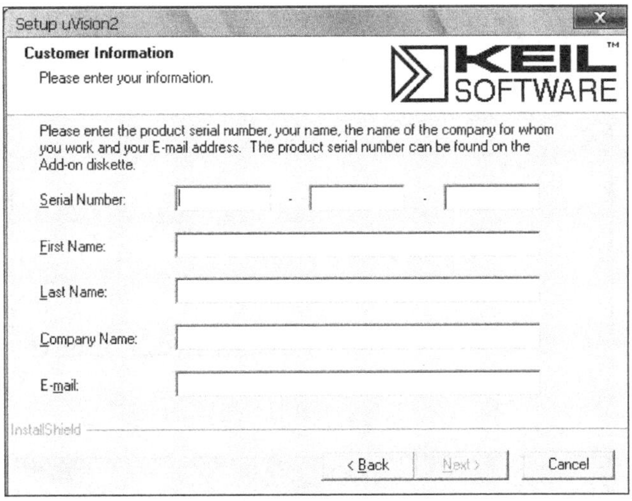

图 11-5　安装信息对话框

(6) 各类信息正确填好后,单击 Next 按钮,出现如图 11-6 所示的安装盘所在目录选择对话框,默认为 A:\,浏览选择真正的安装盘所在目录为安装软件包中的 disk 目录。

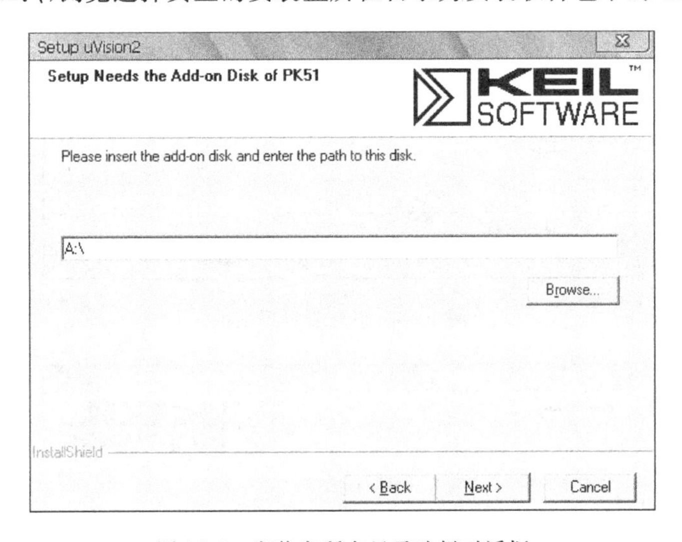

图 11-6　安装盘所在目录选择对话框

(7) 选择好安装盘目录后,单击 Next 按钮,出现如图 11-7 所示的 Security key 的选择,选择默认状态。

(8) 单击 Next 按钮,出现如图 11-8 所示的用户资料对话框。

(9) 单击 Next 按钮,出现如图 11-9 所示的安装画面。

(10) 安装完成后,系统会提问是否选择在线登记等,同时出现完成对话框,单击 Finish 按钮,安装过程就全部结束了。

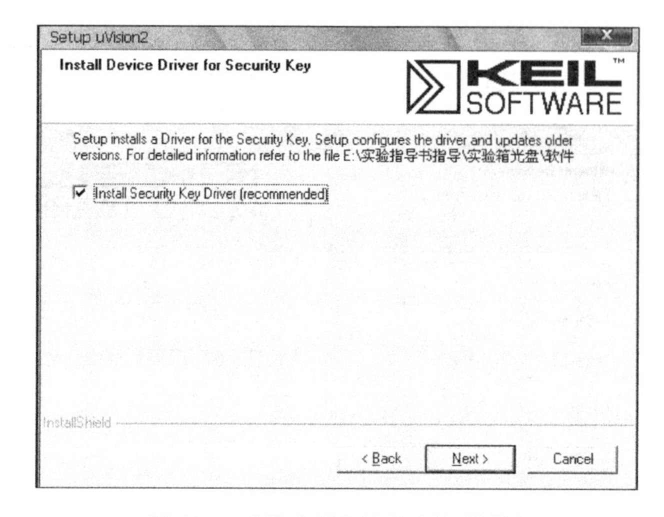

图 11-7　安装盘所在目录选择对话框

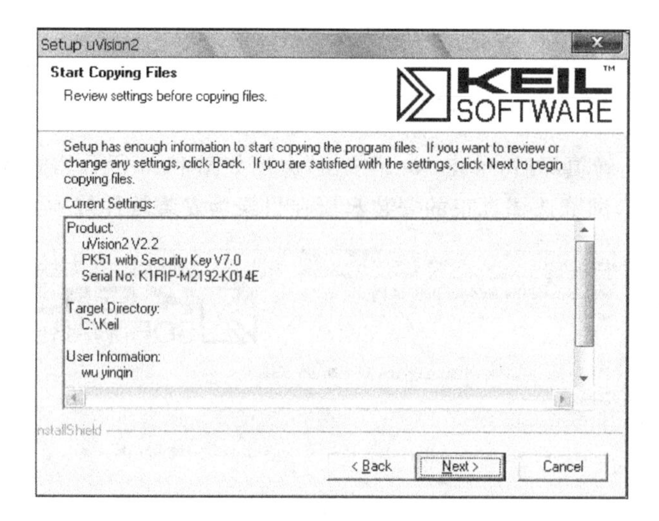

图 11-8　用户资料对话框

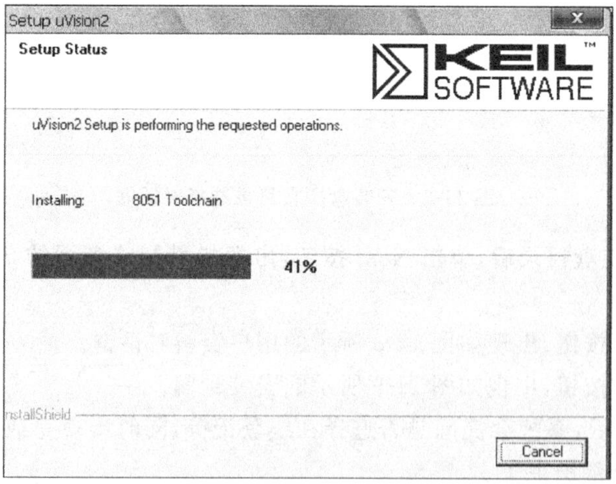

图 11-9　安装画面

以上简单介绍了 Keil51 软件的安装过程，要使用 Keil51 软件，必须先要安装好它。安装好的路径 C:\KEIL 文件夹下包含了所有 8051 开发工具的全部安装信息，如表 11-1 所示。

表 11-1　8051 开发工具的安装信息

文　件　夹	描　　述
C:\KEIL\C51\ASM	汇编 SFR 定义文件和模板源程序文件
C:\KEIL\C51\BIN	8051 工具的执行文件
C:\KEIL\C51\EXAMPLES	示例应用
C:\KEIL\C51\RTX51	完全实时操作系统文件
C:\KEIL\C51\RTX_TINY	小型实时操作系统文件
C:\KEIL\C51\INC	C 编译器包含文件
C:\KEIL\C51\LIB	C 编译器库文件启动代码和常规 I/O 资源
C:\KEIL\C51\MONITOR	目标监控文件和用户硬件的监控配置
C:\KEIL\UV2	普通 μVision2 文件

11.1.3　Keil C51 的使用

进入 Keil C51 后，屏幕如图 11-10 所示。几秒钟后出现编辑界面，如图 11-11 所示。

图 11-10　启动 Keil C51 时的屏幕

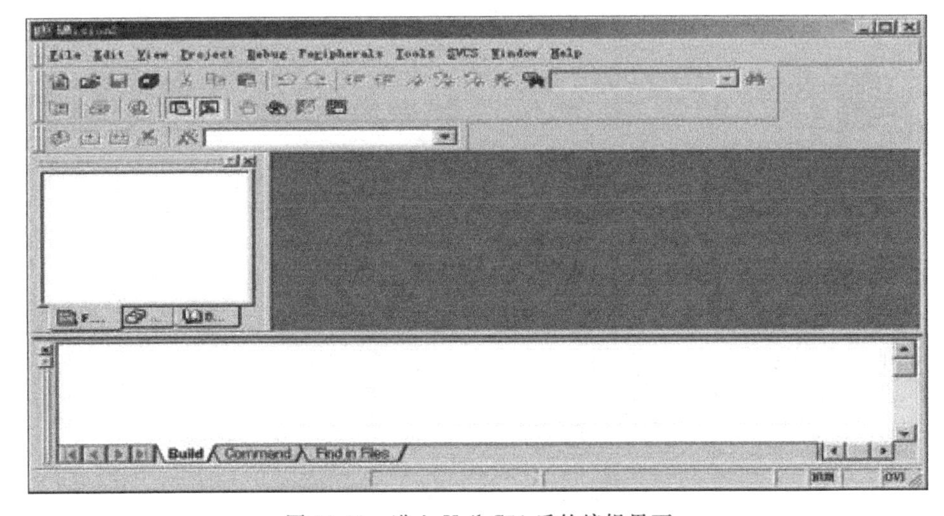

图 11-11　进入 Keil C51 后的编辑界面

简单程序的调试、学习最好的方法是直接操作实践。下面通过简单的编程与调试，引导大家学习 Keil C51 软件的基本使用方法和调试技巧。

(1) 建立一个新工程。在 Project 下拉菜单中选中 New Project 选项，如图 11-12 所示。

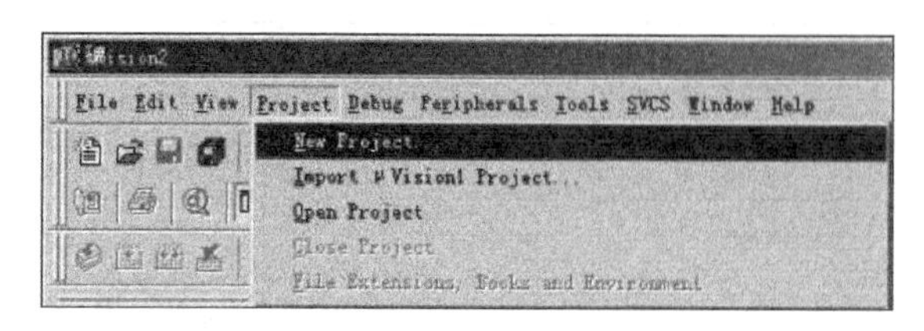

图 11-12　新建工程文件

(2) 然后选择要保存的路径，输入工程文件的名字，比如保存到 C51 目录里，工程文件的名字为 C51 如图 11-13 所示，然后单击“保存”按钮。建议今后每新建一个工程都要在适当的磁盘位置新建一个文件夹用来保存工程文件，以方便管理，并养成良好的习惯。

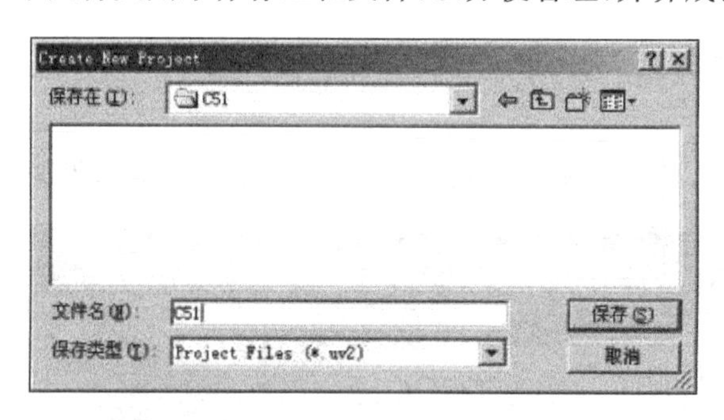

图 11-13　工程文件保存路径

(3) 这时会弹出一个对话框，要求选择单片机的型号，可以根据使用的单片机来选择，对话框中不存在 STC89C52，因为 51 内核单片机具有通用性，在这里选择 Atmel 的 AT89C52 来说明，右边的 Description 是对用户选择芯片的介绍，然后单击“确定”按钮，如图 11-14 所示。

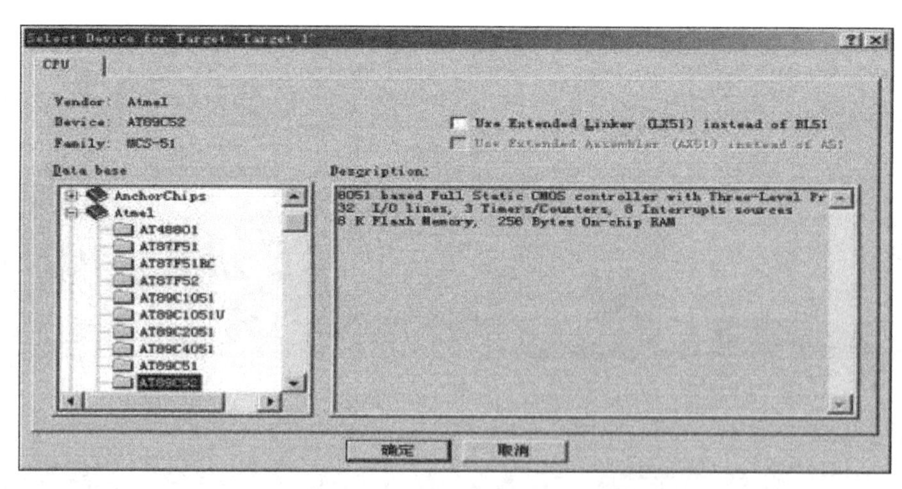

图 11-14　选择所用单片机

(4) 完成上一步骤后,屏幕如图 11-15 所示。此时可开始编写程序了。

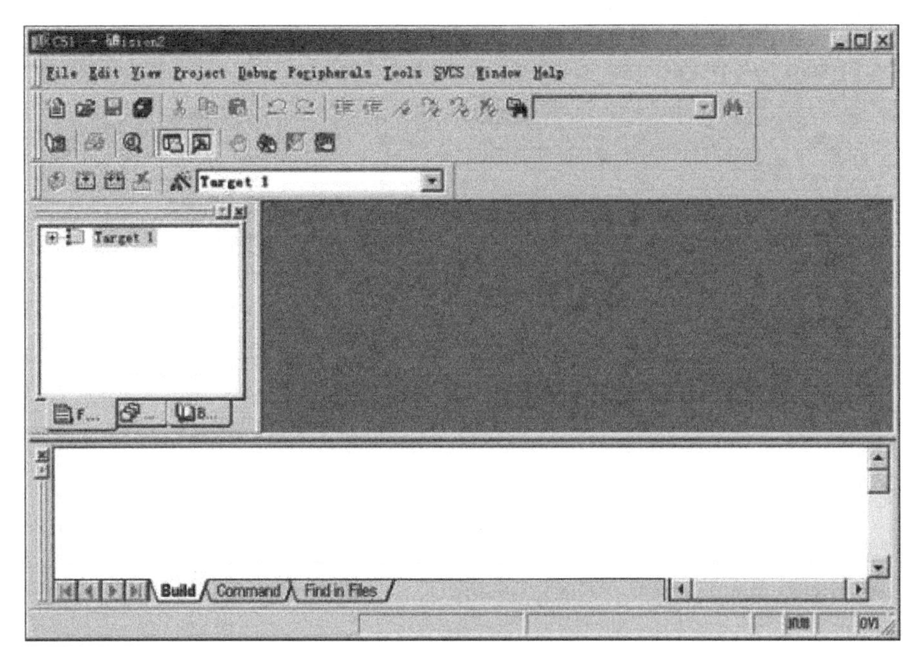

图 11-15　新建工程完成图

(5) 在图 11-16 中,打开 File 菜单,在下拉菜单中选择 New 选项。

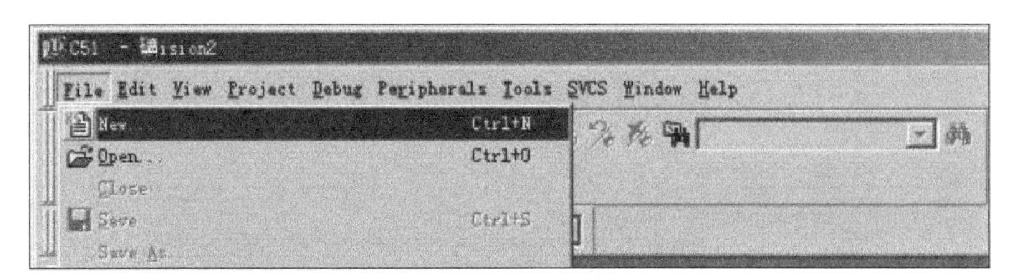

图 11-16　新建文件

(6) 新建文件后屏幕如图 11-17 所示。

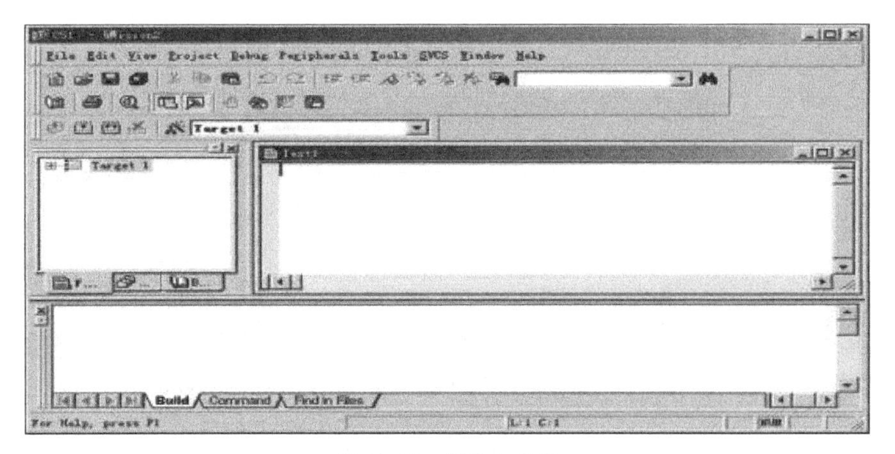

图 11-17　新建文件框

此时光标在编辑窗口里闪烁，可以键入用户的应用程序了，建议首先保存该空白的文件，在 File 下拉菜单中选择 Save As 选项，屏幕如图 11-18 所示，在“文件名”栏右侧的编辑框中，键入欲使用的文件名，同时，必须键入正确的扩展名。注意，如果用 C 语言编写程序，则扩展名为(.c)；如果用汇编语言编写程序，则扩展名必须为(.a)。然后，单击“保存”按钮。

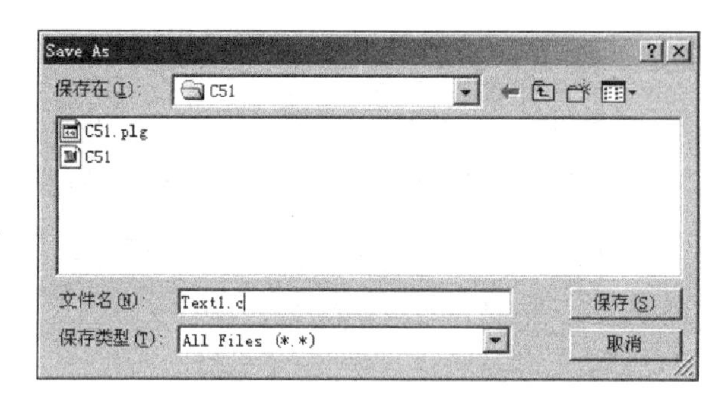

图 11-18　保存新建文件

(7) 回到编辑界面后，单击 Target 1 前面的“+”号，然后右击 Source Group 1 弹出如图 11-19 所示菜单。

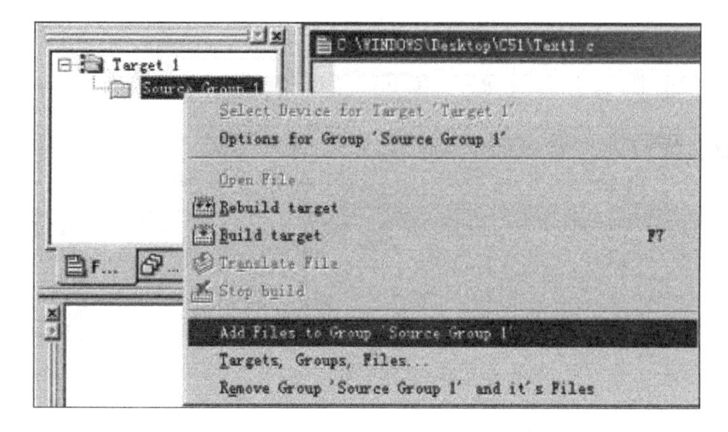

图 11-19　在工程文件中加入文件

然后选择 Add File to Group ‘Source Group 1’，屏幕如图 11-20 所示。

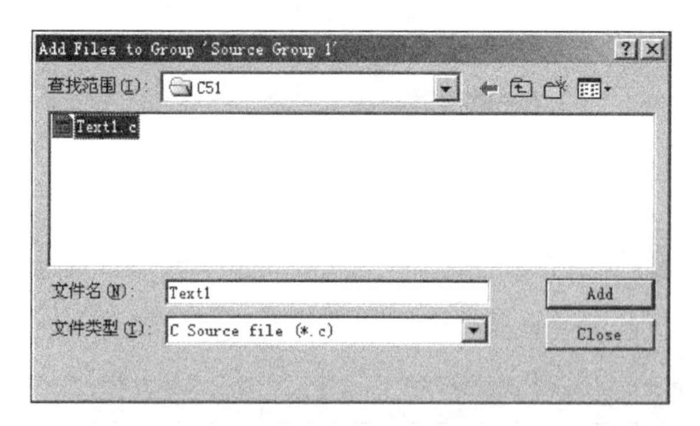

图 11-20　选择所加文件

选中 Test. c,然后单击 Add 按钮,屏幕如图 11-21 所示。

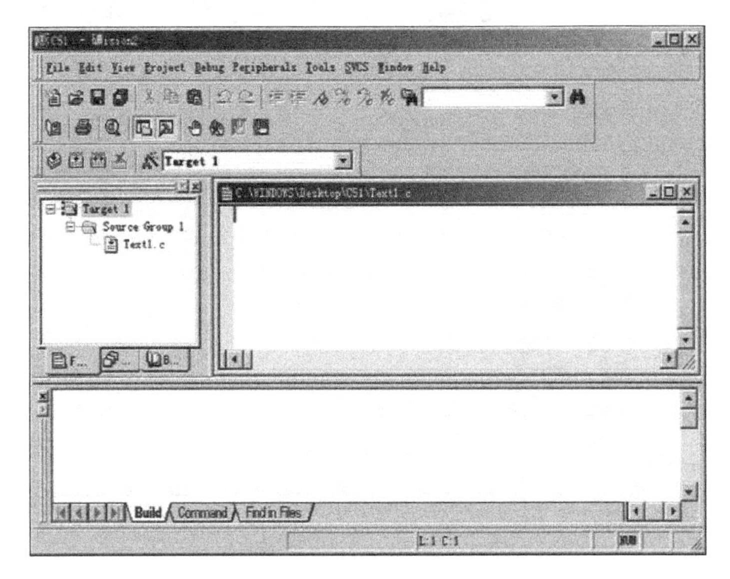

图 11-21　输入源程序

注意,此时 Source Group 1 文件夹中多了一个子项 Text1. c。子项的多少与所增加的源程序的多少相同。

(8) 输入 C 语言源程序。

```
#include <reg52.h>                //包含文件
#include <stdio.h>
void main(void)                   //主函数
{ SCON = 0x52;
  TMOD = 0x20;
  TH1 = 0xf3;
  TR1 = 1;                        //此行及以上 3 行为 PRINTF 函数所必需
  printf("Hello I am KEIL. \n");  //打印程序执行的信息
  printf("I will be your friend.\n");
  while(1);
}
```

输入上述程序后,Keil C51 就会自动识别关键字,并以不同的颜色提示用户加以注意,这样会使用户少犯错误,有利于提高编程效率。程序输入完毕后,如图 11-22 所示。

在图 11-22 中,打开 Project 菜单,在下拉菜单中选择 Built Target 选项(或者使用快捷键 F7),编译成功后,再打开 Project 菜单,在下拉菜单中选择 Start/Stop Debug Session(或者使用快捷键 Ctrl+F5),屏幕如图 11-23 所示。注意,编译时如果出现"0 Error(s), 0 Warning(s)."就表示程序没有问题了(至少是在语法上不存在问题了)。如果存在错误或警告,请仔细检查程序,修改后,再编译,直到通过为止。

(9) 调试程序。在图 11-23 中,打开 Debug 菜单,在下拉菜单中选择 Go 选项(或者使用快捷键 F5),然后再打开 Debug 菜单,在下拉菜单中选择 Stop Running 选项(或者使用快捷键 Esc);再打开 View 菜单,在下拉菜单中选择 Serial Windows #1 选项,就可以看到程序运行后的结果,其结果如图 11-24 所示。

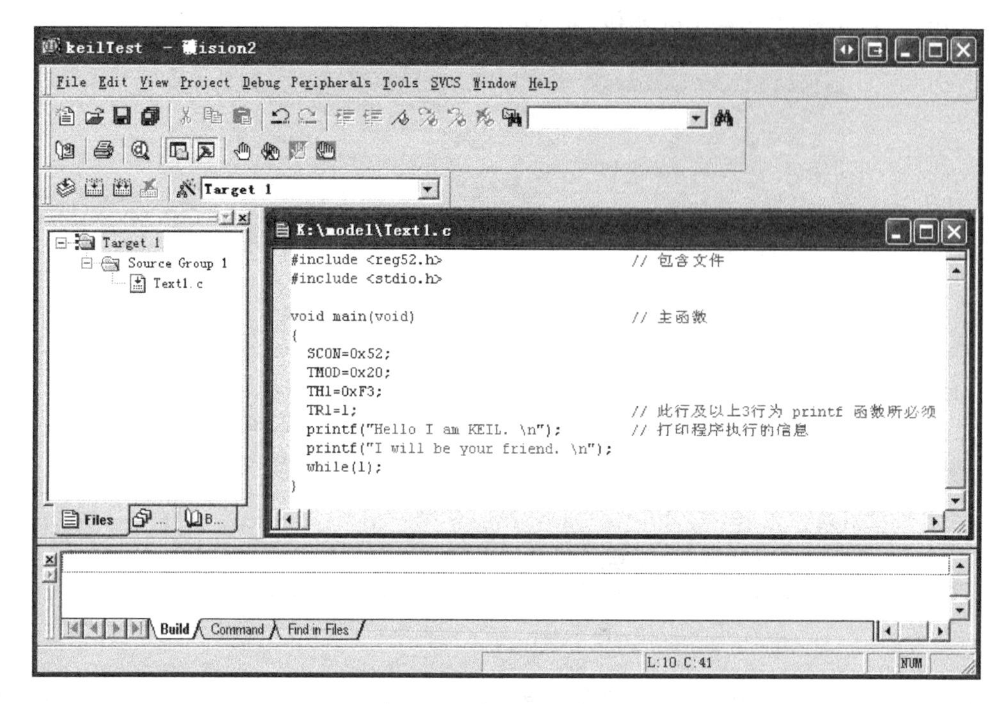

图 11-22　完成源程序输入

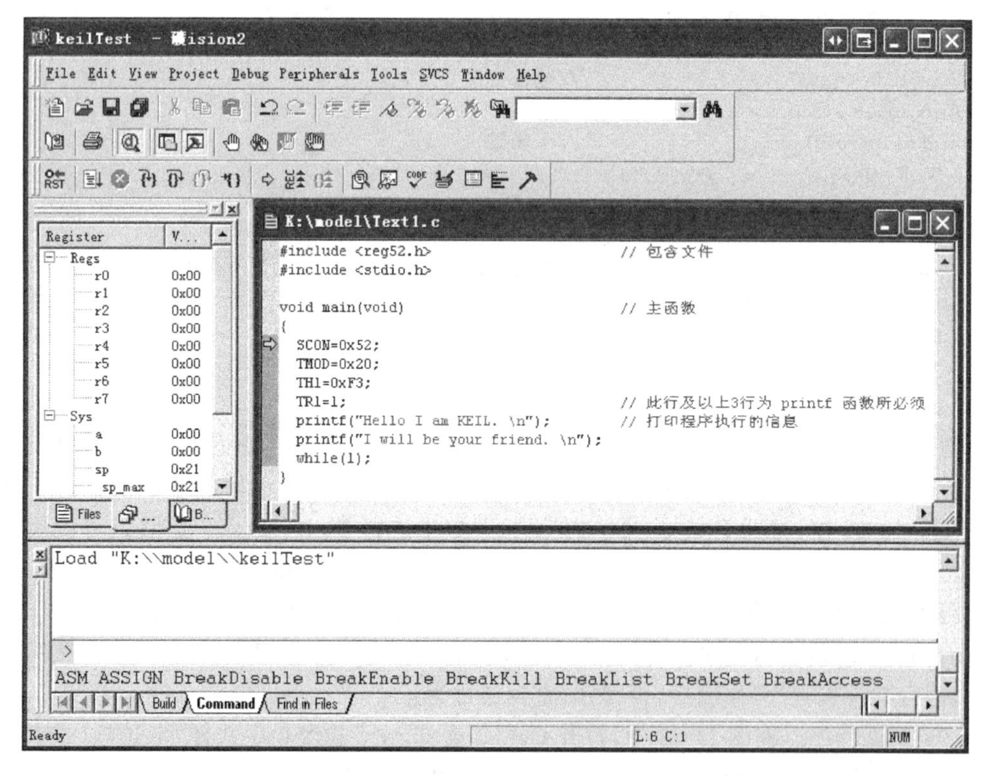

图 11-23　编译程序

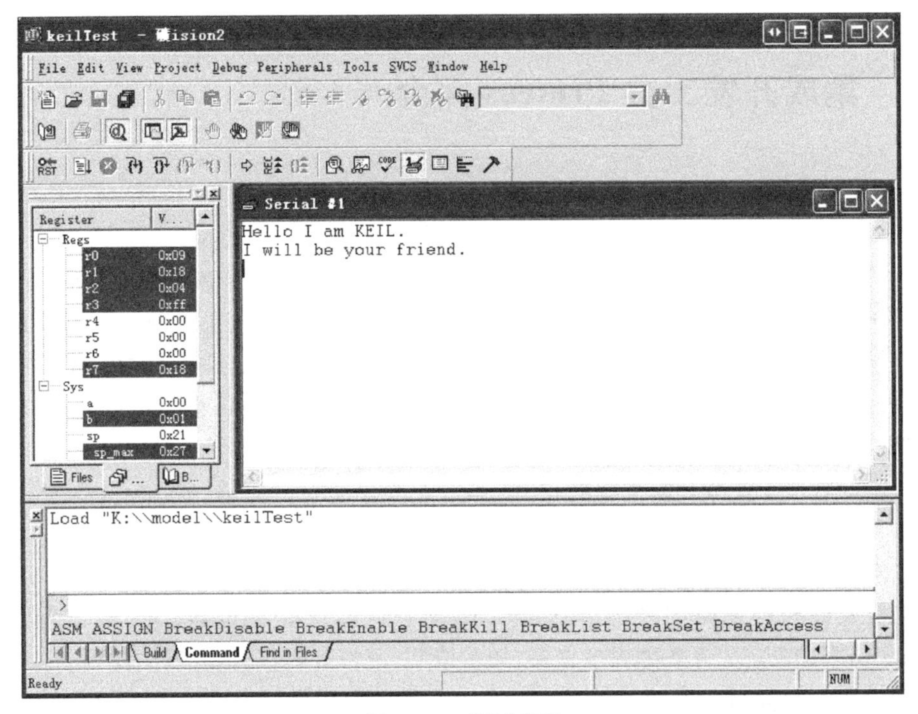

图 11-24　调试程序

到此为止,已经在 Keil C51 上完成了一个完整工程。但这只是纯软件的开发过程,如何使用程序下载器看一看程序运行的结果呢?需将编译后的结果会生成 HEX 格式的程序文件通过专门的芯片烧写工具载入并最终烧录到具体的芯片中。芯片安装到自己的电路板上,通电,就可以运行里面的程序了。

(10) 打开 Project 菜单,在下拉菜单中选择 Options for Target Target 1,在图 11-25 中,左击 Output 标签,勾选 Create HEX File 选项,使程序编译后产生 HEX 代码。使用专用下载软件可以把该程序下载到所用单片机中运行。

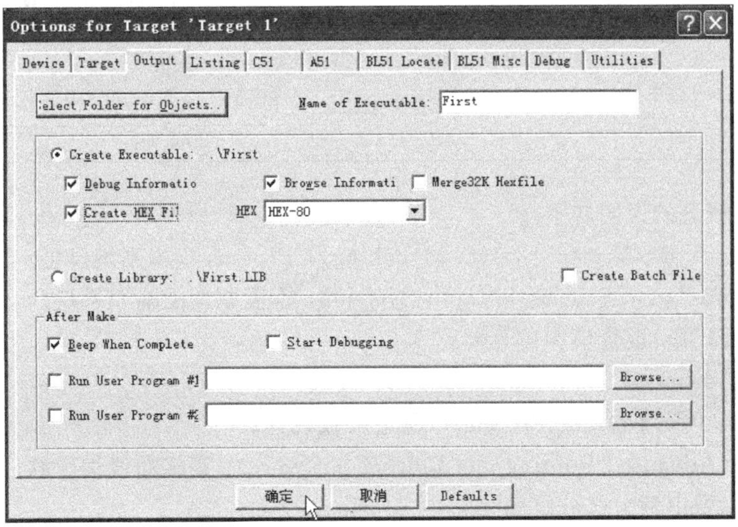

图 11-25　选择目标代码文件的格式

11.2　集成开发工具 Proteus 简介

11.2.1　Proteus 概述

Proteus 是英国 Labcenter Electronics 公司研发的一款集单片机仿真和 SPICE 分析于一身的 EDA 工具软件，从 1989 年问世至今，经过了近 20 年的使用、发展和完善，功能越来越强，性能越来越好，已在全球广泛使用。在国外有包括斯坦福、剑桥等在内的几千家高校将 Proteus 作为电子工程学位的教学和实验平台；在国内 Proteus 也广泛应用于高校的大学生或研究生的电子教学与实验以及公司实际电路设计与生产。

Proteus 软件主要具有以下特点。

(1) 具有强大的原理图绘制功能。

(2) 实现了单片机仿真和 SPICE 电路仿真相结合。具有模拟电路仿真、数字电路仿真、单片机及其外围电路的系统仿真、RS232 动态仿真、I^2C 调试器、SPI 调试器、键盘和 LCD 系统仿真的功能；有各种虚拟仪器，如示波器、逻辑分析仪、信号发生器等。

(3) 支持主流单片机系统的仿真。目前支持的单片机类型有：68000 系列、8051 系列、AVR 系列、PIC12 系列、PIC16 系列、PIC18 系列、Z80 系列、HC11 系列以及各种外围芯片。

(4) 提供软件调试功能。具有全速、单步与设置断点等调试功能，同时可以观察各变量以及寄存器等的当前状态，并支持第三方编译和调试环境，如 Wave6000 和 Keil 等软件。Proteus 的基本结构体系见表 11-2。

表 11-2　Proteus 结构体系

Proteus	Proteus VSM	ISIS
		PROSPICE
		微控制器 CPU 库
		元器件和 VSM 动态器件库
		ASF
	Proteus PCB Design	ISIS
		ASF
		ARES

表中有关概念的说明如下。

- Proteus VSM(Virtual System Modelling)：Proteus 虚拟系统模型；
- ISIS(Intelligent Schematic Input System)：智能原理图输入系统；
- PROSPICE：混合模型仿真器；
- ASF(Advanced Simulation Feature)：高级图表仿真；
- Proteus PCB Design：Proteus 印刷电路板设计；
- ARES(Advanced Routing and Editing Software)：高级布线编辑软件。

Proteus 主要由两大部分组成。

① ISIS——原理图设计、仿真系统，用于电路原理图的设计及交互仿真。

② ARES——印刷电路板设计系统，主要用于印刷电路板的设计，产生最终的 PCB 文件。

本章着重叙述 Proteus 原理图设计以及利用 Proteus 实现单片机应用电路系统的设计与仿真方法，其他不详之处请参考相关资料。

11.2.2　Proteus 的运行环境

要运行 Proteus 系统，要求计算机系统满足以下软件和硬件环境。

- Win98/Me/2000/XP 或更高版本的操作系统；
- 200MHz 或更高速的 PentiumCPU；
- 64MB 或以上的内存空间；
- 64MB 或以上的可用硬盘空间；
- 显示器设置为：1280×1024。

用 Proteus VSM 实时仿真时，则要求 300MHz 以上主频的 PentiumCPU；如果要实时仿真的电路系统较大或较复杂，须采用更高配置的计算机系统，以便获得更好的仿真效果。

11.2.3　Proteus VSM 的资源库和仿真工具

1. 单片机模型库

Proteus 能够对多种系列众多型号的单片机进行实时仿真、协调仿真、调试与测试。以 Proteus 7.1 为例。表 11-3 列出了 Proteus VSM 已有的能够仿真的单片机模型；表 11-4 列出了 Proteus VSM 单片机模型的功能；表 11-5 列出了目前 Proteus VSM 单片机模型的通用调试能力。

表 11-3　ProteusVSM 单片机模型

单片机模型系列	单片机模型
8051/8052 系列	通用的 80C31、80C32、80C51、80C52、80C54 和 80C58 Atmel AT89C51、AT89C52 和 AT89C55 Atmel AT89C51RB2、AT89C51RC2 和 AT89C51RD2(X2 和 SPI 没有模型)
Microchip PIC 系列	PIC10、PIC12C5XX、PIC12C6XX、PIC12F6XX、PIC16C6XX、PIC16CX、PIC16F8X、PIC16F87X、PIC16F62X、PIC18F
Atmel AVR 系列	现有型号
MotorolaHC11 系列	MC68HC11A8、MC68HC11E9
Parallax Basic Stamp	BS1、BS2、BS2e、BS2ex、BS2p24、BS2p40、BS2pe
ARM7/LPC2000 系列	LPC2104、LPC2105、LPC2106、LPC2114、ARM7TDMI 和 ARM7TDMI-S

表 11-4　ProteusVSM 单片机模型功能

实 时 仿 真	中 断 仿 真	CCP/ECCP 仿真
指令系统仿真	SPI 仿真	I^2C/TWI 仿真
Pin 操作仿真	MSSP 仿真	模拟比较器仿真
定时器仿真	PSP	外部存储器仿真
UART/USART/EUSARTs	ADC 仿真	实时时钟仿真

表 11-5　ProteusVSM 单片机模型通用调试能力

工具/语言支持	断 电 支 持	监 视 窗 口
汇编器	标准断点	实时显示数值
C 编译器	条件断点	支持混合类型
支持 PIC Basic	硬件断点	支持拖放
仪器	存储器内容显示	包括指定的 SFR
虚拟仪器	在 CPU 内部	包括指定 bit 位
从模式规程分析器	在外设	变量窗口
主模式规程分析器	Trace/Debugging 模式	堆栈监视
源代码级调试	在 CPU 内部	网络冲突警告
汇编	在外设	在模型上的 Trace 模式
高级语言(C 或 Basic)		与其他 Compilers/IDEDE/JIE 的集成

2. 高级外设模型

表 11-6 列出了 Proteus VSM 提供的高级外设模型。

表 11-6　高级外设模型

类别		模型
虚拟仪器和分析工具	交互式虚拟仪器	双通道示波器、24 通道逻辑分析仪、计数/计时器，RS-232 连接端子、交/直流电压表、交/直流电流表
	规程分析仪	双模式(主/从)I^2C 规程分析仪、 双模式(主/从)SPI 规程分析仪
	交互式电路激励工具	模拟信号发生器：可输出方波、锯齿波、三角波、正弦波； 模拟信号发生器：支持 1KB 的数字数据流
光电显示模型和驱动模型		数字式 LCD 模型、图形 LCD 模型、LED 模型、七段显示模型、光电驱动模型、光耦模型
电动机模型和控制器		电动机模型、电动机控制模型
存储器模型		I^2C E^2PROM、静态 RAM 模型、非易失性 EPROM
温度控制模型		温度计和温度自动调节模型、温度传感器模型、热电偶模型
计时模型		实时时钟模型
I^2C/SPI 规程模型		I^2C 外设、SPI 外设、规程分析仪
一线规程模型		一线 E^2PROM 模型、一线温度计模型、一线开关模型、一线按钮模型
RS-232/RS-485/RS-422 规程模型		RS-232 连接端子模型、Maxim 外观模型
ADC/DAC 转换模型		模/数转换模型、数/模转换模型
电源管理模型		正电源标准仪、负电源标准仪、混合电源标准仪
拉普拉斯转换模型		操作模型、一阶模型、二阶模型、过程控制、线性模型、非线性模型
热离子管模型		二极管模型、五极真空管模型、四极管模型、三极管模型
变换器模型		压力传感器模型

3. 其他元件模型库

除上述微控制器、外设模型外，Proteus VSM 还提供了其他丰富的元器件库。

- 标准电子元器件：电阻、电容、二极管、晶闸管、光耦、运放 555 定时器、电源等。
- 74 系列 TTL 和 4000 系列 CMOS 器件、接插件等。

- 存储器：ROM、RAM、EEPROM、I^2C 器件等。
- 微控制器支持的器件，如 I/O 口、USART 等。

4. 激励源

- DC：直流激励源；
- SINE：幅值、频率、相位可控的正弦波发生器；
- PULSE：幅值、周期和上升/下降沿时间可控的模拟脉冲发生器；
- EXP：指数脉冲发生器；
- SFFM：单频率调频波信号发生器；
- PWLIN：任意分段线性脉冲、信号发生器；
- FILE：File 信号发生器，数据来源于 ASCII 文件；
- AUDIO：音频信号发生器(wav 文件)；
- DSTATE：稳态逻辑电平发生器；
- DEDGE：单边沿信号发生器；
- D PULSE：单周期数字脉冲发生器；
- DCLOCK：数字时钟信号发生器；
- DPATTERN：模式信号发生器。

5. 虚拟仪器

- 虚拟示波器(OSCILLOSCOPE)；
- 逻辑分析仪(LOGIC ANALYSE)；
- 计数/计时器(COUNTER TIMER)；
- 虚拟连接端子(VIRTUAL TERMINAL)；
- 信号发生器(SIGNAL GENERATOR)；
- 模式发生器(PATTERN GENERATOR)；
- 交/直流电压表和电流表(AC/DC VOLTMETER/AMMETER)。

6. 仿真图表

Proteus 提供的图表可以控制电路的特定仿真类型并显示仿真结果，主要有以下 13 种。
- 模拟图表(ANALOGUE)；
- 数字图表(DIGITAL)；
- 混合模式图表(MIXED)；
- 频率图表(FREQUENCY)；
- 传输图表(TRANSFER)；
- 噪声分析图表(NOISE)；
- 失真分析图表(DISTORTION)；
- 傅立叶分析图表(FOURIER)；
- 音频图表(AUDIO)；
- 交互式分析图表(INTERACTIVE)；

- 性能分析图表(CONFORMANCE);
- DC 扫描分析图表(DC SWEEP);
- AC 扫描分析图表(AC SWEEP)。

11.2.4 Proteus ISIS 初识

1. 进入 Proteus ISIS

双击桌面上的 ISIS 7 Professional 图标或者单击屏幕左下方的开始→程序→Proteus 7 Professional→ISIS 7 Professional,出现如图 11-26 所示界面,表明进入 Proteus ISIS 集成环境。本章采用 Proteus 7.1 版本。

图 11-26 Proteus 7 启动时的界面

2. Proteus ISIS 工作窗口

Proteus ISIS 的工作窗口是一种标准的 Windows 界面,如图 11-27 所示。包括标题栏、主菜单、标准工具栏、绘图工具栏、状态栏、对象选择按钮、预览对象方位控制按钮、仿真进程控制按钮、预览窗口、对象选择器窗口以及图形编辑窗口等。

1) 主菜单

ISIS 主菜单包括各种命令操作,利用主菜单中的命令可以实现 ISIS 的所有功能。主菜单共有 12 项,每一项都有下一级菜单,使用者可以根据需要选择该级菜单中的选项,其中许多常用操作在工具栏中都有相应的按钮,而且一些命令右方还标有该命令的快捷键。

2) 图形编辑窗口

在图形编辑窗口中可以编辑原理图、设计电路、设计各种符号及设计元器件模型等,它是各种电路与单片机系统的 Proteus 仿真平台。注意:此窗口没有滚动条,可单击对象预览窗口来改变可视的电路图区域。

3) 预览窗口

预览窗口可以显示内容。

(1) 当单击对象选择器窗口中的某个对象时,预览窗口就会显示该对象的符号。

(2) 当单击绘图工具栏中的按钮后,预览窗口中一般会出现蓝色方框和绿色方框:蓝

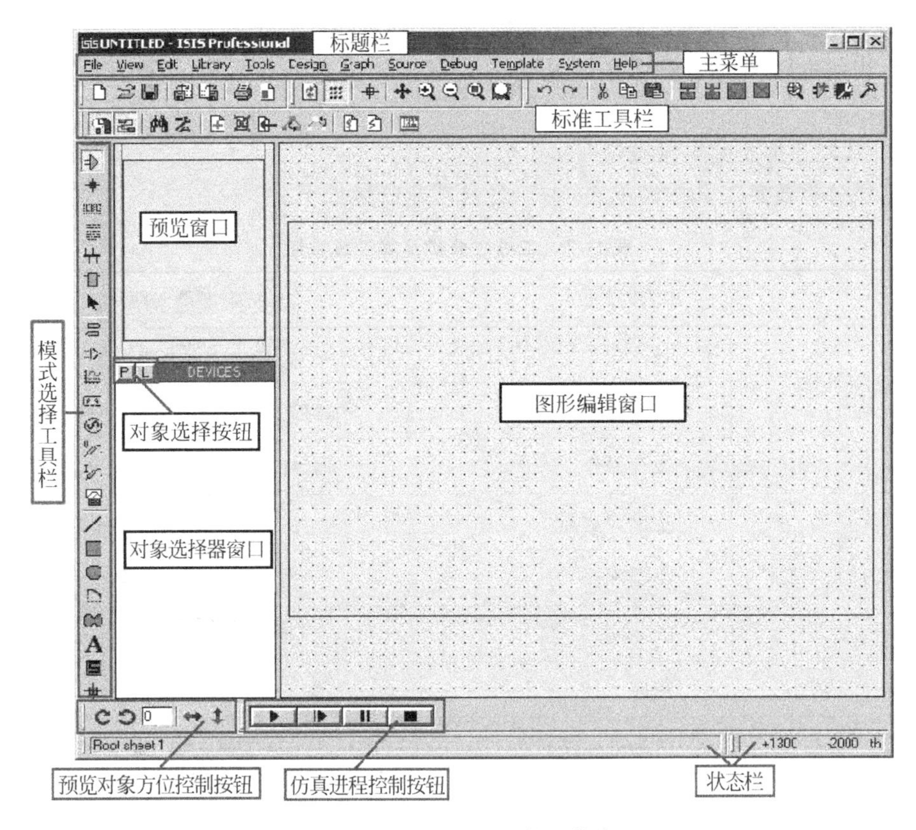

图 11-27　Proteus ISIS 的工作窗口

色方框内是可编辑区的缩略图，绿色方框内是当前编辑区中在屏幕上的可见部分，在预览窗口蓝色方框内某位置单击，绿色方框会改变位置，同时编辑区中的可视区域也作相应的改变和刷新。

4) 对象选择器窗口

对象选择器窗口中显示设计时所选的对象列表，对象选择按钮用来选择元器件、连接端、图表、信号发生器与虚拟仪器等。其中有条形标签 P、L 和 DEVICES，单击 P 则可以从库中选取元件，并将所选元器件名一一列在对象选择器窗口中，L 为库管理按钮，单击时会显示一些元器件库。

5) 预览对象方位控制按钮

对于具有方向性的对象，利用此按钮来改变对象的方向，需要注意的是在 ISIS 原理图编辑窗口中，只能以 90°间隔(正交方式)来改变对象的方向。

旋转：旋转角度只能是 90°的整数倍。直接单击旋转按钮，则以 90°为递增量旋转。

翻转：完成水平翻转和垂直翻转。

使用方法：先右击元件，再单击相应的旋转按钮。多个元件的旋转用块操作来实现。

6) 仿真进程控制按钮

仿真进程控制按钮主要用于交互式仿真过程的实时控制，从左到右依次是：运行、单步运行、暂停和停止。

7）状态栏

指示当前电路图的编辑状态以及当前鼠标指针坐标的位置以英制显示在屏幕的右下角。

8）工具栏分类及其工具按钮

工具栏分类及其工具按钮见表 11-7，各自功能分述如下。

表 11-7 工具栏分类及其工具按钮

工具栏	命令工具栏	文件操作	
		显示命令	
		编辑操作	
		设计操作	
	模式选择工具栏	主模式选择	
		小型配件	
		2D 绘图	
	方向工具栏	转向	
	仿真工具栏	仿真进程控制	

（1）文件操作按钮

从左到右依次描述如下。

新建：在默认的模板上新建一个设计文件；

打开：装载一个新设计文件；

保存：保存当前设计；

导入：将一个局部（Section）文件导入 ISIS 中；

导出：将当前选中的对象导出为一个局部文件；

打印：打印当前设计；

区域：打印选中的区域。

（2）显示命令按钮

从左到右依次为显示刷新、显示/不显示网格点切换、显示/不显示手动原点、以鼠标所在的点为中心进行显示、放大、缩小、查看整张图和查看局部图。

（3）编辑操作按钮

从左到右依次为撤销最后的操作（Undo）、恢复最后的操作（Redo）、剪切选中的对象（Cut）、复制到剪贴板（Copy）、从剪贴板粘贴（Paste）、复制选中的块对象（Block Copy）、移动选中的块对象（Block Move）、旋转选中的块对象（Block Rotate）、删除选中的块对象（Block Delete）、从元件库中选取元件（Pick Device/Symbol）、把原理图符号封装成元件（Make

Device)、对选中的元件定义 PCB 封装(Package Tool)与把选中的元件打散成原始的组件(Decompose)。

(4) 设计操作按钮

从左到右依次为自动布线(Wire Auto-router)、查找并选中(Search & Tag Property)、属性标注工具(Assignment Tool)、设计管理器(Design Explorer)、新建绘图页(New Sheet)、删除当前页(Delete Sheet)、转入子设计页(Zoom to Child)、材料清单(Bill of Material)、电气规则检查(Electrical Rules Check)及导出网表进入 PCB 布图区(Netlist to Area)。

(5) 主模式选择按钮

从左到右依次为选择元器件(Component,默认选择)、放置连接点(Junction Dot)、放置标签(Wire Label)、放置文本(Text Script)、画总线(Bus)、画子电路(Sub-Circuit)及即时编辑模式(Instant Edit Mode)。

(6) 小型配件按钮

从左到右依次为连接端子(Terminal,有 V_{CC}、地、输入、输出等)、元器件引脚(Device Pin,用于绘制各种引脚)、仿真图表(Simulation Graph,用于各种分析)、录音机、信号发生器(Generator)、电压探针(Voltage Probe)、电流探针(Current Probe)及虚拟仪表(Virtual Instruments)。

(7) 2D 绘图按钮

从左到右依次为画各种直线(Line)、画各种方框(Box)、画各种圆(Circle)、画各种弧(Arc)、画各种多边形(2D Path)、画各种文本(Text)、画符号(Symbol)及画原点(Marker)。

11.2.5　Proteus 设计与仿真基础

1. 单片机系统的 Proteus 设计与仿真的开发过程

Proteus 强大的单片机系统设计与仿真功能,使之成为单片机系统应用开发和改进手段之一,开发的整个过程都是在计算机上完成的,其过程一般分为三步。

(1) Proteus 电路设计。在 ISIS 平台上进行单片机系统电路设计、选择元器件、接插件、连接电路和电气规则检查等。

(2) Proteus 源程序设计和生成目标代码文件。在 ISIS 平台上或借助第三方编译工具进行单片机系统程序设计、编辑、汇编编译与代码级调试,最后生成目标代码文件(*.hex)。

(3) Proteus 仿真。在 ISIS 平台上将目标代码文件加载到单片机系统中,由此实现系统实时交互与协同仿真。

2. Proteus ISIS 鼠标使用规则

在 ISIS 中,鼠标操作与传统的发生不同,右键选取、左键编辑或移动。

- 右键单击——选中对象，此时对象呈红色；再次右击已选中的对象，即可删除对象；
- 右键拖拽——框选一个块的对象；
- 左键单击——放置对象或对选中的对象编辑属性；
- 左键拖拽——移动对象；
- 按住鼠标中心键滚动——以鼠标停留点为中心，缩放电路。

3. PROTEUS 文件类型

PROTEUS 中主要的文件类型有以下几种。

- 设计文件(*.DSN)：包含了一个电路所有的信息；
- 备份文件(*.DBK)：保存覆盖现有的设计文件时而产生的备份；
- 局部文件(*.SEC)：设计图的一部分，可输出为一个局部文件，以后可以导入到其他的图中，在文件菜单中以导入(Import)、导出(Export)命令来操作；
- 模型文件(*.MOD)：包含了元器件的一些信息；
- 库文件(*.LIB)：包含元器件和库；
- 网表文件(*.SDF)：输出到 PROSPICE AND ARES 时产生的文件。

11.3　Keil C 与 Proteus 连接调试

(1) 假若 Keil C 与 Proteus 均已正确安装在 C:\Program Files 的目录里，把 C:\Program Files\Labcenter Electronics\Proteus 7 Professional\MODELS\VDM51.dll 复制到 C:\Program Files\keilC\C51\BIN 目录中。

(2) 用记事本打开 C:\Program Files\keilC\C51\TOOLS.INI 文件，在[C51]栏目下加入：

TDRV5=BIN\VDM51.DLL ("Proteus VSM Monitor-51 Driver")，其中 TDRV5 中的 5 要根据实际情况写，不要和原来的重复。

(步骤 1 和 2 只需在初次使用设置。)

(3) 进入 Keil C μVision2 开发集成环境，创建一个新项目(Project)，并为该项目选定合适的单片机 CPU 器件(如：Atmel 公司的 AT89C52)。并为该项目加入 Keil C 源程序。

源程序如下

```
#include<reg52.h>
#define uchar unsigned char
#define uint unsigned int
//各数字的数码管段码(共阴)
uchar code DSY_CODE[]={0x3f,0x06,0x5b,0x4f,0x66,0x6d,0x7d,0x07,0x7f,0x6f};
sbit CLK=P3^3;                    //时钟信号
sbit ST=P3^2;                     //启动信号
sbit EOC=P3^1;                    //转换结束信号
sbit OE=P3^0;                     //输出使能
//延时
```

```
void DelayMS(uint ms)
{
    uchar i;
    while(ms -- ) for(i = 0;i < 120;i++);
}
//显示转换结果
void Display_Result(uchar d)
{
    P2 = 0xf7;                      //第 4 个数码管显示个位数
        P0 = DSY_CODE[d % 10];
        DelayMS(5);
    P2 = 0xfb;                      //第 3 个数码管显示十位数
        P0 = DSY_CODE[d % 100/10];
        DelayMS(5);
    P2 = 0xfd;                      //第 2 个数码管显示百位数
        P0 = DSY_CODE[d/100 % 10];
        DelayMS(5);
    P2 = 0xfe;
        p0 = DSY_CODE[d/1000];
        DelayMS(5);
}
//主程序
void main()
{
    TMOD = 0x02;                    //T1 工作模式 2
    TH0 = 0x14;
    TL0 = 0x00;
    IE = 0x82;
    TR0 = 1;
    P3 = 0x00;                      //选择 ADC0808 的通道 0
    while(1)
    {
        ST = 0;ST = 1;ST = 0;       //启动 A/D 转换
        while(EOC == 0);            //等待转换完成
        OE = 1;
        Display_Result(P1);
        OE = 0;
    }
}
//T0 定时器中断给 ADC0808 提供时钟信号
void Timer0_INT() interrupt 1
{
    CLK = ~CLK;
}
```

(4) 选择 Project 菜单→Options for Target 选项或者单击工具栏的 option for target 按钮，弹出窗口，单击 Debug 按钮，出现如图 11-28 所示页面。

在出现的对话框里在右栏上部的下拉菜单里选择 Proteus VSM Monitor-51 Driver，并且还要单击一下 Use 单选按钮。

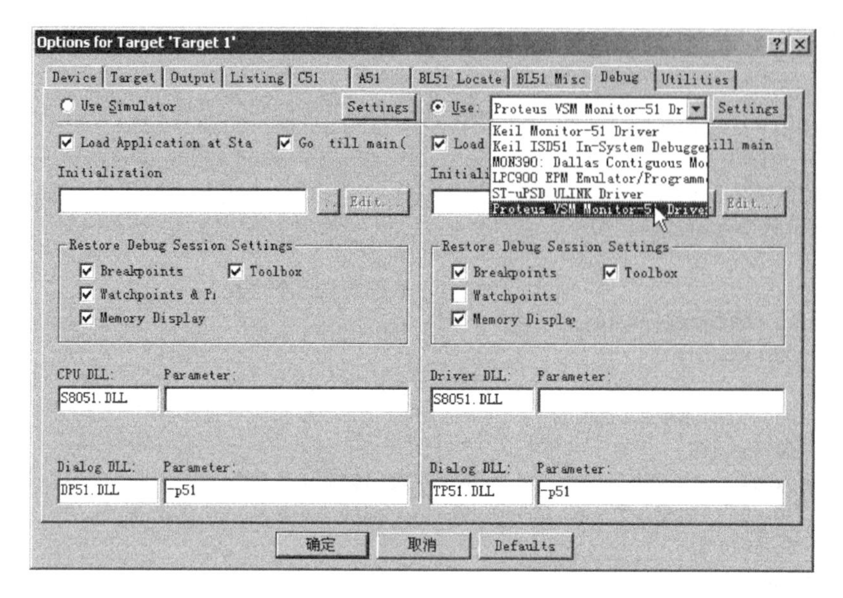

图 11-28　选择 Proteus 调试

再单击 Setting 按钮，设置通信接口，在 Host 后面添上 127.0.0.1，如果使用的不是同一台计算机，则需要在这里添上另一台电脑的 IP 地址（另一台计算机也应安装 Proteus）。在 Port 后面添加 8000。设置好的情形如图 11-29(a)所示，单击 OK 按钮即可。最后将工程编译，进入调试状态，并运行。

(5) Proteus 的设置。进入 Proteus 的 ISIS，选择菜单 Debug→use romote debug monitor，如图 11-29(b)所示。此后，便可实现 Keil C 与 Proteus 连接调试。

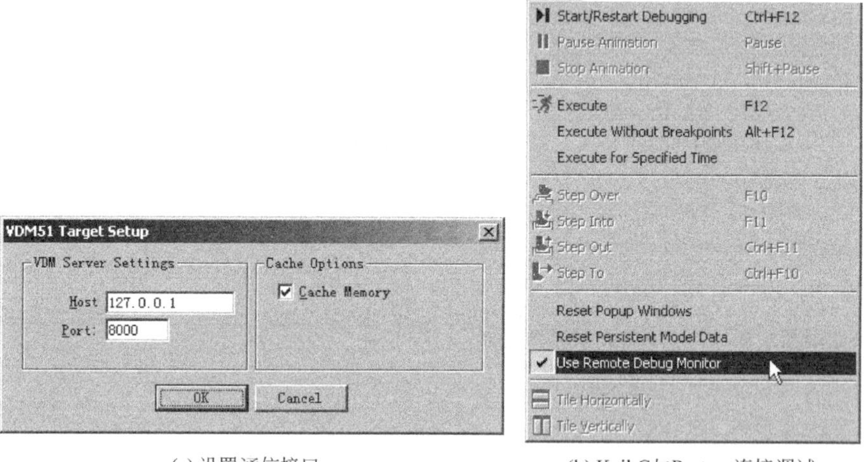

(a) 设置通信接口　　(b) Keil C与Proteus连接调试

图 11-29　端口设置

(6) Keil C 与 Proteus 连接仿真调试。单击仿真运行开始按钮 ▶，启动仿真，仿真运行片段如图 11-30～11-33 所示。

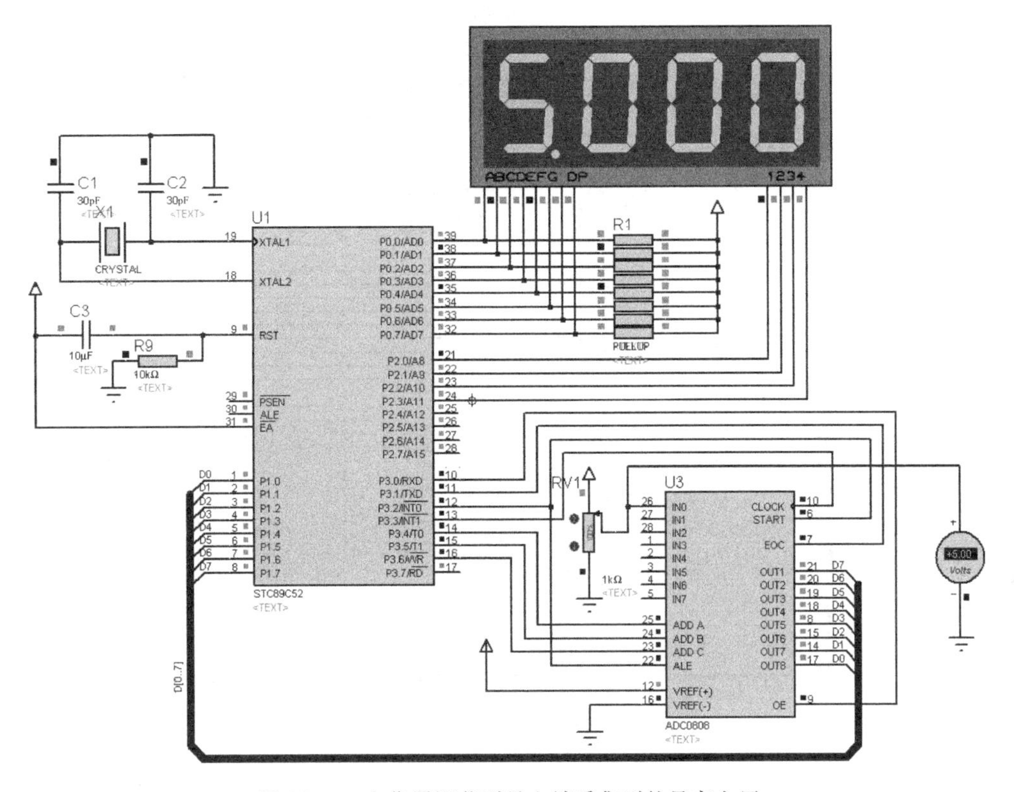

图 11-30 电位器调节到最左端采集到的最高电压

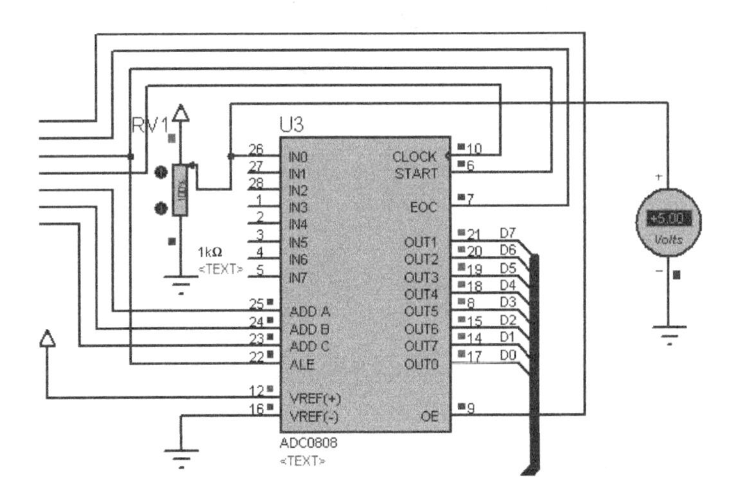

图 11-31 电压表实时显示

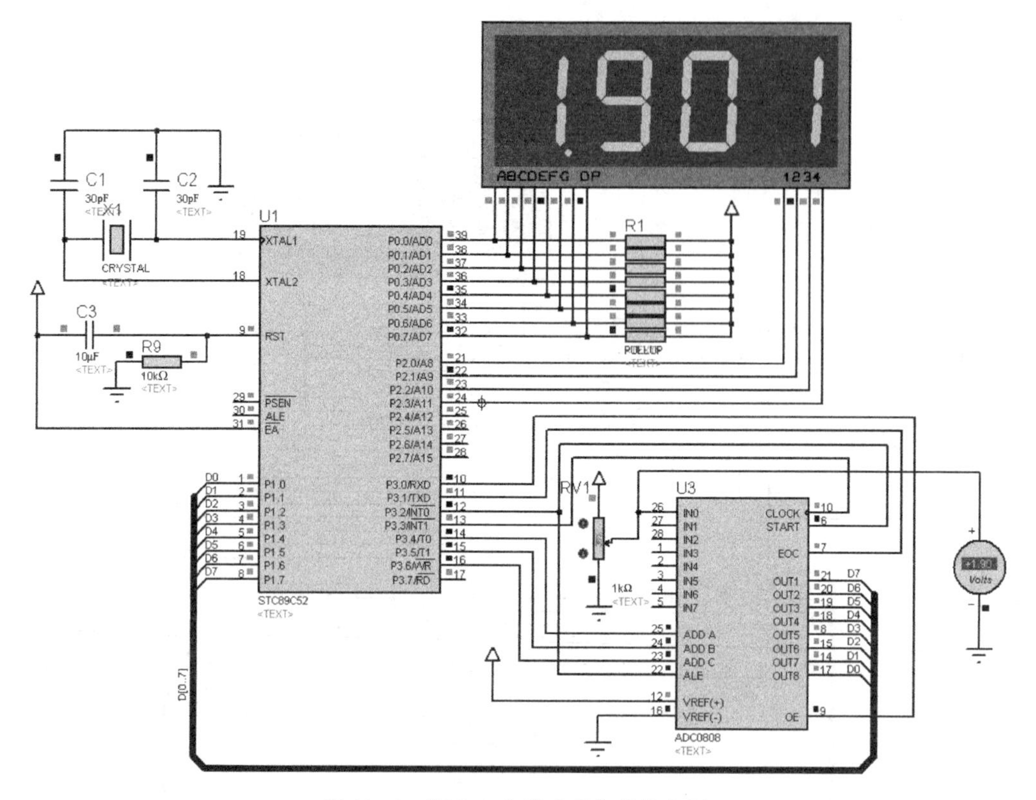

图 11-32 调节电位器后采集到的电压

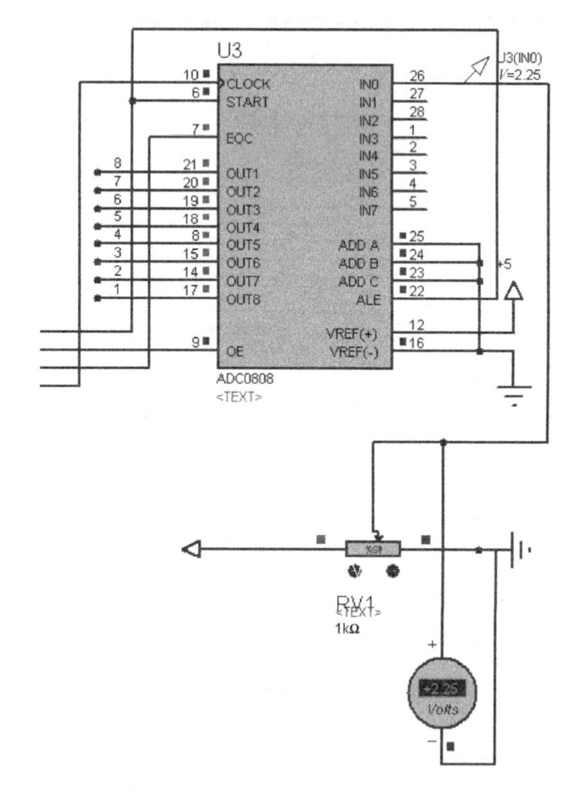

图 11-33 调节电位器后采集到的电压用电压表和电压探针实时显示

本章小结

μVision2 支持所有的 Keil 80C51 的工具软件。Proteus 是一个完整的嵌入式系统软件、硬件设计仿真平台。本章重点学习 Proteus 电路原理图设计,实现硬件编程仿真,掌握 Keil C 与 Proteus 的协同仿真方法。通过大量的实践活动,一定能提高自己的电路设计和编程能力。

思考题

1. Proteus 软件有什么特点? 它的功能作用有哪些?
2. Proteus 集成有哪些类型的器件? 如何查找器件、选择对象和电路设计?
3. Proteus 的界面有哪些工具栏? 分哪些功能窗口?
4. Proteus 有哪些类型的虚拟仪器?
5. 举例说明利用 Proteus 软件仿真一个单片机实验的全过程。
6. 如何设置实现 Keil C 与 Proteus 的协同仿真?
7. 在 Proteus 软件环境下设计一个 0～99 的加 1 计数器。
8. 在 Proteus 软件环境下设计单片机与 LCD1602 字符液晶显示器接口,编程仿真显示“LCD1602 Test”信息。

第 12 章　STC89C52 单片机实验与指导

本章学习要点：

- 通过实验提升技能，加深理解，体验单片机硬件电路设计和软件设计方法，提高动手能力。
- 培养学生发现问题、分析问题、解决问题的能力。

科学实验是科学理论的源泉，是自然科学的根本，是工程技术的基础。单片机原理及应用是一门实践性很强的课程，课程的任务是培养学生掌握单片机原理与应用方面的基本原理、基本知识和基本技能，培养学生分析问题、解决问题的能力。本章精选了 10 个单片机应用实验，培养学生单片机软硬件设计的能力。

12.1　实验一　P1 口输入/输出实验

1. 实验内容

(1) P1 口作输出口，接 8 只发光二极管，编写程序，使发光二极管循环点亮。

(2) P1.0、P1.1 作输入口，接两个拨动开关，P1.2、P1.3 作输出口，接两个发光二极管，编写程序读取开关状态，将此状态，在发光二极管上显示出来。编程时应注意 P1.0、P1.1 作为输入口时应先置 1，才能正确读入值。

2. 实验目的

(1) 学习 P1 口的使用方法。

(2) 学习延时子程序的编写和使用。

3. 实验电路连接

循环小灯实验电路连接见表 12-1、表 12-2。

表 12-1　循环小灯与单片机 P1 口的连接

端　　口	连　　接
P1.0	LED0
P1.1	LED1
P1.2	LED2
P1.3	LED3
P1.4	LED4
P1.5	LED5
P1.6	LED6
P1.7	LED7

表 12-2　小灯及开关与单片机 P1 口的连接

端　　口	连　　接
P1.0	S0
P1.1	S1
P1.2	LED4
P1.3	LED5

4. 实验说明

P1 口是准双向口。它作为输出口时与一般的双向口使用方法相同。由准双向口结构可知当 P1 口用为输入口时，必须先对它置 1。若不先对它置 1，则读入的数据是不正确的。

5. 实验软件框图

实验软件框图见图 12-1。

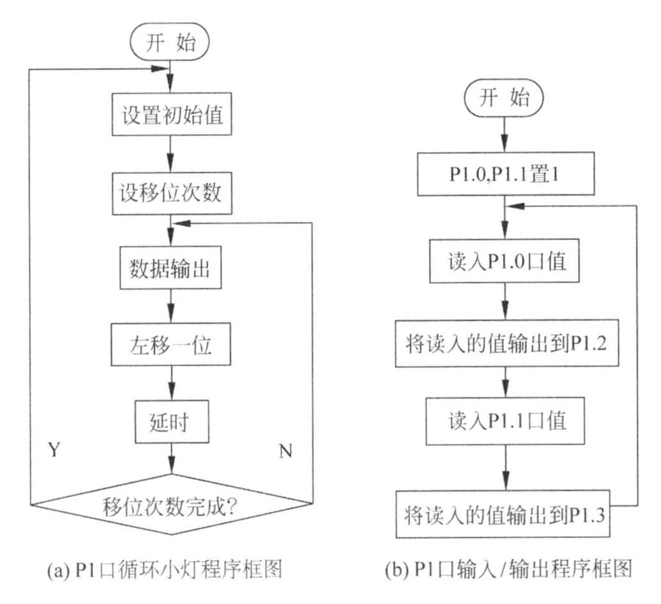

图 12-1　循环小灯实验软件框图

6. 参考程序

(a)

```
#include <reg52.h>
void delay()                                 // 延时子程序
{
  unsigned int i;                            // 定义局部变量
  for (i = 0; i < 20000; i++) {}             // 通过 for 循环延时
}
void main()                                  //主程序
{
  unsigned char index;                       // 定义局部变量
  unsigned char LED;                         // 定义局部变量
  while (1) {
    LED  =  1;
    for (index = 0; index < 8; index++) {    // 8 个小灯，循环 8 次
      P1  =  LED;
      LED <<= 1;                             // 左移
      delay();
    }
```

```
    }
}
```

(b)

```
#include <reg52.h>
sbit KeyLeft   = P1 ^0;                 // 定义位
sbit KeyRight = P1 ^1;
sbit LEDLeft   = P1 ^2;
sbit LEDRight = P1 ^3;
void main()                              //主函数
{
  while (1) {
           LEDLeft   = KeyLeft;          //读键值并输出
           LEDRight = KeyRight;
          }
}
```

12.2 实验二　继电器控制实验

1. 实验内容

用单片机的端口输出电平控制继电器的吸合和断开，实现对外部装置的控制。

2. 实验目的

(1) 学习I/O端口的使用方法。
(2) 掌握继电器控制的基本方法。
(3) 了解用弱电控制强电的方法。

3. 实验电路

继电器控制实验电路连接及电路图见表12-3、图12-2。

表12-3　继电器与单片机的连接

端　　口	连　　接
P1.0	继电器输入
5V	继电器常闭输入
L0	继电器中间输入

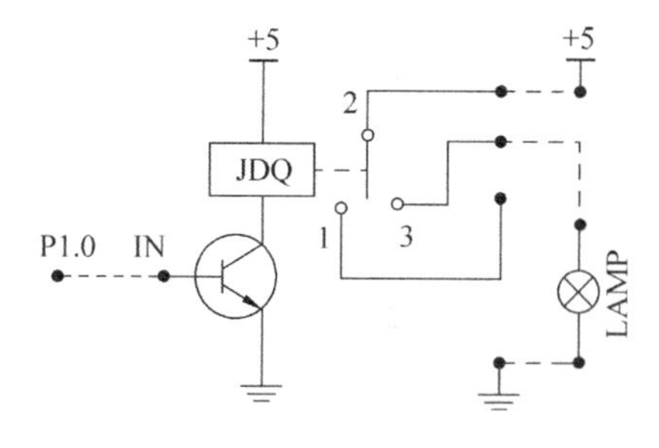

图12-2　继电器控制实验连接电路图

4. 实验说明

现代自动控制设备中，都存在一个电子电路与电气电路的互相连接问题，一方面要使电子电路的控制信号能够控制电气电路的执行元件(电动机、电磁铁与电灯等),另一方面又要为电子线路的电气电路提供良好的电气隔离,以保护电子电路和人身的安全。继电器便能完成这一桥梁作用。

本实验采用的继电器其控制电压是 5V,控制端为高电平时,继电器工作常开触点吸合,连触点的 LED 灯被点亮。当控制端为低电平时,继电器不工作。执行时,对应的 LED 将随继电器的开关而亮灭。

5. 实验软件框图

继电器控制实验程序框图见图 12-3。

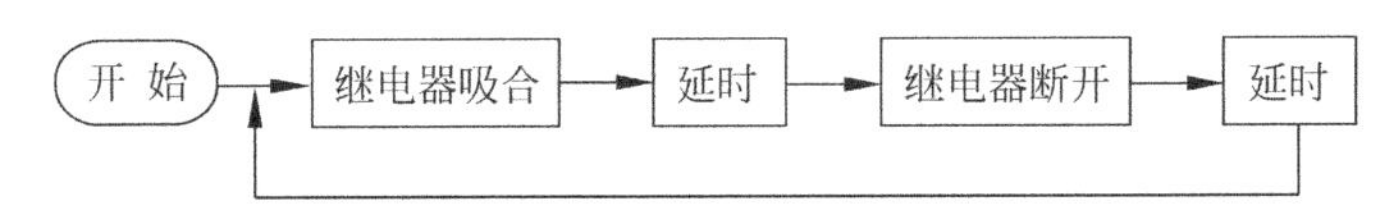

图 12-3　继电器控制实验程序框图

6. 参考程序

```
#include <reg52.h>
sbit Output = P1^0;
void Delay()
{
  unsigned int i;
  for (i = 0; i<20000; i++) ;
}
void main()
{
  while (1) {
    Output = 0;                         //输出 0
    Delay();
    Output = 1;                         //输出 1
    Delay();
  }
}
```

12.3　实验三　8255 输入/输出实验

1. 实验内容

利用 8255 可编程并行口芯片,实现输入/输出实验,实验中用 8255PA 口作输出,PB 口作输入。

2. 实验目的

(1) 了解 8255 芯片结构及编程方法。

（2）了解 8255 输入/输出实验方法。

3. 实验电路

8255 的$\overline{CS}$接地址译码$\overline{CS0}$，则命令字地址为 8003H，PA 口地址为 8000H，PB 口地址为 8001H，PC 口地址为 8002H。PA0-PA7（PA 口）接 LED0-LED7（LED），PB0-PB7（PB 口）接 K0-K7（开关量）。数据线、读/写控制、地址线和复位信号板上已接好。

8255 与单片机的连接见表 12-4，电路图见图 12-4。

表 12-4　8255 与单片机的连接

端　口	连　接	端　口	连　接
CS0	8255 $\overline{CS}$	K0	8255-PB0
L0	8255-PA0	K1	8255-PB1
L1	8255-PA1	K2	8255-PB2
L2	8255-PA2	K3	8255-PB3
L3	8255-PA3	K4	8255-PB4
L4	8255-PA4	K5	8255-PB5
L5	8255-PA5	K6	8255-PB6
L6	8255-PA6	K7	8255-PB7
L7	8255-PA7		

4. 实验说明

可编程通用接口芯片 8255A 有三个八位的并行 I/O 口，它有三种工作方式。本实验采用的是方式 0：PA、PC 口输出，PB 口输入。很多 I/O 实验都可以通过 8255 来实现。

5. 实验软件框图

8255 输入/输出实验框图见图 12-5。

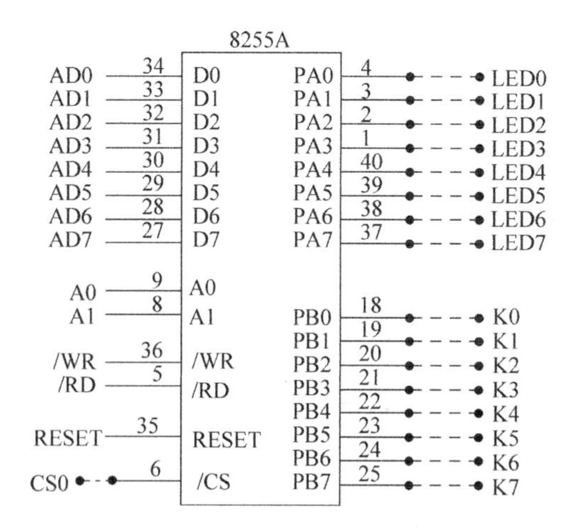

图 12-4　8255 输入/输出实验电路图

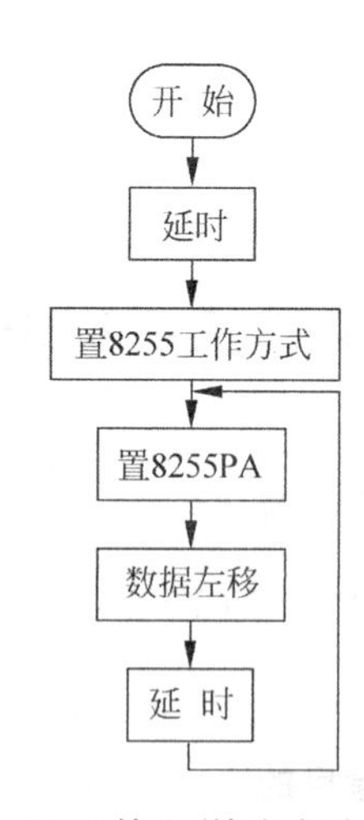

图 12-5　8255 输入/输出实验程序框图

6. 参考程序

```
#include<reg52.h>
#define mode 0x82                                    // 方式 0,PA、PC 输出,PB 输入

xdata unsigned char PortA _at_ 0x8000 ;              // Port A
xdata unsigned char PortB _at_ 0x8001 ;              // Port B
xdata unsigned char PortC _at_ 0x8002 ;              // Port C
xdata unsigned char CAddr _at_ 0x8003 ;              // 控制字地址

void delay(unsigned char CNT)
{
  unsigned int i;
  while (CNT-- != 0)
    for (i=20000; i != 0; i--);
}
void main()
{
  register unsigned char i, dd;
  CAddr = mode;                                      // 方式 0, PA、PC 输出, PB 输入
  while(1){
    dd = 0x80;
    for(i = 0; i<8; i++)
    {
      PortA = dd;                                    // 输出到 PA
      dd >>= 1;                                      // 移位
      delay(1);                                      // 延时
    }
    dd = PortB;                                      // PB 输入
    PortA = dd;                                      // 再输出到 PA
    delay(2);
  }
}
```

12.4　实验四　计数器实验

1. 实验内容

8051 内部定时计数器 T0,按计数器模式和方式 1 工作,对 P3.4(T0)引脚进行计数。将其数值按二进制数在 P1 口驱动 LED 灯上显示出来。

2. 实验目的

学习 8051 内部定时/计数器使用方法。

3. 实验电路

单片机的连接如表 12-5 所示。

表 12-5 计数器实验与单片机的连接

端口	连接	端口	连接
P1.0	L0	P1.3	L3
P1.1	L1	单脉冲输出	T0
P1.2	L2		

4. 实验说明

本实验中内部计数器起计数器的作用。外部事件计数脉冲由 P3.4 引入定时器 T0。单片机在每个机器周期采样一次输入波形,因此单片机至少需要两个机器周期才能检测到一次跳变。这就要求被采样电平至少维持一个完整的机器周期,以保证电平在变化之前即被采样。同时这就决定了输入波形的频率不能超过机器周期频率。

5. 实验软件框图

计数器实验程序框图见图 12-6。

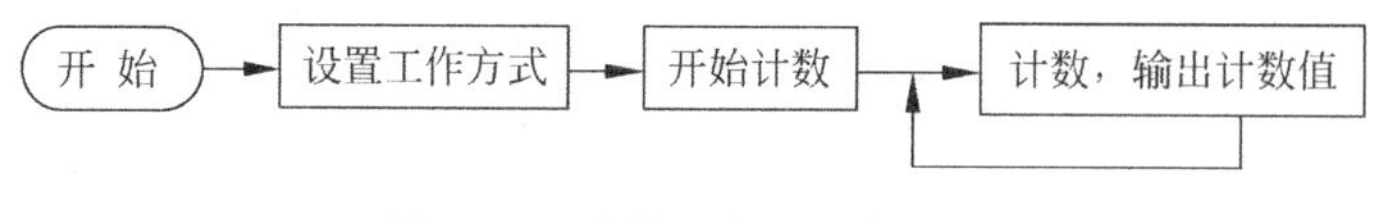

图 12-6 计数器实验程序框图

6. 参考程序

```
#include <reg52.h>
void main()
{
  TMOD = 0x05;                          // 方式 1,计数器
  TH0  = 0;
  TL0  = 0;
  TR0  = 1;                             // 开始计数
  while (1) P1 = TL0;                   // 将计数结果送 P1 口
}
```

12.5 实验五 外部中断实验

1. 实验内容

用单次脉冲申请中断,在中断处理程序中对输出信号进行反转。

2. 实验目的

(1) 学习外部中断技术的基本使用方法。
(2) 学习中断处理程序的编程方法。

3. 实验电路

实验电路外部中断连接见表 12-6、图 12-7。

表 12-6 外部中断实验与单片机的连接

端　　口	连　　接
P1.0	L0
单脉冲输出	$\overline{\text{INT0}}$(51 系列)
单脉冲输出	EINT (96 系列)

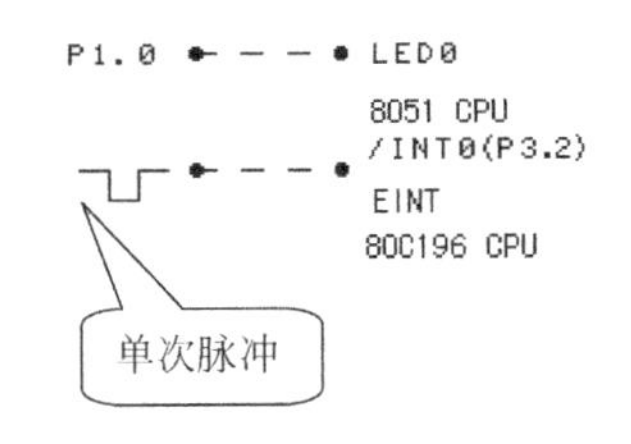

图 12-7 外部中断实验电路连接图

4. 实验说明

中断服务程序的关键是：

(1) 保护进入中断时的状态，并在退出中断之前恢复进入时的状态。

(2) 必须在中断程序中设定是否允许中断重入，即设置 EX0 位。

本例中使用了$\overline{\text{INT0}}$中断，一般中断程序进入时应保护 PSW，ACC 以及中断程序使用但非其专用的寄存器。本例的中断程序保护了 PSW，ACC 等三个寄存器并且在退出前恢复了这三个寄存器。另外中断程序中涉及关键数据的设置时应关中断，即设置时不允许重入。本例中没有涉及这种情况。

$\overline{\text{INT0}}$(P3.2)端接单次脉冲发生器。P1.0 接 LED 灯，以查看信号反转。

5. 实验软件框图

外部中断程序框图见图 12-8、图 12-9。

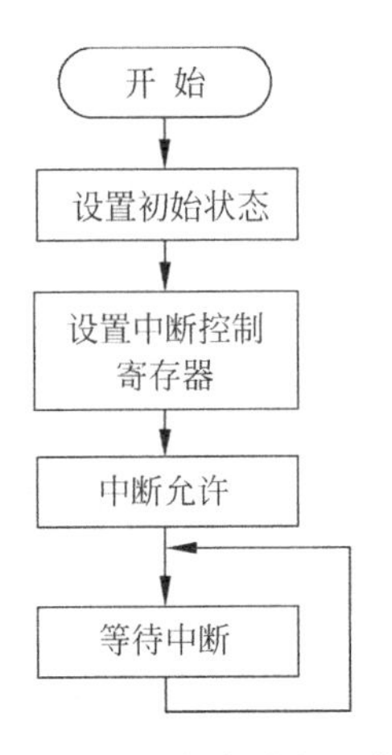

图 12-8 外部中断实验主程序框图

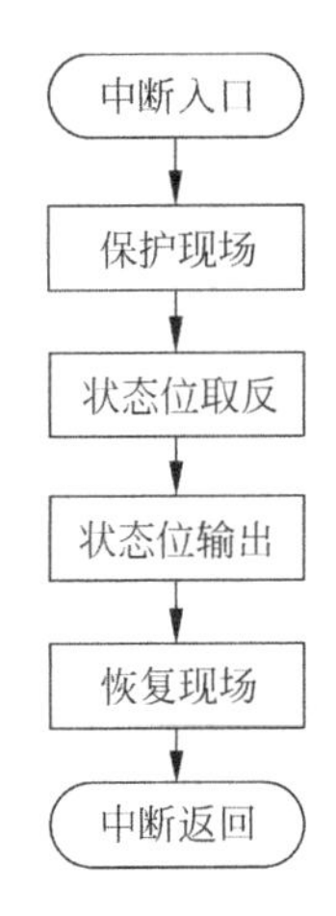

图 12-9 外部中断子程序框图

6. 参考程序

```
#include <reg52.h>
```

```
sbit LED = P1^0;
bit LEDBuf;
void ExtInt0() interrupt 0                    //外部中断0子程序
{
  LEDBuf = !LEDBuf;
  LED = LEDBuf;
}
void main()
{
  LEDBuf = 0;
  LED    = 0;
  TCON   = 0x01;                              // 外部中断0下降沿触发
  IE     = 0x81;                              // 打开外部中断允许位(EX0)及总中断允许位(EA)
  while (1) ;
}
```

12.6 实验六 定时器实验

1. 实验内容

用CPU内部定时器中断方式计时，实现每一秒钟输出状态发生一次反转。

2. 实验目的

(1) 学习8051内部计数器的使用和编程方法。

(2) 进一步掌握中断处理程序的编程方法。

3. 实验电路

定时器电路连接见表12-7、图12-10。

表12-7 定时器实验与单片机的连接

端口	连接
P1.0	L0

P1.0 ●———● LED0

图12-10 定时器实验连接电路图

4. 实验说明

(1) 关于内部计数器的编程主要是定时常数的设置和有关控制寄存器的设置。内部计数器在单片机中主要有定时器和计数器两个功能。本实验使用的是定时器。

(2) 定时器有关的寄存器有工作方式寄存器TMOD和控制寄存器TCON。TMOD用于设置定时器/计数器的工作方式0～3，并确定用于定时还是用于计数。TCON主要功能是为定时器在溢出时设定标志位，并控制定时器的运行或停止等。

(3) 内部计数器用作定时器时，是对机器周期计数。每个机器周期的长度是12个振荡器周期。因为实验系统的晶振是6MHz，本程序工作于方式2，即8位自动重装方式定时器，定时器 100μs 中断一次，所以定时常数的设置可按以下方法计算：

$$机器周期 = 12 \div 6\text{MHz} = 2\mu s$$

$$(256 - 定时常数) \times 2\mu s = 100\mu s$$

定时常数=206。然后对 100μs 中断次数计数 10 000 次，就是 1s。

(4) 在例程的中断服务程序中，因为中断定时常数的设置对中断程序的运行起到关键作用，所以在置数前要先关对应的中断，置数完之后再打开相应的中断。

5. 实验软件框图

定时器实验程序框图见图 12-11、图 12-12。

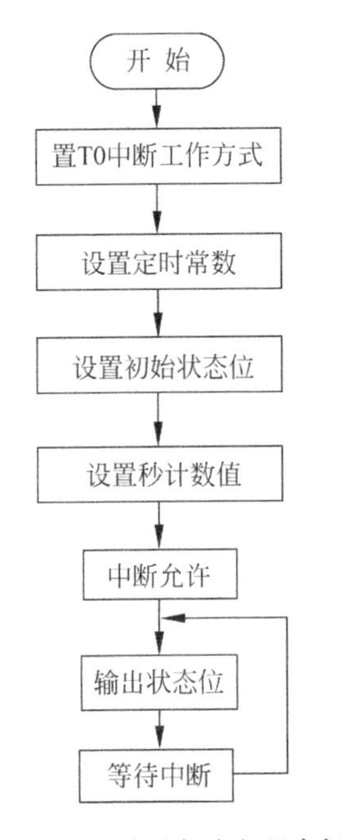

图 12-11　定时器实验主程序框图

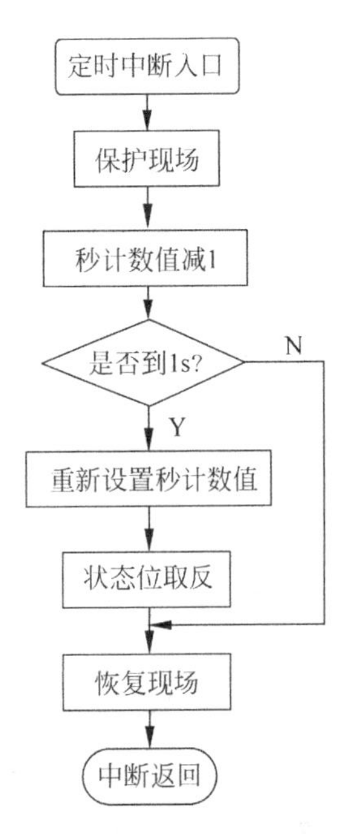

图 12-12　定时中断子程序框图

6. 参考程序

```
#include<reg52.h>
#define Tick   10000                     // 10 000×100μs = 1s
#define T100us (256 - 50)                // 100μs 时间常数(6MHz)
unsigned int C100us;                     // 100μs 计数单元
bit LEDBuf;
sbit LED = P1^0;
void T0Int() interrupt 1
{
  C100us--;
  if (C100us == 0) {
    C100us = Tick;                       // 100μs 计数器为 0, 重置计数器
    LEDBuf = !LEDBuf;                    // 取反 LED
  }
}
```

```
void main()
{
  TMOD = 0x02;                    // 方式 2, 定时器
  TH0   = T100us;
  TL0   = T100us;
  IE    = 0x82;                   // EA = 1, IT0 = 1
  LEDBuf = 0;
  LED     = 0;
  C100us = Tick;
  TR0   = 1;                      // 开始定时
  while (1) {
    LED = LEDBuf;
  }
}
```

12.7 实验七 A/D 转换实验

1. 实验内容

利用实验板上的 ADC0809 做 A/D 转换器,实验板上的电位器提供模拟量输入,编制程序,将模拟量转换成二进制数字量,用 8255 的 PA 口输出到发光二极管显示。

2. 实验目的

(1) 掌握 A/D 转换与单片机的接口方法。

(2) 了解 A/D 芯片 ADC0809 转换性能及编程。

(3) 通过实验了解单片机如何进行数据采集。

3. 实验仪器、电路及连线

A/D 转换实验电路连接及电路图见表 12-8、图 12-13。

表 12-8 A/D 转换实验与单片机的连接

端　口	连　接	端　口	连　接
IN0	电位器输出	PA2	L2
AD_CS	CS0	PA3	L3
EOC	INT0	PA4	L4
8255_$\overline{\text{CS}}$	CS1	PA5	L5
PA0	L0	PA6	L6
PA1	L1	PA7	L7

4. 实验说明

A/D 转换器大致有三类：一是双积分 A/D 转换器,优点是精度高,抗干扰性好,价格便宜,但速度慢；二是逐次逼近 A/D 转换器,精度、速度、价格适中；三是并行 A/D 转换器,速

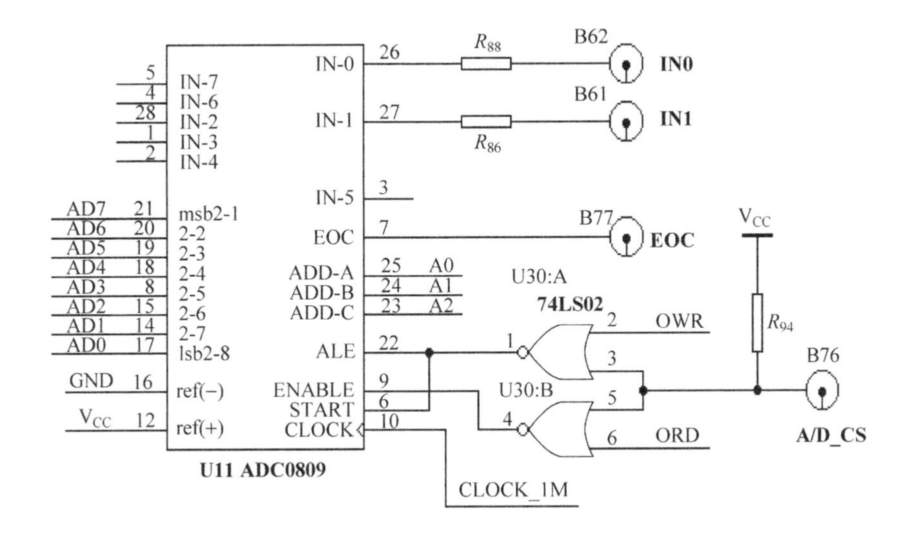

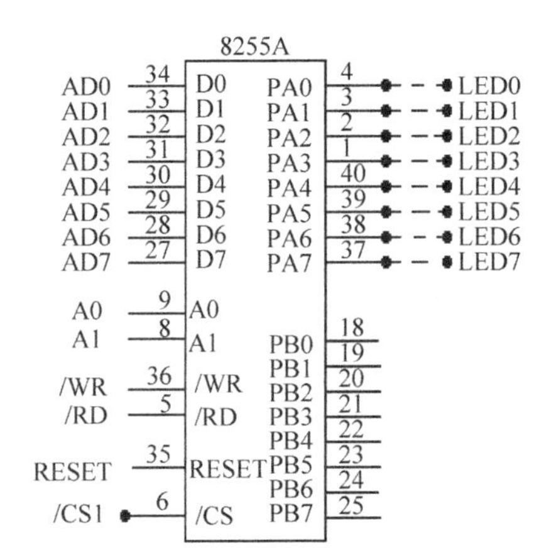

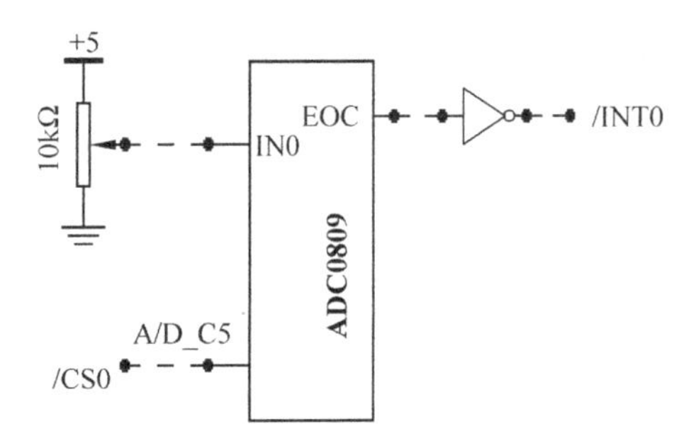

图 12-13　A/D 转换实验电路

度快，价格也昂贵。

实验用的 ADC0809 属第二类，是 8 位 A/D 转换器。每采集一次一般需 100μs。本程序是用延时查询方式读入 A/D 转换结果，也可以用中断方式读入结果，在中断方式下，A/D 转换结束后会自动产生 EOC 信号，将其与 CPU 的外部中断相接，有兴趣的同学可以试试编程用中断方式读回 A/D 结果。

5. 实验软件框图

A/D转换实验主程序框图见图12-14。

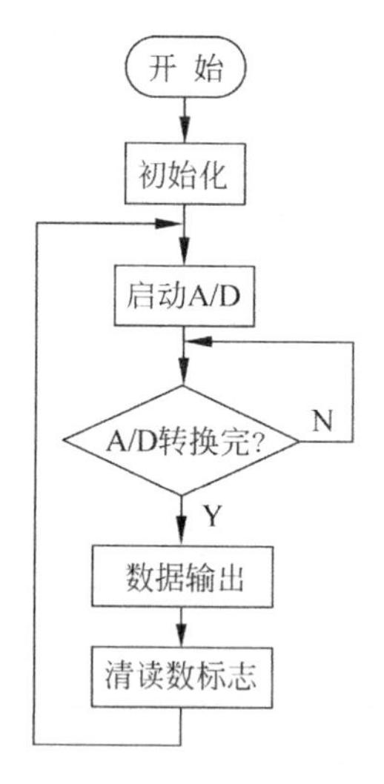

图12-14 A/D转换实验主程序框图

6. 参考程序

```
#include <reg52.h>
#define mode 0x82
xdata unsigned char CTL     _at_ 0x9003;
xdata unsigned char PA      _at_ 0x9000;
xdata unsigned char CS0809 _at_ 0x8000;
unsigned char Read0809()
{
  unsigned char i;
  CS0809 = 0;                          // 启动 A/D
  for (i = 0; i < 0x20; i++) ;        // 延时大于 100μs
  return(CS0809);                      // 读入结果
}
main()
{
  unsigned char b;
  CTL = mode;
  while(1){
    b = Read0809();
    PA = b;
  }
}
```

12.8 实验八 外部中断实验(急救车与信号灯)

1. 实验内容

本实验模拟交通信号灯控制,一般情况下正常显示,有急救车到达时,两个方向交通信号灯全红，以便让急救车通过。设急救车通过路口时间为 10s，急救车通过后，交通恢复正常，本实验用单次脉冲申请外部中断，表示有急救车通过。

2. 实验目的

(1) 学习外部中断技术的基本使用方法。

(2) 学习中断处理程序的编程方法。

3. 实验仪器、电路及连线

急救车与信号灯实验的电路连接与电路图见表 12-9、图 12-15。

表 12-9　急救车与信号灯实验与单片机的连接

端　　口	连　　接	端　　口	连　　接
P1.0	L0	P1.4	L4
P1.1	L1	P1.5	L5
P1.2	L2	单脉冲输出	$\overline{\text{INT0}}$(51)
P1.3	L3		

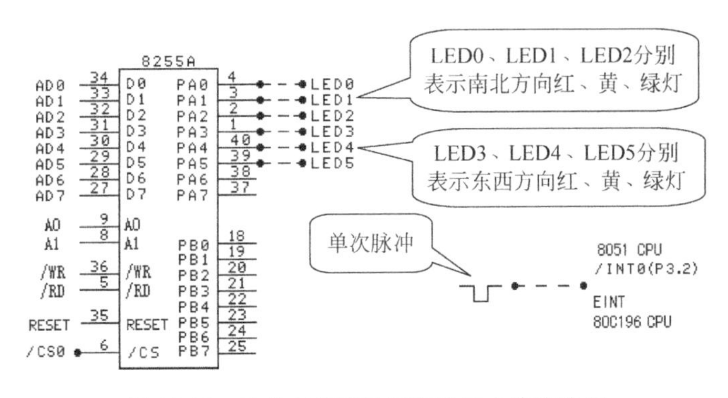

图 12-15　急救车与信号灯实验的电路连接图

4. 实验说明

中断服务程序的关键是：

(1) 保护进入中断时的状态，并在退出中断之前恢复进入时的状态。

(2) 必须在中断程序中设定是否允许中断重入，即设置 EX0 位。

本例中使用了$\overline{\text{INT0}}$中断，一般中断程序进入时应保护 PSW、ACC 以及中断程序使用但非其专用的寄存器。本例的中断程序保护了 PSW、ACC 等三个寄存器并且在退出前恢复了这三个寄存器。另外中断程序中涉及关键数据的设置时应关中断，即设置时不允许重入。本例中没有涉及这种情况。

对于 8051CPU 外部中断由$\overline{\text{INT0}}$(P3.2)端接入。

本实验提供了用单片机的 I/O 端口控制交通信号灯，用 P1 口。

5. 实验软件框图

急救车与信号灯实验程序见图 12-16、图 12-17。

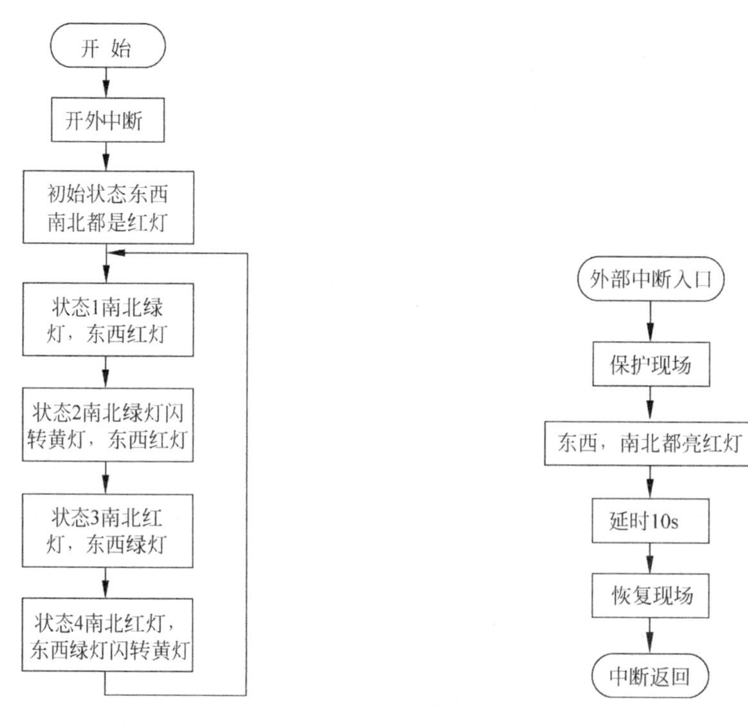

图 12-16　急救车与信号灯实验主程序框图　　图 12-17　急救车与信号灯实验中断子程序框图

6. 参考程序

```
#include "reg52.h"
#define ON  1
#define OFF 0
sbit SR = 0x90;                              // 南北红灯
sbit SY = 0x91;                              // 南北黄灯
sbit SG = 0x92;                              // 南北绿灯
sbit ER = 0x93;                              // 东西红灯
sbit EY = 0x94;                              // 东西黄灯
sbit EG = 0x95;                              // 东西绿灯
bit Flash;                                   // LED 状态
bit STOP;
void StopInt() interrupt 0
{
  STOP = 1;
}
void Delay(unsigned char CNT)
{
  unsigned int I;
  while ((CNT > 0) && !STOP) {
    for (I = 0; (I < 10000) && !STOP; I++) ;
```

```
    CNT--;
   }
 }
 void main()
 {
   unsigned char I;
   TCON = 0x01;                             // INT0 下沿中断
   IE   = 0x81;                             // EA = 1,  EX0 = 1
   STOP = 0;
   SR = ON;                                 // 南北，东西均红灯
   SY = OFF;
   SG = OFF;
   ER = ON;
   EY = OFF;
   EG = OFF;
   while (1) {
   if (STOP) goto AllRed;
   SR = ON;                                 // 南北红灯，东西绿灯
   SY = OFF;
   SG = OFF;
   ER = OFF;
   EY = OFF;
   EG = ON;
   Delay(20);
   if (STOP) goto AllRed;
   SR = ON;                                 // 南北红灯，东西黄灯闪
   SY = OFF;
   SG = OFF;
   ER = OFF;
   EY = OFF;
   EG = OFF;
   Flash = OFF;
   for (I = 0; I < 9; I++) {
     EY = Flash;
     Delay(1);
     Flash = !Flash;
   }
   if (STOP) goto AllRed;
   SR = OFF;                                // 南北绿灯，东西红灯
   SY = OFF;
   SG = ON;
   ER = ON;
   EY = OFF;
   EG = OFF;
   Delay(20);
   if (STOP) goto AllRed;
   SR = OFF;                                // 东西红灯，南北黄灯闪
   SY = OFF;
   SG = OFF;
   ER = ON;
   EY = OFF;
```

```
  EG = OFF;
  Flash = OFF;
  for (I = 0; I < 9; I++) {
    SY = Flash;
    Delay(1);
    Flash = !Flash;
  }
AllRed:
  if (STOP) {
    SR = ON;                              // 南北，东西均红灯
    SY = OFF;
    SG = OFF;
    ER = ON;
    EY = OFF;
    EG = OFF;
    STOP = 0;
    Delay(10);
  }
 }
}
```

12.9 实验九　交通灯控制实验

1. 实验内容

用CPU的P1口输出控制信号，控制6个LED灯(红、绿、黄)，模拟交通灯管理。

2. 实验目的

(1) 进一步理解单片机内部定时器/计数器的工作原理和使用方法。
(2) 学习模拟交通灯控制的方法。
(3) 学习数据输出程序的设计方法。
(4) 学习中断处理程序的编程方法。

3. 实验电路

交通灯控制实验与单片机的连接见表12-10。

表12-10　交通灯控制实验与单片机的连接

端　口	连　接	端　口	连　接
P1.0	L0	P1.3	L3
P1.1	L1	P1.4	L4
P1.2	L2	P1.5	L5

注：L0、L1与L2分别表示南北方向红、黄和绿灯。
　　L3、L4与L5分别表示东西方向红、黄和绿灯。

4. 实验说明

(1) 因为本实验是交通灯控制实验，所以要先了解实际交通灯的变化规律。假设一个十字路口为东西南北走向。初始为状态 0。

状态 0：东西红灯，南北红灯；然后转入。

状态 1：南北绿灯通车，东西红灯；过一段时间转入。

状态 2：南北绿灯闪几次转黄灯亮，延时几秒，东西仍然红；再转入。

状态 3：东西绿灯通车，南北红灯；过一段时间转入。

状态 4：东西绿灯闪几次转黄灯亮，延时几秒，南北仍然红灯；最后循环至状态 1。

(2) 各用一组红、黄与绿色 LED 分别表示南北方向和东西方向。

(3) 由定时器来产生通车延时时间，时间间隔为 1s 以上(由同学自己确定)。

(4) 用软件延时方法产生“闪”延时时间。

5. 实验软件框图

交通灯控制实验主程序框图见图 12-18。

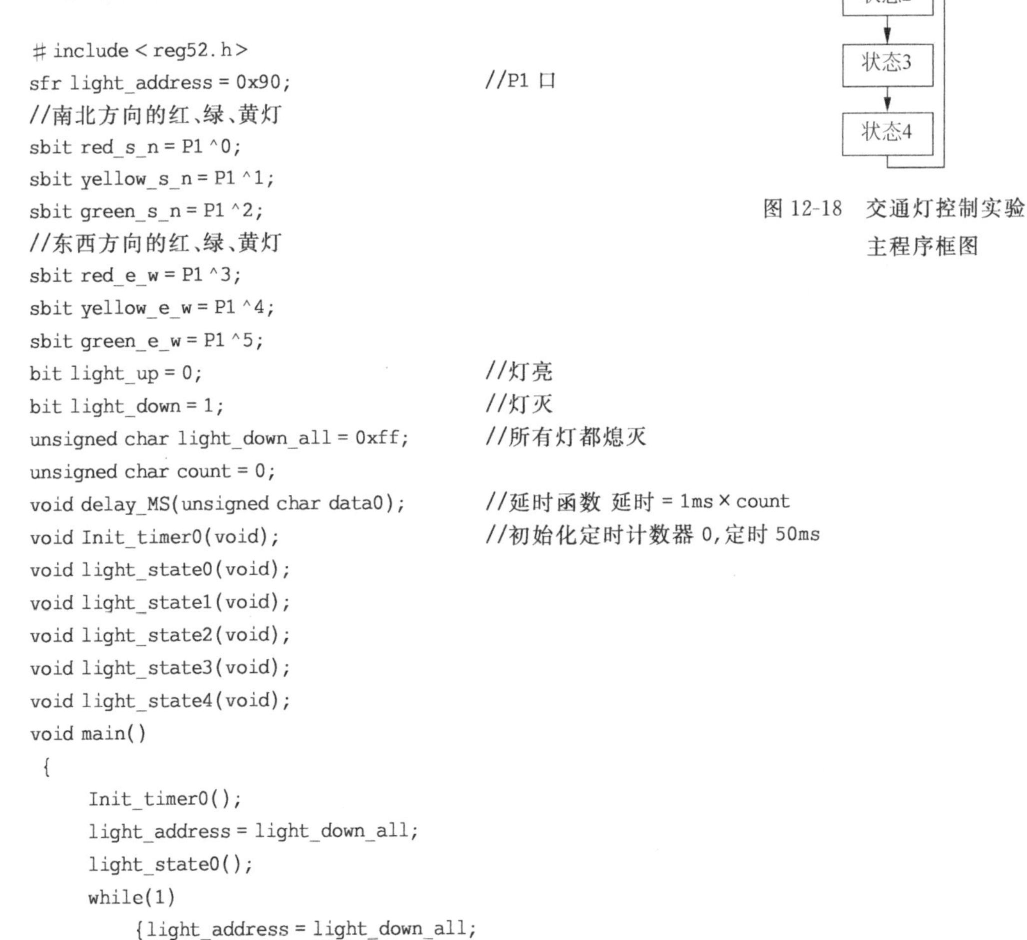

图 12-18　交通灯控制实验主程序框图

6. 参考程序

```
#include <reg52.h>
sfr light_address = 0x90;                    //P1 口
//南北方向的红、绿、黄灯
sbit red_s_n = P1 ^0;
sbit yellow_s_n = P1 ^1;
sbit green_s_n = P1 ^2;
//东西方向的红、绿、黄灯
sbit red_e_w = P1 ^3;
sbit yellow_e_w = P1 ^4;
sbit green_e_w = P1 ^5;
bit light_up = 0;                            //灯亮
bit light_down = 1;                          //灯灭
unsigned char light_down_all = 0xff;         //所有灯都熄灭
unsigned char count = 0;
void delay_MS(unsigned char data0);          //延时函数 延时 = 1ms × count
void Init_timer0(void);                      //初始化定时计数器 0,定时 50ms
void light_state0(void);
void light_state1(void);
void light_state2(void);
void light_state3(void);
void light_state4(void);
void main()
 {
     Init_timer0();
     light_address = light_down_all;
     light_state0();
     while(1)
         {light_address = light_down_all;
```

```
            light_state1();
            light_address = light_down_all;
            light_state2();
            light_address = light_down_all;
            light_state3();
            light_address = light_down_all;
            light_state4();
           }
 }
void light_state0(void)             //状态0: 东西红灯,南北红灯
{ red_s_n = light_up;
  red_e_w = light_up;
  delay_MS(500);
}
void light_state1(void)             //状态1: 南北绿灯通车,东西红灯; 过一段时间
{ red_e_w = light_up;
  green_s_n = light_up;
  count = 0;
  while(count < 100)                //利用定时器0延时5s
  {     }
}
void light_state2(void)             //状态2: 南北绿灯闪几次转黄灯亮,延时几秒,东西仍然红
{
  unsigned char j;
  red_e_w = light_up;
  for(j = 0;j < 5;j++)
           {
             green_s_n = light_up;
             delay_MS(500);
             green_s_n = light_down;
             delay_MS(500);
           }
   yellow_s_n = light_up;
   count = 0;
   while(count < 20)                //利用定时器0延时1s
   {     }
}
void light_state3(void)             //状态3: 东西绿灯通车,南北红灯; 过一段时间
{
 green_e_w = light_up;
 red_s_n = light_up;
 count = 0;
 while(count < 100)                 //利用定时器0延时5s
  {     }
}
void light_state4(void)             //状态4: 东西绿灯闪几次转黄灯亮,延时几秒,南北仍然红灯
{
unsigned char j;
red_s_n = light_up;
for(j = 0;j < 5;j++)
            {
```

```
                green_e_w = light_up;
                delay_MS(500);
                green_e_w = light_down;
                delay_MS(500);
            }
    yellow_e_w = light_up;
    count = 0;
    while(count < 20)              //利用定时器 0 延时 1s
    {     }
}
void delay_MS(unsigned char data0)
 {
          unsigned char i,j;
      for(i = 0;i < data0;i++)
               for(j = 0;j < 120;j++);
 }
void Init_timer0(void)             //定时器延时 50ms
 {
      TMOD = 0x01;
      TH0 = 0x3c;
      TL0 = 0xb0;
      EA = 1;
      ET0 = 1;
      TR0 = 1;
 }
void Timer0_int() interrupt 1      //中断函数
 {
    count++;
    TH0 = 0x3c;
    TL0 = 0xb0;
 }
```

12.10　实验十　直流电机实验

1. 实验内容

利用实验仪器上的 D/A 变换电路，输出 −8～+8V 电压，控制直流电机。改变输出电压值，改变电机转速，用 8255 的 PB.0 读回脉冲计数，计算电机转速。

2. 实验目的

(1) 了解直流电机控制原理。
(2) 学习单片机控制直流电机的编程方法。
(3) 了解单片机控制外部设备的常用电路。

3. 实验电路连线框图

直流电机实验电路连接及电路图见表 12-11、图 12-19。

表 12-11　直流电机实验与单片机的连接

端　　口	连　　接
DA_CS	$\overline{CS1}$
$-8\sim+8V$	直流电机电压输入
8255_CS	$\overline{CS0}$
PB0	直流电机脉冲输出

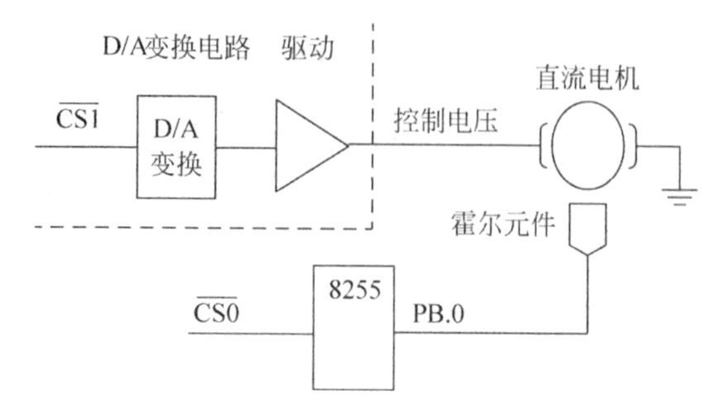

图 12-19　直流电机实验电路连接图

4. 实验说明

在电压允许范围内，直流电机的转速随着电压的升高而加快，若加上的电压为负电压，则电机会反向旋转。本实验仪的 D/A 变换可输出 $-8\sim+8V$ 的电压，将电压经驱动后加在直流电机上，使其运转。通过单片机输出数据到 D/A 变换电路，控制电压的高低和正负，观察电机的旋转情况。

在电机转盘上安装一个小磁芯，用霍尔元件感应电机转速，用单片机控制 8255 读回感应脉冲，从而测算出电机的转速。

有兴趣的同学，可以做一个恒速的试验，即让电机转速保持一定。若电机转速偏低，则提高输出电压，若电机转速偏高，则降低输出电压。首先给电机一定的阻力，让转速保持一定，然后稍微给加大阻力，观察 D/A 输出的电压是否能做出反应，再减小阻力，也观察 D/A 电压，有何变化。注意所加的阻力不能过大，以免电机烧毁。

5. 实验软件框图

直流电机实验程序框图如图 12-20 所示。

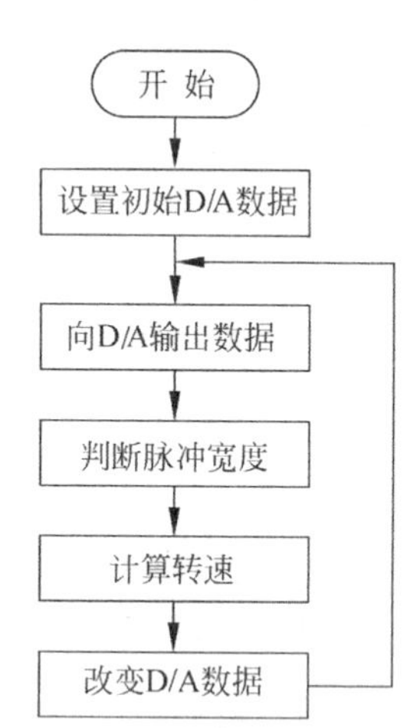

图 12-20　直流电机实验程序框图

6. 参考程序

```
// DC motor
// C for MCS51
#include <reg52.h>
#define mode 0x82
xdata unsigned char CTL     _at_ 0x8003;
xdata unsigned char status _at_ 0x8001;
xdata unsigned char CS0832 _at_ 0x9000;
unsigned int count;
#define DC_P 1
void delay()
{
  unsigned int ddd;

  ddd = 50000;                      // 在 6MHz 约延时 1s
  while(ddd--);
}
unsigned int read()
```

```
{
  TMOD = 1;                      // 16 位计时
  TR0   = 0;
  TH0   = 0;
  TL0   = 0;
  while(!(status & DC_P));       // 等待低电平完
  while(status & DC_P);          // 等待高电平完
  TR0   = 1;
  while(!(status & DC_P));       // 等待低电平完
  while(status & DC_P);          // 等待高电平完
  TR0   = 0;
  return (TH0 * 0x100 + TL0);
}
void main()
{
  CTL = mode;
  while(1) {
    CS0832 = 0xff;               // 产生电压控制电机
    delay();                     // 等待电机运转稳定
    count = read();              // 读取时间
    CS0832 = 0xc0;               // 产生电压控制电机
    delay();                     // 等待电机运转稳定
    count = read();              // 读取时间
    CS0832 = 0x40;               // 产生电压控制电机
    delay();                     // 等待电机运转稳定
    count = read();              // 读取时间
    CS0832 = 0x00;               // 产生电压控制电机
    delay();                     // 等待电机运转稳定
    count = read();              // 读取时间
  }
}
```

本章小结

本章以软件实验、资源使用实验和典型接口电路实验为主，介绍单片机的实践应用，使学生巩固所学知识，加深对单片机体系结构的理解，熟练掌握编程方法，掌握单片机应用系统开发的基本技能。

思考题

1. 用 Proteus 开发环境仿真实现本章的实验题目。
2. 完成 STC89C52 单片机驱动步进电机的软件和硬件设计。
3. 实现 STC89C52 单片机驱动 16×16 点阵的软件和硬件设计。

附录 A　STC89C52 单片机程序 ISP 烧录

本书选用 STC89C52 单片机，该单片机具有在系统可编程功能（ISP），无须专用编程器，用串口线即可完成程序的下载，电源采用 USB 口供电，更加方便携带，一台计算机足以完成程序的开发及下载工作。

（1）计算机上安装 USB 驱动程序，从宏晶科技官方网站 www. STCMCU. com 查找 PL2303USB 接口驱动程序。

（2）驱动安装完成后，把开发板连接到电脑上，从计算机设备管理处，检查 USB 的 COM 端口号，会根据连接 USB 设备的情况而改变，有可能是 COM1 或 COM3 等。

（3）启动下载程序，选择单片机型号，如附图 A-1 所示，选择 STC89C52RC。

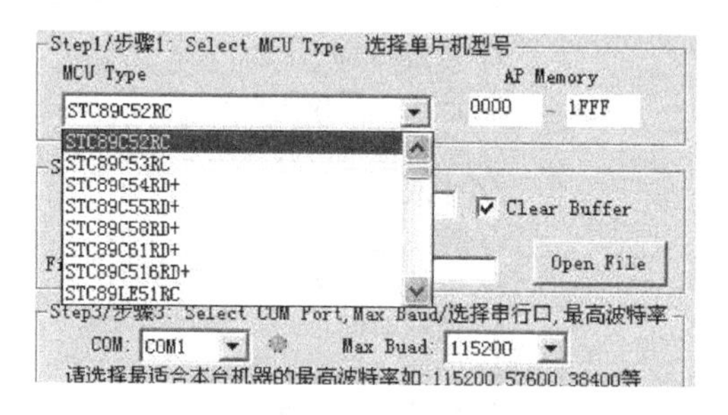

附图 A-1　选择单片机型号

（4）选择需要下载到单片机的程序，如附图 A-2 所示。

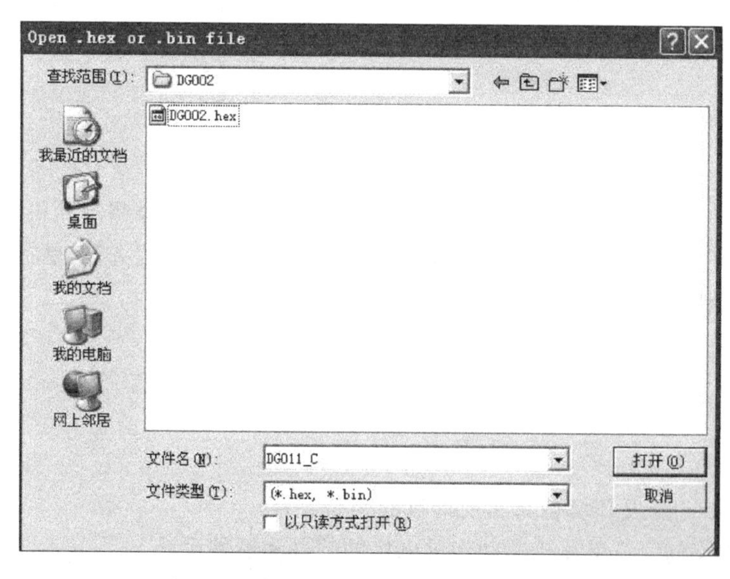

附图 A-2　打开烧录文件

(5) 选择串口模式,按照第 2 步查看的 USB COM 端口号设置,假设端口号为 COM1,如附图 A-3 所示。

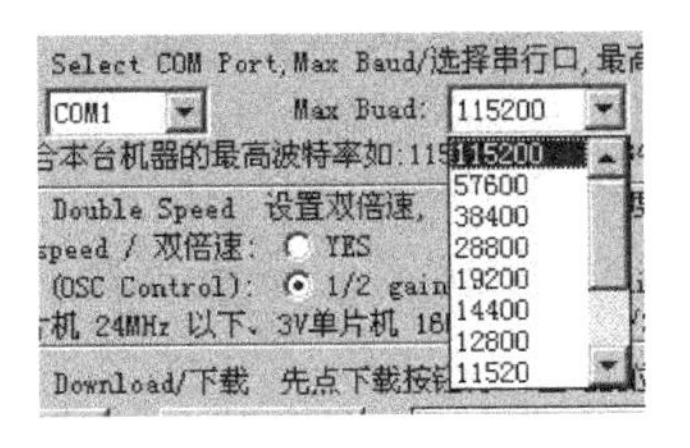

附图 A-3 选择端口

(6) 选择其他选项,STC 单片机可工作于双倍速,这在写片时决定。写片时可以决定单片机内部的振荡电路增益是否减半。下次冷启动时是否需要将 P10 和 P11 置为低电平才能正常工作。这些都可以在写片时决定,如附图 A-4 所示。

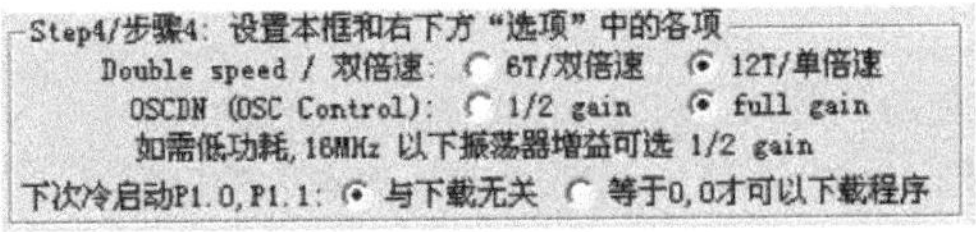

Step4/步骤4: 设置本框和右下方"选项"中的各项
Double speed / 双倍速: 6T/双倍速 12T/单倍速
OSCDN (OSC Control): 1/2 gain full gain
如需低功耗,16MHz 以下振荡器增益可选 1/2 gain
下次冷启动P1.0,P1.1: 与下载无关 等于0,0才可以下载程序

附图 A-4 设定其他选项

(7) 单击 Download 按钮开始下载。注意:一定要先单击 Download 按钮,然后再给单片机电路板通电,如果一切正常,那么将弹出如附图 A-5 所示界面不断提示工作进程,直至所有下载工作完成。

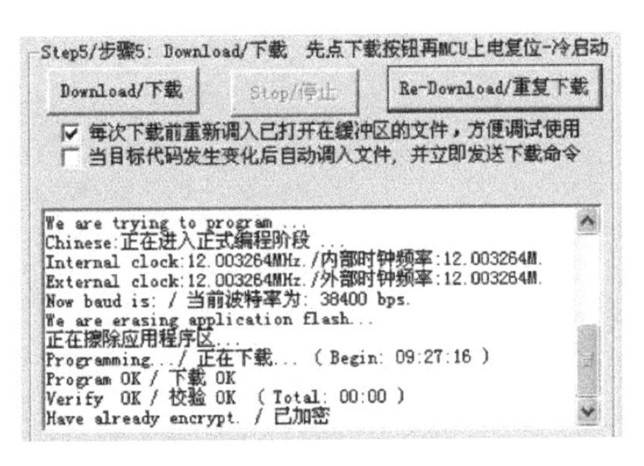

附图 A-5 正常下载界面

参考文献

[1] 宏晶科技. STC89C51RC/RD+系列单片机器件手册[EB/OL]. [2016-6-30]. http://www.stcmcu.com.

[2] 邓胡滨. 单片机原理及应用技术——基于 Keil C 和 Proteus 仿真[M]. 北京：人民邮电出版社，2014.

[3] 张毅刚. 单片机原理及接口技术(C51 编程)[M]. 北京：人民邮电出版社，2015.

[4] 张迎新. 单片微型计算机原理、应用及接口技术[M]. 北京：国防工业出版社，2009.

[5] 朱兆优. 单片机原理及应用[M]. 北京：电子工业出版社，2010.

[6] 张毅刚. 新编 MCS-51 单片机应用设计[M]. 哈尔滨：哈尔滨工业大学出版社，2012.

[7] 唐颖. 单片机原理与应用及 C51 程序设计[M]. 北京：北京大学出版社，2011.

[8] 孟祥莲. 单片机原理与应用——基于 Proteus 仿真与 Keil C[M]. 哈尔滨：哈尔滨工业大学出版社，2010.

[9] 姜志海. 单片机原理及应用[M]. 3 版. 北京：电子工业出版社，2013.

[10] 胡汉才. 单片机原理及接口技术[M]. 3 版. 北京：清华大学出版社，2010.

[11] 白林峰. 单片机开发从入门到精通[M]. 3 版. 北京：机械工业出版社，2016.

[12] 侯殿有. 单片机原理与应用及 C51 程序设计实验书[M]. 3 版. 长春：长春理工大学光电信息学院，2008.

[13] Dallas Semiconductor. DS18B20 Programmable Resolution 1-Wire Digital Thermometer[EB/OL]. [2016-6-30]. http://www.dalsemi.com.

图书资源支持

感谢您一直以来对清华版图书的支持和爱护。为了配合本书的使用，本书提供配套的素材，有需求的用户请到清华大学出版社主页(http://www.tup.com.cn)上查询和下载，也可以拨打电话或发送电子邮件咨询。

如果您在使用本书的过程中遇到了什么问题，或者有相关图书出版计划，也请您发邮件告诉我们，以便我们更好地为您服务。

我们的联系方式：

地　　址：北京海淀区双清路学研大厦 A 座 707

邮　　编：100084

电　　话：010－62770175－4604

资源下载：http://www.tup.com.cn

电子邮件：weijj@tup.tsinghua.edu.cn

QQ：883604(请写明您的单位和姓名)

扫一扫
资源下载、样书申请
新书推荐、技术交流

用微信扫一扫右边的二维码，即可关注清华大学出版社公众号“书圈”。